商务部十二五规划教材
中国国际贸易学会十二五规划教材
全国高等院校服务外包专业统编教材

EJB 3.0 程序设计

青岛东合信息技术有限公司　编著

图书在版编目（CIP）数据

EJB 3.0 程序设计／青岛东合信息技术有限公司编著
.—北京：中国商务出版社，2012.12
商务部十二五规划教材　中国国际贸易学会十二五规划教材　全国高等院校服务外包专业统编教材
ISBN 978-7-5103-0806-2

Ⅰ.①E…　Ⅱ.①青…　Ⅲ.①JAVA 语言—程序设计—高等学校—教材　Ⅳ.①TP312

中国版本图书馆 CIP 数据核字（2012）第 307847 号

商务部十二五规划教材
中国国际贸易学会十二五规划教材
全国高等院校服务外包专业统编教材

EJB3.0 程序设计
EJB3.0 CHENGXU SHEJI
青岛东合信息技术有限公司　编著

出　版：中国商务出版社
发　行：北京中商图出版物发行有限责任公司
社　址：北京市东城区安定门外大街东后巷 28 号
邮　编：100710
电　话：010—64269744　64218072（编辑一室）
010—64266119（发行部）
010—64263201（零售、邮购）
网　址：www. cctpress. com
邮　箱：cctp@ cctpress. com
照　排：嘉年华文排版公司
印　刷：北京松源印刷有限公司
开　本：850 毫米 × 1168 毫米　1/16
印　张：27.75　　**字　数**：694 千字
版　次：2012 年 12 月第 1 版　　2012 年 12 月第 1 次印刷

书　号：ISBN 978-7-5103-0806-2
定　价：59.00 元

编 委 会

序

“十二五”时期是我国坚持以科学发展主题，以加快转变经济发展方式主线，全面建设小康社会的关键时期，中国经济将实现从“中国制造”向“中国创造”和“中国服务”的转型。服务外包产业作为国家战略性新兴产业，在中央及各级地方政府的大力支持下，实现了从无到有、从小到大的快速增长，已成为促进产业结构调整的重要引擎和吸引中高端人才就业的新高地。

人力资源是第一资源，是实现经济转型的重要依托力量。服务外包产业需要大量的实用型人才，从事一线工作的人员必须具备良好的专业教育背景、熟练掌握外语及高超的IT应用能力；管理人员更需要具有全球眼光，带领技术团队承接复杂外包业务，开发业务流程，创新业务模式。因此，积极探索并建立与我国服务外包产业发展相适应的人才培养服务体系，不仅是服务外包企业，更是各高等院校的当务之急。

作为“十二五”规划统编系列教材，“121 工程”软件外包专业课程系列教材遵循“全面贴近企业需求，无缝打造专业应用型人才”的原则，既符合高校标准化教材规范，又具有系统性、实用性等特点。

我相信，这套教材的出版对于培养符合我国服务外包产业发展需要的实用型人才，实现大学生毕业和就业“零距离”，将发挥重要的作用。我期望着越来越多的院校师生，通过这套丛书走近服务外包，了解服务外包，并成为服务外包的参与者和推动者，共同见证服务外包产业在中国的蓬勃发展。

2012 年 5 月 22 日

前　言

随着IT产业的迅猛发展，企业对应用型人才的需求越来越大。“全面贴近企业需求，无缝打造专业实用人才”是目前高校计算机专业教育的革新方向。

本教材是面向高等院校软件专业方向的标准化教材。教材研发充分结合软件企业的用人需求，经过了充分的调研和论证，并充分参照多所高校一线专家的意见，具有系统性、实用性等特点。旨在使读者在系统掌握软件开发知识的同时，着重培养其综合应用能力和解决问题的能力。

该系列教材具有如下几个特色。

1．以培养应用型人才为目标

本教材以应用型软件及外包人才为培养目标，在原有体制教育的基础上对课程进行深层次改革，强化“应用型”技术动手能力，使读者在经过系统、完整的学习后能够达到如下要求：

■　掌握软件开发所需的理论和技术体系以及软件开发过程规范体系；
■　能够熟练的进行设计和编码工作，并具备良好的自学能力；
■　具备一定的项目经验，包括代码的调试、文档编写、软件测试等内容；
■　达到软件企业的用人标准，实现学校学习与企业的无缝对接。

2．以新颖的教材架构来引导学习

本教材在内容设置上借鉴了软件开发中“低耦合高内聚”的设计理念，组织架构上遵循软件开发中的MVC理念，即，在保证最小教学集的前提下可根据自身的实际情况对整个课程体系进行横向或纵向裁剪。教材的主要组成部分如下所示：

■　理论篇：最小学习集。学习内容的选取遵循“二八原则”，即，重点内容由企业中常用的20%的技术组成，以“任务驱动”的方式引导知识点的学习，以章节为单位进行组织，章节的结构如下：

√　本章目标：明确本章的学习重点和难点；
√　章节导航：以流程图的形式指明本章在整本教材中的位置和学习顺序；
√　任务描述：“案例教学”，驱动本章教学的任务，所选任务典型、实用；
√　章节内容：通过小节迭代组成本章的学习内容，以任务描述贯穿始终；

■　**实践篇**：多点于一线，任务驱动，以完整的具体案例贯穿始终，力求使学生在动手实践的过程中，加深课程内容的理解，培养学生独立分析和解决问题的能力，并配备相关知识的拓展讲解和拓展练习，拓宽学生的知识面。

3. 以完备的教辅体系和教学服务来保证教学

为充分体现“实境耦合”的教学模式，方便教学实施，保障教学质量和学习效果，另外还开发了可配套使用的项目实训教材和全套教辅产品，可供各院校选购：

- **项目篇**：多线于一面，项目篇是理论篇和实践篇在项目开发上的应用，以辅助教材的形式，提供适应当前课程（及先行课程）的综合项目，遵循软件开发过程，注重工作过程的系统性，培养学生分析解决实际问题的能力，是实施“实境”教学的关键环节。
- **立体配套**：为适应教学模式和教学方法的改革，本教材提供完备的教辅产品，主要包括教学指导、实验指导、电子课件、习题集、题库资源、项目案例等内容，并配以相应的网络教学资源。
- **教学服务**：教学实施方面，提供全方位的解决方案（在线课堂解决方案、专业建设解决方案、实训体系解决方案、教师培训解决方案和就业指导解决方案等），以适应软件开发教学过程的特殊性，为教学工作的顺利开展和教学成果的转化保驾护航。

本教材、教辅、网络资源及相关教学服务的推出对于高校计算机相关专业的建设具有重要推动作用，加快了建立新课程教材体系、考试评价制度、培养学生创新能力和实践能力的培养模式的步伐。另外，该课程的设置以学生就业为导向，实现了专业设置和社会需求的互动，从而实现了高校教育和企业用人需求之间的联通，对于促进高校课程改革和扩大高校毕业生就业具有重要的意义。

本教材由青岛东合信息技术有限公司研制，参与本书编写工作的有：韩敬海、陈龙猛、丁春强、赵克玲、高峰、张幼鹏、张玉星、张旭平、庞善臣、曹宝香、崔文善、王成端、薛庆文、孔繁之、吴海峰、黄先珍、吴明君等。参与本书编写工作的还有：青岛农业大学、潍坊学院、曲阜师范大学、济宁学院、济宁医学院等高校，期间得到了各合作校院专家及一线教师的大力支持和协作。在此书出版之际要特别感谢给予我们开发团队大力支持和帮助的领导及同事，感谢合作院校的师生给予我们的支持和鼓励，更要感谢开发团队每一位成员所付出的艰辛劳动。如有意见或建议，可访问公司网站（http：//www. dong-he. cn）或发邮件到 dn_iTeacher@126. com.

高校软件外包专业　项目组

2012 年 9 月

目　　录

理　论　篇

第 1 章　EJB 概述 ……………………………………………………（2）
本章目标 ……………………………………………………（2）
学习导航 ……………………………………………………（2）
任务描述 ……………………………………………………（3）
1.1　EJB 简介 ……………………………………………………（4）
1.1.1　EJB 的历史 ……………………………………………………（4）
1.1.2　EJB 相关概念 ……………………………………………………（5）
1.2　EJB 类型 ……………………………………………………（6）
1.2.1　会话 Bean ……………………………………………………（6）
1.2.2　实体和 JPA ……………………………………………………（7）
1.2.3　消息驱动 Bean ……………………………………………………（7）
1.3　EJB 架构 ……………………………………………………（7）
1.3.1　三层架构和 EJB ……………………………………………………（8）
1.3.2　Java EE 容器 ……………………………………………………（8）
1.4　EJB 提供的服务 ……………………………………………………（10）
1.5　JNDI 和依赖注入 ……………………………………………………（11）
1.5.1　JNDI ……………………………………………………（11）
1.5.2　依赖注入 ……………………………………………………（12）
1.6　HelloEjb 示例 ……………………………………………………（14）
小结 ……………………………………………………（16）
练习 ……………………………………………………（16）

第 2 章　会话 Bean ……………………………………………………（18）
本章目标 ……………………………………………………（18）
学习导航 ……………………………………………………（18）
任务描述 ……………………………………………………（19）
2.1　会话 Bean 简介 ……………………………………………………（20）
2.1.1　会话 Bean 与 EJB 服务 ……………………………………………………（20）

2.1.2 会话 Bean 的状态 …… (21)
2.1.3 会话 Bean 的生命周期 …… (21)
2.1.4 EJB 的单线程模型 …… (22)
2.1.5 案例介绍 …… (24)
2.2 会话 Bean 的业务接口 …… (25)
2.2.1 本地接口 …… (26)
2.2.2 远程接口 …… (27)
2.2.3 WebService 接口 …… (28)
2.2.4 实现业务接口 …… (28)
2.2.5 组合业务接口 …… (29)
2.3 无状态会话 Bean …… (30)
2.3.1 编写无状态会话 Bean …… (31)
2.3.2 无状态会话 Bean 的实例池 …… (33)
2.3.3 无状态会话 Bean 的生命周期 …… (35)
2.4 有状态会话 Bean …… (38)
2.4.1 编写有状态会话 Bean …… (38)
2.4.2 有状态会话 Bean 的钝化和激活 …… (43)
2.4.3 有状态会话 Bean 的生命周期 …… (44)
2.4.4 有状态会话 Bean 的注意事项 …… (46)
2.5 调用会话 Bean …… (46)
2.5.1 客户端类型 …… (47)
2.5.2 EJB 调用机制 …… (48)
2.5.3 本地调用 …… (49)
2.5.4 远程调用 …… (50)
2.6 Web 层访问会话 Bean …… (52)
2.6.1 访问无状态会话 Bean …… (53)
2.6.2 访问有状态会话 Bean …… (55)
小结 …… (61)
练习 …… (62)

第 3 章 JPA …… (64)
本章目标 …… (64)
学习导航 …… (64)
任务描述 …… (65)
3.1 JPA 概述 …… (66)
3.1.1 ORM …… (66)
3.1.2 JPA …… (68)
3.2 JPA 实体 …… (68)

3.2.1 声明实体 …… (69)
3.2.2 实体主键 …… (70)
3.2.3 映射实体 …… (71)
3.2.4 生成主键 …… (74)
3.2.5 延迟加载 …… (77)
3.3 实体管理器 …… (79)
3.3.1 EntityManager 接口 …… (79)
3.3.2 持久化上下文 …… (80)
3.3.3 实体生命周期 …… (80)
3.3.4 实体生命周期回调 …… (82)
3.3.5 持久化单元 …… (83)
3.3.6 容器管理的 EntityManager …… (85)
3.3.7 应用程序管理的 EntityManager …… (86)
3.4 持久化操作 …… (89)
3.4.1 持久化实体 …… (89)
3.4.2 通过主键检索实体 …… (90)
3.4.3 更新实体 …… (91)
3.4.4 删除实体 …… (92)
3.4.5 刷新实体 …… (93)
3.4.6 合并实体 …… (93)
3.4.7 flush() 方法和 FlushModeType …… (94)
3.5 项目完善 …… (94)
3.5.1 Servlet …… (94)
3.5.2 JSP …… (96)
3.5.3 部署运行 …… (98)
小结 …… (99)
练习 …… (99)

第4章 实体关系 …… (101)
本章目标 …… (101)
学习导航 …… (101)
任务描述 …… (102)
4.1 实体关联关系 …… (103)
4.1.1 关联关系类型 …… (103)
4.1.2 一对一关系 …… (104)
4.1.3 一对多和多对一关系 …… (109)
4.1.4 多对多关系 …… (114)
4.1.5 级联操作 …… (116)

4.2 实体继承关系 …… (118)
4.2.1 SINGLE_TABLE …… (119)
4.2.2 JOINED …… (121)
4.3 项目完善 …… (123)
4.3.1 实体 …… (123)
4.3.2 会话 Bean …… (126)
4.3.3 Servlet …… (128)
4.3.4 JSP …… (129)
4.3.5 部署运行 …… (130)
小结 …… (132)
练习 …… (132)

第5章 实体查询 …… (134)
本章目标 …… (134)
学习导航 …… (134)
任务描述 …… (135)
5.1 实体查询简介 …… (136)
5.2 查询 API …… (136)
5.2.1 获得 Query 实例 …… (137)
5.2.2 查询参数 …… (138)
5.2.3 查询实体 …… (140)
5.2.4 分页查询 …… (140)
5.2.5 执行更新 …… (141)
5.2.6 设置 FlushMode 和 Hint …… (141)
5.3 JPQL …… (142)
5.3.1 基本语法 …… (142)
5.3.2 查询部分属性 …… (145)
5.3.3 构造方法表达式 …… (147)
5.3.4 连接查询 …… (148)
5.3.5 条件查询 …… (152)
5.3.6 函数 …… (154)
5.3.7 分组 …… (156)
5.3.8 子查询 …… (157)
5.3.9 更新和删除 …… (158)
5.4 SQL 查询 …… (159)
5.4.1 标量 SQL 查询 …… (159)
5.4.2 实体 SQL 查询 …… (160)
5.5 项目完善 …… (160)

5.5.1　实体 …… (160)
5.5.2　业务接口和会话 Bean …… (161)
5.5.3　Servlet …… (162)
小结 …… (163)
练习 …… (163)

第 6 章　消息驱动 Bean …… (165)
本章目标 …… (165)
学习导航 …… (165)
任务描述 …… (166)
6.1　消息简介 …… (167)
6.2　JMS …… (167)
6.2.1　JMS 消息传递模型 …… (169)
6.2.2　JMS 消息生产者 …… (170)
6.2.3　JMS 消息消费者 …… (174)
6.3　消息驱动 Bean …… (178)
6.3.1　编写消息驱动 Bean …… (178)
6.3.2　ActivationConfigProperty …… (180)
6.3.3　消息驱动 Bean 的生命周期 …… (185)
小结 …… (187)
练习 …… (187)

第 7 章　事务 …… (189)
本章目标 …… (189)
学习导航 …… (189)
任务描述 …… (190)
7.1　事务与 EJB …… (191)
7.1.1　事务简介 …… (191)
7.1.2　EJB 中的事务管理 …… (193)
7.2　容器管理的事务 …… (194)
7.2.1　声明事务 …… (194)
7.2.2　事务的范围和属性 …… (195)
7.2.3　事务的传播 …… (198)
7.2.4　使用 EJBContext 回滚事务 …… (199)
7.2.5　使用异常回滚事务 …… (201)
7.3　Bean 管理的事务 …… (204)
7.3.1　UserTransaction 接口 …… (204)
7.3.2　使用 UserTransaction …… (205)

7.3.3 事务的传播 …… (208)
小结 …… (209)
练习 …… (210)

第 8 章 定时服务、拦截器和 WebService …… (212)
本章目标 …… (212)
学习导航 …… (212)
任务描述 …… (213)
8.1 EJB 定时服务 …… (214)
8.1.1 定时服务 API …… (214)
8.1.2 使用定时服务 …… (216)
8.1.3 EJB 定时服务的局限 …… (220)
8.2 AOP 与 EJB 拦截器 …… (221)
8.2.1 创建拦截器 …… (221)
8.2.2 使用拦截器 …… (222)
8.2.3 默认拦截器 …… (224)
8.2.4 生命周期拦截器 …… (225)
8.3 EJB 与 WebService …… (226)
8.3.1 发布 WebService …… (226)
8.3.2 访问 WebService …… (229)
小结 …… (231)
练习 …… (231)

实 践 篇

实践 1 EJB 概述 …… (234)
实践指导 …… (234)
实践 1.G.1 …… (234)
实践 1.G.2 …… (244)
实践 1.G.3 …… (246)
知识拓展 …… (256)
1. EJB 和 Spring …… (256)
拓展练习 …… (258)

实践 2 会话 Bean …… (259)
实践指导 …… (259)
实践 2.G.1 …… (259)
实践 2.G.2 …… (263)

实践 2. G. 3 …… (264)
实践 2. G. 4 …… (267)
实践 2. G. 5 …… (268)
实践 2. G. 6 …… (270)
实践 2. G. 7 …… (272)
实践 2. G. 8 …… (276)
实践 2. G. 9 …… (280)
实践 2. G. 10 …… (283)
实践 2. G. 11 …… (285)
实践 2. G. 12 …… (290)
实践 2. G. 13 …… (297)
实践 2. G. 14 …… (300)
知识拓展 …… (303)
1. 在独立的 Web 应用中访问 EJB …… (303)
拓展练习 …… (308)

实践 3　JPA …… (309)
实践指导 …… (309)
实践 3. G. 1 …… (309)
实践 3. G. 2 …… (310)
实践 3. G. 3 …… (313)
实践 3. G. 4 …… (314)
实践 3. G. 5 …… (315)
实践 3. G. 6 …… (317)
实践 3. G. 7 …… (318)
实践 3. G. 8 …… (320)
实践 3. G. 9 …… (324)
知识拓展 …… (333)
1. 联合主键 …… (333)
拓展练习 …… (339)

实践 4　实体关系 …… (340)
实践指导 …… (340)
实践 4. G. 1 …… (340)
实践 4. G. 2 …… (341)
实践 4. G. 3 …… (342)
实践 4. G. 4 …… (343)
实践 4. G. 5 …… (345)

实践 4. G. 6 …… (347)
知识拓展 …… (350)
1. 映射 BLOB 和 CLOB 类型 …… (350)
2. 映射枚举类型 …… (352)
拓展练习 …… (353)

实践 5 实体查询 …… (354)
实践指导 …… (354)
实践 5. G. 1 …… (354)
实践 5. G. 2 …… (356)
实践 5. G. 3 …… (359)
实践 5. G. 4 …… (363)
知识拓展 …… (372)
1. 多表映射 …… (372)
拓展练习 …… (374)

实践 6 消息驱动 Bean …… (375)
实践指导 …… (375)
实践 6. G. 1 …… (375)
实践 6. G. 2 …… (377)
实践 6. G. 3 …… (379)
实践 6. G. 4 …… (380)
知识拓展 …… (383)
1. 使用 JBoss 发送邮件 …… (383)
拓展练习 …… (384)

实践 7 定时服务、拦截器和 WebService …… (385)
实践指导 …… (385)
实践 7. G. 1 …… (385)
实践 7. G. 2 …… (389)
实践 7. G. 3 …… (390)
实践 7. G. 4 …… (392)
实践 7. G. 5 …… (393)
知识拓展 …… (399)
1. EJB 安全 …… (399)
拓展练习 …… (403)
附录 A EJB3. 0 注解 …… (404)
附录 B EJB3. 1（及 JPA2. 0）新特性 …… (421)

理论篇

第 1 章　EJB 概述

本章目标

- 了解 EJB 的历史
- 了解 EJB 涉及的技术和概念
- 掌握 EJB 的各种类型及其用途
- 掌握 EJB 的架构
- 了解 Java EE 容器的作用
- 了解 EJB 提供的服务
- 了解 JNDI 查找和依赖注入的使用
- 了解 EJB 开发的基本步骤

学习导航

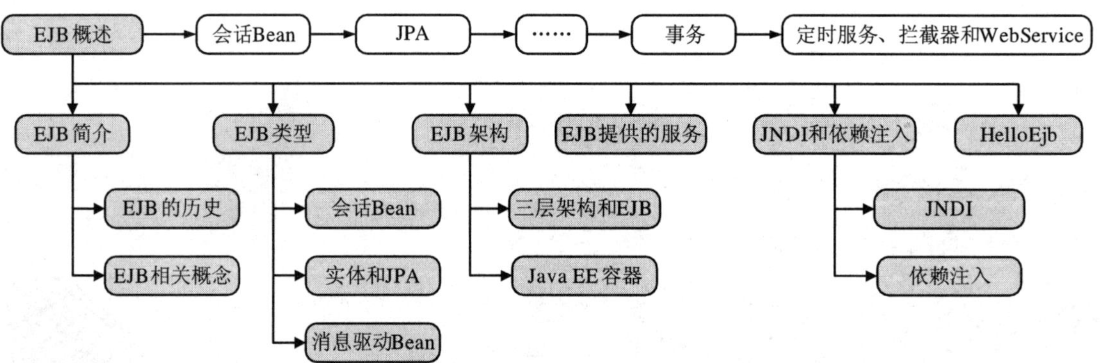

任务描述

【描述】1.D.1

编写第一个 EJB 程序 HelloEjb，并编写客户端程序访问此 EJB。

1.1 EJB 简介

EJB（Enterprise JavaBeans，企业级 JavaBean）是一种用于 Java 分布式业务应用的标准服务器端组件模型。EJB 是 Java EE（Java Enterprise Edition，Java 企业版）平台的核心组件技术，为使用 Java 语言构造可移植、可重用、可伸缩的业务应用程序提供了平台。

按照 EJB 规范开发的程序，可以部署并运行在任何支持 EJB 规范的应用服务器上，并自动获得应用服务器提供的企业级应用必需的各种服务（如事务、安全性、持久化等），因此开发人员不必在这些基础性架构上花费太大精力，可以将主要精力用于构造业务逻辑。

从技术角度讲，EJB 实际上是运行于 EJB 容器（运行 EJB 程序的服务器端环境）中的一些 Java 对象，这些对象受容器管理，并且能够直接使用容器提供的服务。同时，EJB 客户端（调用 EJB 的程序，例如 Servlet）可以方便地访问这些对象，并调用其方法。

> **注意** 通常，“EJB”这个术语即可代表 EJB 组件模型，也可代表按照 EJB 模型开发的组件，一般从上下文可以分清其具体含义。本书沿用这种称谓习惯，当存在歧义时会特别说明。

1.1.1 EJB 的历史

作为 Java EE 平台的核心组件技术，从发布之日起，EJB 就备受瞩目，其先后经历了三个版本:EJB 1.x、EJB 2.x 和 EJB 3.x。1.x 和 2.x 时代的 EJB 是一个重量级的、侵入性非常高的编程模型，用户在使用 EJB 提供的强大功能时，也不得不忍受其同时带来的巨大复杂性，除了核心的业务逻辑外，开发人员还必须编写大量的样板代码和配置文件以满足 EJB 容器的要求。由于 EJB 早期版本的这些缺点，一些轻量级的框架，如 Spring、Hibernate 等，在 Java 企业级应用开发领域迅速流行起来。

2006 年 5 月 1 日，Java EE 5 发布，其带来了全新的技术架构，包括 EJB 3.0 及新的 Java 持久化规范 JPA 1.0（Java Persistence API）。相对于以前的版本，EJB 3.0 得到了极大的简化和改进，主要体现在下述几个方面：

- ◇ 使用基于 POJO（Plain Old Java Objects，简单 Java 对象）的编程模型，开发 EJB 应用变得更加简单；
- ◇ 改进了关键 API，更加易于使用；
- ◇ 借助于 Java SE 5 引入的注解，以及大量的默认行为，EJB 3.0 中很少再需要使用部署描述文件；
- ◇ JPA 对持久化提供了丰富的支持，新的对象查询语言更加易用，并且 JPA 可以在 EJB 容器之外使用；
- ◇ 依赖注入和面向方面编程的支持。

> **注意** 如无特殊说明，本书所指的 EJB 即为 EJB 3.0 版本（及 JPA 1.0）。2009 年 12 月 10 日，Java EE 6 发布，包括 EJB 3.1 及 JPA 2.0，本书附录中有关于 EJB 3.1 主要新特性的介绍。

 1.1.2 EJB 相关概念

EJB 提供了丰富的功能，涉及许多概念和技术，下面是对其中一些常见术语的说明：

◇ 企业级应用

何为“企业级”应用并没有准确的定义，一般来讲，企业级应用会涉及复杂的业务处理、大量数据的持久化、大量用户的并发访问、大量的操作界面，企业级应用通常需要与其他企业应用集成，并且要求有高度的稳定性和安全性。EJB 是使用 Java 开发企业级应用的标准平台。

◇ 分布式应用

分布式应用是指在物理或逻辑上不同的环境中运行的组件所共同构成的应用程序。目前主要的分布式技术有 CORBA（Common Object Request Broker Architecture，通用对象请求代理架构）、.NET、Java EE 以及 WebService 等。需要注意这些技术的分布“程度”并不相同，如通过 WebService 可以构建使用不同语言编写的、分布于不同的操作系统甚至硬件平台的应用，而单纯使用 Java EE 只能构建分布于多个 JVM（Java 虚拟机上）的 Java 应用。从一定程度上讲，分布程度越高，性能越差。

注意　此外，还有分布式事务技术。与分布式应用在概念上有些类似，分布式事务是指跨事务性资源（如 JDBC 数据源）的事务，也称为全局事务。简单来讲，如果两条 SQL 语句分别修改了两个数据库中的数据，并且这两个操作需要合并作为一个事务，那就是分布式事务。EJB 支持分布式事务。

◇ 服务器端组件

服务器端组件是指运行于服务器上并且可以被多个远程客户端访问的程序单元。服务器端组件具有可重用、可扩展以及可配置等优点，遵守同一模型的服务器端组件可以方便地在支持该模型的服务器之间移植。Servlet、EJB 都是典型的服务器端组件。

◇ ORM

ORM（Object-Relational Mapping，对象关系映射）是指将对象映射到关系型数据库中的技术。ORM 解决了面向对象的编程语言和关系型数据库之间数据表示不一致的问题。Java EE 中的 JPA 规范标准化了 Java 平台的 ORM 框架。

◇ 持久化

持久化是指将内存中的数据保存到持久存储介质上的过程，通常所说的持久化就是指将对象信息保存到关系型数据库中的过程。Java EE 中的 JPA 规范标准化了针对 EJB 实体的持久化机制。

◇ AOP

AOP（Aspect-Oriented Programming，面向方面编程）是指一种将系统中分散于各处的类似代码抽取出来，通过配置的方式统一调用的编程方法。使用 AOP 后，开发者可以将主要精力用于编写业务逻辑，而通过元数据配置通用性的功能（如日志、事务处理等）。EJB 通过拦截器机制提供了 AOP 功能。

◇ 依赖注入

依赖注入是一种通过配置方式来声明组件之间依赖性的方法，支持依赖注入的容器负责完成组件的实例化、初始化、装配，并且将组件实例提供给客户端调用。EJB 中大量使用了依赖注入来完成组件的装配，这是通过@EJB、@Resource 等注解实现的。

◇ RMI

RMI（Remote Method Invocation，远程方法调用）是一种支持运行于不同 JVM 上的多个应用程序之间进行通信的技术。RMI 为 Java 平台上的分布式应用提供了技术基础，但是相对于直接基于 TCP/IP 的 Socket 通信，RMI 的传输效率较低。EJB 支持通过 RMI 调用远程的 EJB 业务组件。

◇ JNDI

JNDI（Java Naming and Directory Interface，Java 命名目录接口）规范提供了按照名称定位组件或服务的功能。EJB 中，容器管理的组件或资源会自动注册到 JNDI 上下文，客户端可以通过 JNDI 查找这些组件和资源。EJB 提供的依赖注入功能实际上也是容器通过 JNDI 查找实现的。

◇ JMS

JMS（Java Message Service，Java 消息服务）是一种 Java 平台上用于处理异步消息通信的规范。使用 JMS 可以开发 JMS 格式消息的发送和接收程序。EJB 中的消息驱动 Bean 是专门用来接收并处理异步消息的一种 EJB。

◇ WebService

WebService 是一种流行的分布式应用程序平台。使用 WebService 可以实现各种异构平台上的应用程序之间的互操作。EJB 中使用@WebService、@WebMethod 等注解可以方便地将业务方法发布为 WebService。

1.2 EJB 类型

按照用途，EJB 分为三种类型：

◇ 会话 Bean（Session Bean）

◇ 实体（Entity）

◇ 消息驱动 Bean（Message-Driven Bean，简称 MDB）

每种类型的 Bean 都用于特定的目的，会话 Bean 和消息驱动 Bean 主要用于处理业务逻辑，而实体用于持久化处理。

1.2.1 会话 Bean

会话 Bean 是专门用于封装业务逻辑的一种 Bean，客户端通过调用会话 Bean 的方法来执行业务逻辑处理。会话 Bean 分为两种类型：

◇ 无状态会话 Bean（Stateless Session Bean，简称 SLSB）

◇ 有状态会话 Bean（Stateful Session Bean，简称 SFSB）

EJB 容器负责维护有状态会话 Bean 在客户端多次调用之间的状态，因此可以使用有状态

会话 Bean 实现需要维持多次调用状态的业务处理，比如常见的购物车业务；但是，EJB 容器不保证维护无状态会话 Bean 的状态，一般的业务处理可以使用无状态会话 Bean 来实现。

EJB 支持客户端以三种方式访问会话 Bean：

- ◇ 本地访问，客户端和 EJB 容器位于同一个 JVM 中
- ◇ 远程访问，客户端和 EJB 容器位于不同的 JVM 中
- ◇ WebService，客户端以 WebService 方式访问 EJB 容器中的会话 Bean

1.2.2 实体和 JPA

实体是可以持久化到关系型数据库中的 Java 对象，EJB 中使用 JPA 完成实体的持久化功能。实体可以映射到数据库中的表上，JPA 持久化提供器（Persistence Provider）负责对实体的增删改查等持久化操作，这样开发人员就可以使用 JPA 提供的 API 来操作实体完成持久化功能，从而不必再编写复杂并且极易出错的底层 JDBC 代码。EJB 规范要求 EJB 容器必须实现 JPA 持久化提供器以支持 ORM 方式的持久化，JPA 持久化提供器实际上就是符合 JPA 规范的 ORM 框架。

JPA 规范标准化了 Java 平台的 ORM 框架，符合 JPA 规范的任何 ORM 框架（Hibernate、TopLink 等框架都实现了 JPA 规范）都可以作为持久化提供器来操作实体，所以实体和 JPA 实际上是完全独立于 EJB 的，无需 EJB 容器的支持就可以使用 JPA，比如在普通的 Java SE 环境下也完全可以使用 JPA 来完成持久化操作。

> **注意** 在 EJB 3.0 之前，EJB 中的持久化操作通过实体 Bean（Entity Bean）完成。而 EJB 3.0 中，由 JPA 完成实体的持久化，并且 JPA 能够脱离 EJB 容器单独使用，可以认为 JPA 与 EJB 已无必然联系，所以本书使用“实体”而不是“实体 Bean”来表述这一概念。

1.2.3 消息驱动 Bean

消息驱动 Bean 与会话 Bean 类似，也用于处理业务逻辑，不同的是，消息驱动 Bean 主要用于处理 JMS 异步消息。

JMS 是一种 Java 平台上用于处理异步消息通信的规范，除了 JMS 外，还存在很多种异步消息系统，如 SOAP、Email、CORBA 等，每种消息系统的消息格式都不相同。EJB 规范要求 EJB 容器必须提供符合 JMS 规范的消息服务。

需要注意，消息驱动 Bean 对于客户端是不可见的，客户端无法得到消息驱动 Bean 的实例，也不能直接调用消息驱动 Bean 的方法。实际上，消息驱动 Bean 的调用是由异步消息触发的，EJB 容器在接收到消息后，会自动调用此消息所指定的消息驱动 Bean 的消息处理方法，从而执行对应的业务逻辑，可见消息驱动 Bean 是作为消息的监听器存在的，所以称之为“消息驱动”的 Bean。

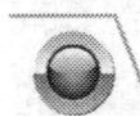

1.3 EJB 架构

EJB 主要用于处理业务逻辑和持久化操作，并且运行时可以调用 EJB 容器提供的各种企

业级服务，为构建可重用的服务器端组件提供了功能强大而简单易用的开发平台。

 1.3.1 三层架构和 EJB

服务器端开发经常使用三层架构，即将应用程序分为表示层、业务逻辑层、持久化层，这种分层方式简单直观，得到了广泛的使用。各层的职责如下：

◇ 表示层：调用业务逻辑层中的对象，负责向用户显示从业务逻辑层得到的数据，处理用户的输入并向业务逻辑层发送输入数据。

◇ 业务逻辑层：业务逻辑层封装了业务逻辑，是应用程序的核心模块，调用持久化层的对象来检索和保存数据。

◇ 持久化层：持久化层以面向对象方式封装了数据库操作，负责对数据库的增删改查等操作，并将操作结果封装为对象。

良好的分层保证各层之间只存在单向的依赖关系，上层依赖于下层，而下层无需了解上层，从而提高重用性和可维护性。

EJB 为方便的构建业务逻辑层和持久化层提供了强有力的支持，使用 EJB 后，可以由会话 Bean 和消息驱动 Bean 封装业务逻辑，充当业务逻辑层；由 JPA 和实体负责完成持久化操作，充当持久化层。使用 EJB 后的三层架构模型如图 1－1 所示。

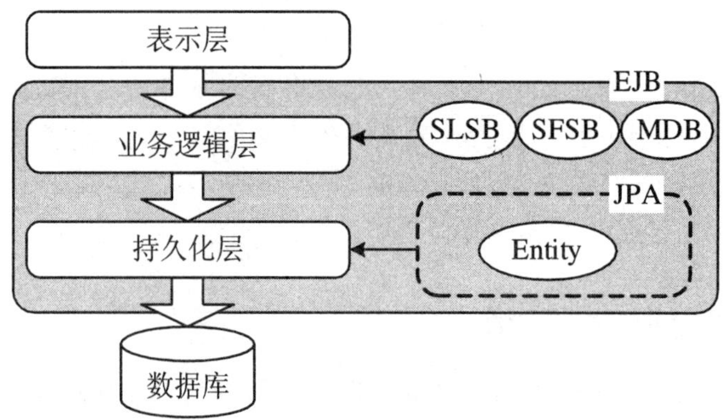

图 1－1 三层架构和 EJB

作为 Java EE 平台的标准服务器端组件技术，EJB 提供了高度的可重用性，使用会话 Bean 和消息驱动 Bean 封装的业务逻辑，可以被各种表示层技术调用，比如 JSP、Servlet 甚至 WebService 的客户端。

 1.3.2 Java EE 容器

容器通常是指一种特殊的程序，它为某种特定类型的应用程序提供运行环境，可以为运行于其中的应用程序提供基础性的服务，例如被广泛使用的 Apache Tomcat 就是一种运行 Servlet 的容器。Java EE 容器是指支持 EJB、Servlet、JPA 以及其他 Java EE 规范的应用程序服务器解决方案，经常也被称为 Java EE 应用服务器。常见的 Java EE 容器包括 IBM 的 WebSphere、Oracle 的 WebLogic 和 GlassFish、Red Hat 的 JBoss、Apache 的 Geronimo 等。

符合 Java EE 规范的 Java EE 容器应该包含 EJB 容器、Servlet 容器和 JPA 持久化提供器，前面提到的几种 Java EE 容器都满足此要求。另外一些工具可能只提供了 Java EE 规范中的一部分功能，则不能称为完整的 Java EE 容器，比如 Apache Tomcat 只提供了 Servlet 容器，所以不能运行 EJB；开源的 ORM 框架 Hibernate 实现了 JPA 规范，只可以作为 JPA 持久化提供器使用。

> **注意**　本书的实践篇使用了 JBoss 应用服务器的社区版（JBoss Application Server Community）作为 Java EE 容器进行 EJB 开发，关于此容器的配置和使用方式详见实践篇。

会话 Bean 和消息驱动 Bean 部署运行于 EJB 容器中，按照 EJB 规范，EJB 容器会提供安全、事务、池化、集成等各种服务，会话 Bean 和消息驱动 Bean 可以方便地使用这些服务，并且可以在符合 EJB 规范的各种 EJB 容器上部署和运行。

JPA 持久化提供器与 EJB 容器类似，是实体的运行环境，JPA 提供了方便易用的 API 供应用程序调用，同样，实体可以在符合 JPA 规范的各种持久化提供器上部署和运行。

图 1-2 显示了 EJB 的整体架构。

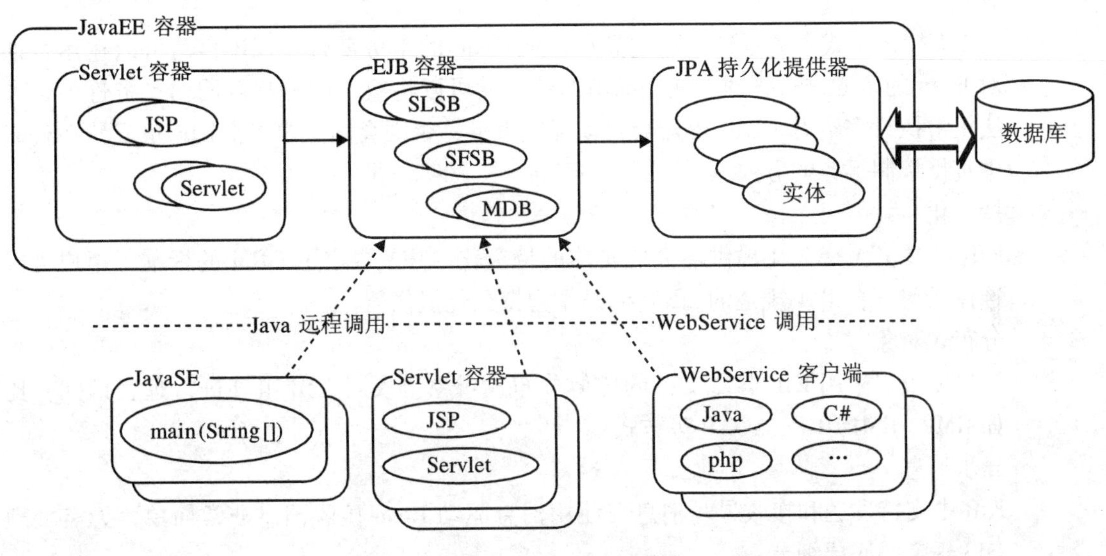

图 1-2　EJB 架构

如图 1-2 所示，EJB 容器中运行的会话 Bean 和消息驱动 Bean 负责业务逻辑处理，并供 Servlet 容器、普通的 Java SE 应用或其他平台的 WebService 客户端调用；EJB 容器通过调用 JPA 持久化提供器完成持久化处理；JPA 持久化提供器负责与数据库的底层 JDBC 通信。

完整的 Java EE 容器中包含 Servlet 容器、EJB 容器和持久化提供器，当 Java EE 容器运行时，各种容器运行于同一个 JVM 中，因此这种情况下 Servlet 容器对 EJB 容器的调用属于本地调用；Java EE 容器之外的 EJB 客户端与 Java EE 容器必然运行于不同的 JVM 中，这种调用是远程调用。

注意 远程调用是指运行于多个 JVM 中的应用程序间的调用，与多个 JVM 是否运行于同一个机器上并没有关系，当然，运行于多个机器上的 JVM 之间必然是远程的。

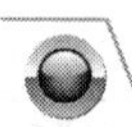

1.4 EJB 提供的服务

EJB 的一个主要优点是其为企业级开发提供了大量的通用性服务，使用 EJB 开发企业级应用，开发人员可以将主要精力用于解决业务问题，而不需要在这些通用的、系统级问题上花费大量的时间。EJB 主要提供了下列服务：

◇ 并发

EJB 保证组件的线程安全性和并发访问的性能，开发人员通常不需要考虑线程安全问题，可以像开发简单的单线程应用那样开发服务器端组件，由 EJB 容器处理相关的并发问题。实际上，EJB 规范禁止在组件中手动控制线程，包括使用 synchronized 关键字进行线程同步、新建线程等，因为这些操作会影响 EJB 容器内部对组件的并发控制。

◇ 事务

EJB 支持声明式事务管理，通过简单声明 Bean 的事务属性，EJB 容器可以在运行期对 Bean 的事务进行管理。使用简单的注解就可以将组件的方法声明为事务性的，方法正常执行完毕后，EJB 容器会自动提交事务，否则会回滚事务。EJB 也支持在代码中直接控制事务的方式。

◇ 持久化

EJB 通过 JPA 持久化提供器完成实体的持久化。JPA 规定了 ORM 的标准，用户可以选择任何符合 JPA 规范的 ORM 框架作为持久化提供器。

◇ 分布式对象

客户端可以采用 EJB 容器支持的任何分布式对象协议对 EJB 组件进行远程访问，比如 RMI、RMI-IIOP、SOAP 等方式。

◇ 异步消息

EJB 中支持发送和接收异步消息。使用消息驱动 Bean 接收消息非常简单，无需处理 JMS 规范的底层细节。

◇ 定时服务

EJB 定时服务可以在规定的时刻向组件发送通知，从而自动调用对应的方法。通过 EJB 定时服务可以方便地实现任务调度。

◇ 命名

EJB 为部署的组件进行命名，并允许客户端使用 JNDI 查找这些组件，从而调用组件的方法。

◇ 安全

EJB 支持与 JAAS（Java Authentication and Authorization Service，Java 验证和授权服务）的集成，使用简单的配置即可保证应用程序的安全性，而无需了解 JAAS 的底层细节。

1.5 JNDI 和依赖注入

Java EE 应用程序中通常会运行许多组件（或资源），几乎每个组件都需要使用其他的组件才能完成其自身的功能。Java EE 容器负责管理各种组件，从容器获得组件有两种方式：

◇ 依赖查找

◇ 依赖注入

在 EJB 中，依赖查找通过使用 JNDI 实现；依赖注入通过使用@EJB、@Resource 等各种注解实现。JNDI 查找和依赖注入是 EJB 中用于组件装配的两种基本手段，在 EJB 体系中具有重要的作用。

1.5.1 JNDI

命名和目录服务是一种按照名称定位网络上的组件或者服务的功能。命名目录服务有很多种，常见的有 LDAP（Lightweight Directory Access Protocol，轻量型目录访问协议）、DNS（Domain Name System，域名系统）、NIS（Network Information Service，网络信息服务）、RMI 和 CORBA 等。JNDI 是 Java 平台的命名和目录服务规范，JNDI 标准化了命名和目录服务的访问接口，提供了一套统一的 API 来查询各种类型的命名和目录服务。得到 JNDI 上下文对象后，就可以使用 JNDI 查找各种命名目录服务提供的资源。

JNDI 的作用与 JDBC 非常类似，JDBC 为查询各种数据库提供了统一接口，类似的，JNDI 为查询各种命名目录服务提供了统一接口。JNDI 与 JDBC 的类比如图 1-3 所示。

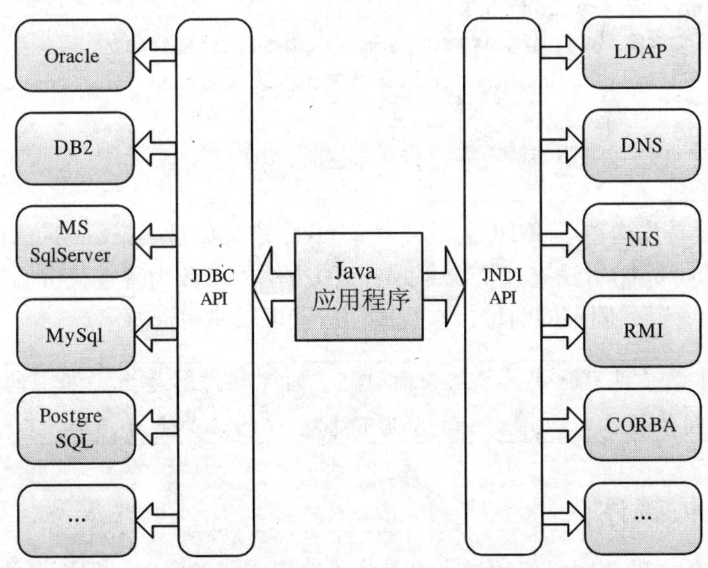

图 1-3 JDBC 和 JNDI 的类比

Java EE 容器通过 JNDI 来组织其管理的资源，Java EE 容器启动后，会将其管理的每个组件注册到 JNDI，包括部署在 Java EE 容器中的 EJB 应用程序的各种 Bean，以及容器提供的各种资源，比如 JDBC 数据源、JMS 消息队列、JMS 连接工厂、JPA 实体管理器、JPA 实体管理器工厂等。这些资源都具有唯一的 JNDI 名称，客户端（包括容器内的 EJB）可以使用这个唯一的名称查找并获取该资源。

JNDI 中的资源按照树形结构进行组织，这非常类似于文件系统中的目录，图 1-4 显示了 Java EE 容器中典型的 JNDI 资源树。

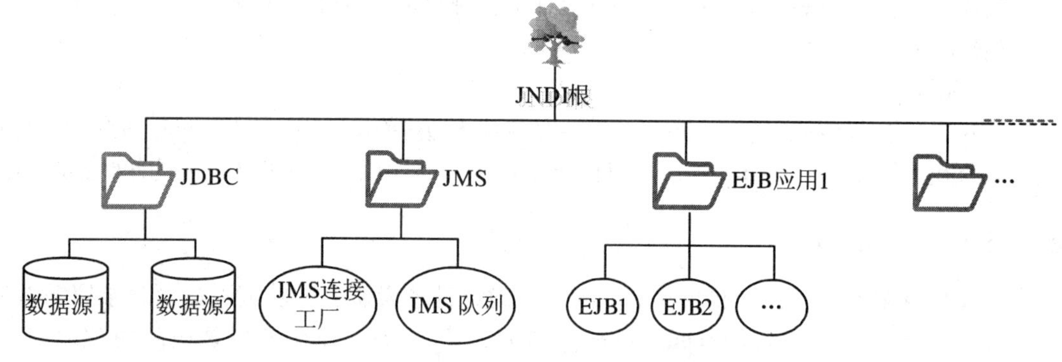

图 1-4　Java EE 容器中的 JNDI 资源树

为了使用 JNDI 中的资源，客户端需要首先构造一个 JNDI 上下文对象，然后调用其提供的查找方法并根据资源名称查找资源。下述代码通过 JNDI 上下文对象查找 JNDI 资源，获得了 JNDI 中的数据源：

```
// 初始化 JNDI 上下文对象
Context ctx = new InitialContext();
// 使用 JNDI 上下文对象，查找名称为"jdbc/someDataSource"的资源
DataSource ds = (DataSource) ctx.lookup ("java:comp/env/jdbc/someDataSource");
// 使用资源
Connection conn = ds.getConnection();
......
```

上述代码中，首先构造了 JNDI 上下文对象 ctx，该对象是 javax.naming.InitialContext 的实例；然后调用其 lookup( )方法查找资源，lookup( )方法的参数为待查找资源的 JNDI 名称，其中“java:comp/env/”是固定的前缀；查找成功后就可以使用资源了。

注意　JNDI 名称具有特定的格式，对 JNDI 的完整讲解超出了本书的范围，实际上，在使用依赖注入后，大多数情况下 EJB 中已很少使用 JNDI 了。

1.5.2 依赖注入

与 JNDI 查找的目的相同，依赖注入也是为了获得需要的资源。但不同的是，依赖注入是一种反向的查找，实际上是通过容器向组件的需求者注入其需要的组件。依赖注入允许以声明的方式描述组件之间的依赖性，由容器负责处理资源或服务的实例化、初始化，并且把资源或服务的实例提供给需求者。

在 JNDI 查找中，组件的名称被硬编码到代码中，应用中会充斥大量类似的查找代码，这破坏了代码的可维护性，并且查找到的组件需要进行强制类型转换，这不是类型安全的。而

依赖注入是由容器根据声明的依赖关系来装配组件，从而不必编写任何查找的代码。EJB 中的 JNDI 查找和依赖注入的区别如图 1 -5 所示。

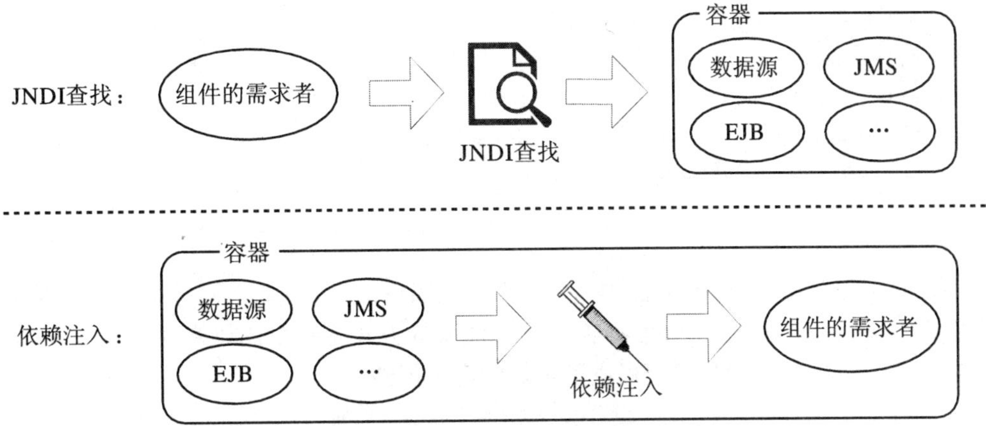

图 1-5　EJB 中的 JNDI 查找和依赖注入

需要注意，资源是由容器管理和提供的，所以 JNDI 查找和依赖注入都需要容器的支持。但是，使用依赖注入对容器的要求更高，除了管理资源外，被注入资源的组件也必须由容器管理，这样容器才能通过某种机制（如反射等）向其注入资源。因此，在独立的应用中是不能使用依赖注入的，因为其并没有运行在能够提供资源的某种环境中，比如以 main( )方法开始的简单的 Java Application 中无法使用依赖注入，但是 JNDI 查找是可用的。

> **注意**　准确地说，各种容器本质上也是 Java Application，但是其提供了运行特定类型程序的环境（比如 Servlet 容器提供了运行 Servlet 的环境），所以这些特定类型的程序可以获得容器的资源。前文所述的“简单的 Java Application”是指非“容器”性质的程序。

在 EJB 中使用依赖注入是非常简单的，主要通过各种注解来实现，最常用的是@javax.annotation.Resource 注解，其用来注入容器提供的资源。下述代码是某个会话 Bean 的一部分，其中使用@Resource 注解注入了容器提供的数据源。

```
......
// 注入 EJB 容器的数据源
@Resource (mappedName = "java:jdbc/ejb3theory")
private DataSource dataSource;
......
```

上述代码中，声明了一个 DataSource 类型的私有属性 dataSource，用@Resource 注解通知 EJB 容器，当容器构造这个会话 Bean 的实例时，向 dataSource 属性注入容器中 JNDI 名称为“java:jdbc/ejb3theory”的资源。这样，最终构造出的这个会话 Bean 实例就可以直接使用 dataSource 属性来操作数据库了。

除了直接在类的属性上使用依赖注入外，更常见的方式是在属性的 set 方法上使用，下述代码通过 set 方法注入了容器提供的数据源。

```
......
private DataSource dataSource;
......
// 注入 EJB 容器的数据源
@Resource (mappedName = "java:jdbc/ejb3theory")
public void setDataSource (DataSource dataSource) {
    this.dataSource = dataSource;
}
......
```

上述代码中，使用@Resource 注解了 dataSource 属性的 set 方法，同样可以注入资源。与直接在属性上进行注入相比，使用 set 方法进行注入的方式看起来比较麻烦，但是 set 方法更符合面向对象理论中封装的要求，提供了更好的可扩展性。

> **注意** EJB 中关于依赖注入的其他注解将在本书的后续章节中介绍。

1.6 HelloEjb 示例

本节内容用于完成任务 1.D.1，编写第一个 EJB 程序 HelloEjb，并编写客户端程序访问此 EJB。完成此任务需要下列步骤：

1）编写业务接口；

2）编写实现业务接口的会话 Bean；

3）编写客户端程序。

> **注意** 本例中没有用到实体和消息驱动 Bean。

1. 编写业务接口

业务接口声明了业务逻辑方法，代码如下：

【描述 1.D.1】HelloEjb.java

```
@Remote
public interface HelloEjb {
    String hello();
}
```

上述代码中声明了一个简单的接口 HelloEjb，@javax.ejb.Remote 注解表示 HelloEjb 为 EJB 远程接口，实现此接口的会话 Bean 可以被远程调用。因为后面要编写的 EJB 客户端程序是一个简单的 Java Application，只能以远程方式访问 EJB，所以需要将 HelloEjb 接口声明为远程接口。

2. 编写会话 Bean

会话 Bean 是专门用于业务逻辑处理的 EJB 组件，必须实现业务接口，代码如下：

【描述 1.D.1】HelloEjbBean.java

```
@Stateless
public class HelloEjbBean implements HelloEjb {

    @Override
    public String hello() {
        return "Hello, this is my first EJB.";
    }
}
```

上述代码中的 HelloEjbBean 类是一个简单的 POJO，其实现了远程业务接口 HelloEjb，@javax.ejb.Stateless 注解表示 HelloEjbBean 类是一个无状态的会话 Bean。

编写完业务接口和会话 Bean 后，服务器端的开发已经完成，只要将其成功部署到 EJB 容器中，然后运行 EJB 容器，就可以被客户端所调用。

注意　关于如何将 EJB 应用打包并部署于 JBoss 应用服务器可参见本章实践 3。

3. 编写客户端程序

EJB 的客户端可以以各种形式存在，比如 Servlet 或普通的 Java 程序等。本示例采用最简单的 Java SE 程序，在 main( ) 方法中调用远程的 EJB，代码如下：

【描述 1.D.1】EjbClient.java

```
public class EjbClient {
    public static void main (String [] args) throws NamingException {
        // 设置远程调用的属性
        // 这些属性的值与具体的应用服务器有关，下述是针对 jboss 的设置。
        Properties props = new Properties();
        props.setProperty (Context.INITIAL_CONTEXT_FACTORY,
                "org.jnp.interfaces.NamingContextFactory");
        props.setProperty (Context.PROVIDER_URL,"localhost:1099");

        // 构造 JNDI 上下文对象
        Context ctx = new InitialContext (props);

        // 使用 JNDI 查找 EJB
        // EJB 的 JNDI 名称也与具体的应用服务器有关，下述是 jboss 下的全局 JNDI 名称。
        HelloEjb bean = (HelloEjb) ctx.lookup ("HelloEjbBean/remote");
        System.out.println (bean.hello());
    }
}
```

上述代码完成了一个最基本的 EJB 客户端，因为是一个独立的 Java Application 程序，所以与 EJB 容器是运行于不同的 JVM 上的，此客户端调用 EJB 时属于远程调用。首先需要设置

JNDI 相关属性；然后初始化 JNDI 上下文对象；最后使用 JNDI 查找远程的会话 Bean 对象，并调用其业务方法。

需要注意，远程调用相关属性的值和会话 Bean 的全局 JNDI 名称都与部署 EJB 的具体应用服务器有关，不同的应用服务器下需要设置不同的值，上述代码中是针对 JBoss 的设置。

部署 HelloEjbBean 并启动 Java EE 容器，然后运行 EjbClient 程序，结果如下所示：

```
Hello, this is my first EJB.
```

小结

通过本章的学习，学生应该能够学会：

- EJB 是用于分布式业务应用的标准服务器端组件模型
- 相对于 EJB 2，EJB 3 做出了重大的改进
- EJB 容器和持久化提供器是运行 EJB 程序的基础
- EJB 包括会话 Bean、实体和消息驱动 Bean，会话 Bean 又分为无状态和有状态两种
- 会话 Bean 用于处理业务逻辑
- 实体用于持久化操作
- JPA 规范标准化了 Java 平台的 ORM 框架
- 消息驱动 Bean 用于处理异步消息
- EJB 提供了业务逻辑层和持久化层的组件服务
- Java EE 容器包含 Servlet 容器、EJB 容器和 JPA 持久化提供器
- EJB 提供了并发、事务、持久化、分布式对象、异步消息、定时服务、命名、安全等多种服务
- JNDI 查找和依赖注入是 EJB 中获得容器资源的两种主要方式
- EJB 程序需要部署在 EJB 容器中才能运行

练习

1.关于 EJB 的描述正确的是______。(多选)

A.EJB 是一个开源社区的项目

B.EJB 是一个 Java EE 规范

C.EJB 是一个 Web 组件模型

D.EJB 是一个服务器端组件模型

2.下列哪些是 EJB 3.0 的优点______。(多选)

A.基于 POJO 的编程模型

B.可以使用 Java 注解

C.支持依赖注入和面向方面编程

D.使用新的持久化规范 JPA

3.下列属于 EJB 组件的是______。(多选)

A.会话 Bean
B.消息驱动 Bean
C.JPA 实体
D.Servlet

4.客户端能够通过哪些方式访问 EJB？______（多选）。
A.直接构造实例访问
B.远程访问
C.本地访问
D.WebService 访问

5.下列哪些分层可以由 EJB 完成？______（多选）。
A.表示层　B.业务层　C.持久化层　D.数据层

6.下列哪些是完整的 Java EE 容器？______（多选）。
A.WebLogic　B.WebSphere　C.JBoss　D.Tomcat

7.可以通过哪些方式从 EJB 容器获取组件的实例？______（多选）。
A.依赖注入　B.直接构造实例　C.JNDI　D.WebService

8.如果 Web 项目与 EJB 项目部署于不同的容器中，则下列说法正确的是______（多选）。
A.Servlet 中可以注入会话 Bean
B.Servlet 中只能通过 JNDI 查找会话 Bean
C.Servlet 中可以访问本地会话 Bean
D.Servlet 中只能访问远程会话 Bean

9.说明 EJB 编程模型的优点。

第 2 章　会话 Bean

本章目标

- ◆ 理解会话 Bean 的作用和状态
- ◆ 了解 EJB 的单线程模型
- ◆ 掌握本地接口和远程接口的使用
- ◆ 掌握会话 Bean 实现业务接口的方法
- ◆ 掌握编写无状态会话 Bean
- ◆ 了解无状态会话 Bean 的实例池和生命周期
- ◆ 掌握编写有状态会话 Bean
- ◆ 了解有状态会话 Bean 的钝化、激活和生命周期
- ◆ 了解使用有状态会话 Bean 的注意事项
- ◆ 了解在 Java SE 中访问会话 Bean
- ◆ 掌握在 Web 层访问会话 Bean

学习导航

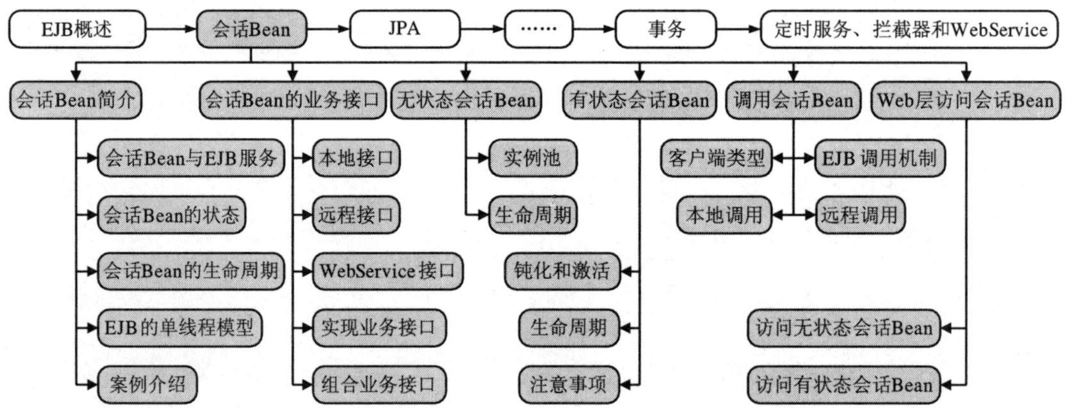

任务描述

【描述】2.D.1

编写查询库存的本地和远程业务接口。

【描述】2.D.2

编写查询库存的无状态会话 Bean。

【描述】2.D.3

编写查询产品的业务接口和无状态会话 Bean，并添加生命周期回调方法。

【描述】2.D.4

编写库存盘点的业务接口和有状态会话 Bean，并添加生命周期回调方法。

【描述】2.D.5

在简单的 Java SE 程序中访问库存查询会话 Bean。

【描述】2.D.6

在 Servlet 中使用依赖注入访问无状态的库存查询会话 Bean。

【描述】2.D.7

在 Servlet 中使用 JNDI 查找访问有状态的库存盘点会话 Bean。

2.1 会话 Bean 简介

企业应用程序的核心部分是业务逻辑。典型的企业应用中存在大量的业务操作或处理，而会话 Bean 是用于封装业务逻辑的一种 EJB，因此可以说，使用 EJB 开发企业级应用时最重要的工作就是编写各种会话 Bean。

会话是指在有限的时间内客户端与服务器端之间的连接。客户端请求某个会话 Bean 以完成某种业务处理，这通常需要在一个会话中完成，因此称之为“会话”Bean。

会话 Bean 是唯一可以被客户端直接调用的 EJB 组件，客户端可以是各种形式，比如 Servlet、JSP、Java SE 应用等，如果会话 Bean 的业务方法声明为 WebService，则客户端也可以是其他平台的应用程序。

> **注意** 在各个领域都存在“会话”的概念，比如 Servlet 规范中的 HttpSession 和 Hibernate 的 Session。会话 Bean 中的“会话”与它们不同，更贴近业务处理的角度，是一种抽象层次更高的会话。

2.1.1 会话 Bean 与 EJB 服务

EJB 容器提供了许多基础服务，其中大部分都是为会话 Bean 专门准备的，如图 2－1 所示。

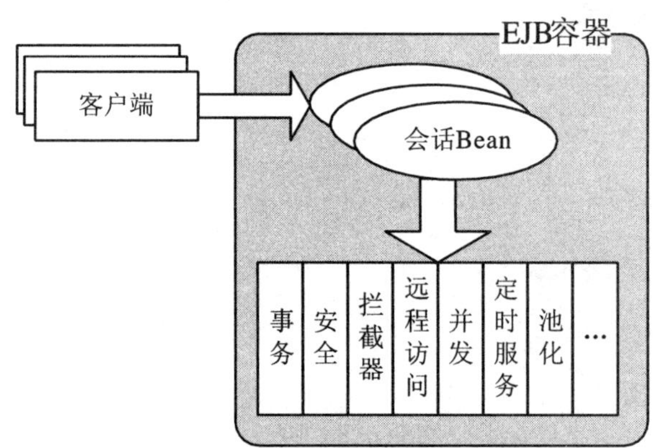

图 2－1　会话 Bean 调用 EJB 服务

充分利用容器提供的这些服务，可以使通过会话 Bean 开发业务逻辑层变得非常容易。会话 Bean 可以使用的 EJB 服务主要有：

◇ 并发

会话 Bean 用于处理业务逻辑，而同一个业务处理极有可能会被多个客户端同时调用，所以会话 Bean 必须能够安全和高性能的支持高并发访问。EJB 容器能够确保会话 Bean 的线程安全性和并发访问的性能，开发人员通常不需要考虑线程安全问题，可以将会话 Bean 当作单线程应用来开发，由 EJB 容器处理相关的并发问题。

◇ 远程访问

业务逻辑是企业应用的核心，用于封装复杂业务逻辑的会话 Bean 需要尽量被重用，所以会话 Bean 可能存在多个不同类型的客户端。EJB 支持以本地调用、远程调用和 WebService 的方式访问会话 Bean，并且这只需要简单的声明即可实现。

◇ 事务管理

事务密集是企业级应用的一个突出特点，EJB 提供了高可用性的事务管理方案。通过简单的注解即可为会话 Bean 中的业务方法添加事务支持。

◇ 安全性

企业级应用需要高度的安全性，EJB 使用基于 JAAS 的验证和授权机制，通过简单的注解即可声明会话 Bean 及其业务方法的安全控制。

◇ 定时服务

任务调度也是企业级应用的常见需求，在会话 Bean 中可以集成 EJB 定时服务。

◇ AOP（拦截器）

EJB 通过拦截器支持轻量级的 AOP，为会话 Bean 编写和配置拦截器都非常简单。

> **注意** 事务、安全性、定时服务和拦截器将在本书第 7、8 章分别进行介绍。

2.1.2 会话 Bean 的状态

根据是否维护会话的状态，会话 Bean 分为无状态和有状态两种。在一个会话中，客户端可能会多次调用同一个会话 Bean 的业务方法，多次方法调用过程中，如果会话 Bean 能够维护上一次调用后的状态，则这个会话 Bean 就是有状态会话 Bean，否则就是无状态会话 Bean。因此，有状态会话 Bean 用于构建需要多个步骤的业务逻辑，这样后续步骤可以使用前面步骤的结果，典型的应用是购物车；而无状态会话 Bean 用于构建一般性的业务逻辑，通常是一些一次性的服务。大部分情况下，使用无状态会话 Bean 都能够满足业务要求。

按照面向对象理论，对象拥有状态和行为，对应到 Java 中，状态就是属性，行为就是方法，会话 Bean 的状态与面向对象理论中的状态有些类似。但是需要注意，并不是说无状态会话 Bean 就不能够有属性，或者说会话 Bean 如果有属性就必须声明为有状态会话 Bean，问题的关键是客户端是否需要依赖会话 Bean 的属性来存储会话状态信息，如果不需要，那无状态的会话 Bean 完全可以拥有属性。实际上，无状态会话 Bean 经常会存在属性，比如数据源等一些资源性的对象。

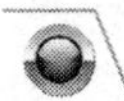

2.1.3 会话 Bean 的生命周期

会话 Bean 是受 EJB 容器管理的资源，EJB 容器负责管理会话 Bean 的实例化、初始化、依赖注入和销毁，会话 Bean 的整个生命周期都在 EJB 容器的控制之下，正因为如此，会话 Bean 才可以使用容器提供的各种服务。

所有会话 Bean 的生命周期都会经过下列阶段：

1）容器反射创建会话 Bean 的实例；

2）如果会话 Bean 中有需要依赖注入的资源，容器负责注入这些资源；

3）当容器确定不再需要会话 Bean 的实例时，销毁实例。

针对上述阶段，所有会话 Bean 都具有 PostConstruct 和 PreDestroy 两个生命周期回调事件：

◇ PostConstruct 事件：在会话 Bean 生命周期的第 2 阶段完成以后，会自动触发此回调事件。因此，通常用于会话 Bean 的初始化工作，比如资源的创建。

◇ PreDestroy 事件：在会话 Bean 生命周期的第 3 阶段，即销毁 Bean 实例之前，会自动触发该事件。因此，通常用于清理工作，比如释放会话 Bean 占用的资源。

生命周期回调方法是通过@javax.annotation.PostConstruct 和@javax.annotation.PreDestroy 注解标记的会话 Bean 方法，PostConstruct 和 PreDestroy 事件被触发时，由容器调用事件对应的方法。

> **注意** 会话 Bean 和消息驱动 Bean 的实例都是由 EJB 容器创建的，容器通过调用 Class.newInstance()方法反射出实例，本质上是调用无参的公共构造方法，所以要求会话 Bean 和消息驱动 Bean 必须具有无参的构造方法。

会话 Bean 的生命周期如图 2－2 所示。

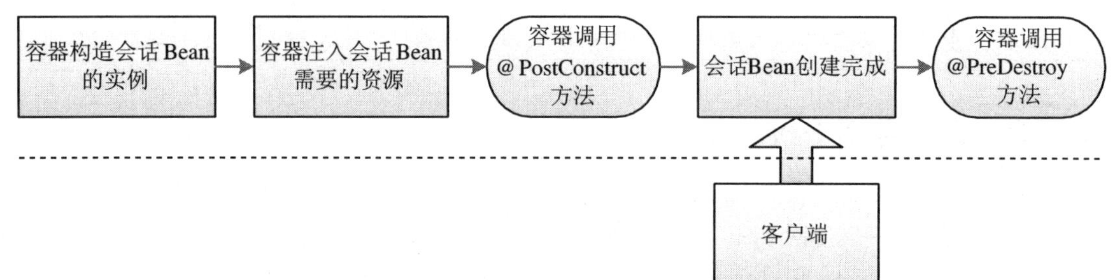

图 2－2　会话 Bean 的生命周期

因为无状态会话 Bean 与有状态会话 Bean 具有不同的特性，所以这两种会话 Bean 实例的创建和销毁时机是不同的。无状态会话 Bean 的实例可能会被池化，而有状态会话 Bean 的实例可能会被钝化和激活，但是无论有无状态，所有的会话 Bean 都具有@PostConstruct 和@PreDestroy 两个生命周期事件。

> **注意** 使用@PostConstruct 和@PreDestroy 注解标注的方法可以具有任何名称，但是必须返回类型为 void，且不能有参数，不能抛出任何可查异常。

2.1.4　EJB 的单线程模型

虽然 Java 语言提供了简单而功能强大的线程 API，但是由于多线程问题本身的复杂性，编写精确的多线程程序还是比较困难的。作为服务器端组件模型，为了能够同时为多个客户端提供服务，EJB 容器需要为每个客户端请求分配一个线程，不可避免的需要处理多线程并发访问的问题。EJB 力图提供一种简单的单线程编程模型，在这种模型下，开发人员可以像开发单线程程序一样编写各种组件，而由 EJB 容器负责解决多线程环境下的并发控制问题，从而保证组件的线程安全性。

> **注意**　如果一个对象没有任何状态（针对 Java 类就是没有任何非静态属性），则该对象本身就是线程安全的，因为其方法所操作的数据与实例没有任何关系，不存在共享数据的并发访问问题。但是这样的对象很少存在，即使是无状态会话 Bean 通常也具有内部状态。

为了解决并发访问问题，服务器端业务对象有下列几种常见的线程模型：

◇ 手动处理并发问题

由开发人员编写多线程代码来控制共享资源的并发访问。当需要处理的并发问题较简单时，这是一种快捷的解决方案。

◇ 所有客户端共享同一个对象

所有的客户端共享一个全局唯一的实例。此种模型要求被共享的唯一实例必须是线程安全的，由开发人员保证其线程安全性，在必要的时候，可能需要手动控制同步访问。这种方案实现简单，适合于很多场合，比如 Servlet 就采用了此模型，Servlet 容器使用某个 Servlet 的同一个实例处理所有针对此 Servlet 的请求。Spring 框架中的 Bean 默认也采用了这种模型。EJB3.1 中添加了对这种模型的支持。

◇ 每个客户端独占一个对象

这种方式下，容器为每个客户端新建一个对象，多个客户端不会使用同一个对象，所以也不会存在并发问题。客户端可以保存对该对象的引用，从而执行多次方法调用，因为是同一个对象，所以多次方法调用之间可以维持对象的状态。Struts2 框架中的 Action 采用了这种模型，针对每个请求，Struts2 会创建一个新的 Action 实例来处理。EJB 中的有状态会话 Bean 采用了类似的模式。

◇ 使用 ThreadLocal

java.lang.ThreadLocal 是一种绑定到线程上的容器。ThreadLocal 可以保证其中存储的对象在同一个线程中得到的永远是同一个实例。使用 ThreadLocal 实现缓冲池的方案非常简单，Spring 框架大量采用了这种方式。

◇ 实例池

实例池（或对象池）是指将创建好的对象进行缓存，当再次需要时从缓存中直接取出使用的方式，其在一定程度上减少了频繁创建对象所造成的开销。数据库连接池是最常见的实例池，池中缓存了预先建立好的数据库连接对象。EJB 中的无状态会话 Bean 和消息驱动 Bean 使用了实例池。实例池的模型如图 2－3 所示。

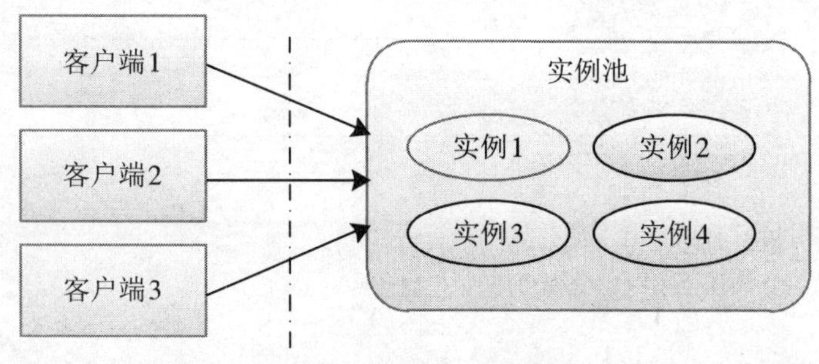

图 2－3　实例池模型

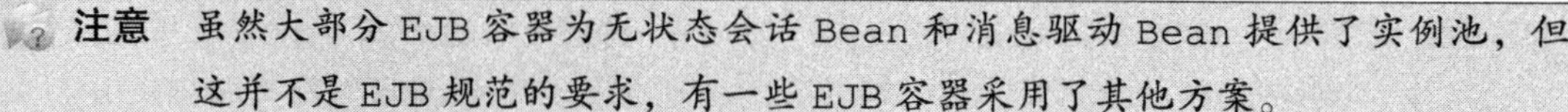
注意　虽然大部分 EJB 容器为无状态会话 Bean 和消息驱动 Bean 提供了实例池，但这并不是 EJB 规范的要求，有一些 EJB 容器采用了其他方案。

2.1.5 案例介绍

本书理论篇的后续章节中，将使用一个简化的库存管理模块作为 EJB 的应用示例，主要涉及入库、出库、盘点、库存查询和库存事务查询几个业务处理。

库存管理示例使用四个实体类：

◇ 产品:仓库中存储的产品；

◇ 库存:每种产品的库存量；

◇ 库存事务:库存的操作记录，包括入库、出库、库存盘点三种类型；

◇ 库存事务明细:一次库存事务可能涉及多个产品，每个产品对应一个事务明细。

各个实体类的代码如下：

1.产品

```
public class Product {
    Integer id;           // 主键
    String name;          // 名称
    String code;          // 编号
    Double minStock;      // 最小库存量
    Double stock;         // 当前库存量

......// 各个属性的 get、set 方法
}
```

2.库存

```
public class Inventory {
    Integer id;           // 主键
    Integer productId;  // 对应产品 ID
    Double quantity;      // 库存量

......// 各个属性的 get、set 方法
}
```

3.库存事务

```
public class InventoryTransaction {
    Integer id;           // 主键
    Date date; // 事务时间
    String type; // 事务类型:I 入库 O 出库 C 盘点

......// 各个属性的 get、set 方法
}
```

4. 库存事务明细

```
public class InventoryTransactionDetail {
    Integer id;                  // 主键
    Integer transactionId;       // 对应库存事务 ID
    Integer productId;           // 对应产品 ID
    Double quantity;             // 数量

......// 各个属性的 get、set 方法
}
```

> **注意**　虽然上述的类称为实体类，但并不是 EJB 实体，只是简单的 POJO。在后续介绍 JPA 和实体时将修改这些类为 EJB 实体。

根据实体类建立数据库中的表，表结构如图 2 -4 所示。

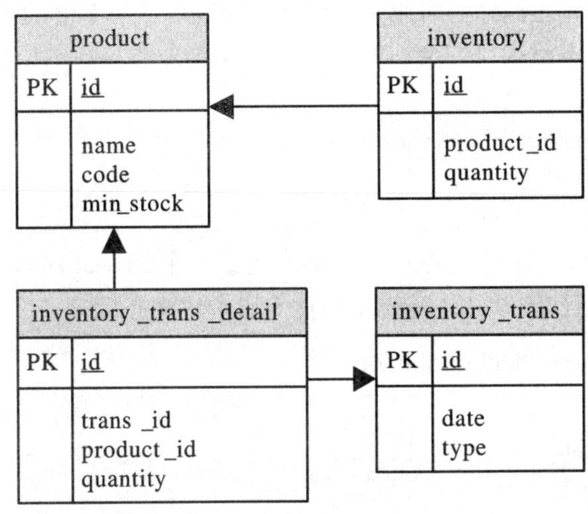

图 2-4　库存管理的数据库表结构

> **注意**　本书使用的库存管理示例只是为了更加直观的介绍 EJB 开发，所以采用了一个极度简化的业务模型，此模型并没有实际应用价值。现实中的库存管理是一种非常复杂的系统，涉及生产型、销售型等各种经营模式的企业，以及出入库、调拨、移库、盘点、检验、批次和成本核算等复杂的业务逻辑。

2.2　会话 Bean 的业务接口

EJB 规范要求会话 Bean 必须实现业务接口，这是因为会话 Bean 的实例运行于 EJB 容器中，客户端无法直接访问会话 Bean 的实例，但是客户端必须能够调用会话 Bean 的业务方法，所以会话 Bean 需要暴露出一个业务接口供客户端调用。因此，一个完整的会话 Bean 实际上由两部分组成：

◇ 一个或多个业务接口

◇ 实现业务接口的会话 Bean

从另一个角度讲，必须具有业务接口的要求也符合面向接口编程的设计原则。按照面向接口原则，组件之间的依赖关系应该体现在接口上而不是具体的实现类上，从而无需修改大量代码就可以容易的切换具体的实现方式，有利于组件之间的松散耦合，提高了程序的可扩展性。

按照业务方法访问类型的不同，会话 Bean 的业务接口分为三种：

◇ 本地接口

◇ 远程接口

◇ WebService 接口

2.2.1 本地接口

使用@javax.ejb.Local 注解标注的业务接口为本地接口，与 EJB 容器运行于同一个 JVM 中的客户端可以调用实现本地接口的会话 Bean。声明本地业务接口的语法如下：

```
@Local
public interface SomeBusinessInterface {
    ......// 若干业务方法
}
```

与普通的 Java 接口相比，EJB 本地接口只是多声明了一个@Local 注解，接口本身没有任何限制。下述代码用于完成任务 2.D.1，完成库存查询的本地业务接口。

【描述 2.D.1】 InventoryServiceLocal.java

```
/**
* 库存相关业务的本地接口
*/
@Local
public interface InventoryServiceLocal {

    /**
    * 查询库存。根据产品名称和产品编码模糊查询。
    *
    * @param productName 产品名称
    * @param productCode 产品编码
    * @return 对应产品的库存 List
    */
    List<Inventory> getInventories(String productName, String productCode);
}
```

上述代码中，声明了库存业务接口 InventoryServiceLocal，使用@Local 注解标注为本地接口。接口中只有一个库存查询方法 getInventories()，接收产品名称和产品编码作为查询条件，模糊查询符合条件的产品库存信息。

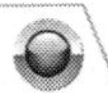 2.2.2　远程接口

使用@javax.ejb.Remote 注解标注的业务接口为远程接口，与 EJB 容器运行于不同的 JVM 中的客户端可以调用实现远程接口的会话 Bean。声明远程业务接口的语法如下：

```
@Remote
public interface SomeBusinessInterface {
    ......// 若干业务方法
}
```

实现远程接口的会话 Bean 可以被运行于不同 JVM 中的客户端调用，这是远程接口与本地接口的本质区别。远程调用是通过 RMI 实现的，因此，除了需要使用@Remote 注解外，远程接口还要求业务方法参数和返回值的类型都必须是可序列化（基本类型或 Serializable）的，因为只有可序列化的对象才可以通过 RMI 进行网络传输。

下述内容用于完成任务 2.D.1，完成库存查询的远程业务接口。

首先需要修改实体类 Inventory，使之实现 Serializable 接口，这样 Inventory 的实例才能通过 RMI 进行远程传输。

【描述 2.D.1】Inventory.java

```
// 库存
// 远程调用需要用到此类，所以实现 Serializable 接口
public class Inventory implements Serializable {

    Integer id; // 主键
    Integer productId; // 产品 ID
    Double quantity; // 库存量

    ......// get、set 方法
}
```

编写库存查询的远程业务接口，代码如下。

【描述 2.D.1】InventoryServiceRemote.java

```
/* *
 * 库存相关业务的远程接口
 * /
@Remote
public interface InventoryServiceRemote {
    /* *
     * 查询库存。根据产品名称和产品编码模糊查询。
     *
     * @param productName 产品名称
     * @param productCode 产品编码
     * @return 对应产品的库存 List
     * /
```

```
    List<Inventory> getInventories (String productName, String productCode);
}
```

上述代码中，声明了库存业务接口 InventoryServiceRemote，并使用@Remote 注解标注为远程接口。接口中的方法与库存查询的本地接口相同，接收产品名称和产品编码作为查询条件，模糊查询符合条件的产品库存信息。

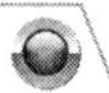

注意 按照 RMI 的要求，远程对象需要实现 java.rmi.Remote 接口，因此，会话 Bean 的远程接口应该继承 Remote 接口。但是如果没有继承也没关系，因为 EJB 容器会在部署时通过字节码增强来自动继承，所以上例中并没有让远程接口继承 Remote 接口。

2.2.3 WebService 接口

使用@javax.jws.WebService 注解标注的业务接口为 WebService 接口。声明 WebService 业务接口的语法如下：

```
@WebService
public interface SomeBusinessInterface {
    //若干业务方法......
    }
```

实现 WebService 接口的会话 Bean 中对应的方法会被 EJB 容器自动发布为 WebService，因此使用 EJB 发布 WebService 只需简单的声明@WebService 注解即可。需要注意，只有无状态会话 Bean 可以实现 WebService 接口。

本书将在理论篇第 8 章介绍如何使用 EJB 访问和发布 WebService。

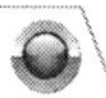

2.2.4 实现业务接口

会话 Bean 必须实现业务接口，根据会话 Bean 实现的业务接口访问类型的不同，会话 Bean 可以支持本地调用、远程调用或 WebService 调用。

下述代码是实现业务接口的会话 Bean 示例：

```
@Stateless
public class SomeBean implements SomeBusinessInterface {
    ......//实现接口中规定的业务方法
}
```

上述代码中，SomeBean 实现了 SomeBusinessInterface 接口，根据此接口的访问类型不同，SomeBean 可以支持本地调用、远程调用或 WebService 调用。

除了使会话 Bean 直接实现业务接口外，还可以通过在会话 Bean 上添加注解来指明业务接口及访问类型，例如：

```
@Stateless
@Local (SomeBusinessInterface.class)
public class SomeBean {
    ......//实现接口中规定的业务方法
}
```

上述代码中，SomeBean 并没有直接实现业务接口，但是通过@Local 注解声明其需要实现 SomeBusinessInterface 接口，并且指明访问类型为本地调用，这与直接实现接口的效果相同。

@Local、@Remote 和@WebService 注解都可以直接在会话 Bean 上声明，在这种方式下，会话 Bean 通过这些注解已经说明了访问类型，所以对应的业务接口可以不再使用这些注解来标注。

EJB 规范允许一个会话 Bean 实现多个业务接口，并且多个业务接口可以具有不同的访问类型。下述代码演示了实现多个业务接口的会话 Bean：

```
@Stateless
public class SomeBean implements LocalInterface1, LocalInterface2,
                                 RemoteInterface1, RemoteInterface2,
                                 WebServiceInterface1 {
    ......// 实现所有接口中规定的业务方法
}
```

上述代码中的会话 Bean 实现了 5 个业务接口，包括两个本地接口、两个远程接口和一个 WebService 接口，因此，这个会话 Bean 中的业务方法根据其所实现接口的不同，支持本地调用、远程调用和 WebService 调用三种访问方式。同样，通过在会话 Bean 上直接标注访问方式，也可以使会话 Bean 实现多个业务接口，例如下述代码实现了同样的效果：

```
@Stateless
@Local ( {LocalInterface1.class, LocalInterface2.class})
@Remote ( {RemoteInterface1.class, RemoteInterface2.class})
@WebService (WebServiceInterface1.class)
public class SomeBean {
    ......// 实现所有接口中规定的业务方法
}
```

但是同一个接口不允许使用两种访问方式来声明，如下列代码是错误的：

```
@Stateless
@Local (BusinessInterface.class)
@Remote (BusinessInterface.class)
// 错误！不允许针对同一个接口标注多种访问方式
public class SomeBean {
    ......// 实现接口中规定的业务方法
}
```

上述代码中，同时使用@Local 和@Remote 注解为会话 Bean 标注同一个 BusinessInterface 接口，这种写法是不允许的。

> **注意** 会话 Bean 实现的业务接口如果没有指定任何访问方式，则 EJB 容器将作为本地接口处理。

2.2.5 组合业务接口

EJB 规范不允许在同一个接口上标记多种访问类型，例如任务描述 2.D.1 中的库存查询业务，虽然本地接口和远程接口的方法相同，但是还是必须声明为两个接口。为了避免代码重复，可以利用接口的继承来达到只声明一次业务方法的目的，例如：

```
@WebService
public interface BusinessInterfaceWebService {
    void method1();
}

@Remote
public interface BusinessInterfaceRemote extends BusinessInterfaceWebService {
    void method2();
}
@Local
public interface BusinessInterfaceLocal extends BusinessInterfaceRemote {
    void method3();
}
```

上述代码中声明了三个接口，分别标注为@WebService、@Remote 和@Local，并且三个接口具有继承关系。当会话 Bean 实现 BusinessInterfaceWebService 接口时，支持以 WebService 方式调用 method1（）方法；当会话 Bean 同时实现 BusinessInterfaceWebService 和 BusinessInterfaceRemote 这两个接口时，支持以 WebService 方式调用 method1( )方法，以远程方式调用 method1( )和 method2( )方法；当会话 Bean 同时实现上述三个接口时，支持以 WebService 方式调用 method1( )方法，以远程方式调用 method1( )和 method2( )方法，以本地方式调用 method1( )、method2( )和 method3( )方法。

注意 上例中的三个接口具有继承关系，从 Java 语言本身来讲，当会话 Bean 只实现 BusinessInterfaceLocal 接口时，实际上也相当于同时实现了 BusinessInterfaceWebService 和 BusinessInterfaceRemote 接口，但是 EJB 规范要求会话 Bean 实现业务接口时必须是直接实现，也就是说虽然接口能继承，但是@Local、@Remote 和@WebService 注解本身不能继承，因此必须在会话 Bean 中明确的通过 implements 关键字或者注解声明所有的接口。

2.3 无状态会话 Bean

无状态会话 Bean 用于构造不需要维护会话状态的业务逻辑，是使用最多的一种 EJB，应用程序的大部分业务逻辑都将通过无状态会话 Bean 构建。

无状态会话 Bean 具有较好的性能，其不保存任何会话状态，也不专门针对任何特定的客户端，所以可以在不同的实例之间任意切换，一旦针对某次方法调用的请求处理完毕之后，可以立即切换到其他的实例上。因为不需要维护会话状态，无状态会话 Bean 也不需要类似有状态会话 Bean 那样的钝化和激活操作，这进一步降低了开销。所以，无状态会话 Bean 是轻量并且性能较高的一种会话 Bean。

无状态会话 Bean 不保证维护会话状态的特点也带来了一些限制。其每次方法调用都独立

于此前的调用，不保证由同一个实例处理客户端的多次请求，这就意味着方法调用所需的所有数据都只能通过参数来传递。同时，由于不能保存方法调用之间的任何结果，所以无状态会话 Bean 必须在一个业务方法内完成请求的全部任务。因此，无状态会话 Bean 其实是一种过程式的编程模型，被调用的过程从头至尾执行一遍，然后返回结果，一旦过程执行完毕，无论是过程执行期间的中间数据还是调用请求的细节都不会被保存下来。

不维护会话状态的限制并不意味着无状态会话 Bean 就不能具有实例成员变量。实际上，只要保证实例成员变量对客户端是不可见的，或者说客户端不依赖于这些实例成员变量即可。因此，无状态会话 Bean 的实例成员变量通常是一些普遍适用的全局性资源，例如由 EJB 容器提供的 JDBC 数据源。

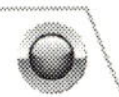

2.3.1 编写无状态会话 Bean

无论有无状态，一个会话 Bean 都需要业务接口和会话 Bean 实现类两部分，并且需要根据具体需求确定访问类型是本地访问、远程访问还是 WebService 访问。

无状态会话 Bean 通过@javax.ejb.Stateless 注解来声明，@Stateless 注解的定义如下：

```
@Target (TYPE)
@Retention (RUNTIME)
public @interface Stateless {
    String name()default "";
    String mappedName()default "";
    String description()default "";
}
```

@Stateless 注解具有三个参数：

◇ name：指定会话 Bean 的名称，如果没有指定，则 EJB 容器使用类名作为名称；

◇ mappedName：EJB 容器厂商专有的名称；

◇ description：说明性内容。

这三个参数都有默认值，大部分情况下都不需要指定明确的值。

@Stateless 注解的使用非常简单，只需在类上直接标注即可，例如：

```
@Stateless
public class SomeStatelessSessionBean implements SomeBusinessInterface {
    ......// 业务方法
}
```

上述代码使用@Stateless 注解声明了一个无状态会话 Bean，在 EJB 容器中部署成功后，客户端即可通过 SomeBusinessInterface 接口中指定的访问类型来访问此无状态会话 Bean。

下述代码用于完成任务 2.D.2，编写库存查询业务的无状态会话 Bean。

【描述 2.D.2】InventoryServiceBean.java

```
/**
*  库存业务会话 Bean
*/
```

```
@Stateless
public class InventoryServiceBean
    implements InventoryServiceLocal, InventoryServiceRemote {

    // 注入 EJB 容器的数据源
    @Resource (mappedName = "java:jdbc/ejb3theory")
    private DataSource dataSource;

    @Override
    public List < Inventory > getInventories (String productName,
                                              String productCode) {
        Connection conn = null;
        PreparedStatement ps = null;
        ResultSet rs = null;
        List < Inventory > list = new ArrayList < Inventory >();
        String sql = "select i.* from inventory i left join product p on i.product_id
= p.id where 0 = 0";
        if (productName != null)
            sql += " and p.name like ?";
        if (productCode != null)
            sql += " and p.code like ?";
        try {
            conn = dataSource.getConnection();
            ps = conn.prepareStatement (sql);
            int i = 1;
            if (productName != null)
                ps.setString (i++, "% " + productName + "% ");
            if (productCode != null)
                ps.setString (i++, "% " + productCode + "% ");
            rs = ps.executeQuery();
            while (rs.next()) {
                Inventory inventory = new Inventory();
                inventory.setId (rs.getInt ("id"));
                inventory.setProductId (rs.getInt ("product_id"));
                inventory.setQuantity (rs.getDouble ("quantity"));
                list.add (inventory);
            }
        } catch (SQLException e) {
            e.printStackTrace();
        } finally {
            if (rs != null)
                try {
                    rs.close();
                } catch (SQLException e) {
```

```
                e.printStackTrace();
            }
        if (ps != null)
            try {
                ps.close();
            } catch (SQLException e) {
                e.printStackTrace();
            }
        if (conn != null)
            try {
                conn.close();
            } catch (SQLException e) {
                e.printStackTrace();
            }
        }
        return list;
    }
}
```

上述代码中，使用@Stateless 注解标注 InventoryServiceBean 为无状态会话 Bean。在任务 2.D.1 中，已经编写了库存查询业务的本地接口和远程接口，因此 InventoryServiceBean 实现了这两个业务接口，从而支持本地和远程两种访问方式。

对产品库存进行模糊查询需要检索数据库中的 inventory 表，因为目前尚未介绍 JPA，所以先采用 JDBC 方式直接通过 SQL 语句查询。InventoryServiceBean 中的 dataSource 属性是 JDBC 数据源对象，Java EE 容器提供了数据源，因此在 dataSource 属性上标注@javax.annotation.Resource 注解，由容器通过依赖注入向 InventoryServiceBean 注入数据源。@Resource 注解的 mappedName 参数是容器提供的数据源的 JNDI 名称。

另外，库存查询业务方法返回类型为 List <Inventory>，具体实现时其实是返回了一个 ArrayList <Inventory> 对象。ArrayList 和 Inventory 都实现了 Serializable 接口，符合远程调用的要求。

> **注意** 不同 Java EE 容器中数据源的配置方式也不同，本书使用的是 JBoss，本章实践 2.G.7 介绍了如何在 JBoss 中配置 JDBC 数据源。

2.3.2 无状态会话 Bean 的实例池

无状态会话 Bean 不保存会话的状态，对客户端来讲，针对同一个无状态会话 Bean 的多次方法调用是相互独立的，完全可以使用不同的实例来完成，因此，无状态会话 Bean 的实例可以被任意重用；但是，无状态会话 Bean 通常又具有内部状态，因此必须保证其实例被多个客户端同时调用时的线程安全性。

为了解决上述问题，EJB 容器通常会针对无状态会话 Bean 创建实例池，在保证线程安全性的同时尽量重用对象。EJB 规范规定一个无状态会话 Bean 的实例在同一时刻只能执行一个方法，只提供给一个调用者使用，只能运行于一个线程中。EJB 容器通过对无状态会话 Bean 实例进行简单的锁定来达到上述目的：当 Bean 的方法开始执行时，容器对实例加锁，此时其他客户端线程无法进入此实例（需要由实例池向其提供其他未锁定的实例）；方法执行完毕后，容器对实例解锁，从而可以将此实例提供给其他客户端线程使用。因此，EJB 规范不允许在各种组件中手动控制线程，例如使用 synchronized 关键字进行同步、新建线程等都是明确禁止的操作，因为这会影响 EJB 容器内部对组件的并发控制。

> **注意** EJB 的实例池是一种折中方案，为了重用对象，其只能保证有限的线程安全：Bean 的实例成员变量在方法调用过程中不会被其他线程修改。因为池化的是对客户端来讲无状态的对象，所以没有考虑实例变量在多次方法调用之间被修改的情况。对多线程并发问题的深入讨论超出了本书的范围，读者可以参阅相关资料。

对于每个无状态会话 Bean，EJB 容器都会在实例池中保存一定数量的实例以备随时取用。EJB 容器提供的实例池称为方法就绪池（Mehtod-Ready Pool），其内部存储了未被使用的 Bean 实例（即方法执行完毕后已经解锁的实例，可以供客户端调用方法，因此称为“方法就续”）。无状态会话 Bean 的池化如图 2－5 所示。

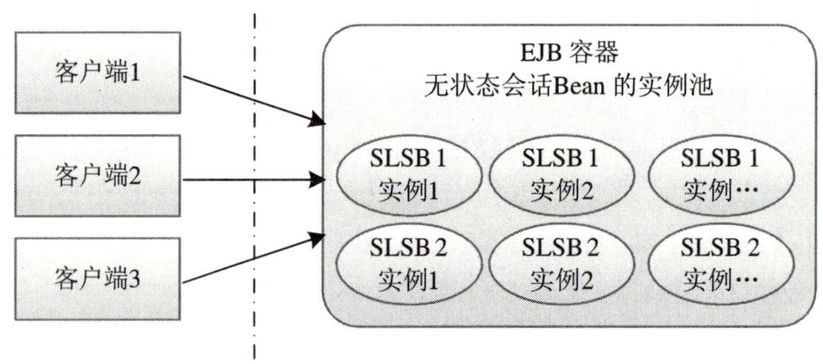

图 2－5 无状态会话 Bean 的池化

图 2－5 中，SLSB1 和 SLSB2 是两个无状态会话 Bean，EJB 容器的实例池中针对每个 Bean 都维护了多个实例。当客户端 1 访问 SLSB1 时，EJB 容器从多个未被使用的 SLSB1 实例中选择一个提供给客户端 1 使用；当客户端 2 访问 SLSB1 时，容器执行相同的操作。

需要注意，即使是同一个客户端多次调用同一个无状态会话 Bean 的方法时，EJB 容器也不保证使用同一个实例。因此，如果客户端 1 调用了 SLSB1 的两个方法 methodA( ) 和 methodB( )，则有可能 methodA( ) 运行在实例 1 上，而 methodB( ) 运行在实例 2 上，如下述代码所示：

```
SLSB1 bean = ......// JNDI 查找实例
// 下列两次方法调用有可能使用了 EJB 容器中 SLSB1 的两个实例
bean.methodA();
bean.methodB();
```

这是因为，当客户端 1 执行完 methodA( ) 后，bean 对象对应的服务器端实例被解锁，如果此时客户端 2 调用 SLSB1 的方法，并且容器恰巧将客户端 1 刚使用过的实例提供给客户端

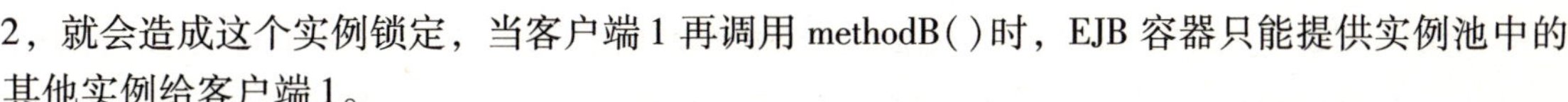

2，就会造成这个实例锁定，当客户端 1 再调用 methodB( )时，EJB 容器只能提供实例池中的其他实例给客户端 1。

> **注意** 上述代码中的 bean 对象其实并不是 EJB 容器中实例的引用，而是一个代理。在调用 methodA()和 methdoB()时，bean 对象本身不可能改变，但是其代理的服务器端对象却有可能发生了变化，这与 EJB 的调用机制有关。关于 EJB 调用机制的详细介绍可参见本章 2.5.2 节。

2.3.3 无状态会话 Bean 的生命周期

无状态会话 Bean 的生命周期与实例池紧密相关，通常包括下列阶段：

1）客户端调用一个无状态会话 Bean 的方法；

2）EJB 容器检查方法就续池中是否有该 Bean 的实例：

◇ 如果存在，从池中取出，直接提供给客户端调用；

◇ 如果没有，则通过 Class.newInstance( )方法创建一个新的实例，然后注入这个 Bean 需要的资源，调用@PostConstruct 方法，最后提供给客户端使用。

3）客户端调用完毕后，Bean 又回到方法就续状态，返回池中，等待下次调用；

4）EJB 容器在某些情况下（可能是超过规定时间或需要释放内存等，与具体容器有关）确定不再需要 Bean 的实例时，会调用@PreDestroy 方法，然后解除引用，交给 JVM 的垃圾收集器处理。

无状态会话 Bean 具有所有会话 Bean 都支持的@PostConstruct 和@PreDestroy 两个生命周期回调方法。在实例创建和注入完毕后，EJB 容器调用@PostConstruct 标注的方法；在实例被销毁前，EJB 容器调用@PreDestroy 标注的方法。

无状态会话 Bean 的生命周期如图 2-6 所示。

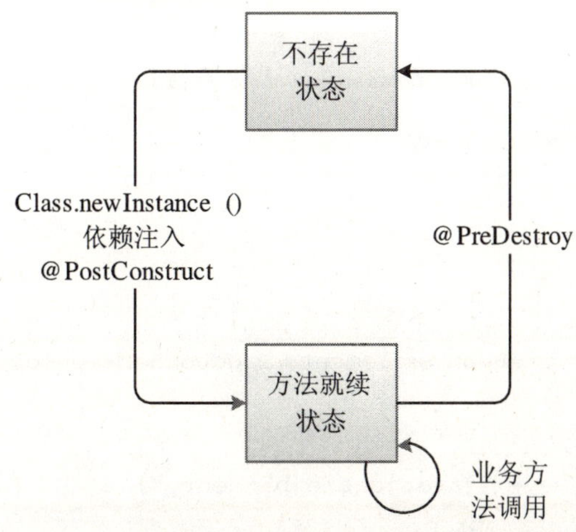

图 2-6 无状态会话 Bean 的生命周期

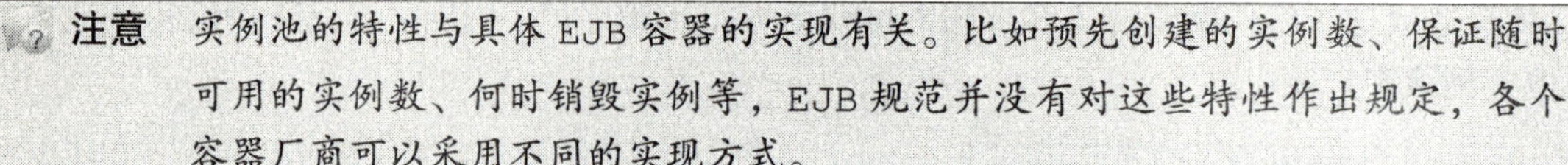
注意 实例池的特性与具体EJB容器的实现有关。比如预先创建的实例数、保证随时可用的实例数、何时销毁实例等，EJB规范并没有对这些特性作出规定，各个容器厂商可以采用不同的实现方式。

下述代码实现任务2.D.3，编写查询产品的业务接口和无状态会话Bean，并添加生命周期回调方法@PostConstruct和@PreDestroy。

1.查询产品的业务接口

库存管理系统中维护的产品数量非常大，因此检索出的产品记录在界面上需要分页显示，查询方法应该只返回某一页的数据，代码如下：

【描述2.D.3】ProductServiceLocal.java

```
@Local
public interface ProductServiceLocal {

    /**
     * 查询产品。分页查询。
     *
     * @param pageIndex 第几页，从1开始
     * @param pageSize 每页的记录条数
     * @return 产品的List
     */
    List<Product> getProducts(int pageIndex, int pageSize);
}
```

上述代码中，定义了查询所有产品的本地业务接口，业务方法getProducts()接收页码和每页需要显示的记录数作为参数，返回该页对应的产品数据。

2.查询产品的无状态会话Bean

编写无状态会话Bean实现ProductServiceLocal业务接口，代码如下：

【描述2.D.3】ProductServiceBean.java

```
/**
* 查询产品的业务会话Bean
*/
@Stateless
public class ProductServiceBean implements ProductServiceLocal {

    // 注入EJB容器的数据源
    @Resource(mappedName = "java:jdbc/ejb3theory")
    private DataSource dataSource;

    @Override
    public List<Product> getProducts(int pageIndex, int pageSize) {
        Connection conn = null;
```

```
        PreparedStatement ps = null;
        ResultSet rs = null;
        List<Product> list = new ArrayList<Product>();
        int to = pageIndex * pageSize;
        int from = to-pageSize + 1;
        String sql = "select * from (select p.* , i.quantity, rownum r from product p
left join inventory i on i.product_id = p.id where rownum <= ?) x where x.r >= ?";
        try {
            conn = dataSource.getConnection();
            ps = conn.prepareStatement (sql);
            ps.setInt (1, to);
            ps.setInt (2, from);
            rs = ps.executeQuery();
            while (rs.next()) {
                Product product = new Product();
                product.setId (rs.getInt ("id"));
                product.setName (rs.getString ("name"));
                product.setCode (rs.getString ("code"));
                product.setMinStock (rs.getDouble ("min_stock"));
                product.setStock (rs.getDouble ("quantity"));
                list.add (product);
            }
        } catch (SQLException e) {
            e.printStackTrace();
        } finally {
            ......// 关闭 rs、ps、conn
        }
        return list;
    }

    @PostConstruct
    private void postConstruct() {
        System.out.println ("@PostConstruct:ProductServiceBean 构造完毕");
    }

    @PreDestroy
    private void preDestroy() {
            System.out.println ("@PreDestroy:ProductServiceBean 将要销毁");
    }
}
```

上述代码中，ProductServiceBean 是实现业务接口 ProductServiceLocal 的无状态会话 Bean，其中使用@Resource 注解注入了 Java EE 容器提供的数据源，使用 JDBC 完成查询操作；该会话 Bean 还使用@PostConstruct 和@PreDestroy 注解标注了生命周期回调方法。

需要注意，ProductServiceBean 的 dataSource 属性是实例变量，但是不会带来并发问题，因为作为连接工厂的 DataSource 实现类通常是线程安全的。

> **注意** 上述查询产品的会话 Bean 中，分页查询的 SQL 语句是特定于 Oracle 数据库的，利用了 Oracle 的虚拟列 rownum。如果采用其他数据库，这段 SQL 语句需要重写，因此不具有通用性。JPA 规范中规定了分页查询的 API，使用 JPA 编写的分页查询功能可以跨数据库使用，本书第 3 章介绍 JPA 时将会使用 JPA 方式重新编写此段代码。

2.4 有状态会话 Bean

有状态会话 Bean 可以维护客户端的状态，通常用于构建需要多个步骤的业务逻辑，因为对状态的维持可以保证后续步骤能够使用前面步骤的结果。

有状态会话 Bean 的实例在其生命周期内只为一个客户端提供服务，类似于客户端在服务器端的延伸。有状态会话 Bean 的实例一旦被创建，就会被指派给一个客户端，直到实例被销毁。与无状态会话 Bean 不同，有状态会话 Bean 不会被池化。因为与客户端绑定在一起，所以也不存在多个客户端同时访问一个实例的并发问题。

有状态会话 Bean 维护会话的状态，实例变量在多次方法调用之间维持特定于某个客户端的数据，使得多次方法调用互相依赖，如果某个方法调用改变了实例的状态，后续的方法调用也会受到影响。因此，对于某个有状态会话 Bean，同一个客户端的多次方法调用必须由同一个实例来处理；当客户端使用完毕后，因为实例保存了这个客户端的状态，所以无法被其他客户端重用，实例应该被销毁。

EJB 提供有状态会话 Bean 的主要目的是为了保存客户端的状态以及相关业务逻辑。使用有状态会话 Bean 后，可以将客户端的状态及业务逻辑剥离，转而交由服务器端负责维护，客户端只需维护对应的有状态会话 Bean 实例的引用即可，这降低了客户端的开发难度，有利于在多种类型的瘦客户端之间切换，提高了可重用性。

为了保存客户端的状态，有状态会话 Bean 的实例和客户端之间必须一一对应，这也带来了很大的代价。有状态会话 Bean 的实例中保留了对应客户端的状态，因此无法被其他客户端重用；当客户端处于活动状态时，EJB 容器不能随便销毁这个客户端对应的实例，因为其随时可能发送下一次请求，容器必须将实例保留在内存中以备处理请求，结果大量并发用户使用的实例占用了服务器的大量内存。EJB 针对有状态会话 Bean 提供了钝化和激活机制，在一定程度上缓解了占用内存过大的问题。

> **注意** 有状态会话 Bean 实例和客户端之间的一一对应关系是一种概念上的模型，不同 EJB 容器的内部实现机制可能不同（有的容器也会池化有状态会话 Bean），但是必须保证有状态会话 Bean 的本质要求，即保存对应客户端的状态。

2.4.1 编写有状态会话 Bean

有状态会话 Bean 通过@javax.ejb.Stateful 注解来声明，@Stateful 注解的定义如下：

```
@Target (TYPE)
@Retention (RUNTIME)
public @interface Stateful {
    String name()default "";
    String mappedName()default "";
    String description()default "";
}
```

@Stateful 注解的三个参数的意义与@Stateless 注解完全相同。

同样，只需在类上直接标注@Stateful 注解即可声明一个有状态会话 Bean，例如：

```
@Stateful
public class SomeStatefulSessionBean implements SomeBusinessInterface {
    ......// 业务方法
}
```

上述代码即声明了一个有状态会话 Bean，在 EJB 容器中部署成功后，客户端即可通过 SomeBusinessInterface 接口中指定的访问类型来访问此有状态会话 Bean。

下述内容用于完成任务 2.D.4，编写库存盘点的业务接口和会话 Bean。

1. 库存盘点的业务接口

每次库存盘点需要检查所有产品的实际库存数量，而产品的种类很多，所以用户很可能会分多次操作来完成一次盘点工作，每次操作只盘点一部分产品；另外，用户还希望在盘点完所有产品后再一次性提交全部盘点结果。

为实现上述需求，需要在服务器端保存用户在一次盘点中历次操作的中间结果，也就是保存客户端的状态，有状态会话 Bean 恰恰满足此要求，因此库存盘点业务使用有状态会话 Bean 实现是非常合适的。

首先编写库存盘点业务接口，代码如下：

【描述 2.D.4】 InventoryCheckingServiceLocal.java

```
/* *
 * 库存盘点业务的本地接口
 * /
@Local
public interface InventoryCheckingServiceLocal {

    /* *
     * 根据最终盘点结果更新库存量
     * /
    void updateInventory();

    /* *
     * 添加一项盘点结果。如果同一产品多次添加盘点结果，只会记录最后一次。
     *
     * @param productId 产品 ID
```

```
    *  @param difference 盘点数量与期望数量的差异
    * /
    void addCheckingResult (Integer productId, double difference);
}
```

上述代码中声明了盘点业务接口 InventoryCheckingServiceLocal，通过@Local 注解标识为本地接口。addCheckingResult( )方法用于保存某个产品的实际盘点数量与期望数量的差异，在一次盘点中，此方法的被调用次数应该与产品数量一致；在所有产品都盘点完毕后，应该调用 updateInventory( )方法，完成使用实际盘点数量更新库存量的操作。

2.库存盘点的有状态会话 Bean

库存盘点操作的业务逻辑比较复杂，涉及到数据库中的库存事务表 inventory_trans、库存事务明细表 inventory_trans_detail、库存表 inventory 三个表。

数据库中的库存事务表存储所有的库存事务记录。库存事务包括出库、入库、盘点三种类型，使用字段 type 进行标记，type 的值“O”代表出库事务，“I”代表入库事务，“C”代表盘点事务。

每次库存事务操作可能涉及多种产品库存量的改变，每种库存量发生改变的产品都对应库存事务明细表中的一条记录。库存事务明细与库存事务具有多对一的关联关系。

库存盘点操作完成后，可能有很多产品的实际数量与期望数量（系统记录的数量）不符，因此需要更新库存表，将产品的库存量修改为实际的盘点数量。

因此，实现 updateInventory( )方法时，需要执行下列几个操作：

1）向库存事务表插入一条记录，并记录主键；

2）针对每个实际数量与期望数量不一致的产品：

◇ 向库存事务明细表插入一条记录，并通过上一步记录的主键值与库存事务表关联；

◇ 更新库存表中对应产品的库存量为实际盘点数量。

为保证数据完整性，上述数据库操作必须在一个事务内完成。

按照上述业务流程，编写库存盘点业务的有状态会话 Bean，代码如下：

【描述 2.D.4】 InventoryCheckingServiceBean.java

```
/* *
* 库存盘点的业务会话 Bean，有状态
* /
@Stateful
public class InventoryCheckingServiceBean
      implements InventoryCheckingServiceLocal {

    // 注入 EJB 容器的数据源
    @Resource (mappedName = "java:jdbc/ejb3theory")
    private DataSource dataSource;
    // 盘点结果:Map <产品 ID，盘点差异数量 >。
    //“有状态”就体现在这个实例变量上，这个变量是客户端希望维护的状态
    private Map < Integer, Double > checkingResults
```

```
            = new HashMap<Integer, Double>();

    @Override
    public void updateInventory() {
        Connection conn = null;
        PreparedStatement ps1 = null;
        PreparedStatement ps2 = null;
        PreparedStatement ps3 = null;
        ResultSet rs = null;
        int inventoryTransactionId = 0; // 新插入的库存事务记录的主键
        // 添加库存事务
        String sql1 = "insert into inventory_trans (id, trans_date, type) values
(ivt_tr_seq.nextval, ?, ?)";
        // 更新库存量
        String sql2 = "update inventory set quantity = quantity + ? where product_
id = ?";
        // 添加库存事务明细
        String sql3 = "insert into inventory_trans_detail (id, trans_id, product_
id, quantity) values (ivt_tr_d_seq.nextval, ?, ?, ?)";
        try {
            conn = dataSource.getConnection();

            // 支持得到刚插入记录的主键
            ps1 = conn.prepareStatement (sql1, new String [] { "id" });
            ps2 = conn.prepareStatement (sql2);
            ps3 = conn.prepareStatement (sql3);

            // 插入库存事务
            ps1.setDate (1, new java.sql.Date (new java.util.Date().getTime()));
            ps1.setString (2, "P"); // P 代表库存事务的类型是盘点
            ps1.executeUpdate();
            rs = ps1.getGeneratedKeys(); // 得到刚插入的记录主键
            if (rs.next())
                inventoryTransactionId = rs.getInt (1);

            // 遍历每个产品的盘点结果
            for (Entry<Integer, Double> entry :checkResults.entrySet()) {
                int productId = entry.getKey();
                double quantity = entry.getValue();
                if (quantity == 0)
                    continue;

                // 更新库存
                ps2.setDouble (1, quantity);
```

```
                ps2.setInt (2, productId);
                ps2.executeUpdate();

                // 插入库存事务明细
                ps3.setInt (1, inventoryTransactionId);
                ps3.setInt (2, productId);
                ps3.setDouble (3, quantity);
                ps3.executeUpdate();
            }
        } catch (SQLException e) {
            e.printStackTrace();
            throw new RuntimeException (e); // 抛出异常以使容器回滚事务
        } finally {
            ......// 关闭ps1、rs、ps2、ps3、conn
        }
    }
    @Override
    public void addCheckingResult (Integer productId, double difference) {
        checkingResults.put (productId, difference);
    }

    private static final long serialVersionUID = 1L;
}
```

上述代码中，InventoryCheckingServiceBean 是使用@Stateful 注解声明的有状态会话 Bean，其实现了库存盘点业务接口 InventoryCheckingServiceLocal。InventoryCheckingServiceBean 的 checkingResults 属性用来保存所有产品的盘点数量，在用户盘点过程中，通过多次调用 addCheckingResult()方法向 checkingResults 中添加产品的实际盘点数量。

InventoryCheckingServiceBean 是有状态会话 Bean，其“有状态性”就体现在 checkingResults 属性上，一个客户端对应一个 InventoryCheckingServiceBean 的实例，也就对应一个 checkingResults 对象，只要这个客户端维持对该实例的引用，那么其在任何时刻调用 addCheckingResult()方法都会操作同一个 checkingResults 对象。所以，EJB 容器为这个客户端保存了会话状态，即 checkingResults 对象。dataSource 属性也是实例变量，但是因为客户端无法操作这个对象，其对客户端不可见，所以它不是会话状态。

InventoryCheckingServiceBean 中的 updateInventory()方法执行了三条更新的 SQL 语句，但是并没有使用 JDBC 事务，这是因为 EJB 为业务方法自动添加了事务，无需开发人员编程控制，称为容器管理的事务。业务方法开始调用时，事务也开始；业务方法调用完毕后，事务被提交；方法中发生特定类型的异常（比如上例中抛出的 RuntimeException）时，事务会回滚。这些都由 EJB 容器自动完成，所以 updateInventory()方法中的三个数据库操作实际上是在一个事务中的。

注意　本书第 7 章将详细介绍 EJB 的事务支持。

2.4.2　有状态会话 Bean 的钝化和激活

EJB 容器为客户端保存了其调用的每个有状态会话 Bean 的实例，实例与客户端一一对应，如图 2－7 所示。

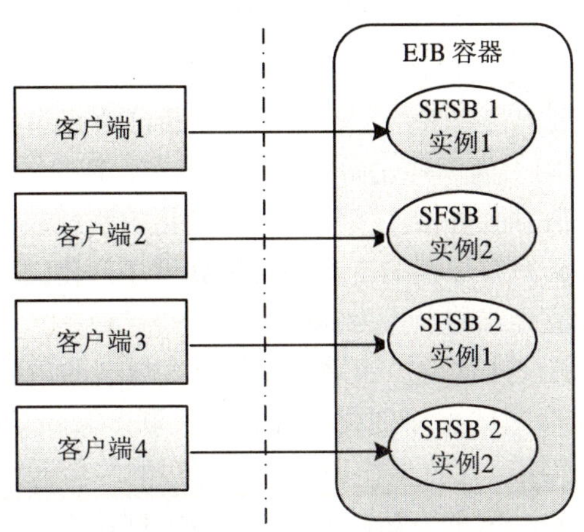

图 2－7　有状态会话 Bean 与客户端一一对应

上图中，客户端 1 和客户端 2 都使用了 SFSB1 这同一个有状态会话 Bean，但是对应于 EJB 容器中 SFSB1 的两个实例，同样，客户端 3 和客户端 4 对应于容器中有状态会话 SFSB2 的两个实例。

因为客户端与容器中有状态会话 Bean 实例的一一对应关系，实例的存活时间可能很长。如果客户端在很长时间内没有调用过其对应的实例，或者说实例在很长时间内处于不活跃的状态，那么继续在内存中保留实例就造成了浪费，大量的实例很容易耗尽服务器的内存；但是容器也不能直接清除实例，因为实例中可能保存了客户端需要的某种状态，客户端随时可能再次请求这个实例。

在这种情况下，EJB 容器一般会将实例保存在磁盘上，然后释放其占用的内存，从而节省了服务器资源，这称为有状态会话 Bean 的钝化；实例被钝化以后，如果其对应的客户端又请求这个实例，则 EJB 容器会读取磁盘，在内存中重新构造出实例，这称为有状态会话 Bean 的激活。

有状态会话 Bean 的实例发生钝化时，EJB 容器需要在磁盘上保存其当时的会话状态，即与当前会话相关的实例成员变量的值。容器会自动保存可序列化的数据，包括基本类型的值和 Serializable 类型的对象。此外，还有一些特殊类型的数据可以不是可序列化的，但也会被容器保存，包括：

◇　javax.ejb.SessionContext

◇　javax.jta.UserTransaction

◇　javax.naming.Context

◇　javax.persistence.EntityManager

◇　javax.persistence.EntityManagerFactory

◇ 容器提供的各种工厂对象的引用，如容器提供的 JDBC 数据源

◇ 对其他会话 Bean 的引用

发生钝化时，基本类型、Serializable 和上述几种特殊类型的数据会被 EJB 容器保存到磁盘上，激活时，再由容器恢复到实例中，这些都由容器自动完成。

EJB 为有状态会话 Bean 提供了@javax.ejb.PrePassivate 和@javax.ejb.PostActivate 两个注解，专门用于钝化、激活事件的回调，以使开发人员可以在发生钝化和激活时进行特殊处理。

当有状态会话 Bean 的实例将要被钝化时，EJB 容器自动调用其标注了@PrePassivate 的方法。@PrePassivate 回调方法用于为序列化做一些准备工作，常见的操作包括：

◇ 释放数据库连接、消息服务器连接等无法序列化的资源，并显式的设置其值为 null；

◇ 将不可序列化但是又需要保存的变量值复制到可序列化的变量中；

◇ 将无需保存的变量值显式的设置为 null。

有状态会话 Bean 的实例被钝化后，如果又收到了客户端的请求，EJB 容器会重新激活这个实例。容器负责完成实例变量的反序列化，并重新关联 SessionContext、数据源以及其他会话 Bean 等特殊类型变量的引用，这些工作做完以后，实例的会话状态被重新恢复，此时容器会调用实例中标注了@PostActivate 的方法。@PostActivate 回调方法通常完成与@PrePassivate 回调方法相反的工作，比如重新打开数据库连接和消息服务器连接等。当@PostActivate 方法执行完毕后，实例就又可以为对应客户端提供服务了。

> **注意** Java 中的 transient 关键字是专门为序列化准备的。对象被序列化时，其中使用 transient 声明的实例变量不会被序列化。因此，有状态会话 Bean 中不需要在钝化时被保存的实例变量可以使用 transient 关键字声明。

2.4.3 有状态会话 Bean 的生命周期

与无状态会话 Bean 相比，有状态会话 Bean 的实例不会被 EJB 容器池化，但是可能会被钝化和激活，所以其生命周期比较复杂，通常包括下列阶段：

1）客户端调用一个有状态会话 Bean 的方法；

2）EJB 容器检查该客户端是否关联有该 Bean 的实例：

◇ 如果没有，则通过 Class.newInstance( )方法创建一个新的实例，然后注入这个 Bean 需要的资源，调用@PostConstruct 方法，最后提供给客户端使用；

◇ 如果有，判断实例是否已钝化：

◇ 如果没有钝化，直接提供给客户端调用；

◇ 如果已经钝化，则激活实例，调用@PostActivate 方法，然后提供给客户端调用。

3）客户端调用完毕后，Bean 又回到方法就绪状态；

4）当客户端长时间不再调用实例时，容器调用其@PrePassivate 方法，钝化实例（有可能也会调用@PreDestroy 方法，但不是规范要求的）；

5）当钝化的实例长时间不被激活时，容器清除实例，但不会调用@PreDestroy 方法；

6）如果客户端调用了有状态会话 Bean 中标注@Remove 的方法，则方法执行完毕后，EJB 容器会调用@PreDestroy 方法，然后解除引用，交给 JVM 的垃圾收集器处理。

因此，除了@PostConstruct 和@PreDestroy 注解外，有状态会话 Bean 还具有用于钝化、激活的@PrePassivate 和@PostActivate 注解，以及用于通知容器删除实例的@Remove 注解。

有状态会话 Bean 的生命周期如图 2－8 所示。

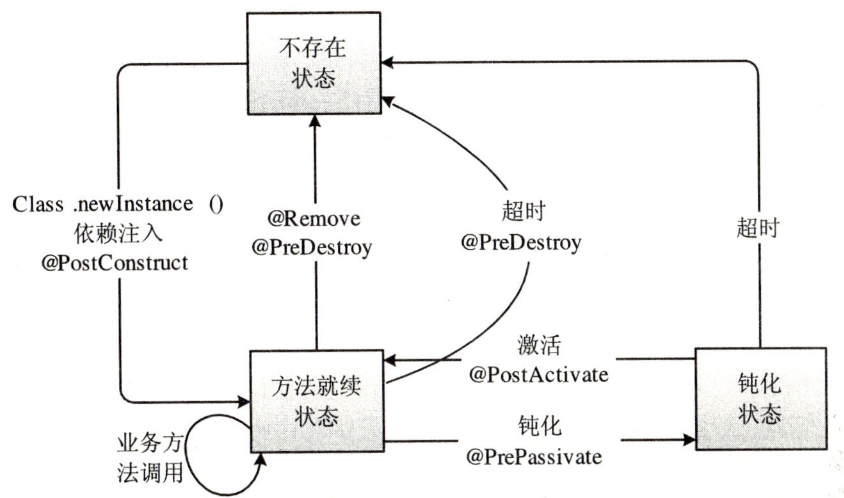

图 2-8　有状态会话 Bean 的生命周期

> **注意**　EJB 规范并没有明确规定何时钝化以及钝化的实例何时销毁，这取决于不同 EJB 容器的具体实现方式。

任务描述 2.D.4 的库存盘点业务有状态会话 Bean 中，当执行完 updateInventory( )方法后，用户的实际盘点数量就已经更新到数据库，此时这个有状态会话 Bean 实例的任务已经完成，没有必要再保留。因此，可以在 updateInventory( )方法上标注@Remove 注解，通知容器在此方法调用完毕后删除实例。修改 InventoryCheckingServiceBean 的代码如下：

【描述 2.D.4】 InventoryCheckingServiceBean.java

```
@Stateful
public class InventoryCheckingServiceBean
        implements InventoryCheckingServiceLocal {
    ......

    @Override
    @Remove
    public void updateInventory() {
        ......
    }
    ......
}
```

添加@Remove 注解后，只要客户端调用了 updateInventory( )方法，当执行完毕后，EJB 容器就会删除此客户端对应的实例。

2.4.4 有状态会话 Bean 的注意事项

如果使用不恰当，有状态会话 Bean 容易带来性能问题。在使用有状态会话 Bean 时，需要注意下列几点：

◇ 存放尽量少的数据

如果在有状态会话 Bean 中存储的数据量较大，当客户端数量增多时，会占用服务器的大量内存。虽然 EJB 容器提供了钝化功能，但因为每个有状态会话 Bean 实例占用的内存较大，所以更容易使容器进行钝化，而磁盘 IO 是很慢的，频繁的钝化和激活会使性能急剧下降。另外，多个 EJB 容器集群时，需要在容器之间复制有状态会话 Bean 的状态，每个有状态会话 Bean 实例占用的空间越大，需要的网络传输量就越大，所需的时间也就越长。因此，需要确保有状态会话 Bean 中存储的数据尽可能少，例如只存储实体的主键而不是整个实体。

◇ 配置钝化

EJB 容器一般都提供了钝化的配置项。需要优化这些配置，在内存满足要求的情况下尽量使容器不要钝化有状态会话 Bean 实例，因为钝化和激活影响速度，也就是使用空间换时间的策略。

◇ 一定标记@Remove 方法

当确定不再需要有状态会话 Bean 的实例时，一定要显式的删除实例。因为标记@Remove 的方法执行完毕后，EJB 容器会删除有状态会话 Bean 的实例，所以在能够完成全部任务的方法上一定要标记@Remove 注解。如果有状态会话 Bean 没有任何方法标记@Remove，则客户端不再需要的实例很可能会等待第一次超时，然后被钝化，然后再等待第二次超时，才能被销毁，这白白浪费了大量的资源。

◇ 替代方案

EJB 容器为有状态会话 Bean 提供了自动的状态维护和钝化、激活等机制，使用非常方便，但是由于潜在的性能问题，有时可以考虑使用其他的替代方案。

首先考虑是否必须维护会话状态，如果能够用无状态的对象代替，就不要采用有状态会话 Bean 的方案。当必须维护会话状态时，也可以采用由客户端维护的方式，比如使用 Servlet 的 HttpSession 就经常可以代替有状态会话 Bean。

2.5 调用会话 Bean

会话 Bean 用于封装业务逻辑，是唯一一种可以被客户端调用的 EJB。几乎所有的 Java 组件都可以作为会话 Bean 的客户端，比如一般的 Java SE 程序、Servlet（JSP）或其他的 EJB 都可以访问会话 Bean。如果会话 Bean 的业务方法标记为 WebService，则非 Java 平台的客户端也可以访问。

会话 Bean 的客户端有很多种，但是 EJB 统一了各种客户端调用会话 Bean 的方式，使得编写会话 Bean 客户端非常简单。

2.5.1　客户端类型

按照允许的访问形式，会话 Bean 的业务接口分为本地、远程和 WebService 三种。类似的，按照运行位置与 EJB 容器的关系，会话 Bean 的客户端也分为三种：

◇　本地客户端

本地客户端是与 EJB 容器运行于同一个 JVM 中的 Java 程序，可以访问实现本地接口或远程接口的会话 Bean。本地客户端与会话 Bean 通常运行于同一个 Java EE 容器中，如果本地客户端中的组件实例不是直接构造而是由容器创建的（即受容器管理的组件，例如 Servlet 和 EJB），则可以使用@javax.ejb.EJB 注解注入会话 Bean。否则，本地客户端只能通过 JNDI 查找获得会话 Bean 的实例。

◇　远程客户端

远程客户端是与 EJB 容器运行于不同的 JVM 中的 Java 程序，可以访问实现远程接口的会话 Bean。远程客户端只能通过 JNDI 查找获得会话 Bean 的实例。

◇　WebService 客户端

支持访问 WebService 的任何平台上的程序都可以作为实现 WebService 接口的会话 Bean 的客户端。当然，无论与 EJB 容器是否运行于同一个 JVM 中，任何 Java 程序都可以作为客户端访问实现 WebService 接口的会话 Bean，但 WebService 方式下显然无法通过 JNDI 或依赖注入来获取会话 Bean 的实例。

三种客户端的区别如表 2 – 1 所示。

表 2–1　会话 Bean 的客户端

客户端	平台	可访问的接口	获得会话 Bean 的方式
本地	Java	@Local、@Remote、@WebService	JNDI 查找和@EJB 注入
远程	Java	@Remote、@WebService	JNDI 查找
WebService	任何平台	@WebService	

图 2 – 9 显示了各种客户端调用会话 Bean 的方式。

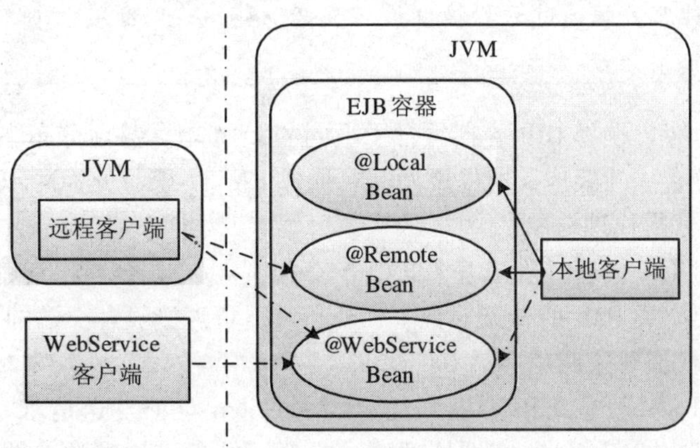

图 2–9　客户端调用会话 Bean

如果不使用 WebService，会话 Bean 分为本地的和远程的，但访问会话 Bean 的步骤相同，一般有下列几步：

1）使用 JNDI 查找或依赖注入得到会话 Bean 的引用；

2）通过公开的业务接口调用业务方法；

3）如果是有状态会话 Bean，则最后一次调用的应该是@Remove 方法。

需要注意，会话 Bean 的实例由 EJB 容器管理，无论本地的还是远程的客户端都应从容器获取实例，直接构造的实例是无法使用的。

注意 本书理论篇第 8 章介绍了如何在 EJB 中访问和发布 WebService。

2.5.2 EJB 调用机制

当客户端访问会话 Bean 时，无论是本地还是远程的访问，实际上客户端获得的都不是会话 Bean 的真正实例，而是一个代理对象。代理对象是会话 Bean 实例的代理，由 EJB 容器自动生成，其实现了与会话 Bean 相同的本地或远程业务接口，这样客户端就可以通过接口、利用代理对象来访问会话 Bean 的真正实例了。虽然 EJB 为本地和远程访问提供了统一的调用方式，但是其背后的处理机制并不相同，区别主要体现在代理对象上。

本地调用时，客户端与 EJB 容器运行于同一个 JVM 中，客户端可以直接得到代理对象，调用方式如图 2－10 所示。

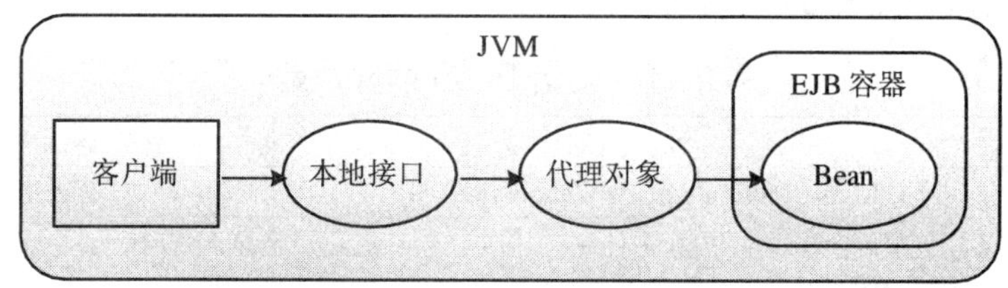

图 2－10 EJB 本地调用

注意 如果本地客户端通过远程接口访问会话 Bean，大部分 EJB 容器都会自动优化为本地调用方式。

而远程调用时，客户端和 EJB 容器运行于不同的 JVM 中，甚至分布在通过网络连接的不同机器上，是一种分布式的架构，所以调用需要通过 RMI 实现，分为两步：

1）从 EJB 容器获得代理对象。

容器生成代理对象，代理对象是一个 RMI 的存根（stub），容器将其序列化后传输给客户端；同时，容器需要生成 RMI 的骨架对象（skeleton），负责接收客户端的 RMI 请求。

2）客户端通过代理对象调用会话 Bean。

代理对象（RMI stub）向 EJB 容器中的 RMI skeleton 对象发送请求，skeleton 对象接收到请求后，调用真正的会话 Bean 实例处理请求，返回结果。请求的参数和处理后的结果都需要序列化后通过 RMI 的 JRMP（Java Remote Method Protocal，Java 远程方法协议）协议进行网络传输。

EJB 远程调用的过程如图 2 – 11 所示。

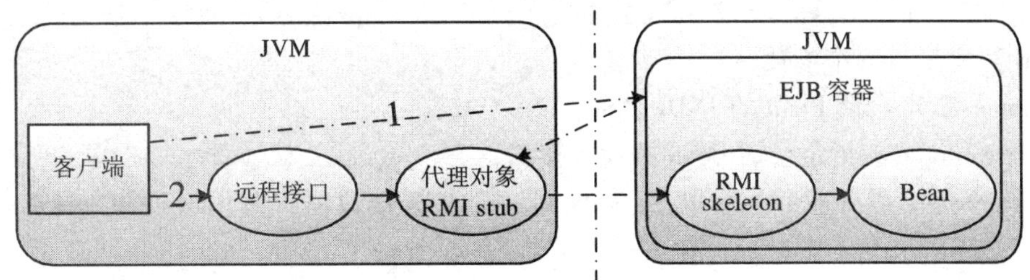

图 2–11　EJB 远程调用

在远程调用方式下，方法调用的参数和返回值都需要序列化后传输。因此，EJB 远程业务接口中所有方法的参数和返回值必须是基本类型或 Serializable 类型。

通过对 EJB 远程调用的分析可见，其涉及对象的序列化和反序列化、JRMP 协议的编组和解组以及网络传输等大量的底层操作，所以远程调用相当慢。因此，除非必要，尽量不要采用分布式的架构。

注意　关于 Java RMI 的深入讨论超出了本书的范围，读者可参阅相关资料。

2.5.3　本地调用

本地客户端访问本地接口和远程接口会话 Bean 的方式相同，可以使用 JNDI 查找和@EJB 注入两种方式获得会话 Bean 的实例：

1.JNDI 查找

使用 JNDI 查找的客户端代码如下所示：

```
Context ctx = new InitialContext();
SomeBusinessInterface bean
    = (SomeBusinessInterface) ctx.lookup ("Bean 的 JNDI 名称");
```

因为本地客户端与 EJB 容器运行于同一个 Java EE 容器中，所以无需提供 JNDI 环境信息，可以使用 InitialContext 的默认构造方法，此时查找的是本地 Java EE 容器的 JNDI 树。

2. @EJB 注入

如果本地客户端的组件是受 Java EE 容器管理的组件，则可以利用容器提供的依赖注入功能，这通过@javax.ejb.EJB 注解实现，@EJB 注解的定义如下：

```
@Target ( {TYPE, METHOD, FIELD})
@Retention (RUNTIME)
public @interface EJB {
    String name()default "";
    Class beanInterface()default Object.class;
    String beanName()default "";
    String mappedName()default "";
```

```
    String description()default "";
}
```

@EJB 注解具有五个参数：

◇ name：指定会话 Bean 的 JNDI 名称；

◇ beanInterface：指定会话 Bean 的业务接口；

◇ beanName：当有多个会话 Bean 实现同一个业务接口时，调用者通过 beanName 进行区分；

◇ mappedName：EJB 容器厂商专有的名称；

◇ description：说明性内容。

参数都有默认值，大部分情况下都不需要指定明确的值。

使用@EJB 注解进行依赖注入的客户端代码如下所示：

```
public class SomeLocalClient extends HttpServlet {
    @EJB
    SomeBusinessInterface bean;
    ......
}
```

上述代码中的 SomeLocalClient 是一个 Servlet，如果这个 Servlet 运行于 EJB 容器所在的同一个 Java EE 容器中，则可以使用@EJB 注解注入 EJB。当容器创建 Servlet 的实例后，会查找 EJB 容器中实现 SomeBusinessInterface 接口的会话 Bean 实例，并赋值给 bean 变量。如果有多个实现此接口的会话 Bean，则注入时应该指定@EJB 注解的 beanName 参数，使其值与对应会话 Bean 的@Stateless 或@Stateful 注解的 name 参数值一致。

由于 JNDI 查找方式需要在代码中硬编码 JNDI 名称，并且需要编写大量类似的查找代码，所以本地客户端应该尽量使用@EJB 依赖注入的方式。

> **注意** 不要将有状态会话 Bean 注入无状态的对象中（比如无状态会话 Bean 或 Servlet），因为这些无状态的对象可能会被多个用户并发访问，从而破坏有状态会话 Bean 中维护的会话状态。这种情况下应该使用 JNDI 查找的方式，并在客户端以某种方式（如 HttpSession）维持对有状态会话 Bean 的引用。

2.5.4 远程调用

远程客户端与 EJB 容器运行于不同的 JVM 中，只能通过 JNDI 查找来获得会话 Bean 的实例，并且构造 InitialContext 对象时，必须指定相关的 JNDI 环境属性。示例代码如下：

```
Properties props = new Properties();
props.setProperty (Context.INITIAL_CONTEXT_FACTORY, "JNDI 上下文的工厂类名");
props.setProperty (Context.PROVIDER_URL,"JNDI 服务器的 URL");

Context ctx = new InitialContext (props);
SomeBusinessInterface bean
    = (SomeBusinessInterface) ctx.lookup ("Bean 的 JNDI 名称");
```

上述代码中，首先指定了 JNDI 的环境属性，然后使用这些属性构造了 InitialContext 对象。大多数 Java EE 容器都需要类似的几个环境属性，这些属性在 Context 接口中都被定义成了常量，如表 2-2 所示。

表 2-2　JNDI 的常用环境属性

属　性　名	对应 Context 常量	说　　明
java.naming.factory.initial	INITIAL_CONTEXT_FACTORY	JNDI 上下文工厂的类名
java.naming.provider.url	PROVIDER_URL	JNDI 服务提供者的 URL
java.naming.security.principal	SECURITY_PRINCIPAL	验证 JNDI 服务调用者的主体身份
java.naming.security.credentials	SECURITY_CREDENTIALS	验证 JNDI 服务调用者的主体证书

下述内容用于完成任务 2.D.5，在简单的 Java SE 客户端中访问库存查询会话 Bean。因为客户端与 EJB 容器运行于不同的 JVM 中，所以这显然是远程调用方式。编写客户端代码调用库存查询会话 Bean，代码如下：

【描述 2.D.5】SimpleClient.java

```
public class SimpleClient {

    public static void main (String [] args) throws NamingException {
        Properties props = new Properties();
        props.setProperty (Context.INITIAL_CONTEXT_FACTORY,
                "org.jnp.interfaces.NamingContextFactory");
        props.setProperty (Context.PROVIDER_URL,"localhost:1099");

        Context ctx = new InitialContext (props);

        // JNDI 查找远程会话 Bean
        InventoryServiceRemote inventoryService
                = (InventoryServiceRemote) ctx
                    .lookup ("ch02/InventoryServiceBean/remote");
        // 查询所有库存
        List <Inventory> inventories
                = inventoryService.getInventories (null, null);
        System.out.println ("产品 ID\ t 库存数量");
        for (Inventory inventory :inventories)
            System.out.println (inventory.getProductId() + "\ t"
                    + inventory.getQuantity());
    }
}
```

在 JBoss 中部署会话 Bean 并运行 JBoss，然后执行上述远程客户端的 main 方法，则控制台会成功输出所有产品的库存数量，结果如下：

```
产品 ID        库存数量
1              100.0
```

续 表

2	22.0
3	0.0
4	44.0
产品 ID	库存数量
5	555.0
6	600.0
7	7000.0

注意 JNDI 环境属性的值都依赖于具体的 EJB 容器，使用不同的容器需要设置不同的值。上例是在 JBoss 下的设置方式。

2.6 Web 层访问会话 Bean

基于 Servlet 的 B/S 结构是目前开发 Java EE 应用程序最常采用的形式，因此本小节专门介绍如何在 Web 层访问会话 Bean。

Web 层中可能包括各种类型的 Java 组件，这些组件都可以通过 JNDI 查找来访问会话 Bean。如果 Web 层与 EJB 部署于同一个 Java EE 容器中，则一部分组件还可以使用@EJB 注解来注入会话 Bean。同一个 Java EE 容器下，各种 Java EE 标准 Web 组件访问会话 Bean 的方式如表2－3 所示。

表2-3 同一 Java EE 容器中的 Web 组件访问会话 Bean

Web 组件	访问会话 Bean 的方式
Servlet、监听器、过滤器	JNDI 查找、@EJB 注入
JSP 标签库	JNDI 查找、@EJB 注入
JSF 的 ManagedBean	JNDI 查找、@EJB 注入
JSP 及其他组件	JNDI 查找

如果 Web 层与 EJB 没有部署在同一个 Java EE 容器中，则访问 EJB 应该采用远程调用的方式，即只能使用 JNDI 查找，并且需要指定 JNDI 环境属性。

与 EJB 部署于同一个 Java EE 容器中的 Servlet 访问 EJB 属于本地调用，能够使用 JNDI 查找与@EJB 注入两种方式，其他组件访问 EJB 的方式与 Servlet 类似，本书只介绍与 EJB 运行于同一个 Java EE 容器下的 Servlet 访问会话 Bean 的方式。

注意 JSF（Java Server Faces）是一种事件驱动的表现层框架，虽然是 Java EE 规范之一，但是目前并没有广泛流行。另外，一些开源的 Web 层框架提供了自己的组件，如 Struts 中的 Action、SpringMVC 中的 Controller 等，这些组件通常是在 Java EE 标准 Web 组件基础上的再封装，其中访问会话 Bean 的方式依赖于这些框架的具体实现机制。本书只讨论使用 Servlet/JSP 的 Web 层。

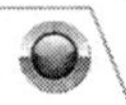 2.6.1 访问无状态会话 Bean

如果 Web 层与 EJB 部署于同一个 Java EE 容器中，在 Servlet 中访问无状态会话 Bean 可以采用 JNDI 查找与@EJB 注入两种方式，JNDI 查找有各种缺点，所以通常应该采用@EJB 注入的方式。

通过@EJB 进行依赖注入时，注入的无状态会话 Bean 是 Servlet 的属性，所以其与 Servlet 实例的生命周期一致。通常 Servlet 容器使用 Servlet 的唯一实例处理所有请求，所以会存在多个用户同时访问一个无状态会话 Bean 的情况，但是因为无状态会话 Bean 不保存会话状态，所以不会有并发问题。

下述内容用于完成任务 2.D.6，实现库存查询功能。

InventoryServiceBean 是实现库存查询业务的无状态会话 Bean，其实现了本地和远程业务接口，前述章节中已经完成。所以需要再编写一个 Servlet，其中包含一个库存查询本地接口 InventoryServiceLocal 类型的属性（因为是本地访问，所以使用了本地接口），此属性通过依赖注入访问 InventoryServiceBean，还需要一个 JSP 页面显示查询结果和接收用户录入的查询条件。

1. 编写 Servlet

【描述 2.D.6】InventoryServlet.java

```
// 查询库存的 Servlet
public class InventoryServlet extends HttpServlet {

    // 使用依赖注入的方式注入业务会话 Bean。
    // 注意:如果是在独立的 Web 服务器中运行，不能使用依赖注入，只能使用 JNDI 查找。
    // 本例的 EJB 模块和 Web 模块都运行于同一个 Java EE 容器中，所以可以使用依赖注入。
    @EJB
    InventoryServiceLocal inventoryService;

    @Override
    protected void doGet (HttpServletRequest request,
            HttpServletResponse response) throws ServletException, IOException {
        String name = request.getParameter ("name");
        String code = request.getParameter ("code");
        List < Inventory > inventories
                = inventoryService.getInventories (name, code);
        request.setAttribute ("inventories", inventories);
        request.getRequestDispatcher ("inventory.jsp")
                .forward (request, response);
    }

    @Override
    protected void doPost (HttpServletRequest request,
            HttpServletResponse response) throws ServletException, IOException {
```

```
        doGet (request, response);
    }
}
```

上述代码中，使用@EJB 注解注入了实现 InventoryServiceLocal 接口的会话 Bean；在 doGet()方法中，取得用户输入的产品名称和编码，调用会话 Bean 的 getInventories()方法完成查询，并将查询结果存入请求中，返回到结果显示页面。最后还需要在 web.xml 中配置此 Servlet，具体配置代码不再演示。

需要注意，在注入时只需指定业务接口，由容器负责查找实现接口的会话 Bean 实例。

2.编写 JSP

库存清单页面需要显示查询结果，并允许输入产品名称和编码作为查询条件，核心代码如下：

【描述 2.D.6】inventory.jsp

```
<form action="InventoryServlet" method="post">
    产品编码<input name="code"/><br/>
    产品名称<input name="name"/><br/>
    <input type="submit"/>
</form>
<hr/>
<table style="border:1px solid gray" cellspacing="1">
    <tr style="color:white; background-color:gray">
        <td>产品 ID</td>
        <td>产品库存量</td>
        </tr>
    <c:forEach items="${inventories}" var="i">
    <tr>
        <td>${i.productId}</td>
            <td>${i.quantity}</td>
            </tr>
    </c:forEach>
</table>
```

上述 JSP 代码中使用 JSTL 和 EL 输出了产品库存数据。

3.部署运行

InventoryServlet 中通过依赖注入访问会话 Bean，所以此 Web 应用必须与 EJB 部署于同一个 Java EE 容器中才可以正确运行。部署成功并运行后，在浏览器中访问 inventory.jsp，效果如图2－12所示。

产品编码

产品名称

提交查询内容

产品ID	产品库存量
1	100.0
2	22.0
3	0.0
4	44.0
5	555.0
6	600.0
7	7000.0

图 2-12　库存查询页面

录入查询条件，点击提交按钮，会显示符合条件的产品库存量。

> **注意**　本书侧重讲解作为服务器端组件技术的 EJB，因此所涉及的页面没有做任何美化和数据校验，将只实现基本的数据显示。

2.6.2　访问有状态会话 Bean

在 Servlet 中访问有状态会话 Bean 与无状态会话 Bean 相同，也可以采用 JNDI 查找与依赖注入两种方式。但是因为容器使用同一个 Servlet 实例处理所有请求，如果将有状态会话 Bean 作为 Servlet 的属性注入，这将会使所有用户共用一个有状态会话 Bean 实例，即共用了一份会话状态，这在绝大多数情况下都是不合适的。因此，Servlet 中访问有状态会话 Bean 不要采用依赖注入方式，而应该使用 JNDI 查找。

另外，虽然 EJB 容器负责维护有状态会话 Bean 的会话状态，但是如果客户端丢失了对有状态会话 Bean 实例的引用，那 EJB 容器维护着的状态也就失去了意义，因为客户端已经无法访问这些状态了。因此，在整个业务会话期间，客户端必须以某种方式一直持有有状态会话 Bean 的实例，才能在需要时随时读写会话状态。

业务会话的范围取决于用户的具体业务，在 Servlet 应用中，业务会话通常与 Servlet 中的 application、session、request 等作用范围一致。与 session 相同是最常见的情况，此时应该将有状态会话 Bean 的实例保存在 HttpSession 对象中，从而能够在一个 HttpSession 的多个 HttpServletRequest 中共用一个实例来维护业务会话状态。

> **注意**　虽然有状态会话 Bean 经常保存在 HttpSession 中，但有状态会话 Bean 的“会话”与 HttpSession 的“会话”不是一个概念，前者贴近业务角度，后者贴近技术角度。

下述内容用于完成任务 2.D.7，实现库存盘点功能。

InventoryCheckingServiceBean 是实现库存盘点业务的有状态会话 Bean，其实现了本地业务接口 InventoryCheckingServiceLocal，ProductServiceBean 是实现分页查询产品的无状态会话

Bean，其实现了本地业务接口 ProductServiceLocal，这两个会话 Bean 已经完成，还需要编写一个 Servlet 和一个 JSP 页面。

在 Servlet 中，需要包含一个 ProductServiceLocal 类型的属性，通过依赖注入访问 ProductServiceBean；盘点操作需要的 InventoryCheckingServiceLocal 对象为有状态会话 Bean，应该通过 JNDI 查找获得，并保存在 HttpSession 对象中随时取用。

库存盘点时，因为产品种类比较多，所有产品需要分页显示，所以用户需要在多个页面录入实际盘点数量，并最后一次性提交全部数据。因此 Servlet 中需要两个操作：

◇ 分页处理：切换页面时，调用 ProductServiceBean 的 getProducts( )方法显示另一页产品，并调用 InventoryCheckingServiceBean 对象的 addCheckingResult( )方法保存当页产品的盘点结果；

◇ 提交结果：调用 InventoryCheckingServiceBean 对象的 updateInventory( )方法提交其中保存的所有盘点结果。

1.编写 Servlet

【描述 2.D.7】 InventoryCheckingServlet.java

```
// 库存盘点的 Servlet
public class InventoryCheckingServlet extends HttpServlet {

    @EJB
    ProductServiceLocal productService;

    // 换页
    private void changePage (HttpServletRequest request,
            HttpServletResponse response) throws ServletException, IOException {
        // 保存当页数据
        savePage (request, response);

        // 显示新的一页数据
        String page = request.getParameter ("pageIndex");
        int pageIndex = 1;
        int pageSize = 3; // 每页显示 3 个产品
        if (page ! = null&&!"".equals (page.trim()))
            pageIndex = Integer.parseInt (page);
        if (pageIndex < 1)
            pageIndex = 1;
        // 取得新的一页数据
        List < Product > products = productService
                .getProducts (pageIndex, pageSize);

        request.setAttribute ("products", products);
        request.setAttribute ("pageIndex", pageIndex);
        request.getRequestDispatcher ("inventoryChecking.jsp")
```

```
            .forward (request, response);
    }

    // 提交盘点结果
    private void commit (HttpServletRequest request,
                         HttpServletResponse response)
            throws ServletException, IOException {
        // 保存当页数据
        savePage (request, response);

        // 提交所有盘点结果
        getInventoryCheckingService (request) .updateInventory();

        // 从 HttpSession 中清除有状态会话 Bean
        request.getSession().removeAttribute ("inventoryCheckingService");
        request.setAttribute ("message", "盘点结果保存完毕");
        request.getRequestDispatcher ("message.jsp")
              .forward (request, response);
    }
    // 保存当页数据
    private void savePage (HttpServletRequest request,
            HttpServletResponse response) {
        String [] productIds = request.getParameterValues ("productId");
        if (productIds = = null)
            return;
        String [] differences = request.getParameterValues ("difference");

        // 获得 InventoryCheckingServiceLocal 对象
        InventoryCheckingServiceLocal service
              = getInventoryCheckingService (request);

        // 遍历当页的每个产品
        for (int i = 0; i < productIds.length; i + +) {
            String pid = productIds [i];
            String d = differences [i];
            int productId = Integer.parseInt (pid);
            double difference = 0;
            if (d.length() ! = 0)
                difference = Double.parseDouble (d);
            // 保存一个产品的盘点结果
            service.addCheckingResult (productId, difference);
        }
    }
```

```
// 从 HttpSession 中取得 InventoryCheckingServiceBean。
// 如果不存在，则从 JNDI 查找，并保存在 HttpSession 中。
private InventoryCheckingServiceLocal getInventoryCheckingService (
        HttpServletRequest request) {
    HttpSession session = request.getSession();

    // 从 HttpSession 中取出 InventoryCheckingServiceLocal
    InventoryCheckingServiceLocal service
        = (InventoryCheckingServiceLocal) session
              .getAttribute ("inventoryCheckingService");

    // 如果不存在
    if (service == null) {
        try {
            // JNDI 查找 InventoryCheckingServiceLocal
            Context ctx = new InitialContext();
            service = (InventoryCheckingServiceLocal) ctx
                  .lookup ("ch02/InventoryCheckingServiceBean/local");

            // 保存到 HttpSession 中
            session.setAttribute ("inventoryCheckingService", service);
        } catch (NamingException e) {
          e.printStackTrace();
        }
    }
    return service;
}

@Override
protected void doGet (HttpServletRequest request,
        HttpServletResponse response) throws ServletException, IOException {
    String to = request.getParameter ("to");
    // 区别换页和提交结果两种操作
    if (to == null || "changePage".equals (to())
        changePage (request, response);
    else if ("commit".equals (to()
        commit (request, response);
}

@Override
protected void doPost (HttpServletRequest request,
        HttpServletResponse response) throws ServletException, IOException {
    doGet (request, response);
}
```

```
    private static final long serialVersionUID = 1L;
}
```

上述 Servlet 的逻辑流程如下：

◇ 使用@EJB 注解注入了实现 ProductServiceLocal 接口的会话 Bean；

◇ getInventoryCheckingService( )方法返回 InventoryCheckingServiceLocal 类型的对象，其中首先从 HttpSession 中获取，如果不存在则通过 JNDI 从 EJB 容器查找，并保存在 HttpSession 中；

◇ savePage( )方法保存当页产品的盘点数据，首先调用 getInventoryCheckingService( )方法获得 InventoryCheckingServiceLocal 对象，然后遍历当页提交的每个产品，调用 InventoryCheckingServiceLocal 对象的 addCheckingResult( )方法保存每个产品的实际盘点结果；

◇ changePage( )方法完成换页操作，首先调用 savePage( )方法保存当页产品盘点数据，然后取得下一页的页码，调用 ProductServiceLocal 对象的 getProducts( )方法取得下一页的产品数据，并存入 request 中以提供给 JSP 页面显示；

◇ commit( )方法提交所有产品的最终盘点结果，首先调用 savePage( )方法保存当页产品盘点数据，然后通过 getInventoryCheckingService( )方法获得 InventoryCheckingServiceLocal 对象并调用 updateInventory( )方法提交所有盘点结果，提交后需要从 HttpSession 中清除其中的 InventoryCheckingServiceLocal 对象；

◇ 在 doPost( )方法中，根据操作类型的不同调用 changePage( )或 commit( )方法。

2. 编写 JSP

盘点页面需要分页显示产品，并允许输入产品的实际盘点结果，核心代码如下：

【描述 2.D.7】 inventoryChecking.jsp

```
<body>
    <form action="InventoryCheckingServlet" method="post">
        <table style="border:1px solid gray" cellspacing="1">
            <tr style="color:white; background-color:gray">
                <td>产品名称</td>
                <td>产品编号</td>
                <td>期望数量</td>
                <td>实际盘点数量</td>
                <td>差异</td>
            </tr>
            <c:forEach items="${products}" var="p">
              <tr>
                    <td>${p.name}</td>
                    <td>${p.code}</td>
                    <td>${p.stock}</td>
                    <td><input type="hidden" name="productId" value="${p.id}"
/>
                      <input type="hidden"
```

```
                id = "stock ${p.id }" value = " ${p.stock }" / >
              < input name = "result" id = "result ${p.id }"
                onblur = "calculateDiffenence ( ${p.id })" / >
            < /td >
            < td >
              < input name = "difference"
                id = "difference ${p.id }" readonly / >
            < /td >
          < /tr >
        < /c:forEach >
      < /table >
      < input type = "hidden" name = "to" id = "to" / >
      < input type = "hidden"
        name = "pageIndex" id = "pageIndex" value = " ${pageIndex }" / >
      < input type = "submit" value = "上一页" onclick = "changePage ( -1)" / >
      ${pageIndex }
      < input type = "submit" value = "下一页" onclick = "changePage (1)" / >
      < input type = "submit" value = "提交盘点结果"
        onclick = "document.getElementById ('to') .value = 'commit'" / >
    < /form >
< /body >
< script >
   function changePage (p) {
      document.getElementById ('to') .value = 'changePage';
      var pageIndex = document.getElementById ('pageIndex');
      pageIndex.value = parseInt (pageIndex.value) + p;
   }
   function calculateDiffenence (productId) {
      var stock
          = parseFloat (document.getElementById ('stock' + productId) .value);
      var r = document.getElementById ('result' + productId) .value;
      var result = 0;
      if (r.length ! = 0)
         result = parseFloat (r);
      var difference = document.getElementById ('difference' + productId);
      difference.value = result - stock;
      if (result > = stock)
         difference.style.backgroundColor = "#ddffdd";
      else
         difference.style.backgroundColor = "#ffdddd";
   }
< /script >
```

3.部署运行

运行 Java EE 容器，在浏览器中访问库存盘点页面 inventoryChecking.jsp，录入实际盘点结果，效果如图 2－13 所示。

产品名称	产品编号	期望数量	实际盘点数量	差异
product1	1111	100.0	89	-11
product2	2222	22.0	22	0
product3	3333	0.0	30	30

上一页　1　下一页　提交盘点结果

图 2-13　库存盘点页面

点击“下一页”或“上一页”按钮，将显示其他的产品，可以继续录入盘点数据，如图 2－14所示。

产品名称	产品编号	期望数量	实际盘点数量	差异
product4	4444	44.0	43	-1
product5	5555	555.0	555	0
product6	6666	600.0		-600

上一页　2　下一页　提交盘点结果

图 2-14　换页显示

将所有页面产品的盘点结果录入完毕后，点击“提交盘点结果”按钮后，会将所有结果保存到数据库中。

小结

通过本章的学习，学生应该能够学会：

- 会话 Bean 是用于封装业务逻辑的一种 EJB，是唯一一种可以被客户端调用的 EJB
- 根据是否维护会话的状态，会话 Bean 分为无状态和有状态两种
- EJB 容器负责管理会话 Bean 的实例化、初始化、依赖注入和销毁
- 所有会话 Bean 具有 PostConstruct 和 PreDestroy 两个生命周期回调事件
- 会话 Bean 必须实现业务接口
- 会话 Bean 的业务接口分为本地、远程和 WebService 三种，分别使用@Local、@Remote 和@WebService 注解声明
- 无状态会话 Bean 用于构造不需要维护会话状态的业务逻辑
- 无状态会话 Bean 通过@javax.ejb.Stateless 注解来声明
- EJB 容器通常会针对无状态会话 Bean 创建实例池
- 有状态会话 Bean 通常用于构建需要多个步骤的业务逻辑

- 有状态会话 Bean 通过@javax.ejb.Stateful 注解来声明
- EJB 对有状态会话 Bean 采用了钝化机制
- 除了@PostConstruct 和@PreDestroy 注解外，有状态会话 Bean 还具有@PrePassivate、@PostActivate 和@Remove 注解
- 按照运行位置与 EJB 容器的关系，会话 Bean 的客户端分为本地、远程和 WebService 三种
- 本地客户端可以使用 JNDI 查找和@EJB 注入两种方式获得会话 Bean 的实例
- 远程客户端只能使用 JNDI 查找获得会话 Bean 的实例

练习

1.关于会话 Bean 的说法正确的是______。（多选）

A.会话 Bean 是唯一可以被客户端直接调用的 EJB 组件

B.会话 Bean 是用于封装业务逻辑的一种 EJB

C.会话 Bean 可以访问 EJB 容器提供的各种服务

D.会话 Bean 分为无状态和有状态两种

2.关于会话 Bean 的状态的说法正确的是______。（多选）

A.无状态会话 Bean 不能包含属性

B.有状态会话 Bean 必须包含属性

C.客户端不应该依赖与无状态会话 Bean 的属性

D.客户端可以依赖于有状态会话 Bean 的属性

3.关于会话 Bean 的说法正确的是______。（多选）

A.会话 Bean 的实例由 EJB 容器创建

B.会话 Bean 的实例由 EJB 容器管理

C.会话 Bean 的实例由 EJB 客户端创建

D.会话 Bean 的实例由 EJB 客户端管理

4.关于会话 Bean 业务接口的说法不正确的是______。

A.会话 Bean 必须实现某个业务接口

B.会话 Bean 可以实现多个业务接口

C.业务接口可以是本地、远程、WebService 三种形式

D.业务接口的方法参数没有任何要求

5.关于无状态会话 Bean 的说法不正确的是______。

A.无状态会话 Bean 的多个实例对客户端来讲是没有区别的

B.无状态会话 Bean 会被 EJB 容器池化

C.无状态会话 Bean 具有@PostConstruct 和@PreDestroy 两个生命周期注解

D.无状态会话 Bean 在 EJB 容器中始终只有一个实例

6.关于有状态会话 Bean 的说法不正确的是______。

A.有状态会话 Bean 的多个实例对客户端来讲是没有区别的

B.有状态会话 Bean 可以被 EJB 容器钝化和激活

C.有状态会话 Bean 具有@PostConstruct、@PreDestroy、@PrePassivate 和@PostActivate 四个生命周期注解

D.有状态会话 Bean 的每个客户端都对应于 EJB 容器中的一个实例

7.下列注解可用于有状态会话 Bean 的是______。

A.@PreConstruct B.@PostPassivate

C.@PreActivate D.@Remove

8.关于会话 Bean 客户端的说法不正确的是______。

A.会话 Bean 客户端可以分为本地、远程和 WebService 三种

B.本地客户端可以访问实现@Local、@Remote 接口的会话 Bean

C.远程客户端不能访问只实现@Local 接口的会话 Bean

D.远程客户端可以使用依赖注入访问实现@Remote 接口的会话 Bean

9.下列 Java EE 标准 Web 组件中不能使用依赖注入访问会话 Bean 的是______。

A.Servlet B.JSP C.JSP Tag D.过滤器

10.会话 Bean 的业务接口分为______、______、______三种。

11.有状态会话 Bean 的______、______注解用于钝化和激活。

12.在非标准的 Web 组件中如何访问会话 Bean？例如 Struts 的 Action。

13.如果在 Servlet 中访问有状态会话 Bean，需要注意什么？

14.既然无状态会话 Bean 的所有实例对客户端是没有区别的，为什么还需要实例池，用一个实例处理所有请求是否更好？

15.有状态会话 Bean 为什么需要钝化机制？

16.使用有状态会话 Bean 时，需要注意哪些问题？

17.建立 EJB 项目，编写本地和远程业务接口，并编写会话 Bean 实现这两个接口。

18.建立 Web 项目，在 Servlet 中访问第 12 题中编写的两个业务接口。将 EJB 项目和 Web 项目部署于同一个 Java EE 容器中，测试访问结果。

第 3 章　JPA

本章目标

- 理解 ORM 的作用
- 掌握实体的编写
- 掌握如何声明实体的主键
- 掌握如何映射实体
- 掌握实体的主键生成方式
- 理解延迟加载
- 掌握 EntityManager 的常用方法
- 理解持久化上下文的原理
- 掌握实体的生命周期
- 掌握在 Java EE 环境下获得 EntityManager 实例的方法
- 了解在非 Java EE 环境下获得 EntityManager 实例的方法
- 掌握使用 EntityManager 执行实体的基本持久化方法

学习导航

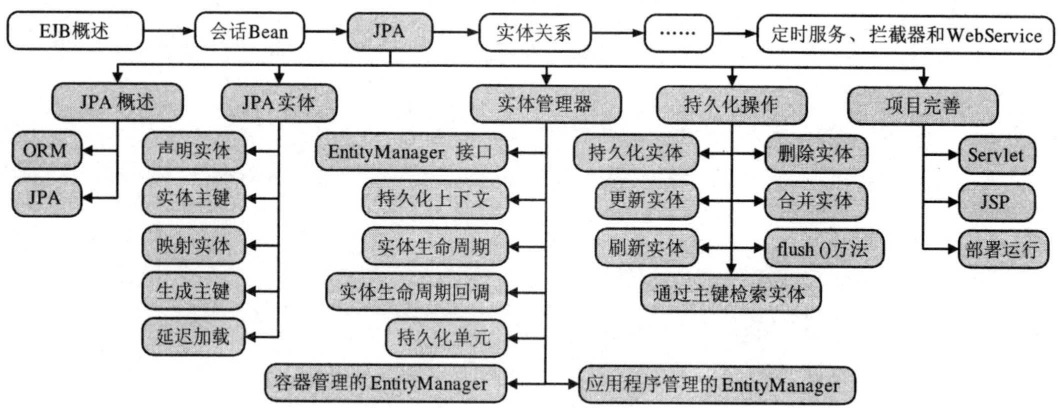

任务描述

【描述】3.D.1
修改产品类为 JPA 实体。
【描述】3.D.2
为产品实体标识主键。
【描述】3.D.3
为产品实体建立映射关系。
【描述】3.D.4
为产品实体指定主键生成策略。
【描述】3.D.5
定义一个产品实体的生命周期监听器并关联该监听器。
【描述】3.D.6
为库存管理系统配置 JPA 持久化单元。
【描述】3.D.7
在产品会话 Bean 中注入容器提供的持久化上下文。
【描述】3.D.8
修改产品的业务接口及会话 Bean，并使用 JPA 完成添加产品功能。
【描述】3.D.9
在产品会话 Bean 中使用 JPA 完成根据主键查找产品功能。
【描述】3.D.10
在产品会话 Bean 中使用 JPA 的更新实体操作完成修改产品功能。
【描述】3.D.11
在产品会话 Bean 中使用 JPA 完成删除产品功能。
【描述】3.D.12
在产品会话 Bean 中使用 JPA 的合并实体操作完成修改产品功能。
【描述】3.D.13
完善库存管理项目，完成对产品进行添加、修改和删除的功能。

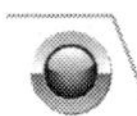

3.1 JPA 概述

持久化是指将内存中的数据保存到持久存储介质上的过程。几乎所有的企业应用程序都需要访问持久化数据，这些数据通常保存在关系型数据库中，因此，持久化层的主要任务是完成对关系型数据库的操作。

JPA（Java Persistence API，Java 持久化 API）是 Java EE 规范的一部分，为操作关系型数据库提供了一种新的规范。JPA 包含大量方便易用的 API，可以使开发人员摆脱繁重的 JDBC 底层处理，以更加面向对象的方式进行持久化操作。

3.1.1 ORM

JDBC 是 Java 平台上操作关系型数据库的基础性 API，它直接使用 SQL 作为与数据库的交互手段。因为 SQL 是专门为关系型数据库设计的查询语言，所以 JDBC 能够灵活、高效地操作关系型数据库，并可以直接使用目标数据库特有的一些强大功能。

尽管 JDBC 有很多优点，但是作为一种比较底层的 API，直接使用 JDBC 操作数据库需要开发人员熟悉 SQL 和关系型数据库的内部机制，并手工处理诸如数据库连接、事务等对象的建立和释放等操作，编码繁琐且容易出错。

JDBC 的另一个主要问题是其对面向对象的支持很有限。由于对象和关系模型采用了不同的数据组织形式，两种形式之间存在巨大的区别，造成使用面向对象方式操作关系型的数据库变得尤为困难，最突出的两个问题如下：

◇ 数据映射

JDBC 采用基于数据集（即 JDBC 的 ResultSet）的操作方式，因此，开发人不得不频繁的在结果集和实体对象之间进行转换，通常需要执行大量的 get、set 方法，这些批量出现的 get、set 方法针对不同的对象和表，虽然结构极其类似，但是却很难被重用。出现上述问题的根本原因在于程序运行时无法获得实体类和表之间（以及类的属性和表的字段）的映射关系，所以只能针对每个对象和表编写特定的 SQL 和 Java 代码。

解决方法是提供一种专门负责持久化的容器，这个容器中可以预先配置映射关系，并负责在运行时向应用程序提供这些映射关系。这样就可以自动生成 SQL 语句，将极大提高开发效率。

◇ 数据关系

数据之间的关系更加难于处理。Java 中，在存在引用关系的对象之间进行导航非常简单，并且因为通过引用直接定位，所以性能很高。

而数据库中表之间的关系是通过外键（或者类似的概念）来维护的，记录之间通过键值关联在一起。只有按照键值进行关联查询，才能从一条记录导航到其关联的另一条记录，这是与对象之间关联关系的本质区别。

因此，当多个对象存在关联关系时，为了构造一个完整的对象，可能需要同时查询多个表的数据。如果设计时不考虑性能，在极端情况下，只是加载一个对象就需要在内存中复制整个数据库；甚至更多，因为可能多条记录关联了另一个表的同一条记录，而针对这同一条记录却构造了多个内容相同的对象。

解决方法是由持久化容器提供可控制的加载策略和适当范围的缓存。开发人员控制关联对象是直接加载还是被使用时再加载；加载时容器首先检查缓存中是否存在对应同一条记录的对象，如果存在就不再查询数据库。更进一步，容器可以登记加载的对象并监测其数据变化，从而能够将数据发生过变化的对象自动更新回数据库，这称为“完全透明的持久化”。

> **注意** 也可采用一种与数据库类似的解决方案，即关联对象只保存主键而不保存整个对象的方式。在介绍实体关系之前，本书使用的库存管理示例中将采用这种方式，例如库存事务明细中只保存关联的库存事务的 id，而不是使用 InventoryTransaction 类型的属性保存整个库存事务对象。这种方式的缺点是无法方便的取得关联对象的实例，必须手动编写查询，实际上是一种过程式的设计方式。

除上述两点之外，对象和关系模型还有很多区别，比如对象可以拥有行为，而数据库中的记录只是为了存储数据；对象可以具有继承关系，而关系型数据库中根本没有继承这个概念。对象和关系模型的区别如表 3-1 所示。

表 3-1　对象和关系模型中的对应概念

Java 面向对象模型	关 系 模 型
类	表
对象（实例）	记录（行）
状态（属性）	字段（列）
行为（方法）	存储过程、触发器等与对象的方法基本对应
身份（引用）	主键
对其他对象的引用	外键关系
继承和多态	不支持

为了解决对象和关系模型的上述不匹配问题，需要完善的 ORM（Object-Relational Mapping，对象关系映射）框架支持。使用 JDBC 与 ORM 框架进行持久化操作的区别如图 3-1 所示。

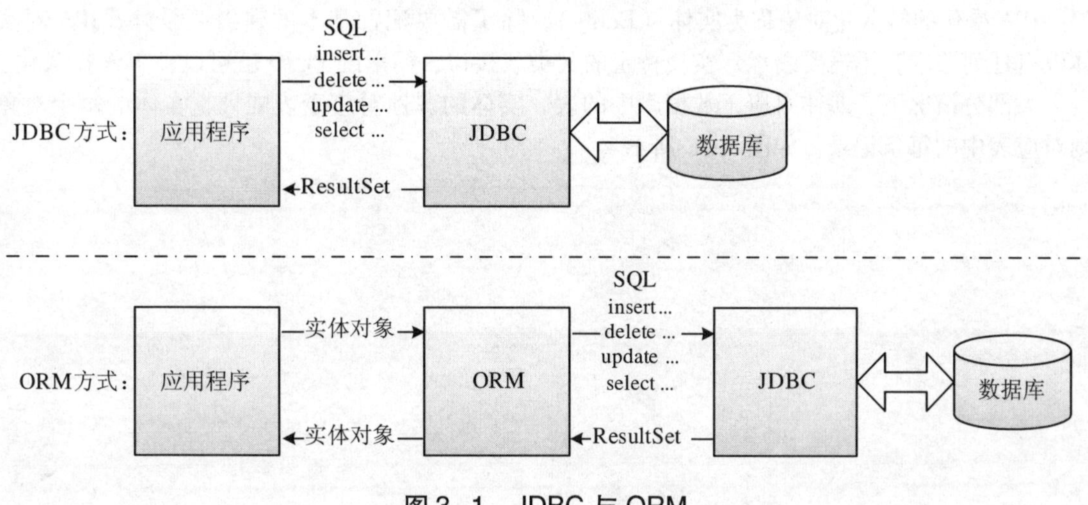

图 3-1　JDBC 与 ORM

使用ORM框架后，由框架通过JDBC操作数据库，负责把对象更新到数据库和将查询结果封装为对象的工作，应用程序与ORM框架交互的是实体对象。因此，开发人员基本不需要编写SQL，可以将主要精力用于业务逻辑处理，而将持久化的任务交给ORM框架解决。常见的ORM框架有Hibernate、TopLink等。

> **注意** 通过对JDBC进行不同程度的封装，还可以产生一些抽象层次介于单纯JDBC和完整ORM之间的方案。这些方案各有优劣，根据应用场景的不同，用户可以选择适合的方案。

3.1.2 JPA

JPA是Java EE规范的一部分，其为Java EE平台提供了ORM框架的规范。JPA包含大量方便易用的API，可以使开发人员摆脱繁重的JDBC底层操作，以更加面向对象的方式进行数据持久化。

同JDBC类似，JPA只是一个规范，并没有具体实现。但JPA是Java EE规范，所以符合Java EE规范的容器都应该提供JPA的具体实现，这称为JPA持久化提供器（类似于不同数据库厂商提供的JDBC驱动程序）。

JPA与EJB并没有必然的联系，所以EJB容器和JPA持久化提供器可以来自不同的厂商。例如JBoss Application Server使用Hibernate作为持久化提供器，用户也可以换成TopLink。

> **注意** JPA规范是由JCP的EJB 3.0专家组完成的，Hibernate框架的作者是EJB 3.0专家组的成员，熟悉Hibernate的读者可以发现JPA中的大部分概念和Hibernate非常相似。

3.2 JPA实体

JPA操作的持久化对象称为实体（Entity），除了需要配置基本的映射关系外，JPA对实体没有任何要求，不需要继承、实现特定的父类或接口，简单的POJO就可以被JPA持久化。

大部分情况下，实体对应于数据库中的表，实体的属性对应于表的列，实体的每个对象则对应表中的每条记录，如图3-2所示。

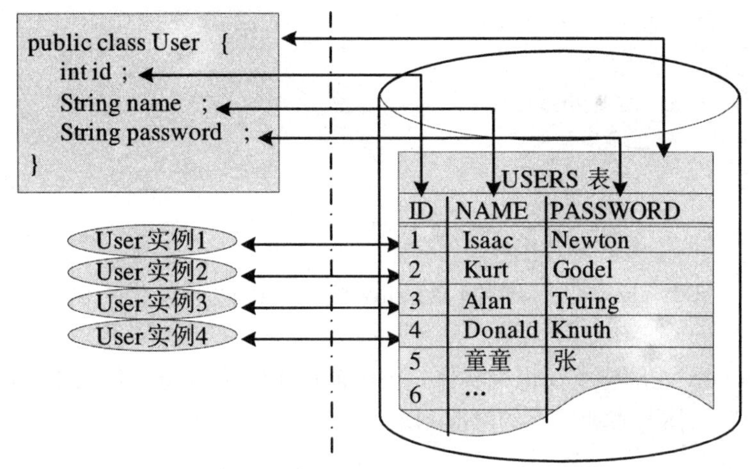

图 3-2 实体和数据库之间的对应

为了完成数据持久化，应用程序需要将上述的对应关系等基本信息提供给 JPA 持久化提供器，这可以通过 JPA 中的特定注解标识，如表 3-2 所示。

表 3-2 JPA 的常用注解

JPA 需要的信息	对 应 注 解
哪些类是实体	@Entity
实体的唯一标识	@Id
实体对应的表	@Table
实体属性对应的列	@Column
实体关联关系	@OneToOne、@OneToMany、@ManyToOne、@ManyToMany

JPA 使用的所有注解都位于 javax.persistence 包下，使用这些注解可以将一个类标识为实体，并配置与关系型数据库的映射关系。JPA 持久化提供器运行时将检测这些注解并解析出相关信息，从而能够完成实体的持久化操作。

注意 JPA 为各种映射关系提供了默认行为，实际上，标识一个实体时必需的只有@Entity 和@Id 两个注解。

3.2.1 声明实体

JPA 实体通过@Entity 注解标识，只需在类上声明@Entity 注解，这个类就会被 JPA 持久化提供器识别为实体。下述代码用于完成任务 3.D.1，修改产品类 Product，使用@Entity 注解将其声明为 JPA 实体。

【描述 3.D.1】Product.java

```
@Entity
public class Product {

    Integer id; // 主键
```

```
    String name; // 名称
    String code; // 编号
    Double minStock; // 最小库存量
    Double stock; // 当前库存量

    ......// get、set 方法
}
```

上述代码中，在 Product 类上声明了@Entity 注解，因此持久化提供器会将 Product 作为 JPA 实体处理。

仅仅使用@Entity 注解将类标识为实体，还不能使 JPA 完成持久化操作，还需要为实体指定主键，以及配置实体与表和字段的对应关系。

3.2.2 实体主键

实体必须具有主键，这样实体对象才能够被 JPA 唯一识别。实体的主键属性通常对应到表的主键列上，其类型有一定限制，JPA 支持使用基本类型和 Serializable 类型的属性作为实体的主键。

可以使用@Id 注解将实体的一个属性声明为主键。下述代码用于完成任务 3.D.2，修改产品实体，为其标识主键。

【描述 3.D.2】Product.java

```
@Entity
public class Product {
    @Id
    Integer id; // 主键
    String name; // 名称
    String code; // 编号
    Double minStock; // 最小库存量
    Double stock; // 当前库存量
    ......// get、set 方法
}
```

上述代码中，在 Product 实体的 id 属性上声明了@Id 注解，表示 id 属性作为 Product 实体的主键。

除了直接声明在属性上，@Id 注解也可以声明在属性的 get 方法上，如下述代码所示：

【描述 3.D.2】Product.java

```
@Entity
public class Product {
    Integer id; // 主键
    String name; // 名称
    String code; // 编号
    Double minStock; // 最小库存量
```

```
    Double stock; // 当前库存量

    @Id
    public Integer getId() {
        return id;
    }
    public void setId (Integer id) {
        this.id = id;
    }
    ...... // 其他 get、set 方法
}
```

上述代码在 Product 的 getId()方法上声明了@Id 注解，与直接在 id 属性上声明的方式效果相同，通常更推荐在 get 方法上声明主键的方式。

> **注意** JPA 也支持使用多个属性共同构成联合主键的方式。在实际开发中，一般更推荐使用代理主键（使用一个没有业务含义的字段作为主键）而不是联合主键。有关 JPA 联合主键的介绍可参见本章实践篇的知识拓展。

3.2.3 映射实体

JPA 必须了解实体与数据库的对应关系才能够生成执行特定操作的 SQL 语句，进而访问数据库中的记录。实体与数据库的映射关系体现在两个方面：

◇ 映射表：实体映射到哪一个数据库表，使用@Table 注解标识

◇ 映射列：实体的属性映射到表的哪一个列，使用@Column 注解标识

1.映射表

@Table 注解用于指定实体对应的表，其定义如下：

```
@Target (TYPE)
@Retention (RUNTIME)
public @interface Table {
    String name()default "";
    String catalog()default "";
    String schema()default "";
    UniqueConstraint [] uniqueConstraints()default {};
}
```

@Table 注解具有四个参数：

◇ name：指定对应表的名称，如果省略此参数，表示表的名称与类名相同；

◇ catalog：指定对应表所在的数据库 Catalog；

◇ schema：指定对应表所在的数据库 Schema；

◇ uniqueConstraints：指定对应表的唯一约束。

这四个参数都有默认值，除了 name 以外，其他三个参数很少用到，本书不再介绍。

> **注意** 通过在实体类上声明@Table 注解，即可指定实体对应的表。如果实体省略了@Table 注解，则会被映射到位于默认的数据库 Schema 中并且名称与实体类名相同的表。Catalog 和 Schema 是 SQL 标准中的概念，目前主流的关系型数据库对 Catalog 和 Schema 的支持和实现方式差别很大，实际开发中在@Table 注解中使用这两个参数的情况也较少，因此本书将不再举例。

下述代码用于完成任务描述 3.D.3，将产品实体与数据库中的 product 表进行映射。

【描述 3.D.3】Product.java

```
@Entity
@Table (name = "product")
public class Product {
    ...... // 属性和方法
}
```

上述代码中，使用@Table 注解将 Product 实体映射到 product 表上。实际上，因为 Product 实体与表的名称相同，所以也可以不标注@Table 注解。

2.映射列

@Column 注解用于指定实体属性对应的列，其定义如下：

```
@Target (METHOD, FIELD)
@Retention (RUNTIME)
public @interface Column {
    String name()default "";
    boolean unique()default false;
    boolean nullable()default true;
    boolean insertable()default true;
    boolean updatable()default true;
    String columnDefinition()default "";
    String table()default "";
    int length()default 255;
    int precision()default 0;
    int scale()default 0;
}
```

@Column 注解具有十个参数：

- ◇ name:指定对应列的名称，如果省略此参数，表示列的名称与属性名相同；
- ◇ unique:指定列值是否必须唯一；
- ◇ nullable:指定列值是否允许为空；
- ◇ insertable:指定 JPA 插入记录时是否包含此列值；
- ◇ updatable:指定 JPA 更新记录时是否包含此列值；
- ◇ columnDefinition:指定定义此列的 DDL；
- ◇ table:指定此列对应的表；
- ◇ length:指定此列的长度；

◇ precision：如果列的类型是十进制数字，可以使用 precision 指定数值长度；
◇ scale：如果列的类型是十进制数字，可以使用 scale 指定小数部分长度。

> **注意** 与@Table 注解类似，如果实体的属性省略了@Column 注解，则会被映射到与属性名称相同的列。

JPA 允许将一个实体映射到多个表上，此时可以在属性的@Column 注解上使用 table 参数指定属性对应于哪一个表。

另外，有些持久化提供器支持通过实体来创建数据库中的表，即自动生成数据库 Schema，除了 name 和 table 外，@Column 注解的其他参数都用于自动生成 Schema。自动生成 Schema 并不是 JPA 规范中规定的特性，本书不再介绍。

通过在实体的属性上标注@Column 注解，即可指定属性对应的列。与@Id 注解类似，@Column 注解也可标注于属性的 get 方法上，效果与在属性上标注相同。

在@Column 注解被省略时，JPA 仍然会将实体属性映射到与属性名称相同的列。因此，如果实体中存在不需要被映射的列时，必须使用@Transient 注解进行显式的声明，以避免出现无法对应的错误。@Transient 注解标注的属性（或 get 方法）将不会被映射到数据库，属性的数据也不会参与持久化。

> **注意** 关于如何将一个实体映射到多个表可参见实践篇第 5 章的知识拓展。

下述代码用于完成任务 3.D.3，将产品实体的属性与 product 表的列进行映射。

【描述 3.D.3】Product.java

```
@Entity
@Table (name = "product")
public class Product {

    Integer id; // 主键
    String name; // 名称
    String code; // 编号
    Double minStock; // 最小库存量
    Double stock; // 当前库存量

    @Id
    @Column (name = "id")
    public Integer getId() {
        return id;
    }
    public void setId (Integer id) {
        this.id = id;
    }

    @Column (name = "name")
    public String getName() {
```

```
        return name;
    }
    public void setName (String name) {
        this.name = name;
    }


    @Column (name = "code")
    public String getCode() {
        return code;
    }
    public void setCode (String code) {
        this.code = code;
    }

@Column (name = "min_stock")
    public Double getMinStock() {
        return minStock;
    }
    public void setMinStock (Double minStock) {
        this.minStock = minStock;
    }

    @Transient
    public Double getStock() {
        return stock;
    }
    public void setStock (Double stock) {
        this.stock = stock;
    }
}
```

上述代码中，在 Product 实体各个属性的 get 方法上标注@Column 注解，并通过@Column 的 name 参数指定了属性对应的列。

Product 实体的 stock 属性并没有对应到 product 表的列上，stock 属性代表产品的当前库存，实际上是库存表中对应产品的数量。因此使用@Transient 注解标注了 stock 属性的 get 方法，从而使 JPA 忽略此属性。在介绍完如何建立实体之间的关联关系后，将使 Product 与 Inventory 实体直接关联，从而不再需要 stock 属性。

3.2.4 生成主键

JPA 要求实体必须具有主键，实体的主键值可以在应用程序中指定，但是更常见的情况是由数据库自动生成。因此，如果实体没有设置主键值，当将实体的对象持久化到数据库中时，JPA 必须了解如何为新记录生成主键值。使用 JPA 提供的@javax.persistence.GeneratedValue

注解和 javax.persistence.GenerationType 枚举可以指定实体的主键生成方式，常见的主键自动生成策略有三种，分别对应 GenerationType 枚举的三个值：

◇ 身份列（GenerationType.IDENTITY）

◇ 序列（GenerationType.SEQUENCE）

◇ 表生成器（GenerationType.TABLE）

1.身份列

DB2、SqlServer、MySql 等数据库都支持身份列（IDENTITY）字段类型，向表中插入记录时，身份列类型的字段由数据库自动生成一个值，通常是在最后一次生成的数值基础上加1。使用@GeneratedValue 注解配置身份列类型主键的代码如下：

```
......
@Id
@Column (name = "id")
@GeneratedValue (strategy = GenerationType.IDENTITY)
public Long getId() {
    return id;
}
public void setId (Long id) {
    this.id = id;
}
......
```

上述代码中，在实体主键属性 id 的 get 方法上声明了@GeneratedValue 注解，并指定生成策略为 GenerationType.IDENTITY，表示 id 属性对应的列是身份列。

2.序列

Oracle、DB2 等数据库支持使用序列（SEQUENCE），序列通常用于生成主键，与表并没有必然联系。使用序列生成主键需要首先在实体中通过@javax.persistence.SequenceGenerator 注解定义序列，如下所示：

```
@Entity
@Table (name = "SOME_TABLE")
@SequenceGenerator (name = "someSequenceGen",
                    sequenceName = "SOME_SEQ",
                    initialValue = 1,
                    allocationSize = 50)
public class SomeEntity {
    ......
}
```

上述代码使用@SequenceGenerator 注解定义了一个序列生成器，名称为 someSequenceGen，对应到数据库中名称为 SOME_SEQ 的序列，初始值为 1，递增幅度为 50。序列生成器通常声明在实体类上，也可以声明在属性和方法上。

定义了序列生成器后，需要在主键属性上通过@GeneratedValue 注解引用序列生成器，如下列代码所示：

```
......
@Id
@GeneratedValue (strategy = GenerationType.SEQUENCE,
                 Generator = "someSequenceGen")
@Column (name = "SOME_COLUMN")
public long getKey() {
    return key;
}
......
```

上述代码中，使用@GeneratedValue注解定义了主键属性key的生成方式为GenerationType.SEQUENCE，并且通过名称为someSequenceGen的序列生成器来生成。

下述代码用于完成任务3.D.4，为产品实体指定使用名为“pd_seq”的Oracle序列来生成主键。

【描述3.D.4】Product.java

```
// 产品
@Entity
@Table (name = "product")
@SequenceGenerator (name = "productSequence", sequenceName = "pd_seq")
public class Product {

    Integer id; // 主键
    String name; // 名称
    String code; // 编号
    Double minStock; // 最小库存量
    Double stock; // 当前库存量

    @Id
    @Column (name = "id")
    @GeneratedValue (strategy = GenerationType.SEQUENCE,
                     generator = "productSequence")
    public Integer getId() {
        return id;
    }
    public void setId (Integer id) {
        this.id = id;
    }
    ......
```

上述代码中，首先声明了序列生成器productSequence，其使用数据库的pd_seq序列；然后在主键属性id的get方法上声明了@GeneratedValue注解，指定生成策略为GenerationType.SEQUENCE，序列生成器为productSequence。

3.表生成器

如果使用自定义的表来生成主键，则需要使用表生成器的主键生成策略。与序列生成器类似，使用表生成器策略时，首先需要使用@javax.persistence.TableGenerator注解定义表生成器，然后在主键属性上通过@GeneratedValue注解引用表生成器。如下列代码所示：

```
@Entity
@Table (name = "SOME_TABLE")
@TableGenerator (name = "someTableGen",
                 table = "SOME_GEN_TABLE",
                 pkColumnName = "SOME_PK_COLUMN",
                 valueColumnName = "SOME_VALUE_COLUMN",
                 pkColumnValue = "SOME_ID",
                 allocationSize = 10)
public class SomeEntity {
    ......

    @Id
    @Column (name = "SOME_COLUMN")
    @GeneratedValue (strategy = GenerationType.TABLE,
                     generator = "someTableGen")
    public long getKey() {
        return key;
    }
    ......
}
```

上述代码中，首先使用@TableGenerator 注解定义了表生成器 someTableGen，对应于 SOME_GEN_TABLE 表，指定了表中区分不同主键和存储主键值的列等信息。使用@GeneratedValue 注解定义了主键属性 key 的生成方式为 GenerationType.TABLE，并且通过名称为 someTableGen 的表生成器来生成。

4.默认策略

JPA 允许指定主键的生成方式是 GenerationType.AUTO，表示由持久化提供器根据数据库不同采用适合的策略，代码如下所示：

```
......
@Id
@Column (name = "SOME_COLUMN")
@GeneratedValue (strategy = GenerationType.AUTO)
public long getKey() {
    return key;
}
......
```

需要注意，AUTO 方式虽然使用简单，但是其所采用的策略与具体的持久化提供器有关。即使是同一种数据库，不同的持久化提供器也可能采用不同的策略，因此，AUTO 方式是否合适需要根据具体情况判断。

3.2.5 延迟加载

JPA 提供了一种用于优化查询性能的机制，在需要数据时才真正地去查询数据库，称为延迟加载（lazy-load）。延迟加载可用于实体的普通属性及关联的实体属性，例如下列实体：

```
@Entity
public class Product {
    @Id
    int id;
    String name;
    @Lob
    byte [] picture;
    @OneToMany
    Set<Supplier> suppliers;
    ......
}
```

上述的 Product 实体中，有两个属性需要注意：

◇ picture 属性代表产品的图片，其对应于数据库中的 LOB 类型字段，所以使用@javax.persistence.Lob 注解标注了此属性。加载 LOB 类型的数据需要大量的磁盘 I/O 操作，如果大部分使用产品实体的场景都不需要显示图片，则不需要每次查询都加载此 LOB 字段。

◇ supliers 属性代表产品的所有供应商，一个产品可能有多个供应商，所以使用了集合类型。供应商 Supplier 也是实体，对应于数据库中的供应商表，供应商表和产品表具有外键关联的多对一关系。同样，如果大部分使用产品实体的场景都不需要其对应的多个供应商的数据，则每次查询产品时都查询关联的供应商表会降低效率。

使用延迟加载可以解决上述问题，修改产品实体的代码如下：

```
@Entity
public class Product {
    @Id
    int id;
    String name;
    @Lob
    @Basic (fetch = FetchType.LAZY)
    byte [] picture;
    @OneToMany (fetch = FetchType.LAZY)
    Set<Supplier> suppliers;
    ......
}
```

修改后，为 picture 属性添加了@javax.persistence.Basic 注解，并指定 fetch 参数为 FetchType.LAZY；为 suppliers 属性的@OneToMany 注解也指定了同样的参数。这样，当查询产品时，JPA 不会查询 LOB 类型的 picture 字段，也不会查询关联的供应商表，从而可以提高查询性能。当调用 picture 和 suppliers 属性的 get 方法时，JPA 会分别执行一条新的 SELECT 语句，查询对应的 picture 字段和关联的供应商表，从而保证调用者可以得到对应的数据。

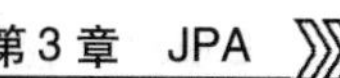

> **注意**　上例中的@OneToMany 注解用于指定实体间的一对多关联关系，本书理论篇第 4 章会专门介绍实体间的各种关联关系。

JPA 查询数据库返回的实体实例实际上是一个代理对象，代理类是对应实体的子类，由 JPA 自动生成。代理类覆盖了实体类的 get 方法，所以 JPA 可以在调用属性的 get 方法时，添加一些特定的操作，例如延迟加载所需要的执行新查询的操作。

> **注意**　延迟加载是 JPA 规范的一个可选特性，并没有要求必须实现，因此，某些持久化提供器可能并不支持此特性。如果需要使用延迟加载，应该首先查看持久化提供器的规格文档中的相关说明。

3.3　实体管理器

JPA 提供了大量方便易用的 API 用于实体操作，通过实体管理器（EntityManager）可以实现对实体的添加、删除、修改以及复杂的条件查询等功能。

3.3.1　EntityManager 接口

javax.persistence.EntityManager 接口是 JPA 的核心接口，其承载了大部分的 ORM 操作。EntityManager 接口中定义了功能丰富的持久化方法，表 3-3 列出了常用的一部分。

表 3-3　EntityManager 接口

方　法	说　明
void persist (Object entity)	将实体持久化到数据库
void remove (Object entity)	从数据库删除实体
<T> T find (Class<T> entityClass, Object id)	根据主键查找实体，两个方法有细微差别
<T> T getReference (Class<T> entityClass, Object id)	
void flush()	将实体更新到数据库
<T> T merge (T entity)	将实体关联到持久化上下文，返回关联后的实体
void refresh (Object entity)	从数据库刷新实体
Query createQuery (String ql)	创建 JPQL 查询
Query createNamedQuery (String name)	创建命名查询
Query createNativeQuery (String sql)	创建 SQL 查询
void clear()	将所有实体从持久化上下文中分离
void close()	关闭 EntityManager
EntityTransaction getTransaction()	获得事务
void joinTransaction()	连接已有的 JTA 事务

使用 JPA 进行持久化操作时，首先需要获得 EntityManager 的实例。如果是运行于 Java EE 环境下，可以获得容器提供的 EntityManager；否则，则需要编码获得。

3.3.2 持久化上下文

持久化上下文（persistence context）是指受 EntityManager 管理的实体实例的集合。持久化上下文与 EntityManager 关联在一起，其中的实例受 EntityManager 管理，EntityManager 跟踪着持久化上下文中每个实例的修改和更新情况，负责将实例数据的改变保存到数据库中。

当持久化上下文关闭时，其中的所有实例都会脱离 EntityManager 的管理，成为一般的 Java 对象，这些对象的状态变化将不再会被 EntityManager 同步到数据库中。

JPA 中有两种持久化上下文：

◇ 事务范围的持久化上下文

如果持久化上下文是事务范围的，则 EntityManager 能够感知所在的事务，当事务结束时，EntityManager 会自动将上下文中的所有实体实例与数据库进行同步，之后所有实例都将脱离 EntityManager 的管理，并且上下文也会被销毁。

Java EE 容器提供了功能强大的事务支持，受容器管理的组件可以使用容器提供的事务服务，因此，只有受容器管理的持久化上下文才能是事务范围的。如果需要使用事务范围的持久化上下文，则不能够编程创建，必须从容器获得。

◇ 扩展的持久化上下文

扩展的持久化上下文可以跨越多个事务，其中的实体实例会一直受 EntityManager 管理，与事务的边界无关，即使事务提交或回滚后，实例也不会与 EntityManager 分离。EJB 中，扩展的持久化上下文主要用于有状态会话 Bean。大部分情况下，会话 Bean 的每个方法调用都自动参与事务（称为容器管理的事务），有状态会话 Bean 需要在多个方法调用之间维护会话状态，所以很可能需要使会话状态中的实体保持与 EntityManager 的联系，此时使用扩展的持久化上下文是合适的方式。

绝大多数情况下，应该使用事务范围的持久化上下文，其提供了高度自动化的事务处理机制。

> **注意** 持久化上下文与 EJB 的事务服务紧密相关，在理论篇第 7 章介绍 EJB 事务时会进一步讨论两者的关系。

3.3.3 实体生命周期

JPA 实体具有直观的生命周期，如图 3－3 所示。

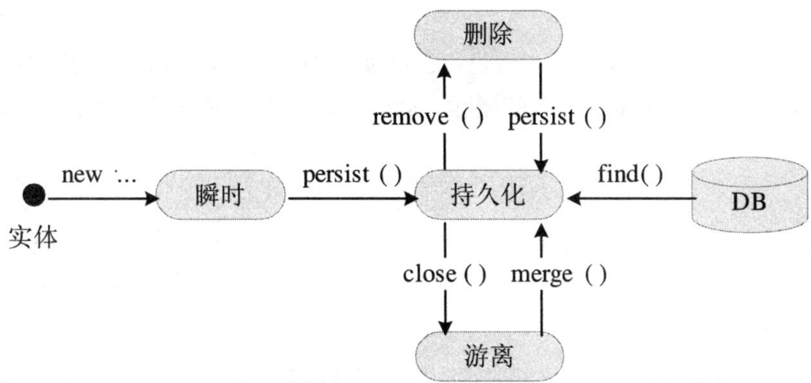

图3-3 实体生命周期

实体对象在其生命周期中会涉及下列状态：

1.瞬时状态

新构造的实体实例与 EntityManager 还没有建立关系，因此实例不受 EntityManager 管理，此时称之为“瞬时”状态，代码如下：

```
SomeEntity entity = new SomeEntity();
```

2.持久化状态

使用 EntityManager 的 persist()方法可以将瞬时状态的实例持久化到数据库中，即在对应表中插入一条新记录。persist()方法执行完毕后，实例会与数据库中刚插入的一条记录对应，并由 EntityManager 负责维护他们之间的对应关系，此时实例的状态变为“持久化”的状态，也可称为受管理状态，代码如下所示：

```
someEntityManager.persist (entity);
```

通过 EntityManager 的各种查询方法也可以获得实体的实例，并且获得的实例已被 EntityManager 关联到对应的记录上，因此这些实例也是持久化状态，例如：

```
SomeEntity entity = someEntityManager.find (SomeEntity.class, 1);
```

3.游离状态

使用 EntityManager 的 clear()方法会将其管理的所有实例从持久化上下文中分离出来，不再受 EntityManager 的管理，但数据库中不会删除实例对应的记录，此时称之为“游离”状态。代码如下所示：

```
someEntityManager.clear();
```

实际上，超出持久化上下文范围的所有实体实例都会自动变为游离状态。

游离状态的实例可以通过调用 EntityManager 的 merge()方法再次与 EntityManager 重新关联，此时 merge()方法将返回持久化状态的实例，代码如下：

```
// detachedEntity 是游离状态的实体实例
SomeEntity entity = someEntityManager.merge (detachedEntity);
```

4.删除状态

使用 EntityManager 的 remove( )方法可以删除实体的实例。remove( )方法执行完毕并提交事务后，实例所对应的数据库记录将被删除，此时实例的状态称之为“删除”状态。代码如下所示：

```
someEntityManager.remove (entity);
```

删除状态下的实例虽然可以继续使用，但是数据库中已不存在与之对应的记录，也不再受 EntityManager 的管理，除非调用 EntityManager 的 persist( )方法让其重新持久化（需要将实例的@Id 属性清空）。

> **注意** JPA 实体的生命周期与会话 Bean 有很大不同。会话 Bean 的实例会被 EJB 容器全程管理，应用程序不负责实例的创建和销毁，只是使用容器提供的实例。而实体不同，通过 EntityManager 的各种方法可以控制实体实例的生命周期，实体的实例也可以与 EntityManager 脱离关系。

3.3.4 实体生命周期回调

同会话 Bean 类似，实体也具有生命周期的回调机制。当实体实例的状态发生变化时，会触发相应的事件，而这些事件由专门的实体生命周期监听器监听，监听器会自动调用事件所对应的方法进行处理。

JPA 提供了一系列实体生命周期的回调注解，当实体状态变化时，实体生命周期监听器会调用相应注解标注的方法。表 3－4 列出了 JPA 支持的实体生命周期回调注解，这些注解都位于 javax.persistence 包下。

表 3-4 JPA 的实体生命周期回调

生命周期回调注解	执 行 时 机
@PrePersist	持久化实体实例之前
@PostPersist	持久化实体实例之后
@PostLoad	加载实体实例之后
@PreUpdate	更新实体实例到数据库之前
@PostUpdate	更新实体实例到数据库之后
@PreRemove	删除实体实例之前
@PostRemove	删除实体实例之后

实体监听器类中的监听方法可以使用上述注解标注。下述代码用于实现任务 3.D.5，定义一个产品实体的生命周期监听器并关联该监听器。

【描述 3.D.5】ProductListener.java

```
public class ProductListener {
    @PostPersist
    public void afterInsert (Product product) {
        System.out.println ("新添加了产品:" + product.getName());
```

```
    }

    @PostRemove
    public void afterDelete (Product product) {
        System.out.println ("删除了产品:" + product.getName());
    }
}
```

上述代码中，定义了一个名为 ProductListener 的实体生命周期监听器，其中使用@PostPersist 和@PostRemove 注解标注了两个方法。

实体通过@javax.persistence.EntityListeners 注解可以关联一个或多个实体监听器，关联之后，实体触发生命周期事件时就会自动执行监听器的对应方法。

为产品实体关联 ProductListener 监听器，修改产品实体的代码如下：

【描述 3.D.5】Product.java

```
@Entity
@Table (name = "product")
@SequenceGenerator (name = "productSequence", sequenceName = "pd_seq")
@EntityListeners (ProductListener.class)
public class Product {
    ......
}
```

产品实体中，通过@EntityListeners 注解关联了 ProductListener 监听器。因此，当持久化新的产品实例时，会调用 ProductListener 中标注@PostPersist 的方法；当删除产品实例时，会调用 ProductListener 中标注@PostRemove 的方法。

除了上述直接指定监听器的方式外，还可以为所有的实体指定共同的默认监听器；并且，由于实体之间可以存在继承关系，所以子类实体的持久化操作可能触发父类实体的监听器。因此，同一个实体类上可能具有三种类型的多个监听器，其触发顺序为：

1）默认监听器

2）父类监听器

3）子类本身的监听器

注意 JPA 实体的生命周期监听器中无法使用依赖注入，不能注入容器提供的资源。

3.3.5 持久化单元

持久化单元是指 EntityManager 负责管理的一组实体类。使用 JPA 进行持久化操作，首先需要配置持久化单元。JPA 要求使用 persistence.xml 文件配置持久化单元，并且将此文件放置于应用程序的 META - INF 目录下，如图 3 - 4 所示。

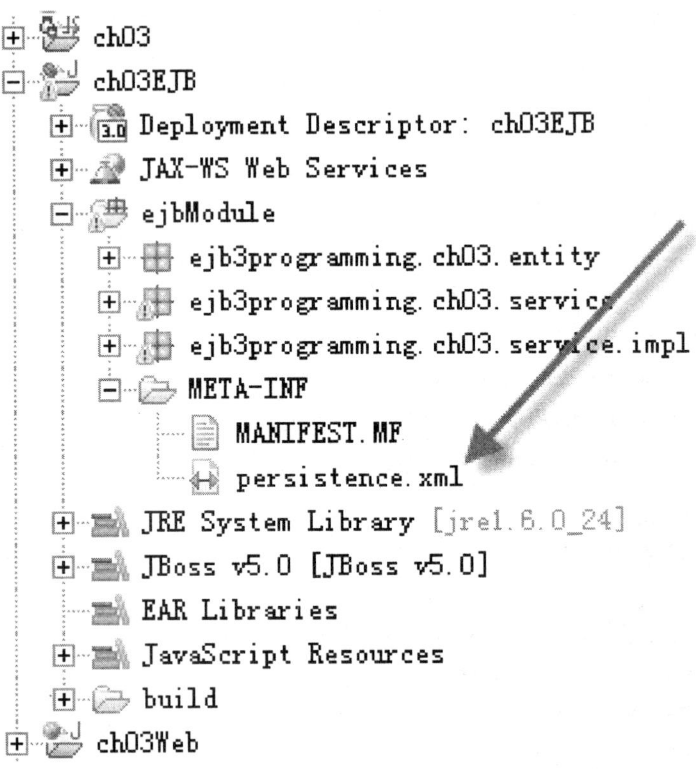

图 3-4　JPA 持久化单元的配置文件 persistence.xml

persistence.xml 的结构比较简单，下述代码用于完成任务 3.D.6，为库存管理示例配置 JPA 持久化单元。

【描述 3.D.6】 persistence.xml

```
<?xml version="1.0" encoding="UTF-8"?>
<persistence xmlns="http://java.sun.com/xml/ns/persistence"
   xmlns:xsi="http://www.w3.org/2001/XMLSchema-instance"
   xsi:schemaLocation="http://java.sun.com/xml/ns/persistence
             http://java.sun.com/xml/ns/persistence/persistence_1_0.xsd"
   version="1.0">
   <persistence-unit name="ejb3theory">
      <jta-data-source>java:jdbc/ejb3theory</jta-data-source>
      <properties>
        <property name="hibernate.dialect"
                value="org.hibernate.dialect.Oracle10gDialect" />
          <property name="hibernate.show_sql" value="true" />
      </properties>
   </persistence-unit>
</persistence>
```

上述 persistence.xml 配置文件中主要包含以下内容：

◇ persistence-unit 元素定义了一个持久化单元，其 name 属性指定了持久化单元的名称为 ejb3theory。使用 JPA 进行持久化时需要根据名称引用持久化单元。一个 persistence.xml 中可以定义多个持久化单元，每个持久化单元使用一个 persistence-unit 元素定义。

◇ jta-data-source 元素定义了 JPA 进行持久化操作时所使用的数据源，每个持久化单元只能关联一个数据源。库存管理示例使用的 Java EE 容器中已经配置了全局 JNDI 名称为“java:jdbc/ejb3theory”的数据源，进行持久化操作时将操作这个数据源对应的数据库。

◇ properties 元素定义了一组提供给 JPA 持久化提供器的属性，这些属性都是专有的，不同的持久化提供器需要的信息也不同。上述代码中的属性是专用于 JBoss 的，JBoss 内置了 Hibernate 作为持久化提供器，其中 hibernate.dialect 属性指定了 Hibernate 需要的数据库方言，hibernate.show_sql 属性控制 Hibernate 是否在标准控制台输出持久化操作时自动生成的 SQL 语句。

容器启动时，持久化提供器会扫描 persistence.xml 所在项目打包后的 jar 文件，搜索标注了@Entity 注解的类，将这些类添加到对应的持久化单元中。

> **注意** persistence.xml 是 EJB 3.0 中唯一必需的部署描述文件，没有注解可以代替。鉴于注解的方便性，本书在介绍会话 Bean 等其他内容时都是使用注解而不是部署描述文件进行配置。

3.3.6 容器管理的 EntityManager

配置了持久化单元后，Java EE 容器管理的组件就可以从容器获得 EntityManager 的实例。通过@javax.persistence.PersistenceContext 注解可以方便的向组件注入 EntityManager，其定义如下：

```
@Target (TYPE, METHOD, FIELD)
@Retention (RUNTIME)
public @interface PersistenceContext {
    String name()default "";
    String unitName()default "";
    PersistenceContextType type()default TRANSACTION;
    PersistenceProperty [] properties()default {};
}
```

@PersistenceContext 注解具有四个参数：

◇ name：指定持久化上下文的 JNDI 名称；

◇ unitName：指定持久化上下文的名称，即 persistence.xml 中 persistence-unit 元素的 name 属性值；

◇ type：指定持久化上下文的类型，即事务范围的还是扩展的，分别对应 javax.persistence.PersistenceContextType 枚举的两个值 TRANSACTION 和 EXTENDED；

◇ properties：持久化提供器专用的属性。

下述代码用于完成任务 3.D.7，为产品会话 Bean 注入 EntityManager。

【描述 3.D.7】ProductServiceBean.java

```
// 查询产品的业务会话 Bean
@Stateless
public class ProductServiceBean implements ProductServiceLocal {

    // 注入 EJB 容器的持久化上下文
    @PersistenceContext (unitName = "ejb3theory")
    private EntityManager entityManager;

    @Override
    public List < Product > getProducts (int pageIndex, int pageSize) {
        ......// 使用 EntityManager 进行持久化操作
    }
}
```

ProductServiceBean 中，原来使用注入的 DataSource 进行持久化操作。修改后，添加了 EntityManager 类型的属性 entityManager，并标注了@PersistenceContext 注解，指定使用 Java EE 容器提供的名为 ejb3theory 的持久化单元。容器构造 ProductServiceBean 的实例后，会将持久化单元 ejb3theory 注入 entityManager 属性，业务方法中就可以使用 entityManager 进行持久化操作了。

因为 EntityManager 对象由容器提供，所以除了使用@PersistenceContext 注解注入的方式外，显然也可以通过 JNDI 查找的方式获得 EntityManager 的实例，查找的代码与使用 JNDI 查找会话 Bean 的实例类似，不再举例。

不只是会话 Bean，任何受 Java EE 容器管理的组件都可以注入 EntityManager，比如在 Servlet 中也可以直接注入。但是 EntityManager 不是线程安全的类（有的持久化提供器可能会保证 EntityManager 的线程安全性，但这不是 JPA 规范的要求），因此将其注入 Servlet 等非线程安全的类时容易出现并发问题。此时应该在方法内通过 JNDI 查找或编程获得 EntityManager 实例，而不要采用依赖注入的方式。

> **注意** 在会话 Bean 之外使用容器管理的 EntityManager 通常并不是一种良好的设计，不符合好的分层原则，所以本书不再过多介绍。

3.3.7 应用程序管理的 EntityManager

JPA 与 EJB 是相互独立的，因此可以在非 Java EE 的环境（如独立的 Java SE 应用或单纯的 Servlet 容器）下使用 JPA。非 Java EE 的环境下，无法得到 Java EE 容器的支持，所以不能通过依赖注入来直接获得 EntityManager 的实例，只能编程创建。另外，在 Java EE 环境下，有时为了能够更细粒度的控制 EntityManager 和管理事务，也可能需要编程获得 EntityManager 的实例。

EntityManager 接口的具体实现方式与特定的持久化提供器有关，因此不能直接构造

EntityManager 对象，必须通过工厂类 javax.persistence.EntityManagerFactory 的 createEntityManager( )方法创建。而 EntityManagerFactory 也是接口，因此首先需要获得 EntityManagerFactory 的实例。

在 Java EE 环境和非 Java EE 环境下，获得 EntityManagerFactory 实例的方式有所不同。

1.Java EE 环境

Java EE 环境下，可以使用@javax.persistence.PersistenceUnit 注解注入容器提供的 Entity Manager Factory 对象，代码如下：

```
@Stateless
public class SomeBean implements SomeBusinessInterface {

    // 注入容器提供的 EntityManagerFactory
    @PersistenceUnit (unitName = "somePersistenceUnit")
    EntityManagerFactory entityManagerFactory;

    EntityManager entityManager;

    public void someMethod() {
        // 关联容器的 JTA 事务
        entityManager.joinTransaction();
        ......// 持久化操作
    }

    @PostConstruct
    public void init() {
        // 创建 EntityManager
        entityManager = entityManagerFactory.createEntityManager();
        }
        @PreDestroy
        public void dispose() {
        // 关闭 EntityManager
        entityManager.close();
    }
    ......
}
```

上述代码的会话 Bean 中，使用@PersistenceUnit 注解注入了名为 somePersistenceUnit 的持久化单元作为 EntityManagerFactory。在构造会话 Bean 的实例时，调用 EntityManagerFactory 的 createEntityManager( )方法创建了 EntityManager 的实例，在销毁会话 Bean 实例时，调用 close ( )方法关闭了 EntityManager。

需要注意下面几点：

◇ EntityManager 和 EntityManagerFactory 都需要在使用完毕后调用其 close( )方法关闭。上例中的 EntityManagerFactory 由容器注入，容器会负责 EntityManagerFactory 的创建

和销毁。但是 EntityManager 不是由容器注入的，所以必须手动关闭。

◇ EntityManagerFactory 的 createEntityManager( )方法创建的 EntityManager 是扩展的持久化上下文，不做任何设置的话是无法使用 EJB 容器的事务支持的，通过调用其 joinTransaction( )方法可以使 EntityManager 关联到容器提供的 JTA 事务中。

2.非 Java EE 环境

非 Java EE 环境下，EntityManagerFactory 只能通过 javax.persistence.Persistence 类的静态方法 createEntityManagerFactory( )创建。代码如下：

```
// 构造 EntityManagerFactory
EntityManagerFactory entityManagerFactory
    = Persistence.createEntityManagerFactory ("somePersistenceUnit");

// 构造 EntityManager
EntityManager entityManager = entityManagerFactory
            .createEntityManager();
// 创建事务
EntityTransaction transaction = entityManager.getTransaction();
try {
    ...... //持久化操作
    transaction.commit(); // 提交事务
} catch (Exception e) {
    transaction.rollback(); // 回滚事务
} finally {
    // 关闭
    entityManager.close();
    entityManagerFactory.close();
}
```

上述代码中，首先通过 Persistence 创建了 EntityManagerFactory 的实例，然后通过 EntityManagerFactory 创建了 EntityManager 的实例。

同样，因为 EntityManagerFactory 的 createEntityManager( )方法创建的 EntityManager 是扩展的持久化上下文，并且此时也没有容器提供的 JTA 事务环境，所以必须手动控制事务的提交、回滚等操作。

最后，需要调用 close( )方法关闭 EntityManager 和 EntityManagerFactory。

> **注意** EntityManagerFactory 的实例是一个重量级的对象，其可能维护了数据库元数据、实体对象状态的缓存以及 EntityManager、数据库连接的对象池，因此，不要频繁的创建和销毁 EntityManagerFactory 对象，通常可以在应用启动时创建，在应用停止时销毁。

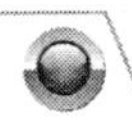

3.4 持久化操作

使用JPA进行数据持久化主要是通过EntityManager接口的持久化操作方法实现的，这些方法提供了对实体的增加、删除、修改和功能强大的查询等功能。本节将介绍对实体的一些基本的持久化操作，操作存在关联关系的实体以及对实体的复杂查询等功能将在理论篇的第4、5章介绍。

3.4.1 持久化实体

EntityManager的persist()方法用于持久化实体的实例，即将其作为一条新记录插入到对应的数据库表中。例如，持久化一个产品实体对象的代码如下：

```
Product product = new Product();
// 调用各个 set 方法
product.setName ("产品1");
......
entityManager.persist (product);
```

上述代码中，构造了实体Product的一个新实例product，填充数据后，使用EntityManager对象的persist()方法将其持久化到数据库中，即在Product实体对应的表中插入一条记录。persist()方法执行完毕后，product对象变为受管理状态。

下述内容用于完成任务3.D.8，修改产品的业务接口及会话Bean，使用JPA完成添加产品的功能。产品的业务接口中需要添加四个方法：根据ID得到产品的实例、添加、修改、删除产品，修改后的产品业务接口如下。

【描述3.D.8】 ProductServiceLocal.java

```
@Local
public interface ProductServiceLocal {

    // 查询产品。分页查询。
    List<Product> getProducts (int pageIndex, int pageSize);

    // 根据 ID 查找产品
    Product getProductById (int id);

    // 添加产品
    void addProduct (Product product);

    // 修改产品
    void updateProduct (Product product);

    // 删除产品
    void removeProduct (Product product);
}
```

然后修改产品的业务会话 Bean，实现接口中规定的 addProduct( )方法。产品与库存记录是一一对应的关系，因此添加产品时，需要同时添加库存记录，库存量为 0。修改后的产品会话 Bean 代码如下。

【描述 3.D.8】ProductServiceBean.java

```
/* *
 * 查询产品的业务会话 Bean
 * /
@Stateless
public class ProductServiceBean implements ProductServiceLocal {
    // 注入 EJB 容器的持久化上下文
    @PersistenceContext (unitName = "ejb3theory")
    private EntityManager entityManager;
    @Override
    public void addProduct (Product product) {
        // 添加产品
        entityManager.persist (product);
        // 添加库存记录
        Inventory inventory = new Inventory();
        inventory.setProductId (product.getId());
        inventory.setQuantity (0.0);
        entityManager.persist (inventory);
    }

    ......
}
```

上述代码中，使用 EntityManager 的 persist( )方法向数据库中添加了产品和库存记录。在调用 persist（product）后，EntityManager 会在 product 实例中保存新生成的主键值，因此可以使用这个值设置 inventory 的 productId 属性。

注意 显然，persist()方法接收的参数（以及后续将要介绍的其他持久化方法的类似参数）必须是 JPA 实体类型，即@ Entity 标注的类，否则调用时会出现异常。

3.4.2 通过主键检索实体

EntityManager 提供了两种在数据库中查询实体的方式：

◇ 根据主键查询

◇ 创建查询对象进行复杂查询

本章主要介绍根据主键查询，复杂查询将在理论篇第 5 章中详细介绍。

根据主键查询实体通过两个方法实现：find( )和 getReference( )。这两个方法的使用方式是相同的，都接收实体类型和实体主键作为参数，查找实体对应的数据库表，并将查找到的一条记录封装为实体的实例返回，例如：

```
Product product = entityManager.find (Product.class, 100);
```

或

```
Product product = entityManager.getReference (Product.class, 100);
```

上述代码分别使用 find( ) 和 getReference( ) 方法查找了主键值为 100 的 Product 对象。

find( ) 和 getReference( ) 方法执行时，都会首先查找当前持久化上下文中是否存在对应的实例，如果存在，则不会查询数据库，而是直接返回持久化上下文中的实例；当持久化上下文中不存在对应的实例时才会查询数据库。

find( ) 和 getReference( ) 方法的区别体现在查询数据库的行为上，主要有两点不同：

◇ 如果数据库中不存在对应的记录时，find( ) 方法会返回 null，而 getReference( ) 方法会抛出 javax.persistence.EntityNotFoundException 异常；

◇ getReference( ) 方法不保证返回实例的所有属性都填充完毕，通常只有主键属性是包含数据的，其他属性都没有赋值而保持默认状态，只有访问这些属性时 JPA 才会查询数据库并对这些属性赋值；而 find( ) 方法返回的实例是一个完整的实例，即执行的 SELECT 语句会检索表中的所有字段，因此得到的实例所有属性都填充完毕，但如果某个属性被标注为延迟加载，则不会被赋值。

下述内容用于完成任务 3.D.9，在产品会话 Bean 中完成根据主键查找产品的 getProductById( ) 方法。

【描述 3.D.9】ProductServiceBean.java

```
......
public Product getProductById (int id) {
    return entityManager.find (Product.class, id);
}
......
```

3.4.3 更新实体

处于持久化状态的实体实例由 EntityManager 维护，EntityManager 会监测实例的数据变化，对这些实例所做的任何修改都会被 EntityManager 自动保存到数据库中。因此，大部分情况下不需要显式的更新（保存）实体，这是使用 ORM 框架的优点之一。如下列代码所示：

```
Product product = entityManager.find (Product.class, 100);
product.setName ("新名称");
```

上述代码中，使用 EntityManager 的 find( ) 方法查询了一个 Product 实例，其处于受管理状态，修改其 name 属性值后，EntityManager 将检测到这种变化，因此不需要执行任何显式的更新操作，EntityManager 会自动执行 UPDATE 语句更新数据库中的对应记录。

下述内容用于完成任务 3.D.10，在产品会话 Bean 中完成更新产品的 updateProduct( ) 方法。

【描述 3.D.10】ProductServiceBean.java

```
......
public void updateProduct (Product product) {
    Product p = entityManager.find (Product.class, product.getId());
    p.setName (product.getName());
    p.setCode (product.getCode());
    p.setMinStock (product.getMinStock());
}
......
```

因为传入 updateProduct( )方法的 product 对象很可能不是受 EntityManager 管理的实例，EntityManager 不会自动将其保存到数据库中。所以在上述代码中，首先查找了对应 ID 的产品实例 p，使用 product 中的数据修改了 p，p 为受管理的实例，因此方法结束时 EntityManager 会自动将其保存到数据库中。

需要注意，上述代码中，为了保存一个实体实例，却必须首先查询，会多执行一条 SELECT 语句，这显然是多余的操作，影响了效率。3.4.6 节中会对此方法进行改进。

3.4.4 删除实体

EntityManager 的 remove( )方法用于删除实体的实例，调用 remove( )方法后，实体实例对应的数据库记录将被删除，同时，实例将不再是受管理状态，而变为游离状态。remove( )方法的使用如下列代码所示：

```
Product product = entityManager.find (Product.class, 100);
......// 使用 product
entityManager.remove (product);
```

上述代码中，Product 实体的实例 product 是通过 EntityManager 的 find( )方法查询得到的，处于受管理状态；当调用 remove( )方法删除 product 实例后，其对应的数据库记录将被删除；同时，product 实例变为游离状态，此后对实例所做的任何修改将不会被 EntityManager 自动同步到数据库中。

下述内容用于完成任务 3.D.11，在产品会话 Bean 中完成删除产品的 removeProduct( )方法。

【描述 3.D.11】ProductServiceBean.java

```
......
public void removeProduct (Product product) {
    Product p = entityManager.find (Product.class, product.getId());
    entityManager.remove (p);
    // Inventory inventory = ...// 查询对应的库存实例
    // entityManager.remove (inventory);
}
......
```

与更新实体类似，不受 EntityManager 管理的实例无法通过 remove( )方法删除，因此上述代码中传入 removeProduct()方法的 product 实例无法直接删除，必须首先查询对应的实例 p，p 是受管理状态，可以删除。查询显然是多余的操作，后续章节中会改进此方法。

删除产品时，应该同时删除其对应的库存，但是对应库存必须通过产品 ID 查询才能得到，在不使用 JPA 查询的情况下无法实现，因此删除对应库存的部分留待以后完成。

3.4.5 刷新实体

EntityManager 的 refresh()方法用于刷新实体的实例，调用 refresh()方法后，数据库中对应记录的数据将重新填充到实例中，因此，对实例所做的任何修改将会丢失。需要使用 refresh()方法的场合较少，其用法如下列代码所示：

```
Product product = entityManager.find (Product.class, 100);
product.setName ("新名称");
entityManager.refresh (product);
```

上述代码中，首先修改了 product 实例的数据，然后调用 EntityManager 的 refresh()方法刷新了实例，refresh()方法调用完毕后，product 实例的 name 属性将变为数据库中对应字段的值，setName()方法对 name 属性的修改将会丢失。

3.4.6 合并实体

受管理状态的实体由 EntityManager 维护，EntityManager 会自动保存对这些实体所做的任何修改，但是，在很多情况下，实体的实例可能脱离 EntityManager 的管理。EntityManager 通过 EJB 容器注入，是具有事务范围的持久化上下文，而默认情况下，EJB 容器会在调用会话 Bean 的每个业务方法前开始事务，方法结束时提交事务。例如产品业务会话 Bean 中，getProductById()方法根据主键返回一个 Product 的实例，当客户端调用 getProductById()方法得到产品实例时，事务已经结束，得到的实例已不再受 EntityManager 管理。

客户端得到实例后，可能被最终用户修改了数据，然后需要将实例重新更新回数据库以保存数据，但是此时的实例已不在 EntityManager 管理之下，必须重新与持久化上下文关联才能被更新到数据库中。

EntityManager 的 merge()方法用于将游离状态的实体实例合并到数据库中，其返回同样类型的实体实例，这是一个新的受 EntityManager 管理的实例，其中的数据与传入 merge()方法的游离实例相同；传入 merge()方法的实例状态不会发生变化，仍然不受 EntityManager 管理。下述内容用于完成任务 3.D.12，修改产品会话 Bean 的 updateProduct()方法，使用合并实体操作完成修改产品的功能。

【描述 3.D.12】ProductServiceBean.java

```
......
public void updateProduct (Product product) {
    entityManager.merge (product);
}
......
```

在上述代码中，updateProduct()方法中调用了 merge()方法，使用传入的 product 实例更新了数据库中的对应记录。

特别需要注意，上述 updateProduct( ) 方法执行完毕后，作为参数传入的 product 实例还是游离状态，merge( ) 方法不会改变其状态。

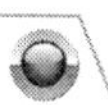

3.4.7 flush( ) 方法和 FlushModeType

EntityManager 的 flush( ) 方法用于为持久化上下文中的数据修改执行相应的 SQL 语句。为了优化性能，在调用 persist( )、merge( ) 和 remove( ) 方法后，EntityManager 并不会马上执行 flush( ) 方法，因此对应的 INSERT、UPDATE 或 DELETE 语句也不会马上执行，而是推迟到执行 flush( ) 时才会执行。何时执行 flush( ) 方法取决于 EntityManager 的 flush 模式，JPA 通过枚举 javax.persistence.FlushModeType 规定了两种 flush 模式：

◇ FlushModeType.AUTO：AUTO 模式下，EntityManager 会在相关查询和提交事务前自动执行 flush( ) 方法；

◇ FlushModeType.COMMIT：COMMIT 模式下，仅在提交事务时才自动执行 flush( ) 方法。

flush 模式默认为 AUTO，这适合绝大多数的情况。可以通过调用 EntityManager 的 setFlushMode( ) 方法指定其 flush 模式，例如下述代码将 EntityManager 的 flush 模式设置为 COMMIT 模式：

```
entityManager.setFlushMode (FlushModeType.COMMIT);
```

> **注意** 执行了 INSERT、UPDATE 或 DELETE 语句并不意味着数据库中的记录就会发生变化，这取决于数据库的事务隔离级别及具体的实现方式。因此，执行了 flush() 方法后也必须提交事务才能真正保存数据。

3.5 项目完善

本节内容用于实现任务 3.D.13，完善库存管理项目，完成对产品进行添加、修改和删除的功能。

ProductServiceBean 是实现本地业务接口 ProductServiceLocal 的无状态会话 Bean，其中已经实现了添加、修改、删除和根据主键查找产品的方法，还需要编写 Servlet 和 JSP 以完成整个业务操作流程。

3.5.1 Servlet

编写对产品进行业务处理的 Servlet，代码如下所示。

【描述 3.D.13】ProductServlet.java

```
// 产品的 Servlet
public class ProductServlet extends HttpServlet {
    @EJB
    ProductServiceLocal productService;

    private void showProductList (HttpServletRequest request,
```

```
        HttpServletResponse response) throws ServletException, IOException {
    String page = request.getParameter ("pageIndex");
    int pageIndex = 1;
    int pageSize = 3;
    if (page != null&&!"".equals (page.trim()))
        pageIndex = Integer.parseInt (page);
    if (pageIndex < 1)
        pageIndex = 1;
    // 取得新的一页数据
    List<Product> products = productService
            .getProducts (pageIndex, pageSize);
    request.setAttribute ("products", products);
    request.setAttribute ("pageIndex", pageIndex);
    request.getRequestDispatcher ("productList.jsp")
            .forward (request, response);
}

private void showProductDetail (HttpServletRequest request,
        HttpServletResponse response) throws ServletException, IOException {
    String id = request.getParameter ("id");
    Product product = null;
    if (id != null)
        product = productService.getProductById (Integer.parseInt (id));
    request.setAttribute ("product", product);
    request.getRequestDispatcher ("product.jsp")
            .forward (request, response);
}

private void saveProduct (HttpServletRequest request,
        HttpServletResponse response) throws ServletException, IOException {
    String id = request.getParameter ("id");
    String name = request.getParameter ("name");
    String code = request.getParameter ("code");
    String minStock = request.getParameter ("minStock");
    Product product = new Product();
    product.setName (name);
    product.setCode (code);
    product.setMinStock (Double.parseDouble (minStock));
    if (id != null&&id.length()!= 0) {
        product.setId (Integer.parseInt (id();
        productService.updateProduct (product);
    } else
        productService.addProduct (product);
    showProductList (request, response);
```

```
    }

    private void removeProduct (HttpServletRequest request,
            HttpServletResponse response) throws ServletException, IOException {
        String id = request.getParameter ("id");
        Product product = new Product();
        product.setId (Integer.parseInt (id));
        productService.removeProduct (product);
        showProductList (request, response);
    }

    @Override
    protected void doGet (HttpServletRequest request,
            HttpServletResponse response) throws ServletException, IOException {
        String to = request.getParameter ("to");
        if ("list".equals (to))
            showProductList (request, response);
        else if ("detail".equals (to))
            showProductDetail (request, response);
        else if ("save".equals (to))
            saveProduct (request, response);
        else if ("remove".equals (to))
            removeProduct (request, response);
    }

    @Override
    protected void doPost (HttpServletRequest request,
            HttpServletResponse response) throws ServletException, IOException {
        doGet (request, response);
    }
}
```

上述的 ProductServlet 中，使用@EJB 注解注入了实现 ProductServiceLocal 接口的会话 Bean，在各个操作方法中分别使用 ProductServiceLocal 的 getProducts( )、getProductById( )、addProduct( )、updateProduct( )、removeProduct( )方法完成了分页查询产品、查询产品明细信息、添加产品、更新产品和删除产品的操作。

3.5.2 JSP

编写 productList.jsp 页面，用于显示产品列表，其核心代码如下所示。

【描述 3.D.13】productList.jsp

```
<body>
    <form action="ProductServlet?to=list" method="post">
        <table style="border:1px solid gray" cellspacing="1">
```

```
            <tr style="color:white; background-color:gray">
                <td>产品名称</td>
                <td>产品编号</td>
                <td>最小库存量</td>
                <td></td>
            </tr>
            <c:forEach items="${products}" var="p">
                <tr>
                    <td>${p.name} </td>
                    <td>${p.code} </td>
                    <td>${p.minStock} </td>
                    <td>
                      <a href="ProductServlet?to=detail&id=${p.id}">修改</a>
                      <a href="ProductServlet?to=remove&id=${p.id}">删除</a>
                    </td>
                </tr>
            </c:forEach>
        </table>
        <input type="hidden" name="pageIndex" id="pageIndex"
                value="${pageIndex}" />
        <input type="submit" value="上一页" onclick="changePage(-1)" />
                ${pageIndex}
        <input type="submit" value="下一页" onclick="changePage(1)" />
    </form>
    <input type="button" value="添加产品"
        onclick="location='ProductServlet?to=detail'" />
</body>
<script>
    function changePage(p) {
        var pageIndex = document.getElementById('pageIndex');
        pageIndex.value = parseInt(pageIndex.value) + p;
    }
</script>
```

编写 product.jsp 页面，用于修改产品详细信息，其核心代码如下所示。

【描述 3.D.13】 product.jsp

```
<body>
    <form action="ProductServlet?to=save" method="post">
        <input type="hidden" name="id" value="${product.id}" /><br/>
        产品名称<input name="name" value="${product.name}" /><br/>
        产品编号<input name="code" value="${product.code}" /><br/>
        最小库存量<input name="minStock" value="${product.minStock}" /><br/>
        <input type="submit" value="保存" />
    </form>
```

```
</body>
```

3.5.3 部署运行

运行 Java EE 容器，在浏览器中访问产品列表页面 productList.jsp，运行结果如图 3－5 所示。

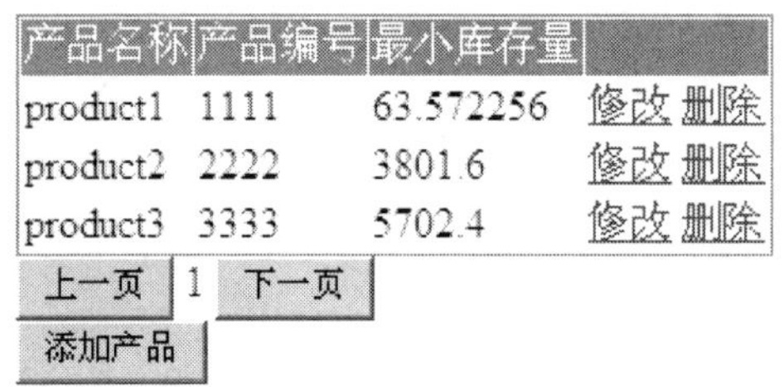

产品名称	产品编号	最小库存量	
product1	1111	63.572256	修改 删除
product2	2222	3801.6	修改 删除
product3	3333	5702.4	修改 删除

图 3-5 产品列表页面

点击“添加产品”按钮，进入产品页面 product.jsp，此时该页面显示效果如图 3－6 所示。

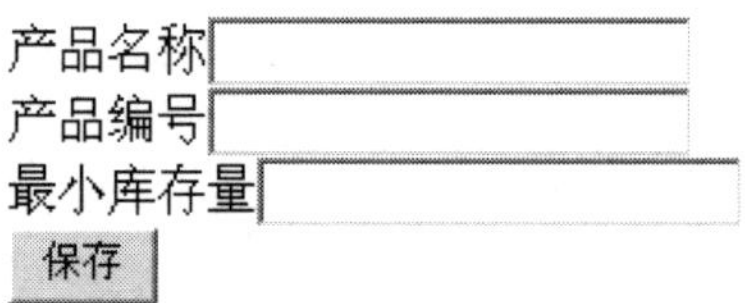

图 3-6 产品添加页面

输入产品的相关数据，如图 3－7 所示。

产品名称 product9
产品编号 999
最小库存量 20
保存

图 3-7 输入产品数据

点击“保存”按钮，页面会返回到产品列表页面 productList.jsp，此时列表中增加了新的产品纪录，如图 3－8 所示。

产品名称	产品编号	最小库存量	
product7	7777	0.0	修改 删除
product9	999	20.0	修改 删除
product8	888	233.7984	修改 删除

上一页 3 下一页
添加产品

图 3-8 产品列表中增加新记录

点击“修改”超链接，如图3-9所示，此时会在product.jsp页面显示产品的原来信息。

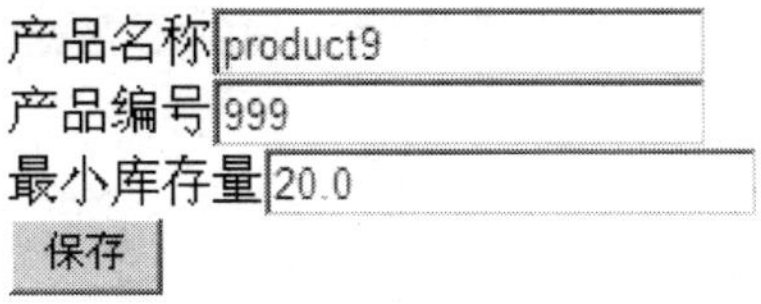

产品名称	product9
产品编号	999
最小库存量	20.0

保存

图3-9 修改产品

修改数据并点击“保存”按钮，数据会保存到数据库中。

在产品列表中点击“删除”超链接将删除指定的产品，在此不再演示。

小结

通过本章的学习，学生应该能够学会：

- ORM解决了对象和关系模型的不匹配问题
- JPA为Java EE平台提供了ORM框架的规范
- JPA操作的持久化对象称为实体
- JPA实体通过@Entity注解标识
- 实体必须具有主键，通过@Id注解声明
- @Table和@Column注解用于指定实体及其属性与表及其字段的对应关系
- EntityManager接口是JPA的核心接口，其承载了大部分的ORM操作
- 持久化上下文是指受EntityManager管理的实体实例的集合
- 持久化单元是指EntityManager负责管理的一组实体类，通过persistence.xml配置
- 通过@PersistenceContext注解可以向组件注入容器提供的EntityManager实例
- EntityManager的persist()方法用于持久化实体的实例
- EntityManager的find()和getReference()方法用于根据主键检索实体的实例
- EntityManager会自动保存受管理状态的实体实例的数据变化
- EntityManager的remove()方法用于删除实体的实例
- EntityManager的refresh()方法用于刷新实体的实例
- EntityManager的flush()方法用于为持久化上下文中的数据修改执行相应的SQL语句

练习

1.下列关于JPA的说法不正确的是______。(多选)

A.JPA是Java EE中的规范

B.JPA是一个ORM框架

C.JPA是一个ORM框架的标准

D.JPA能够完全代替JDBC

2.下列关于 ORM 的说法不正确的是______。

A.ORM 表示对象关系映射

B.ORM 框架用于解决对象和关系型数据库之间的不匹配问题

C.Java ORM 框架基于 JDBC

D.常见的 ORM 框架有 Hibernate、Toplink、iBATIS、Spring

3.标识 JPA 实体时必需的注解有______。(多选)

A.@Entity　　B.@Table　　C.@Column　　D.@Id

4.JPA 支持的主键生成策略有______（多选）。

A.身份列　　B.序列　　C.表生成器　　D.无主键

5.下列关于 EntityManager 的说法不正确的是______。

A.JPA 中的大部分持久化操作都由 EntityManager 提供

B.如果是受容器管理的组件，可以使用@EntityManager 注解注入 EntityManager

C.如果是受容器管理的组件，可以使用@PersistenceContext 注解注入 EntityManager

D.如果不是受容器管理的组件，不能注入 EntityManager

6.下列持久化操作正确的是______。

A.EntityManager 的 save( )方法用于持久化实体

B.EntityManager 的 delete( )方法用于删除实体

C.EntityManager 的 update( )方法用于删除实体

D.EntityManager 的 merge( )方法用于合并实体

7.假设下列代码执行成功，则各选项的说法正确的是______。(多选)

```
EntityManager m = ...... // 某种方式获取 EntityManager
SomeEntity e = new SomeEntity(); // 某个实体
e.setId (100); // 设置主键
e.setSomeField ("ABCD");
SomeEntity e2 = m.merge (e);
```

A.会在数据库中插入一条记录，主键值为 100

B.会修改数据库中主键值为 100 的记录

C.e 变为受管理状态

D.e2 变为受管理状态

8.实体具有______、______、______、______四种生命周期状态。

9.在数据库中创建表 Emp，包括 id（主键）、name、age、dept 四个字段，针对此表创建 JPA 实体 Employee，具有 id、name、age、department 四个属性，并正确配置映射关系。

10.在会话 Bean 中注入 EntityManager，完成针对第 8 题中 Employee 实体的增删改操作。

11.在简单 Java SE 应用中创建 EntityManager，完成针对第 8 题中 Employee 实体的增删改操作。

第 4 章　实体关系

本章目标

- 熟悉实体的关联关系类型
- 掌握基于外键的一对一关联关系
- 了解共用主键的一对一关联关系
- 掌握基于外键的一对多（多对一）关联关系
- 了解基于连接表的一对多（多对一）关联关系
- 掌握基于连接表的多对多关联关系
- 了解关联实体的级联操作
- 掌握 SINGLE_TABLE 方式的继承映射
- 了解 JOINED 方式的继承映射

学习导航

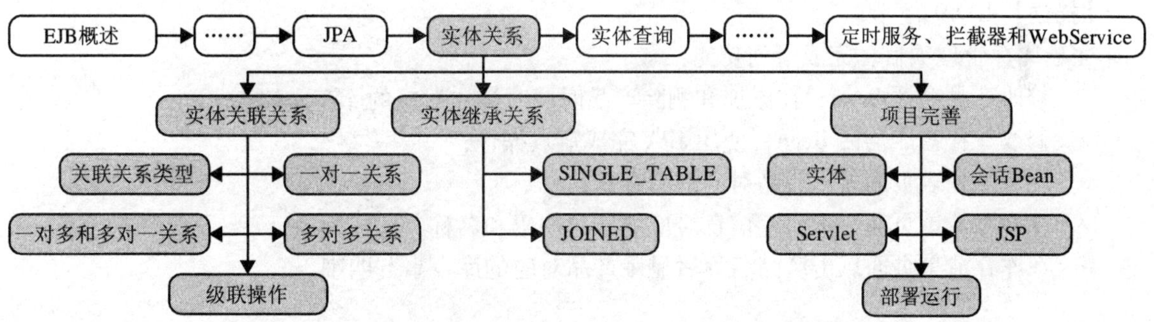

任务描述

【描述】4.D.1

配置产品和库存实体基于外键的一对一关联关系。

【描述】4.D.2

配置产品和库存实体共用主键的一对一关联关系。

【描述】4.D.3

配置产品和库存事务明细实体基于外键的一对多（多对一）关联关系。

【描述】4.D.4

配置产品和库存事务明细实体基于连接表的一对多（多对一）关联关系。

【描述】4.D.5

配置产品和库存事务实体的多对多关联关系。

【描述】4.D.6

为产品和库存实体的一对一关联关系配置级联操作。

【描述】4.D.7

为出库、入库和盘点实体及父实体库存事务配置 SINGLE_TABLE 方式的继承映射。

【描述】4.D.8

为出库、入库和盘点实体及父实体库存事务配置 TABLE_PER_CLASS 方式的继承映射。

【描述】4.D.9

完善库存管理项目，完成下列功能：

- ◇ 修改产品会话 Bean，在添加和删除产品时同时操作对应的库存实体；
- ◇ 修改库存盘点会话 Bean，使用 JPA 完成盘点操作；
- ◇ 在产品列表页面显示产品对应的库存量；
- ◇ 在库存清单页面显示库存信息对应的产品编码和名称；
- ◇ 在库存清单页面点击产品名称后显示产品对应的库存事务明细。

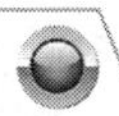

4.1 实体关联关系

复杂的企业级应用中，很少会出现孤立的实体，各个实体之间总会存在各种各样的关联关系，共同构成了一个完整应用的实体关系网。实体之间的关联关系实际上是一个实体对另一个实体（或实体集合）的引用，具体表现在实体类中就是实体类型的属性。

实体之间的关联关系错综复杂，考虑到性能以及可重用性等原因，在不使用 ORM 时很难完整的实现面向对象的复杂实体关系。JPA 为建立实体关联关系提供了支持，通过 JPA 中的关联关系注解，可以方便的配置实体之间的关系。

4.1.1 关联关系类型

按照关联实体的数量，实体之间的关联关系可以分为三类：

◇ 一对一关联关系：例如一个人只有一张身份证，而一张身份证只能属于一个人；

◇ 一对多（多对一）关联关系：例如一个产品类型下可以有多个产品，而一个产品只能属于一个产品类型；

◇ 多对多关联关系：例如一个产品可以由多家供应商供货，而一个供应商也可以供应多种产品。

按照关联关系的方向，关联关系可以分为单向和双向两类：

◇ 单向关联：只能从关联关系的一方访问另一方，但是反向访问是不被支持的；

◇ 双向关联：从关联关系的任何一方都可以访问到另一方。

使用何种关联关系更多的是依项目需求而定的。例如，如果需求中允许一个产品属于多种产品类型，则产品和产品类型就不再是多对一关系，而变为多对多关系；如果需求中大部分操作都需要在查看产品时了解其类型，而很少根据产品类型查找属于此类型的产品，则产品和产品类型之间只需配置单向关系即可。

在 javax.persistence 包下，JPA 为每种关联关系提供了注解，表 4－1 列出了各种关系及库存管理模块中的对应示例。

表 4－1 实体关联关系及对应注解

关 联 关 系	对 应 注 解	示 例
一对一	@OneToOne	产品与库存
一对多	@OneToMany	产品和库存事务明细
多对一	@ManyToOne	库存事务明细和产品
多对多	@ManyToMany	库存事务和产品

当实体之间具有双向的关联关系时，JPA 中称能够维护关系的一方为关系的拥有方（owning side），另一方为反方（inverse side）。JPA 要求关联关系必须配置拥有方。

需要注意，在基于外键的关联关系下，关系的双方是不对称的，只有存储外键的一方能够维护关联关系，所以只有这一方可作为拥有方。

> **注意** JPA 规范没有要求必须支持从关系的反方到拥有方的单向关联，有的持久化提供器可能实现了此功能，但这不是规范要求的。按照 JPA 规范，要想通过反方实体访问拥有方实体，必须首先配置从拥有方到反方的关联，即必须配置双向关联。

4.1.2 一对一关系

JPA 中使用@OneToOne 注解标注一对一关联关系，其定义如下：

```
@Target ({MEHTOD, FIELD})
@Retention (RUNTIME)
public @interface OneToOne {
    Class targetEntity()default void.class;
    CascadeType [] cascade()default {};
    FetchType fetch()default EAGER;
    boolean optional()default true;
    String mappedBy()default "";
}
```

@OneToOne 注解有五个参数：

- ◇ targetEntity：用于指定关联的实体类型，此参数通常不需要设置，因为持久化提供器能够根据属性类型推断；
- ◇ cascade：用于指定级联方式；
- ◇ fetch：用于指定加载方式是延迟加载还是立即加载，一对一关系默认为立即加载；
- ◇ optional：用于指定关联实体是否可以为空；
- ◇ mappedBy：用于在双向关联时指定关联属性名称，注意不是表的字段名称。对应到数据库中，一对一关联关系有两种常见的构造方式：
- ◇ 基于外键的方式：一个表中存在指向另一个表主键的字段，即外键字段；
- ◇ 共用主键的方式：关联的两个表使用相同的主键值来确定关联关系，不需要专门的外键连接字段，这种方式可以理解为外键与主键共用了同一个字段。

> **注意** 除了基于外键和共用主键的方式外，还可以使用一个连接表来构造一对一关系。对于一对一关系来讲，使用连接表的方式多少有些浪费，因此本书不再介绍。

1.基于外键的一对一关系

构造基于外键的一对一关系时，需要使用@javax.persistence.JoinColumn 注解指定映射关系，其定义如下：

```
@Target ( {MEHTOD, FIELD})
@Retention (RUNTIME)
public @interface JoinColumn {
    String name()default "";
```

```
    String referencedColumnName()default "";
    boolean unique()default false;
    boolean nullable()default true;
    boolean insertable()default true;
    boolean updatable()default true;
    String columnDefinition()default "";
    String table()default "";
}
```

其中，@JoinColumn 注解的 name 和 referencedColumnName 参数用法如下：

◇ 当关联字段是关联的另一个表的主键时，则应使用@JoinColumn 注解的 name 参数指定关联字段名称，例如 inventory 表的 product_id 字段是 product 表的主键；

◇ 当关联字段不是另一个表的主键时，则应使用 referencedColumnName 参数指定。

@JoinColumn 注解其余参数的含义与@Column 注解类似。

库存管理示例中的产品和库存之间存在一对一的关系，一个产品对应于一条库存信息，同时一条库存信息也只能对应一个产品。数据库的库存表中存在 product_id 字段，对应于产品表的主键，因此产品和库存之间是一种基于外键的一对一关联关系，库存实体是关系的拥有方，产品实体是反方，如图 4－1 所示。

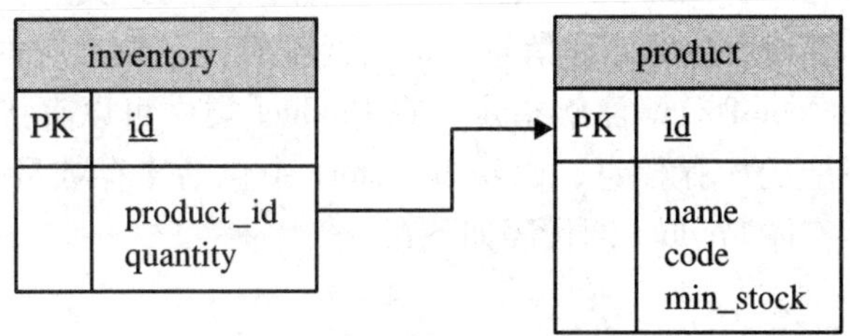

图 4－1　产品和库存表基于外键的一对一关系

下述内容用于完成任务 4.D.1，配置产品和库存实体基于外键的一对一关联关系。

库存实体 Inventory 中原来有一个 productId 属性，对应于产品的 id，确定一对一关系后，则不再需要此属性，而是直接使用 Product 类型的属性代表关联的产品实体。修改后的库存实体 Inventory 代码如下：

【描述 4.D.1】Inventory.java

```
@Entity
@Table (name = "inventory")
@SequenceGenerator (name = "inventorySequence", sequenceName = "ivt_seq")
public class Inventory {

    Integer id; // 主键
    Double quantity; // 库存量
    Product product; // 产品
```

```
    @OneToOne
    @JoinColumn (name = "product_id")
    public Product getProduct() {
        return product;
    }
    public void setProduct (Product product) {
        this.product = product;
    }

    ...... // 其他属性
}
```

上述代码中，库存实体的 getProduct( ) 方法上声明了@OneToOne 注解，代表库存与产品实体的一对一关系；@JoinColumn 注解的 name 参数值为 product_id，指定了库存表中关联字段的名称。

修改库存实体后，库存和产品实体是单向的一对一关系。可以通过其 product 属性取得关联的产品实例，例如：

```
Inventory inventory = entityManager.find (Inventory.class, 1);
Product product = inventory.getProduct(); // 获得关联的产品
```

如果需要通过产品获得对应的库存信息，则需要配置产品到库存的一对一关系，这可以通过在产品实体中使用@OneToOne 注解指定。在 Product 类中可以直接添加一个 Inventory 类型的属性，代表产品对应的库存信息，由于 Inventory 中包括库存数量，原来的 stock 属性不再需要。修改后的产品实体 Product 的代码如下：

【描述 4.D.1】Product.java

```
@Entity
@Table (name = "product")
@SequenceGenerator (name = "productSequence", sequenceName = "pd_seq")
public class Product {

    Integer id; // 主键
    String name; // 名称
    String code; // 编号
    Double minStock; // 最小库存量
    Inventory inventory; // 对应库存信息

    @OneToOne (mappedBy = "product")
    public Inventory getInventory() {
        return inventory;
    }

    public void setInventory (Inventory inventory) {
        this.inventory = inventory;
```

```
    }

    ...... // 其他属性
}
```

上述代码中，产品实体的 getInventory( ) 方法上声明了@OneToOne 注解，并通过 mappedBy 参数指定了关联信息存储在关联实体（即 Inventory）的 product 属性中。

修改产品实体后，产品与库存具有了双向的一对一关系。可以通过产品的 inventory 属性取得关联的库存信息，例如：

```
Product product = entityManager.find (Product.class, 1);
Inventory inventory = product.getInventory (); // 获得关联的库存信息
```

2.共用主键的一对一关系

构造共用主键的一对一关系时，需要使用@javax.persistence.PrimaryKeyJoinColumn 注解指定映射关系，其定义如下：

```
@Target ( {TYPE, METHOD, FIELD})
@Retention (RUNTIME)
public @interface PrimaryKeyJoinColumn {
    String name()default "";
    String referencedColumnName()default "";
    String columnDefinition()default "";
}
```

@PrimaryKeyJoinColumn 注解有三个参数：

◇ name:指定当前实体的主键字段名称；

◇ referencedColumnName:指定关联实体的主键字段名称；

◇ columnDefinition:指定定义此列的 DDL。

如果数据库中的产品表和库存表采用共用主键的关联方式，则库存表中应该删掉 product_id 字段，其主键 id 字段的值与产品表共用，此时产品和库存实体可以任选其一作为关系的拥有方，如图 4-2 所示。

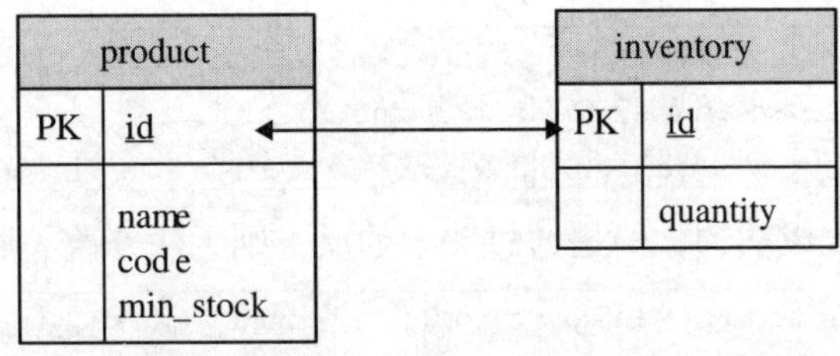

图 4-2　产品和库存表共用主键的一对一关系

下述内容用于完成任务 4.D.2，配置产品和库存实体共用主键的一对一关联关系。

【描述 4.D.2】Inventory.java

```
@Entity
```

```
@Table (name = "inventory")
@SequenceGenerator (name = "inventorySequence", sequenceName = "ivt_seq")
public class Inventory {
    Integer id; // 主键
    Double quantity; // 库存量
    Product product; // 产品

    @OneToOne
    @PrimaryKeyJoinColumn
    public Product getProduct() {
        return product;
    }

    public void setProduct (Product product) {
        this.product = product;
    }

    ......// 其他属性
}
```

上述代码中，为库存实体的 product 属性添加了@PrimaryKeyJoinColumn 注解，指定与产品实体的基于主键的一对一关系，因为库存表和产品表的主键字段名称都是 id，所以无需指定@PrimaryKeyJoinColumn 注解的 referencedColumnName 参数。

产品实体的配置方式与基于外键的一对一关系中相同，只需在 getInventory()方法上声明@OneToOne（mappedBy = "product"）即可。

3.维护一对一关系

使用基于外键的一对一关系时，JPA 只支持将存储外键的一方作为关系的拥有方，因此，也只能通过这一方来维护关联关系。例如当产品和库存采用基于外键的一对一关联时，库存表中存储了指向产品表主键的外键，所以库存实体为关系拥有方，可以修改关联关系，示例代码如下：

```
Inventory inventory = entityManager.find (Inventory.class, 1);
Product product = entityManager.find (Product.class, 100);
Inventory.setProduct (product); // 修改关联产品为 id 是 100 的产品
```

上述代码是能够修改成功的，但是通过关系的反方则无法修改关联关系，例如：

```
Inventory inventory = entityManager.find (Inventory.class, 1);
Product product = entityManager.find (Product.class, 100);
// 下属代码无法修改成功，因为 Product 不是关系拥有方，无法修改关联关系
product.setInventory (inventory); // 修改关联库存信息为 id 是 1 的库存信息
```

上述代码不能修改成功。

使用共用主键的一对一关系时，双方处于对称的地位，都可以作为关系的拥有方。但是通过 mappedBy 参数配置的一方不能作为拥有方，只有使用@PrimaryKeyJoinColumn 注解配置

的一方可作为拥有方。当然，如果双方都是通过@PrimaryKeyJoinColumn 注解配置的，则都可以作为关系拥有方，从而都可以修改关联关系。建议只使用一方作为拥有方，这样可以统一关联关系的修改途径，避免造成混乱。

需要注意，如果存在双向关联，则修改关联关系后，需要保证数据一致性。例如下述代码：

```
Inventory inventory = entityManager.find (Inventory.class, 1);
Product product = entityManager.find (Product.class, 100);
Inventory.setProduct (product);
product.setInventory (inventory); // 确保 product 中引用的是正确的 inventory
```

当执行完 Inventory.setProduct（product）后，只是修改了库存信息对应的产品，但是 product 中引用的仍然是原先的库存信息，如果后续代码需要使用这个 product 变量中的库存信息，则得到的是一个错误的引用；因此，应该如上述代码那样手动执行。

product.setInventory（inventory），从而将关系双方都修改为正确的数据。当然，如果确定在执行完 Inventory.setProduct（product）后不会再使用 product 变量中的库存信息，则可以不再设置 product 中的 inventory。

4.1.3　一对多和多对一关系

JPA 中使用@OneToMany 和@ManyToOne 注解标注一对多和多对一关联关系。

```
@OneToMany 注解的定义如下：
@Target ( {MEHTOD, FIELD})
@Retention (RUNTIME)
public @interface OneToMany {
    Class targetEntity()default void.class;
    CascadeType [] cascade()default {};
    FetchType fetch()default LAZY;
    String mappedBy()default "";
}
```

@ManyToOne 注解的定义如下：

```
@Target ( {MEHTOD, FIELD})
@Retention (RUNTIME)
public @interface ManyToOne {
    Class targetEntity()default void.class;
    CascadeType [] cascade()default {};
    FetchType fetch()default EAGER;
    boolean optional()default true;
}
```

@OneToMany 和@ManyToOne 注解中的参数在@OneToOne 注解中都出现过，含义是类似的。注意一对多默认是延迟加载的，而多对一默认是立即加载的。

一对多和多对一关联关系实际上是一种关系，只是看待问题的角度不同。对应到数据库中，一对多（多对一）关联关系有两种常见的构造方式：

◇ 基于外键的方式：一个表中存在指向另一个表主键的字段，即外键字段；
◇ 通过连接表的方式：关联的两个表都不存储关联信息，而是通过第三个表（连接表）存储。连接表中以外键形式存储关联的两个表的主键，如果限制其中一个为唯一的，则可以表达一对多（多对一）关系；如果不限制，则可以表达多对多关系。

1.基于外键的一对多（多对一）关系

库存管理示例中的产品和库存事务明细之间存在一对多的关系（反过来讲即多对一的关系），针对同一个产品可能会有发生于多次库存事务中的多条库存事务明细，同时一条库存事务明细信息只能对应一个产品。数据库的库存事务明细表中存在 product_id 字段，对应于产品表的主键，因此两个表是一种基于外键的一对多（多对一）关系，库存事务实体是关系的拥有方，产品实体是反方，如图 4-3 所示。

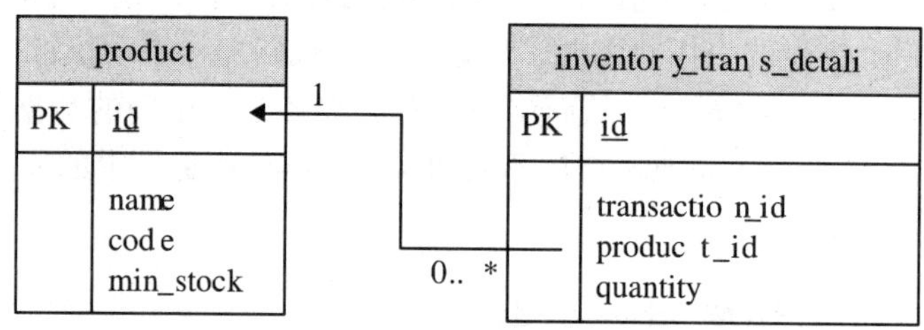

图 4-3　产品和库存事务明细表基于外键的一对多关系

下述内容用于完成任务 4.D.3，配置产品和库存事务明细实体基于外键的一对多（多对一）关联关系。

库存事务明细类 InventoryTransactionDetail 中原来有一个 productId 属性，表示对应产品的 id，不再需要此属性，而是直接使用 Product 类型的属性代表关联的产品实体。修改后的库存事务明细实体代码如下：

【描述 4.D.3】InventoryTransactionDetail.java

```
@Entity
@Table (name = "inventory_trans_detail")
@SequenceGenerator (name = "inventoryTransactionDetailSequence",
                   sequenceName = "ivt_tr_d_seq")
public class InventoryTransactionDetail {

    Integer id; // 主键
    Integer transactionId; // 对应库存事务 ID
    Double quantity; // 数量
    Product product; // 产品

    @ManyToOne
    @JoinColumn (name = "product_id")
    public Product getProduct() {
        return product;
```

```
    }
    public void setProduct (Product product) {
        this.product = product;
    }

    ...... // 其他属性
}
```

上述代码中，库存事务明细实体的 getProduct( )方法上声明了@ManyToOne 注解，并通过@JoinColumn 注解的 name 参数指定了与产品的关联信息存储在库存事务明细实体对应的表的 product_id 字段中。

修改库存事务明细实体后，可以通过库存事务明细的 product 属性取得关联的产品信息，库存事务明细与产品具有了单向的多对一关系。

如果需要通过产品获得其所有库存事务明细信息，则需要配置产品到库存事务明细的一对多关系，这可以通过在产品实体中使用@OneToMany 注解指定。在 Product 类中可以直接添加一个泛型为 InventoryTransactionDetail 类型的集合属性，代表产品对应的库存事务明细信息。修改后的产品实体 Product 的代码如下：

【描述 4.D.3】Product.java

```
@Entity
@Table (name = "product")
@SequenceGenerator (name = "productSequence", sequenceName = "pd_seq")
public class Product {

    Integer id; // 主键
    String name; // 名称
    String code; // 编号
    Double minStock; // 最小库存量
    Inventory inventory; // 对应库存信息

    // 对应的库存事务明细
    Set < InventoryTransactionDetail > inventoryTransactionDetails
            = new HashSet < InventoryTransactionDetail >();

    @OneToMany (mappedBy = "product")
    @OrderBy ("quantity")
    public Set < InventoryTransactionDetail > getInventoryTransactionDetails() {
        return inventoryTransactionDetails;
    }
    public void setInventoryTransactionDetails (
          Set < InventoryTransactionDetail > inventoryTransactionDetails) {
        this.inventoryTransactionDetails = inventoryTransactionDetails;
    }

    ...... // 其他属性
}
```

上述代码中，产品实体中添加了 Set <InventoryTransactionDetail>类型的属性 inventoryTransactionDetails 用于存储对应的库存事务明细，其 get 方法上声明了@OneToMany 注解，并通过 mappedBy 参数指定了关联信息存储在关联关系另一方的库存事务明细实体的 product 属性中。

@OrderBy 注解可以与@OneToMany 和@ManyToMany 注解结合使用，用来指定对应的集合属性中实体实例的排列顺序，上述代码中指定了产品对应的库存事务明细实体按照其 quantity 属性进行排序。

修改产品实体后，可以通过产品的 inventoryTransactionDetails 属性取得关联的库存事务明细信息，产品与库存事务明细具有了双向的一对多（多对一）关系。并且因为在 inventoryTransactionDetails 属性上配置了@OrderBy 注解，所以 inventoryTransactionDetails 属性中的所有库存事务明细实例将按照 quantity 属性的值排好序。

2.使用连接表的一对多（多对一）关系

使用基于连接表的一对多（多对一）关系时，需要使用@javax.persistence.JoinTable 注解指定连接表的信息，其定义如下：

```
@Target ( {MEHTOD, FIELD})
@Retention (RUNTIME)
public @interface JoinTable {
    String name()default "";
    String catalog()default "";
    String schema()default "";
    JoinColumn [] joinColumns()default {};
    JoinColumn [] inverseJoinColumns()default {};
    UniqueConstraint [] uniqueConstraints()default {};
}
```

@JoinTable 注解主要依靠 joinColumns 和 inverseJoinColumns 参数描述连接表的信息：

◇ joinColumns：指定连接表中对应于关系拥有方主键的字段名称；

◇ inverseJoinColumns：指定连接表中对应于关系反方主键的字段名称，使用数组是为了应对联合主键的情况。

@JoinTable 注解的其他参数的含义与@Table 注解类似。

如果数据库中的产品表和库存事务明细表采用基于连接表的一对多关系，则库存事务明细表中应去掉 product_id 字段，然后需要添加一个连接表，此时产品和库存事务明细实体可以任选其一作为关系的拥有方，如图 4-4 所示。

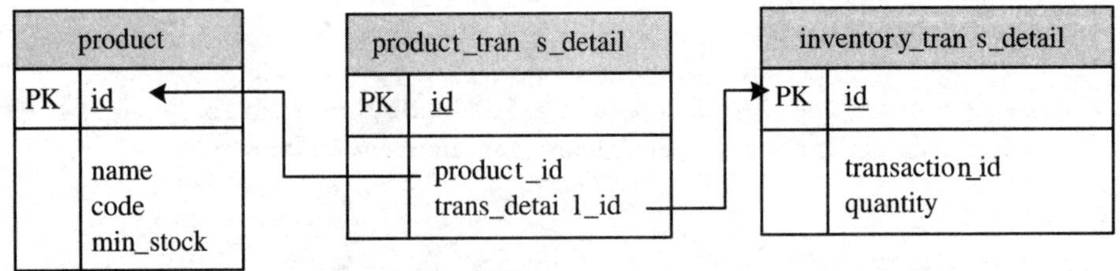

图 4-4　产品和库存事务明细表基于连接表的一对多关系

连接表 product_trans_detail 中的 product_id 字段指向 product 表的主键 id，trans_detail_id 字段指向 inventory_trans_detail 表的主键 id。需要注意，为了保证一对多而不是多对多关系，连接表 product_trans_detail 中的 trans_detail_id 字段必须确保是唯一的，可在应用程序中保证，或直接在数据库中创建唯一索引。

下述内容用于完成任务 4.D.4，配置产品和库存事务明细实体使用连接表的一对多（多对一）关联关系。

【描述 4.D.4】InventoryTransactionDetail.java

```
@Entity
@Table (name = "inventory_trans_detail")
@SequenceGenerator (name = "inventoryTransactionDetailSequence",
                    sequenceName = "ivt_tr_d_seq")
public class InventoryTransactionDetail {

    Integer id; // 主键
    Integer transactionId; // 对应库存事务 ID
    Double quantity; // 数量
    Product product; // 产品

    @ManyToOne
    @JoinTable (name = "product_trans_detail",
                joinColumns = {@JoinColumn (name = "trans_detail_id")},
                inverseJoinColumns = {@JoinColumn (name = "product_id")})
    public Product getProduct() {
        return product;
    }

    public void setProduct (Product product) {
        this.product = product;
    }

    ......// 其他属性
}
```

上述代码中，在库存事务明细实体的 getProduct( )方法上声明了@ManyToOne 注解，并通过@JoinTable 注解指定了连接表的信息，@JoinTable 注解的参数意义如下：

◇ name = "product_trans_detail"：指定连接表为 product_trans_detail；
◇ joinColumns = {@JoinColumn (name = "trans_detail_id")}：指定连接表中的 trans_detail_id 字段指向当前实体（作为关系拥有方的库存事务明细实体）的主键；
◇ inverseJoinColumns = {@JoinColumn (name = "product_id")}：指定连接表中的 product_id 字段指向关系另一方实体（作为关系反方的产品实体）的主键。

产品实体的配置方式与基于外键的一对多（多对一）关系中相同，只需在 getInventoryTransactionDetails( )方法上声明@OneToMany (mappedBy = "product") 即可。

3.维护一对多（多对一）关系

同一对一关系类似，使用基于外键的一对多（多对一）关系时，JPA 也只支持将存储外键的一方作为关系的拥有方，因此，也只能通过这一方来维护关联关系。例如当产品和库存事务明细采用基于外键的一对一关联时，库存事务明细表中存储了指向产品表主键的外键，所以库存事务明细实体为关系拥有方，可以修改关联关系，而通过产品实体无法修改。

使用基于连接表的一对多（多对一）关系时，双方处于对称的地位，都可以作为关系的拥有方。同样，通过 mappedBy 参数配置的一方不能作为拥有方，只有使用@JoinTable 注解配置的一方可作为拥有方；如果双方都是通过@JoinTable 注解配置的，则都可以作为关系拥有方，从而都可以修改关联关系。

类似的，在修改一对多（多对一）关系时，也要注意保持数据一致性。始终坚持同时修改关联关系的双方是一种保险的做法，这可能会使代码有些繁琐，但能够最大程度的保证数据的一致性。

 4.1.4 多对多关系

JPA 中使用@ManyToMany 注解标注多对多关联关系，其定义如下：

```
@Target ( {MEHTOD, FIELD})
@Retention (RUNTIME)
public @interface ManyToMany {
    Class targetEntity()default void.class;
    CascadeType [] cascade()default {};
    FetchType fetch()default LAZY;
    String mappedBy()default "";
}
```

@ManyToMany 注解中各个参数的含义与@OneToMany 注解中类似。需要注意多对多关系默认是延迟加载的。

数据库中，多对多关系通常都是通过连接表实现的，所以作为关系拥有方的实体中需要使用@JoinTable 注解标注。

1.使用连接表的多对多关系

库存管理示例中的产品和库存事务之间存在多对多的关系，多次库存事务可能会涉及同一个产品，同时一次库存事务通常会涉及多个产品（对应于多条库存事务明细）。而产品和库存事务的连接表就是库存事务明细表，如图 4－5 所示。

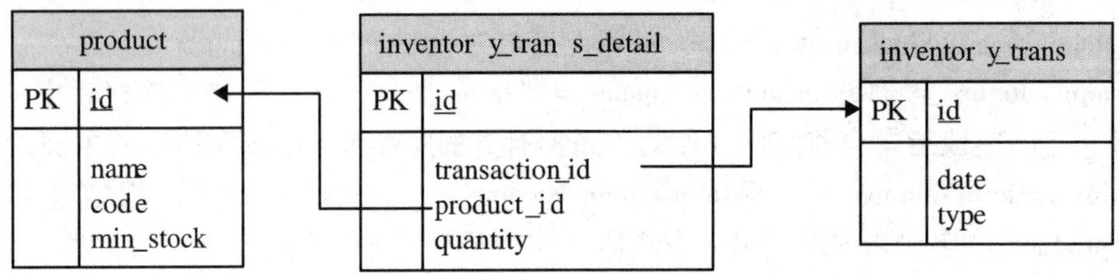

图 4－5 产品和库存事务表的多对多关系

下述内容用于完成任务 4.D.5，配置产品和库存事务实体的多对多关联关系。

在 Product 类中可以直接添加一个泛型为 InventoryTransaction 类型的集合属性，代表产品对应的库存事务信息。修改后的产品实体 Product 代码如下：

【描述 4.D.5】Product.java

```
@Entity
@Table (name = "product")
@SequenceGenerator (name = "productSequence", sequenceName = "pd_seq")
public class Product {

    Integer id; // 主键
    String name; // 名称
    String code; // 编号
    Double minStock; // 最小库存量
    Inventory inventory; // 对应库存信息

    // 对应的库存事务明细
    Set < InventoryTransactionDetail > inventoryTransactionDetails
          = new HashSet < InventoryTransactionDetail >();
    // 对应的库存事务
    Set < InventoryTransaction > inventoryTransactions
          = new HashSet < InventoryTransaction >();
    @ManyToMany
    @JoinTable (name = "inventory_trans_detail",
              joinColumns = {@JoinColumn (name = "product_id")},
              inverseJoinColumns = {@JoinColumn (name = "trans_id")})
    public Set < InventoryTransaction > getInventoryTransactions() {
        return inventoryTransactions;
    }

    public void setInventoryTransactions (
          Set < InventoryTransaction > inventoryTransactions) {
        this.inventoryTransactions = inventoryTransactions;
    }

    ...... // 其他属性
}
```

上述代码的产品实体中添加了 Set < InventoryTransaction > 类型的属性 inventoryTransactions 用于存储对应的库存事务，其 get 方法上声明了@ManyToMany 注解，并通过@JoinTable 注解指定了连接表的信息，@JoinTable 注解的参数意义如下：

◇ name = "inventory_trans_detail"：指定连接表为 inventory_trans_detail；
◇ joinColumns = {@JoinColumn (name = "product_id")}：指定连接表中的 product_id 字段指向当前实体（作为关系拥有方的产品实体）的主键；

◇ inverseJoinColumns = {@JoinColumn (name = "trans_id")}:指定连接表中的 trans_id 字段指向关系另一方实体（作为关系反方的库存事务实体）的主键。

如果需要通过库存事务获得对应的产品信息，则需要配置双向的多对多关系，库存事务实体中需要添加存储对应产品的集合属性，修改后的库存事务实体如下：

【描述 4.D.5】InventoryTransaction.java

```
@Entity
@Table (name = "inventory_trans")
@SequenceGenerator (name = "inventoryTransactionSequence",
sequenceName = "ivt_tr_seq")
public class InventoryTransaction {

    Integer id; // 主键
    Date date; // 事务时间
    String type; // 事务类型:I 入库 O 出库 C 盘点
    Set<Product> products = new HashSet<Product>(); // 对应产品

    @ManyToMany (mappedBy = "inventoryTransactions")
    public Set<Product> getProducts() {
        return products;
    }

    public void setProducts (Set<Product> products) {
        this.products = products;
    }

    ...... // 其他属性
}
```

上述代码的库存事务实体中添加了 Set<Product>类型的属性 products 用于存储对应的产品，其 get 方法上声明了@ManyToMany 注解，并通过 mappedBy 参数指定了关联信息存储在关联关系另一方的产品实体的 inventoryTransactions 属性中。

2.维护多对多关系

同基于连接表的一对多（多对一）关系类似，使用基于连接表的多对多关系时，双方都可以作为关系的拥有方。同样，通过 mappedBy 参数配置的一方不能作为拥有方，只有使用@JoinTable 注解配置的一方可作为拥有方；如果双方都是通过@JoinTable 注解配置的，则都可以作为关系拥有方，从而都可以修改关联关系。

类似的，修改多对多关系时，为了保证数据一致性，最好也是同时修改关系的两端。

4.1.5 级联操作

JPA 提供的@OneToOne、@OneToMany、@ManyToOne、@ManyToMany 注解都具有一个相同的参数：

```
CascadeType [] cascade()default {};
```

当使用 EntityManager 操作一个实体时，这个实体关联的其他实体可以自动执行对应的操作，这称为“级联”操作。使用各个关联关系注解中的 cascade 参数可以指定在这种关联关系下的级联行为，cascade 参数是一个数组，以便于同时指定多种级联方式。

JPA 提供了 javax.persistence.CascadeType 枚举用以定义各种级联方式：

```
public enum CascadeType {
    ALL, PERSIST, MERGE, REMOVE, REFRESH
}
```

枚举值 PERSIST、MERGE、REMOVE、REFRESH 分别代表在执行 EntityManager 的对应方法时执行级联操作，ALL 值代表所有操作都是级联的。各个级联方式的使用是类似的，下述内容用于完成任务 4.D.6，为产品和库存实体的一对一关联关系配置级联操作。修改库存实体 Inventory 的代码如下：

【描述 4.D.6】Inventory.java

```
@Entity
@Table (name = "inventory")
@SequenceGenerator (name = "inventorySequence", sequenceName = "ivt_seq")
public class Inventory {

    Integer id; // 主键
    Double quantity; // 库存量
    Product product; // 产品

    @OneToOne (cascade = {CascadeType.PERSIST, CascadeType.REMOVE} )
    @JoinColumn (name = "product_id")
    public Product getProduct() {
        return product;
    }

    public void setProduct (Product product) {
        this.product = product;
    }

    ......// 其他属性
}
```

上述代码中，为库存到产品的一对一关系配置了 PERSIST 和 REMOVE 两种级联操作。因此，当调用 EntityManager 的 persist( )方法保存 Inventory 实例时，如果其关联的 Product 实例也是新建的，则 Product 实例会被同时保存；当调用 EntityManager 的 remove( )方法删除 Inventory 实例时，其关联的 Product 实例会被同时删除。

> 注意 级联操作提供了很大的方便性，但需要慎用，使用前需要考虑是否在所有情况下这个实体都需要级联操作。实际上，级联特性除了减少 EntityManager 方法的调用次数外，没有提供任何新功能。大部分情况下，手动控制关联实体的操作是一种更安全的方式。

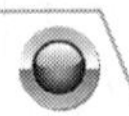

4.2 实体继承关系

完整的 ORM 框架需要支持实体的继承关系，JPA 规范支持实体的继承、多态以及多态查询等面向对象的特征。关系型数据库中不存在继承的概念，为了将实体的继承关系映射到数据库中，通常可以采用三种方式设计表结构，JPA 提供了枚举 javax.persistence.InheritanceType，其三个枚举值对应于三种设计方式：

- ◇ InheritanceType.SINGLE_TABLE：整个继承层次使用一个表；
- ◇ InheritanceType.JOINED：使用连接表；
- ◇ InheritanceType.TABLE_PER_CLASS：每个类使用一个表。

JPA 提供的@javax.persistence.Inheritance 注解用于标注继承映射方式，其定义如下：

```
@Target (TYPE)
@Retention (RUNTIME)
public @interface Inheritance {
    InheritanceType strategy()default SINGLE_TABLE;
}
```

@Inheritance 注解的 strategy 参数用于指定继承映射方式，默认采用 SINGLE_TABLE 方式，即整个继承体系使用一个表。

在父类实体上标记@Inheritance 注解后，JPA 将按照其 strategy 参数指定的继承映射方式来管理继承体系中的实体。

库存管理示例中的库存事务有入库、出库和盘点三种，目前三种事务使用同一个库存事务实体表示，通过 type 属性标识事务类型。如果将库存事务作为父类，并分别针对入库、出库和盘点三种特定事务类型创建子类，则是一种更加面向对象的设计方式。目前三种库存事务需要的业务数据是相同的，为了更能体现继承关系，可以为其分别增加一些属性：

- ◇ 入库事务，增加供应商属性；
- ◇ 出库事务，增加发票编号属性；
- ◇ 盘点事务，增加盘点人属性。

本节中将以库存事务的上述继承体系为示例，分别介绍 JPA 的 SINGLE_TABLE 和 JOINED 继承映射方式。

> 注意 从面向对象和关系数据库两个方面来讲，TABLE_PER_CLASS 方式都不是一种好的设计，比较难于使用。并且 TABLE_PER_CLASS 方式是 JPA 规范的可选特性，并非所有的持久化提供器都对其提供支持，因此本书不再介绍这种方式。

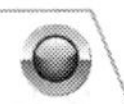 4.2.1 SINGLE_TABLE

在 SINGLE_TABLE 方式下，整个继承层次使用一个库存事务表，这个表中包含了继承层次中所有类的数据。

使用 SINGLE_TABLE 方式设计库存事务的继承关系时，表中需要的字段包括事务日期、供应商、发票编号、盘点人，因为存储在同一个表中，所以还需要一个鉴别器（discriminator）字段 type 以标识不同子类的数据。表结构及包含的数据如表 4-2 所示。

表 4-2 SINGLE_TABLE 方式的表结构

id	trans_date	supplier	invoice	checker	type
1	2010-01-11	某某供应商	NULL	NULL	I
2	2010-11-21	NULL	11111111	NULL	O
3	2011-02-20	NULL	NULL	张张张	C
4	2011-05-09	NULL	NULL	王王	C

因为共用了一个表，所以对某种类型的事务可能有一些字段是无意义的，无需保存值。JPA 提供了@javax.persistence.DiscriminatorColumn 注解用于标识鉴别器字段，其定义如下：

```
@Target (TYPE)
@Retention (RUNTIME)
public @interface DiscriminatorColumn {
    String name()default "DTYPE";
    DiscriminatorType discriminatorType()default STRING;
    String columnDefinition()default "";
    int length()default 10;
}
```

@DiscriminatorColumn 注解有四个参数：

◇ name 参数：用于指定鉴别器字段的名称，默认为 DTYPE；

◇ discriminatorType 参数：用于指定鉴别器字段的类型，可以是枚举 javax.persistence.DiscriminatorType 的三个值之一，包括 STRING、CHAR 和 INTEGER，默认为 STRING；

◇ columnDefinition：指定定义此列的 DDL；

◇ length：鉴别器字段的长度。

@DiscriminatorColumn 注解需要在父类实体上标记。

在子类（可能也包括父类）实体中，需要指定其对应的鉴别器字段值，这通过@javax.persistence.DiscriminatorValue 注解标识，其定义如下：

```
@Target (TYPE)
@Retention (RUNTIME)
public @interface DiscriminatorValue {
    String value();
}
```

@DiscriminatorValue 注解只有一个默认的字符串参数 value，可以指定当前实体对应的鉴别器字段值。如果实体没有标注@DiscriminatorValue注解，当父类上标注的@DiscriminatorColumn 注解的 discriminatorType 参数值为 STRING 时，JPA 将使用实体类名作为鉴别器字段的默认值；discriminatorType 参数值为 CHAR 和 INTEGER 时，鉴别器字段的默认值与具体的持久化提供器有关。

下述内容用于完成任务 4.D.7，为出库、入库和盘点实体及父实体库存事务配置 SINGLE_TABLE 方式的继承映射。父类 InventoryTransaction 实体代码如下：

【描述 4.D.7】InventoryTransaction.java

```
@Entity
@Table (name = "inventory_trans")
@SequenceGenerator (name = "inventoryTransactionSequence",
                    sequenceName = "ivt_tr_seq")
@Inheritance (strategy = InheritanceType.SINGLE_TABLE)
@DiscriminatorColumn (name = "type")
public class InventoryTransaction {
    ......
}
```

上述代码中，使用@Inheritance 注解指定了继承策略为 SINGLE_TABLE 方式，使用@DiscriminatorColumn 注解指定了鉴别字段名称为 type。

子类 StockInTransaction 实体代表入库事务，代码如下：

【描述 4.D.7】StockInTransaction.java

```
@Entity
@DiscriminatorValue ("I")
public class StockInTransaction extends InventoryTransaction {
    String supplier; // 供应商
    ......
}
```

子类 StockOutTransaction 实体代表出库事务，代码如下：

【描述 4.D.7】StockOutTransaction.java

```
@Entity
@DiscriminatorValue ("O")
public class StockOutTransaction extends InventoryTransaction {
    String invoice; // 发票号
    ......
}
```

子类 CheckingTransaction 实体代表盘点事务，代码如下：

【描述 4.D.7】CheckingTransaction.java

```
@Entity
@DiscriminatorValue ("C")
public class CheckingTransaction extends InventoryTransaction {
```

```
    String checker; // 盘点人
    ......
}
```

上述三个子类代码中，都使用@DiscriminatorValue 注解指定了其对应的鉴别器字段值。

SINGLE_TABLE 是 JPA 支持继承的默认方式，具有简单易用的优点，与其他映射方式相比，因为不需要关联其他的表，所以性能也是最高的。但是，一些字段由于只存在于某些子类中，所以数据库中无法添加 NOT NULL 约束，另外，表中可能存储大量的 NULL 值，这些值实际上是多余的。

4.2.2　JOINED

在 JOINED 方式下，每个类（父类和子类）都需要对应一个表，父类的表中存储共有的字段，每个子类的表中只存储其专有的字段。所有的表共用相同的主键值，以此建立父子表之间的对应关系。JOINED 方式本质上是一种共用主键的一对一关系。

使用 JOINED 方式设计库存事务的继承关系时，表结构及包含的数据如表 4-3、表 4-4、表 4-5、表 4-6 所示。

表 4-3　JOINED 方式的表结构：INVENTORY_TRANS 表

id	trans_date	type
1	2010-01-11	I
2	2010-11-21	O
3	2011-02-20	C
4	2011-05-09	C

表 4-4　JOINED 方式的表结构：STOCK_IN_TRANS 表

id	supplier
1	某某供应商

表 4-5　JOINED 方式的表结构：STOCK_OUT_TRANS 表

id	invoice
2	11111111

表 4-6　JOINED 方式的表结构：CHECKING_TRANS 表

id	checker
3	张张张
4	王王

下述内容用于完成任务 4.D.8，为出库、入库和盘点实体及父实体库存事务配置 JOINED 方式的继承映射。父类 InventoryTransaction 实体代码如下：

【描述 4.D.8】InventoryTransaction.java

```
@Entity
@Table (name = "inventory_trans")
@SequenceGenerator (name = "inventoryTransactionSequence",
                    sequenceName = "ivt_tr_seq")
@Inheritance (strategy = InheritanceType.JOINED)
@DiscriminatorColumn (name = "type")
public class InventoryTransaction {
   ......
}
```

上述代码中，使用 @Inheritance 注解指定了继承策略为 JOINED 方式，使用 @DiscriminatorColumn 注解指定了鉴别器字段名称为 type。

子类 StockInTransaction 实体代表入库事务，代码如下：

【描述 4.D.8】StockInTransaction.java

```
@Entity
@Table (name = "stock_in_trans")
@DiscriminatorValue ("I")
@PrimaryKeyJoinColumn (name = "id")
public class StockInTransaction extends InventoryTransaction {
   String supplier; // 供应商
   ......
}
```

子类 StockOutTransaction 实体代表出库事务，代码如下：

【描述 4.D.8】StockOutTransaction.java

```
@Entity
@Table (name = "stock_out_trans")
@DiscriminatorValue ("O")
@PrimaryKeyJoinColumn (name = "id")
public class StockOutTransaction extends InventoryTransaction {
   String invoice; // 发票号
   ......
}
```

子类 CheckingTransaction 实体代表盘点事务，代码如下：

【描述 4.D.8】CheckingTransaction.java

```
@Entity
@Table (name = "checking_trans")
@DiscriminatorValue ("C")
```

```
@PrimaryKeyJoinColumn (name = "id")
public class CheckingTransaction extends InventoryTransaction {
    String checker; // 盘点人
    ......
}
```

上述三个子类代码中，都使用@Table 注解指定了对应的表，使用@DiscriminatorValue 注解指定了其对应的鉴别器字段值，使用@PrimaryKeyJoinColumn 注解指定了主键字段名称。

JOINED 方式的继承映射与面向对象的设计比较相似，并且由于使用了不同的表，所以可以定义 NOT NULL 约束。但是对子类的查询需要关联查询父类对应的表，所以性能比 SINGLE_TABLE 方式要差。

4.3　项目完善

下述内容用于实现任务描述 4.D.9，在库存管理项目中完成下列功能：

◇ 修改产品会话 Bean，在添加和删除产品时同时操作对应的库存实体；
◇ 修改库存盘点会话 Bean，使用 JPA 完成盘点操作；
◇ 在产品列表页面显示产品对应的库存量；
◇ 在库存清单页面显示库存信息对应的产品编码和名称；
◇ 在库存清单页面点击产品名称后显示产品对应的库存事务明细。

4.3.1　实体

产品与库存实体已配置基于外键的双向一对一关联关系，因此在产品列表和库存清单页面可以直接取得产品对应的库存量和库存信息对应的产品编码、名称。

产品与库存事务明细实体已配置基于外键的双向一对多关联关系，因此在库存清单页面可以直接取得产品对应的库存事务明细。

1. 库存事务明细实体

显示库存事务明细信息时，需要同时显示对应的库存事务的类型和时间，因此需要配置库存事务明细和库存事务实体的多对一关联关系。库存事务明细实体 InventoryTransactionDetail 中原来有一个 transactionId 属性，表示对应库存事务的 id，不再需要此属性，而是直接使用 InventoryTransaction 类型的属性代表关联的库存事务实体。修改后的库存事务明细实体代码如下：

【描述 4.D.9】InventoryTransactionDetail.java

```
@Entity
@Table (name = "inventory_trans_detail")
@SequenceGenerator (name = "inventoryTransactionDetailSequence",
                sequenceName = "ivt_tr_d_seq")
public class InventoryTransactionDetail {
    Integer id; // 主键
    Double quantity; // 数量
```

```
    Product product; // 产品
    InventoryTransaction inventoryTransaction; // 对应的库存事务

    @ManyToOne
    @JoinColumn (name = "trans_id")
    public InventoryTransaction getInventoryTransaction() {
        return inventoryTransaction;
    }

    public void setInventoryTransaction (
          InventoryTransaction inventoryTransaction) {
        this.inventoryTransaction = inventoryTransaction;
    }

    ...... // 其他属性
}
```

上述代码中，库存事务明细实体的 getInventoryTransaction( ) 方法上声明了@ManyToOne 注解，并通过@JoinColumn 注解的 name 参数指定了与库存事务的关联信息存储在库存事务明细实体对应的表的 trans_id 字段中。

修改库存事务明细实体后，可以通过库存事务明细的 inventoryTransaction 属性取得关联的库存事务信息，库存事务明细与库存事务具有了单向的多对一关系。

2. 库存事务实体

库存事务实体 InventoryTransaction 中的 type 属性代表库存事务的类型，其值“I”、“O”、“C”分别代表入库、出库、盘点，为了便于页面显示，为库存事务实体添加 getTypeName( ) 方法，直接返回库存事务类型的名称，修改后的库存事务实体代码如下：

【描述 4.D.9】InventoryTransaction.java

```
@Entity
@Table (name = "inventory_trans")
@SequenceGenerator (name = "inventoryTransactionSequence",
sequenceName = "ivt_tr_seq")
public class InventoryTransaction {

    Integer id; // 主键
    Date date; // 事务时间
    String type; // 事务类型:I 入库 O 出库 C 盘点
    Set <Product> products = new HashSet <Product>(); // 对应产品

    @Transient
    public String getTypeName() {
        if ("I".equals (type()
            return "入库";
```

```
        if ("O".equals (type()
            return "出库";
        if ("C".equals (type()
            return "盘点";
        return "";
    }

......// 其他属性
}
```

上述代码中，库存事务实体的 getTypeName( )方法根据 type 属性的值返回了库存事务类型的名称，库存事务表中并没有与 typeName 属性对应的字段，因此在 getTypeName( )方法上标注了@Transient 注解，以使 JPA 忽略此属性。

3. 产品实体

产品与库存事务明细实体已配置基于外键的双向一对多关联关系，在库存清单页面可以根据产品直接取得其对应的库存事务明细，但是 JPA 中的一对多关系默认是延迟加载的，因此在取得 Product 实例后，其关联的 InventoryTransactionDetail 集合并没有填充。将 Product 实例传到页面上并遍历其关联的 InventoryTransactionDetail 集合时，JPA 才会试图查询库存事务明细表以填充此集合，但是此时事务结束，EntityManager 已经关闭，JPA 将无法查询数据库，从而抛出异常。

> **注意**　实际上，如果使用事务范围的持久化上下文，则在会话 Bean 的某个业务方法执行完毕后，其使用的 EntityManager 就会被关闭。事务范围的持久化上下文是注入 EntityManager 时的默认行为，本案例的会话 Bean 中使用的都是事务范围的持久化上下文。持久化上下文与 EJB 的事务服务紧密相关，在理论篇第 7 章介绍 EJB 事务时会进一步讨论两者的关系。

解决上述问题的简单方法是取消产品实体中库存事务明细集合上的延迟加载，修改后的产品实体代码如下：

【描述 4.D.9】Product.java

```
@Entity
@Table (name = "product")
@SequenceGenerator (name = "productSequence", sequenceName = "pd_seq")
public class Product {
    ......// 各个属性及 get、set 方法

    @OneToMany (mappedBy = "product", fetch = FetchType.EAGER)
    public Set < InventoryTransactionDetail > getInventoryTransactionDetails() {
        return inventoryTransactionDetails;
    }
}
```

上述产品实体代码中，在 getInventoryTransactionDetails( )方法上的@OneToMany 注解中添

加了 fetch 参数，并指定其值为 FetchType.EAGER，从而使产品关联的库存事务明细采用立即加载的方式。

4.3.2 会话 Bean

1.产品业务会话 Bean

产品和库存实体已配置一对一关系，修改 ProductServiceBean 中添加、删除产品的方法，利用与库存实体的一对一关系，同时添加、删除对应的库存信息，代码如下：

【描述 4.D.9】ProductServiceBean.java

```
@Stateless
public class ProductServiceBean implements ProductServiceLocal {

    // 注入 EJB 容器的持久化上下文
    @PersistenceContext (unitName = "ejb3theory")
    private EntityManager entityManager;

    @Override
    public void addProduct (Product product) {
        entityManager.persist (product);
        Inventory inventory = new Inventory();
        inventory.setProduct (product);
        inventory.setQuantity (0.0);
        entityManager.persist (inventory);
    }

    @Override
    public void removeProduct (Product product) {
        Product p = entityManager.find (Product.class, product.getId());
        entityManager.remove (p.getInventory());
        entityManager.remove (p);
    }

    ...... // 其他业务方法
}
```

上述代码添加和删除产品的方法中，利用产品和库存实体的一对一关系，同时添加、删除了对应的库存实体。

另外，ProductServiceBean 中的 getProducts( ) 方法用于分页查询产品信息，InventoryServiceBean 中的 getInventories( ) 方法用于根据产品编号和名称查询库存信息，目前这两个方法是使用 JDBC 执行 SQL 语句实现的，需要修改为使用 JPA 查询实现，这样 JPA 才能对查询出的产品和库存信息实例中的关联实体赋值。JPA 查询将在理论篇第 5 章介绍，因此本节不再列出代码，具体介绍可参见第 5 章任务 5.D.1 和 5.D.5。

2. 库存盘点业务会话 Bean

InventoryCheckingServiceBean 中的 updateInventory( ) 方法原来使用 JDBC 方式完成盘点业务，包括下列几个操作：

1）向库存事务表插入一条记录，并记录主键；

2）针对每个实际数量与期望数量不一致的产品：

◇ 向库存事务明细表插入一条记录，并通过上一步记录的主键值与库存事务表关联；

◇ 更新库存表中对应产品的库存量为实际盘点数量。

由于配置了库存事务、库存事务明细、产品、库存实体的关联关系，updateInventory( ) 方法可修改为使用 JPA 的方式实现，代码如下：

【描述 4.D.9】InventoryCheckingServiceBean.java

```
@Stateful
public class InventoryCheckingServiceBean implements
      InventoryCheckingServiceLocal {

    // 注入 EJB 容器的持久化上下文
    @PersistenceContext (unitName = "ejb3theory")
    private EntityManager entityManager;

    // 盘点结果:Map <产品 ID, 盘点差异数量 >。
    private Map < Integer, Double > checkingResults
        = new HashMap < Integer, Double >();

    @Override
    @Remove
    public void updateInventory() {
        InventoryTransaction inventoryTransaction = new InventoryTransaction();
        inventoryTransaction.setDate (new Date ());
        inventoryTransaction.setType ("C");
        entityManager.persist (inventoryTransaction);

        for (Entry < Integer, Double > entry :checkingResults.entrySet()) {
            int productId = entry.getKey();
            double quantity = entry.getValue();
            if (quantity = = 0)
                continue;

                Product product = entityManager.find (Product.class, productId);
                Inventory inventory = product.getInventory();
                inventory.setQuantity (inventory.getQuantity() + quantity);

                InventoryTransactionDetail inventoryTransactionDetail
```

```
                    = new InventoryTransactionDetail();
            inventoryTransactionDetail.setProduct (product);
            inventoryTransactionDetail.setQuantity (quantity);
            inventoryTransactionDetail
                    .setInventoryTransaction (inventoryTransaction);
            entityManager.persist (inventoryTransactionDetail);
        }
    }

    @Override
    public void addCheckingResult (Integer productId, double difference) {
        checkingResults.put (productId, difference);
    }
}
```

上述代码的 updateInventory( )方法中，首先持久化了新建的库存事务实例；然后遍历盘点的每一条记录，根据 ID 查找产品实例，获取其关联的库存实例，并修改了库存数量；最后持久化了新建的库存事务明细实例。

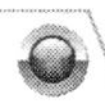

4.3.3 Servlet

在库存清单页面需要显示选中产品的库存事务明细，InventoryServlet 中需要获取一个产品的 ID 参数并查询出对应的产品实例，并将产品实例传到 JSP 页面上以显示其对应的库存事务明细。根据 ID 取得产品需要调用 ProductServiceLocal 接口的 getProductById( )方法，因此 InventoryServlet 中还需要注入实现 ProductServiceLocal 接口的会话 Bean。修改后的 InventoryServlet 代码如下：

【描述 4.D.9】InventoryServlet.java

```
public class InventoryServlet extends HttpServlet {
    @EJB
    InventoryServiceLocal inventoryService;
    @EJB
    ProductServiceLocal productService;

    @Override
    protected void doGet (HttpServletRequest request,
            HttpServletResponse response) throws ServletException, IOException {
        String name = request.getParameter ("name");
        String code = request.getParameter ("code");
        String productId = request.getParameter ("productId");
        List <Inventory> inventories = inventoryService.getInventories (name,
                code);
        if (productId != null) {
            Product product = productService.getProductById (Integer
```

```
                .parseInt (productId));
            request.setAttribute ("product", product);
        }
        request.setAttribute ("inventories", inventories);
        request.getRequestDispatcher ("inventory.jsp")
            .forward (request, response);
    }

    ......
}
```

上述代码中，使用@EJB 注解注入了实现 ProductServiceLocal 接口的会话 Bean，在 doGet()方法中根据 productId 参数获取了产品实例，并存入了 HttpServletRequest。转向 inventory.jsp 页面后，访问 Product 实例的 inventoryTransactionDetails 属性即可获得产品对应的库存事务明细。

4.3.4　JSP

1.产品列表页面

产品列表页面 productList.jsp 中，遍历产品时，访问其 inventory 属性的 quantity 属性，即可获得对应的库存量，核心代码如下：

【描述 4.D.9】productList.jsp

```
<c:forEach items="${products}" var="p">
    <tr>
        <td>${p.name}</td>
        <td>${p.code}</td>
        <td>${p.minStock}</td>
        <td>${p.inventory.quantity}</td>
        <td>
            <a href="ProductServlet?to=detail&id=${p.id}">修改</a>
            <a href="ProductServlet?to=remove&id=${p.id}">删除</a>
        </td>
    </tr>
</c:forEach>
```

2.库存清单页面

库存清单页面 inventory.jsp 中，遍历库存信息时，访问其 product 属性的 code 和 name 属性即可获得对应的产品编码和名称。访问 HttpServletRequest 中保存的 product 对象，并遍历其 inventoryTransactionDetails 属性即可获取对应的所有库存事务明细，核心代码如下：

【描述 4.D.9】inventory.jsp

```
<c:forEach items="${inventories}" var="i">
    <tr>
        <td>${i.product.code}</td>
```

```
        <td><a href="InventoryServlet?productId=${i.product.id}">
                ${i.product.name}</a></td>
        <td>${i.quantity}</td>
    </tr>
</c:forEach>
......
<c:if test="${product != null}">
    <hr/>
    产品编码:${product.code}<br/>
    产品名称:${product.name}<br/>
    <table style="border:1px solid gray" cellspacing="1">
        <tr style="color:white; background-color:gray">
            <td>日期</td>
            <td>类型</td>
            <td>数量</td>
        </tr>
        <c:forEach items="${product.inventoryTransactionDetails}" var="i">
            <tr>
                <td>${i.inventoryTransaction.date}</td>
                <td>${i.inventoryTransaction.typeName}</td>
                <td>${i.quantity}</td>
            </tr>
        </c:forEach>
    </table>
</c:if>
```

4.3.5 部署运行

1.产品列表

运行 Java EE 容器，在浏览器中访问 productList.jsp 页面，其中显示了每个产品的当前库存量，运行结果如图 4－6 所示。

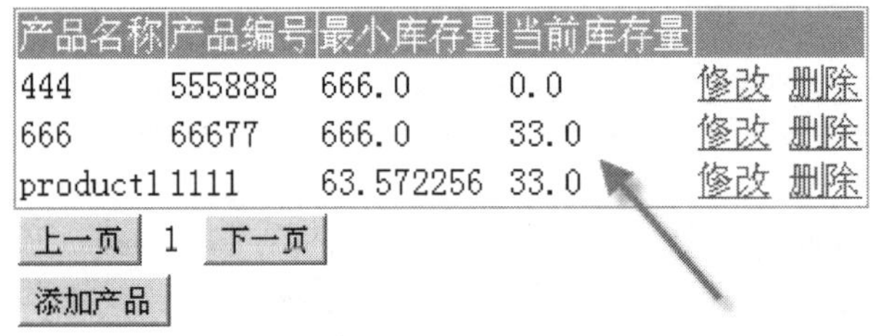

产品名称	产品编号	最小库存量	当前库存量	
444	555888	666.0	0.0	修改 删除
666	66677	666.0	33.0	修改 删除
product1	1111	63.572256	33.0	修改 删除

图 4-6　产品列表页面

2.库存清单

访问 inventory.jsp 页面，其中在库存量列表中显示了每个产品的编码和名称，如图 4－7 所示。

产品编码
产品名称
提交

产品编码	产品名称	产品库存量
8888	product8	0.0
555888	444	123.0
66677	666	12.0
1111	product1	100.0
2222	product2	44.0
T410	product3	0.0
4444	product4	6.0
5555	product5	0.0
6666	product6	0.0
7777	product7	0.0

图 4-7　库存清单页面

点击某个产品名称，将在下方显示此产品对应的库存事务明细，如图 4-8 所示。

产品编码
产品名称
提交

产品编码	产品名称	产品库存量
8888	product8	0.0
555888	444	123.0
66677	666	12.0
1111	product1	100.0
2222	product2	44.0
T410	product3	0.0
4444	product4	6.0
5555	product5	0.0
6666	product6	0.0
7777	product7	0.0

产品编码:1111
产品名称:product1

日期	类型	数量
2011-07-29 11:37:29.0	盘点	222.0
2011-04-29 11:30:41.0	入库	11.0
2011-08-18 16:09:45.0	盘点	-44.0
2011-05-04 14:03:07.0	盘点	-189.0
2011-08-18 15:38:02.0	盘点	11.0
2011-08-19 13:45:36.0	盘点	90.0
2011-08-19 13:44:42.0	盘点	90.0
2011-07-29 11:10:56.0	出库	-2222.0
2011-08-19 13:32:23.0	盘点	10.0
2011-08-19 13:45:23.0	盘点	-90.0
2011-07-29 11:24:03.0	盘点	11.0

图 4-8　库存事务明细

小结

通过本章的学习，学生应该能够学会：

- 按照关联实体的数量，分为一对一、一对多（多对一）和多对多关联关系
- 按照关联关系的方向，分为单向和双向的关联关系
- @OneToOne 注解用于标注一对一关联关系
- @JoinColumn 注解用于指定基于外键的一对一的映射关系
- @PrimaryKeyJoinColumn 注解用于指定基于主键的一对一关系的映射关系
- @OneToMany 和@ManyToOne 注解分别用于标注一对多和多对一关联关系
- @JoinTable 注解用于指定基于连接表的一对多（多对一）关系时连接表的信息
- @ManyToMany 注解用于标注多对多关联关系
- 各个关联关系注解中的 cascade 参数用于指定在这种关联关系下的级联行为
- JPA 提供了 SINGLE_TABLE、JOINED、TABLE_PER_CLASS 三种继承映射策略

练习

1.关于一对一关联关系的说法正确的是______。（多选）

A.一对一关联关系使用@OneToOne 注解标识

B.基于外键的一对一关联关系需要使用@JoinColumn 注解指定映射关系

C.共用主键的一对一关联关系需要使用@PrimaryKeyJoinColumn 注解指定映射关系

D.一对一关联关系默认是延迟加载的

2.关于一对多（多对一）关联关系的说法正确的是______。（多选）

A.@OneToMany 和@ManyToOne 注解用于标注一对多和多对一关联关系

B.基于外键的一对多（多对一）关联关系需要使用@JoinColumn 注解指定映射关系

C.基于连接表的一对多（多对一）关联关系需要使用@JoinTable 注解指定映射关系

D.一对多关联关系默认是延迟加载的

E.多对一关联关系默认是延迟加载的

3.关于多对多关联关系的说法正确的是______。（多选）

A.@ManyToMany 注解用于标注多对多关联关系

B.基于连接表的多对多关联关系需要使用@JoinTable 注解指定映射关系

C.多对多关联关系默认是延迟加载的

D.多对多关联关系默认是立即加载的

4.下列关于 JPA 继承映射的说法正确的是______（多选）。

A.JPA 支持整个继承层次使用一个表、连接表、每个类一个表三种继承映射方式

B.@Inheritance 注解用于标注继承映射方式

C.SINGLE_TABLE 和 JOINED 方式下，都使用@DiscriminatorColumn 注解标识鉴别器字段

D.JOINED 方式本质上是一种共用主键的一对一关系

5.在数据库中新建员工、部门表，建立基于外键的多对一关系。新建 Employee、Department 实体，配置双向的多对一（一对多）关联关系。

6.使用第 5 题中的 Employee、Department 实体，编写代码完成员工加入部门、撤出部门、删除部门的操作。

第 5 章　实体查询

本章目标

- ◆ 熟悉 Query 接口
- ◆ 掌握创建 Query 实例的方法
- ◆ 掌握设置查询参数的方法
- ◆ 掌握查询实体的方法
- ◆ 掌握分页查询的方法
- ◆ 掌握执行更新操作的方法
- ◆ 掌握 JPQL 查询实体部分属性的方法
- ◆ 掌握 JPQL 连接查询
- ◆ 掌握 JPQL 条件查询
- ◆ 了解 JPQL 函数和分组
- ◆ 了解 JPQL 子查询
- ◆ 掌握 JPQL 的 UPDATE 和 DELETE 语句
- ◆ 了解 JPA SQL 查询

学习导航

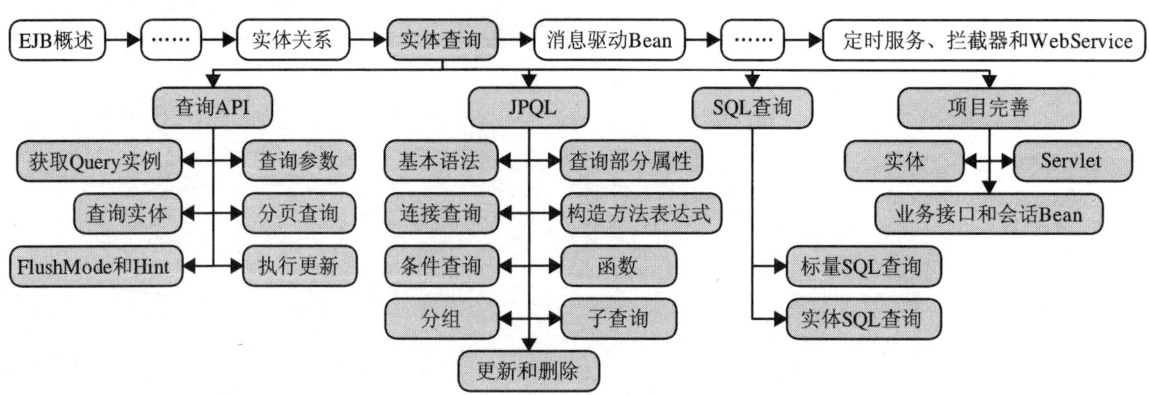

任务描述

【描述】5.D.1

修改产品会话 Bean，使用 JPQL 和 Query 接口分页查询产品。

【描述】5.D.2

使用 JPQL 查询产品实体的部分属性。

【描述】5.D.3

修改产品实体类，添加使用 id、name、code 作为参数的构造方法，并在 JPQL 中通过这个构造方法创建产品实体的实例。

【描述】5.D.4

使用 JPQL 连接查询方式查询产品相关信息。

【描述】5.D.5

使用 JPQL 条件查询修改库存会话 Bean，实现按照产品名称和编码查询库存的功能。

【描述】5.D.6

使用 JPQL 对产品相关信息进行分组查询。

【描述】5.D.7

使用 JPQL 子查询方式查询产品和库存实体。

【描述】5.D.8

使用 JPQL 更新和删除产品。

【描述】5.D.9

使用 SQL 和 Query 接口查询产品。

【描述】5.D.10

完善库存管理项目，将产品关联的库存事务明细改回延迟加载，为库存业务接口添加根据产品 ID 获取对应库存事务明细的方法。

5.1 实体查询简介

查询是企业级应用的一项基本功能，使用 EntityManager 的 find( )方法可以根据主键查询实体，但这显然是不够的，JPA 还支持使用面向实体的 JPQL（Java Persistence Query Language）查询语言和原生的 SQL 进行复杂查询。通过使用 JPA 提供的 Query 接口，利用其中包含的大量查询相关方法，可以方便地实现基于 JPQL 和 SQL 的查询功能。

JPQL 是一种专门用于实体查询的声明性查询语言，与专用于关系型数据库的 SQL 类似，但是 JPQL 操作的是 Java 对象（实体）而不是关系型数据库中的表，JPQL 语句中使用实体的属性而不是表中的字段。

结合 JPQL 和 JPA 查询 API，开发人员可以以一种面向对象的方式查询关系型数据库中的数据，而不再需要编写 SQL，也不必再处理查询结果与实体之间的转换。

5.2 查询 API

JPA 实体查询主要通过 javax.persistence.Query 接口完成，Query 接口提供了大量用于查询实体的方法，如表 5-1 所示。

表 5-1　Query 接口的方法

方法签名	说明
List getResultList( )	获得查询结果的集合
Object getSingleResult( )	获得单一的查询结果
int executeUpdate( )	执行 UPDATE 或 DELETE 语句
Query setMaxResults（int maxResult）	设置查询结果中对象的最大数量
Query setFirstResult（int startPosition）	设置查询结果中第一个对象的位置
Query setHint（String hintName，Object value）	设置查询提示，与具体厂商有关
Query setParameter（String name，Object Value）	根据参数名称设置查询参数
Query setParameter（String name，Date Value，TemporalType temporalType）	根据参数名称设置 Date 类型的查询参数
Query setParameter（String name，Calendar Value，TemporalType temporalType）	根据参数名称设置 Calendar 类型的查询参数
Query setParameter（int position，Object Value）	根据参数位置设置查询参数
Query setParameter（int position，Date Value，TemporalType temporalType）	根据参数位置设置 Date 类型的查询参数
Query setParameter（int position，Calendar Value，TemporalType temporalType）	根据参数位置设置 Calendar 类型的查询参数
Query setFlushMode（FlushModeType flushMode）	设置 FlushMode

 5.2.1　获得 Query 实例

执行实体查询，首先需要获得 Query 接口的实例。Query 实例无法直接创建，需要由持久化提供器产生。EntityManager 接口提供了多个用于创建 Query 实例的方法，如表 5-2 所示。

表 5-2　EntityManager 中创建 Query 实例的方法

方法签名	说　明
Query createQuery (String jpql)	使用 JPQL 语句创建 Query
Query createNamedQuery (String name)	使用命名查询创建 Query
Query createNativeQuery (String sql)	使用 SQL 语句创建 Query
Query createNativeQuery (String sql, Class resultClass)	使用 SQL 语句创建，并指定单个实体类型
Query createNativeQuery (String sql, String resultSetMapping)	使用 SQL 语句创建，并指定多个实体类型

JPA 支持两种方式的查询：

◇　动态查询，是指在运行期动态创建的查询；

◇　命名查询，是指预先创建的具有特定名称的查询，运行时可以根据名称调用。

1.动态查询

使用 EntityManager 创建动态查询 Query 实例的代码如下：

```
Query query = entityManager.createQuery("from Product"); //使用 JPQL 创建 Query
List<Product> list = (List<Product>) query.getResultList(); //执行查询
```

上述代码中，使用 EntityManager 的 createQuery( ) 方法创建了 Query 对象，并调用其 getResultList( ) 方法得到了查询结果，其中 “from Product” 是 JPQL 语句，在运行时由 EntityManager 负责解析。Query 实例是在运行时由 EntityManager 创建的，因此是动态查询。

> **注意**　有关 JPQL 语句的详细介绍可参见本章 5.3 节。

2.命名查询

如果某个查询会在多个场合使用，为了代码重用，则可以使用命名查询。在 javax.persistence 包下，JPA 提供了下列注解用于定义命名查询：

◇　@NamedQuery 和@NamedQueries：用于定义 JPQL 命名查询；

◇　@NamedNativeQuery 和@NamedNativeQueries：用于定义 SQL 命名查询。

使用@NamedNativeQuery 和@NamedNativeQueries 注解定义 SQL 命名查询的方法与使用@NamedQuery 和@NamedQueries 注解定义 JPQL 命名查询类似。下面以 JPQL 命名查询为例介绍命名查询的定义方式。

使用@NamedQuery 注解定义 JPQL 命名查询的代码如下：

```
@Entity
@NamedQuery(name = "allProducts", query = "from Product")
public class Product {
    ......
}
```

上述代码中，使用@NamedQuery 注解定义了一个名称为 allProducts 的命名查询，其对应的 JPQL 语句为“from Product”。

定义命名查询后，就可以使用 EntityManager 创建命名查询的 Query 实例，代码如下：

```
Query query = entityManager.createNamedQuery ("allProducts");
```

上述代码中，根据命名查询的名称 allProducts，调用 EntityManager 的 createNamedQuery( ) 方法创建了 Query 实例。

如果需要定义多个命名查询，可以使用@NamedQueries 注解，代码如下：

```
@Entity
@NamedQueries ( {
    @NamedQuery (name = "allProducts", query = "from Product"),
    @NamedQuery (name = "productsByCode", query = "from Product where code = ?1")
})
public class Product {
    ......
}
```

上述代码中，使用@NamedQueries 注解定义了两个命名查询：allProducts 和 productsByCode。

使用命名查询的好处是可以重用查询语句，提高了可维护性；并且，因为查询语句已经确定，所以持久化提供器只需解析一次即可，相应的也提高了性能。但是，很多情况下，查询语句是根据运行时的状态动态确定的，例如根据用户输入的查询条件来组装查询语句，此时只能使用动态查询。

> **注意** EntityManager 需要根据命名查询的名称定位到具体的查询，因此命名查询必须具有唯一的名称。

5.2.2 查询参数

与 JDBC 中的 PreparedStatement 类似，JPQL 也允许设置查询参数。JPQL 支持位置参数和命名参数两种设置方式。

1.位置参数

位置参数是指根据参数的序号来确定具体参数的方式，格式如下：

```
?参数序号
```

例如：

```
String jpql = "from Product where name = ?1 and code = ?2";
Query query = entityManager.createQuery (jpql);
// 根据参数序号对参数进行赋值
query.setParameter (1,"ThinkPad");
query.setParameter (2,"T410");
List < Product > list = (List < Product >) query.getResultList();
```

上述代码的 JPQL 语句中使用“?1”和“?2”设置了两个参数，然后使用 Query 接口的

setParameter()方法按照序号分别指定了两个参数的值。

2. 命名参数

命名参数是指根据参数的名称来确定具体参数的方式，格式如下：

```
:参数名
```

例如：

```
String jpql = "from Product where name = :name and code = :code";
Query query = entityManager.createQuery (jpql);
// 根据参数名称对参数进行赋值
query.setParameter ("name","ThinkPad");
query.setParameter ("code"," T410");
List <Product > list = (List <Product >) query.getResultList();
```

上述代码的 JPQL 语句中使用“:name”和“:code”设置了两个参数，然后使用 Query 接口的 setParameter()方法按照参数名称分别指定了两个参数的值。注意设置参数值时，参数名称不再包含“:”。

位置参数和命名参数的唯一区别就是参数的表示方式：

◇ 位置参数使用“? 参数序号”的方式，调用 setParameter()方法时通过“参数序号”对参数进行赋值；

◇ 命名参数使用“:参数名”的方式，调用 setParameter()方法时通过“参数名”对参数进行赋值。

命名参数方式提供了更好的代码可读性，并且在查询语句需要动态构造时，命名参数使用起来更加方便，因此，应该尽量使用命名参数。

3. 日期、时间型参数

位置参数和命名参数的值可能是日期、时间类型，java.util.Date 和 java.util.Calendar 都可以表示日期、时间或数值型的时间戳，由于 Date 和 Calendar 可以同时表达数据库中的多种不同数据类型，所以 Query 接口专门为日期时间类型的参数提供了设置方法：

```
// 设置命名参数的日期时间
Query setParameter (String name, Date Value, TemporalType temporalType);
Query setParameter (String name, Calendar Value, TemporalType temporalType);
// 设置位置参数的日期时间
Query setParameter (int position, Date Value, TemporalType temporalType);
Query setParameter (int position, Calendar Value, TemporalType temporalType);
```

枚举 javax.persistence.TemporalType 定义了三个值：

◇ TemporalType.DATE：表示日期；

◇ TemporalType.TIME：表示时间；

◇ TemporalType.TIMESTAMP：表示时间戳。

调用 Query 接口的 setParameter()方法设置日期时间型的参数时，需要指定具体的 TemporalType 类型，从而使持久化提供器可以判断将 Date 和 Calendar 转换为数据库的哪种数据类型，例如：

```
query.setParameter ("date", new Date(), TemporalType.DATE);
```

5.2.3 查询实体

Query 接口提供了两个方法用于查询实体：

```
List getResultList(); // 查询实体集合
Object getSingleResult(); // 查询单个实体
```

1.查询实体集合

getResultList()方法是使用最多的查询方法，用于查询实体的多个实例，并将实例存入一个 java.util.List 对象中返回，使用方法如下：

```
Query query = entityManager.createQuery ("from Product");
List < Product > list = query.getResultList(); // 执行查询
```

上述代码中的 getResultList()方法返回了一个 List 对象，其中包含多个 Product 实体的实例，每个实例对应于产品表中的一条记录。

2.查询单个实体

getSingleResult()方法用于返回实体的一个实例，当能够确定查询结果有且只有一个实例时，可以使用 getSingleResult()方法进行查询，其使用方法如下：

```
Query query = entityManager.createQuery ("from Product where code = 'T410'");
Product product = (Product) query.getSingleResult(); // 执行查询
```

上述代码中，由于可以确定编号为“T410”的产品只有一个，所以使用 getSingleResult()方法直接返回一个 Product 实体的实例，该实例对应于产品表中的一条记录，这条记录中 code 属性映射到的字段的值为 T410。注意，与 SQL 相同，JPQL 中的字符串也必须使用单引号。

getSingleResult()方法执行时是无法确定返回的实体类型的，因此通常需要对返回值进行类型转换，上述代码中将查询结果强制转换成了 Product 类型。

> **注意**　当能够确定查询结果有且只有一个实例时才能使用 getSingleResult()方法。如果查询不到任何数据或查询到了多于一条的数据，getSingleResult()方法都会抛出异常。

5.2.4 分页查询

如果查询结果需要显示在最终的用户界面上，并且查询结果数量庞大，则一次将满足条件的所有数据都查询出来通常没有太大的意义，因为一个 HTML 页面能够显示的数据是有限的，用户通常也没有兴趣查看所有的记录，并且大量的查询结果还会占用过多的内存。

可以使用分页的方式解决上述问题，一次只查询一小部分（一页）数据，用户需要查看其他数据时，再查询另一页的数据。Query 接口为支持分页查询提供了两个方法：

```
Query setFirstResult (int startPosition);
Query setMaxResults (int maxResult);
```

setFirstResult( )方法用于指定查询的起点，即查询结果从哪一条记录开始（从 0 开始编号）；setMaxResults( )方法用于指定查询结果的数量，即需要查询出多少条记录。下列代码演示了两个方法的使用方式：

```
Query query = entityManager.createQuery ("......");
query.setFirstResult (100);
query.setMaxResults (30);
List list = query.getResultList();
```

上述代码中，通过 setFirstResult( )方法指定了查询结果从第 100 条记录开始，通过 setMaxResults( )方法指定了查询结果只包含 30 条记录，两个方法结合起来，将使查询结果包含第 100 到 129 条记录。

5.2.5 执行更新

除了执行查询外，Query 接口也提供了用于执行 UPDATE 或 DELETE 语句的 executeUpdate( )方法（这与 Query 接口的名称有些不符），使用方法如下：

```
Query query = entityManager.createQuery ("update Product set minStock = 10");
query.executeUpdate();
```

上述代码中，定义了执行 UPDATE 语句的 Query 实例，然后调用其 executeUpdate( )方法执行这条 UPDATE 语句。

executeUpdate( )方法也可以执行 DELETE 语句，例如：

```
Query query = entityManager.createQuery ("delete Product where code like 'T% '");
query.executeUpdate();
```

通过使用 UPDATE、DELETE 语句和 executeUpdate( )方法，JPA 可以支持批量的更新和删除，这提高了性能。

5.2.6 设置 FlushMode 和 Hint

EntityManager 接口的 setFlushMode( )方法可以设置持久化上下文的 FlushMode，与之类似，Query 接口的 setFlushMode( )方法可以设置针对特定查询的 FlushMode。

默认情况下，EntityManager 在执行查询前会自动调用 flush( )方法，即自动执行在查询前所作操作对应的 INSERT、UPDATE 或 DELETE 语句，可以通过调用 Query 接口的 setFlushMode( )方法修改这一行为。Query 的 FlushMode 默认为 AUTO，这适合绝大多数的情况，通常无需修改此默认值。

Query 接口的 setHint( )方法用于设置查询提示（Hint）。查询提示是一些用于查询的参数，是特定于具体的持久化提供器的，主要用来提高查询的性能。

不同的持久化提供器有不同的查询提示，例如，JBoss 默认使用 Hibernate 作为持久化提供器，Hibernate 提供了指定超时时间的查询提示：

```
Query query = entityManager.createQuery ("......");
  query.setHint ("org.hibernate.timeout", 1000);
```

> **注意** 查询提示与具体的持久化提供器有关，JPA 并没有规范这些提示，所以本书不再详细介绍。

5.3 JPQL

JPQL 是用于 JPA 实体的一种查询语言。JPQL 面向以 Java 对象形式存在的实体及其属性，而不是关系型数据库中的表、字段等，所以 JPQL 是一种比较面向对象的查询语言。

执行查询时，持久化提供器根据预先配置的映射信息（使用@Table、@Column 等标注的信息），将 JPQL 语句翻译为一条或多条 SQL 语句，最终将 SQL 语句发送到数据库执行。查询的结果由持久化提供器根据映射信息组装为实体的实例，返回给调用者。持久化提供器负责完成由 JPQL 到 SQL 的转换工作，所以 JPQL 具有跨数据库的移植能力。

JPQL 包含了 SQL 的大部分语法结构,但是有时候单纯使用 JPQL 可能还是无法满足要求。另外,由于 JPQL 需要支持多种数据库,所以无法利用数据库厂商的专有特性,例如 JPQL 无法执行存储过程。当 JPQL 无法满足要求时,可以直接使用 SQL,并且 JPA 也支持将 SQL 查询结果映射到实体。

JPQL 支持三种语句类型：

◇ SELECT 语句:用于查询实体或与实体有关的数据;

◇ UPDATE 语句:用于更新一个或多个实体;

◇ DELETE 语句:用于删除一个或多个实体。

5.3.1 基本语法

JPQL 的语法与 SQL 非常相似，SELECT 语句语法如下：

```
[SELECT <实体属性列表>]
  FROM <实体类名>[[AS]<实体别名>]
      {,<实体类名>[[AS]<实体别名>]}*
 [WHERE <条件表达式>]
 [GROUPBY <实体属性列表>]
[HAVING <条件表达式>]
 [ORDERBY <实体属性列表>]
```

UPDATE 语句语法如下：

```
UPDATE <实体类名>[[AS]<实体别名>]
  SET <实体属性赋值语句>{,<实体属性赋值语句>}*
[WHERE <条件表达式>]
```

DELETE 语句语法如下：

```
DELETE[FROM]<实体类名>[[AS]<实体别名>]
[WHERE <条件表达式>]
```

注意 除了 Java 类及属性的名称外，JPQL 语句不区分大小写。

JPQL 关键字如示。

表 5-3　JPQL 关键字

类　型	关　键　字
语句和子句	SELECT、UPDATE、DELETE、FROM、WHERE、GROUP、HAVING、ORDER、BY、ASC、DESC、JOIN、OUTER、INNER、LEFT、FETCH
条件和操作	DESTINCT、OBJECT、NULL、TRUE、FALSE、NOT、AND、OR、BETWEEN、LIKE、IN、AS、UNKNOWN、EMPTY、MEMBER、OF、IS、NEW、EXISTS、ALL、ANY、SOME
函数	AVG、MAX、MIN、SUM、COUNT、MOD、UPPER、LOWER、TRIM、POSITION、CHARACTER_LENGTH、CHAR_LENGTH、BIT_LENGTH、CURRENT_TIME、CURRENT_DATE、CURREN T_ TIMESTAMP

下述是一条最简单的 JPQL 语句：

```
select p from Product as p
```

上述 JPQL 语句没有任何查询条件，所以会查询实体对应的表中的所有记录；此语句只涉及 Product 一个实体，并且没有指定查询的属性，所以会查询 Product 实体的所有属性。

编写 JPQL 时需要注意几点：

◇ 关键字和别名不区分大小写；

◇ 实体类及属性的名称区分大小写；

◇ as 关键字可以省略；

◇ 当不需要区分时，别名可以省略；

◇ 当查询实体的所有属性时，可以省略 SELECT 子句；

◇ 别名不允许使用关键字。

例如下列几条语句是等价的

```
select p from Product as p
SELECT p From Product as P
Select p from Product p
from Product
```

而下列语句是错误的，因为其中的实体类名写成了小写。

```
select p from product as p
```

下列语句使用关键字作为别名，也是错误的。

```
select order from SaleOrder order
```

1.路径表达式

JPQL 中使用“.”操作符（也称为“定位符”）访问实体的属性，称为路径表达式。与 SQL 不同的是，JPQL 路径表达式中使用的是实体的属性，而不是表的字段。

在 WHERE 子句中经常使用路径表达式来构造查询条件，例如库存管理示例中的产品和库存实体具有一对一的关联关系，产品实体中有一个库存实体类型的属性 inventory，可以编写如下的 JPQL：

```
from Product p where p.inventory.quantity > 100
```

上述 JPQL 语句中，p.inventory.quantity 代表产品实体对应的库存实体中的 quantity 属性，因此这条 JPQL 可以查询所有库存数量大于 100 的产品。

> **注意**　WHERE 子句的详细介绍参见本章 5.3.5 节。

2.ORDER BY

JPQL 中使用 ORDER BY 子句对查询结果进行排序。ORDER BY 子句使用的是实体的属性而不是表中的字段，除此以外，其语法与 SQL 中的 ORDER BY 子句完全相同，例如：

```
from Product order by code
```

上述 JPQL 语句指定了对查询结果中的 Product 实例按照 code 属性进行排序。

通过 ASC 和 DESC 关键字可以指定按照升序还是降序进行排序，如果未指定，则默认按照升序排列。例如下述 JPQL 语句按照产品名称降序排列：

```
from Product order by name desc
```

也可以同时指定多个用于排序的属性，例如下述 JPQL 语句按照产品的编号降序、名称升序对查询结果进行排序：

```
from Product order by code desc, name
```

3.DISTINCT

JPQL 中 DISTINCT 关键字的含义与 SQL 中的 DISTINCT 完全相同，用于保证查询结果中不存在重复项，例如：

```
select distinct name from User
```

上述 JPQL 语句中，使用 DISTINCT 关键字保证查询结果中没有重复的用户姓名。

4.继承关系

作为面向对象的查询语言，JPQL 支持在查询中利用实体的继承关系。假设库存事务实体有出库、入库和盘点三个子类实体，则下述 JPQL 会查询所有三种类型的库存事务：

```
from InventoryTransaction
```

极端情况下，下述 JPQL 语句会查询所有注册过的实体：

```
from Object
```

因为所有的实体必然都继承了 Object，所以上述语句会查询出所有的实体。

5.示例

下述内容用于完成任务 5.D.1，修改产品会话 Bean，使用 JPQL 和 Query 接口分页查询产品数据。

【描述 5.D.1】 ProductServiceBean.java

```
@Stateless
public class ProductServiceBean implements ProductServiceLocal {

    // 注入 EJB 容器的持久化上下文
    @PersistenceContext (unitName = "ejb3theory")
    private EntityManager entityManager;
    @SuppressWarnings ("unchecked")
    @Override
    public List < Product > getProducts (int pageIndex, int pageSize) {
        Query query = entityManager.createQuery ("from Product");
```

```
        int from = (pageIndex -1) * pageSize;
        query.setFirstResult (from) .setMaxResults (pageSize);
        return query.getResultList();
    }

    ......
}
```

上述代码中，根据 JPQL 语句“from Product”创建了 Query 实例，然后调用 Query 的 setFirstResult( )和 setMaxResults( )方法指定了查询结果的起点和总条数，最后调用 Query 的 getResultList( )方法得到查询结果。

运行 Java EE 容器，在浏览器中访问 productList.jsp 页面，其中分页显示了每个产品的当前库存量，运行结果如图 5-1 所示。

产品名称	产品编号	最小库存量	当前库存量	
444	555888	1368.0	123.0	修改 删除
666	66677	1512.0	12.0	修改 删除
product1	1111	144.0	100.0	修改 删除

上一页 1 下一页

添加产品

图 5-1　产品列表页面

点击“下一页”按钮，将提交到 ProductServlet 的 showProductList ( ) 方法，并调用 ProductServiceBean 的 getProducts( )方法获取下一页的产品数据，如图 5-2 所示。

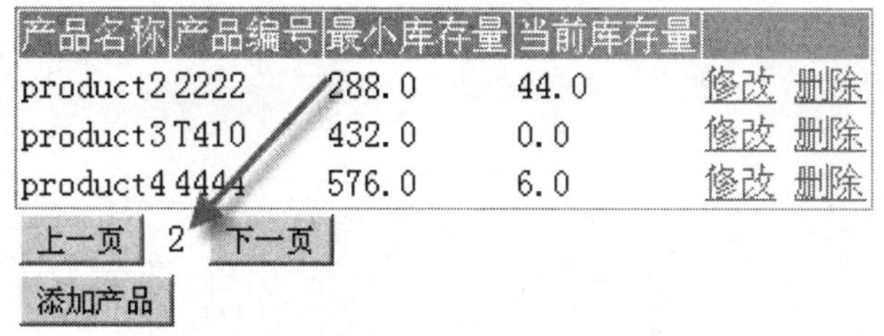

产品名称	产品编号	最小库存量	当前库存量	
product2	2222	288.0	44.0	修改 删除
product3	T410	432.0	0.0	修改 删除
product4	4444	576.0	6.0	修改 删除

上一页 2 下一页

添加产品

图 5-2　产品列表页面的第二页

继续点击“上一页”或“下一页”按钮，将可以查看其他页的产品数据。

5.3.2　查询部分属性

如果不在 SELECT 子句中指定实体的具体属性，则 JPA 会查询实体的所有属性，并将查询结果组装成完整的实体实例。当只需要查询实体的部分属性时，可以在 SELECT 子句中指明需要的具体属性，例如：

```
select name, code from Product
```

上述 JPQL 语句执行后，会只查询出 Product 实体的 name 和 code 属性。注意 name 和 code 是 Product 实体的属性名称，而不是对应表中的字段名称，所以是区分大小写的。

当只查询实体的部分属性时，JPA 不会将查询结果封装为实体的实例。根据查询属性的数量，有多种查询返回值：

◇ 只查询一个属性

getSingleResult()方法返回 Object，其值为所查询属性的值；

getResultList()方法返回 List <Object>，查询结果的每条记录对应于 List 中的一个元素，每个元素为一个 Object，其值为所查询属性的值。

◇ 查询多于一个属性

getSingleResult()方法返回 Object []，数组中存放所查询的每个属性的值；

getResultList()方法返回 List <Object []>，查询结果的每条记录对应于 List 中的一个元素，每个元素为一个 Object []，其中存放所查询的每个属性的值。

下述代码用于完成任务 5.D.2，查询产品实体的部分属性。

【描述 5.D.2】Test.java

```
// 查询一个属性，返回一条记录
String jpql1 ="select name from Product where code='T410'";
Query query1 =entityManager.createQuery (jpql1);
String name1 = (String) query1.getSingleResult();
System.out.println ("name =" +name1);

// 查询一个属性，返回多条记录
String jpql2 ="select name from Product";
Query query2 =entityManager.createQuery (jpql2);
List<String> list2 =query2.getResultList();
for (String name2 :list2) {
    System.out.println ("name =" +name2);
}

// 查询多个属性，返回一条记录
String jpql3 ="select name, minStock from Product where code='T410'";
Query query3 =entityManager.createQuery (jpql3);
Object [] result3= (Object []) query3.getSingleResult();
String name3= (String) result3 [0];
Double minStock3= (Double) result3 [1];
System.out.println ("name =" +name3 +", minStock ="+minStock3);

// 查询多个属性，返回多条记录
String jpql4 ="select name, minStock from Product";
Query query4 =entityManager.createQuery (jpql4);
List<Object []> list4 =query4.getResultList();
for (Object [] result4 :list4) {
    String name4= (String) result4 [0];
    Double minStock4= (Double) result4 [1];
    System.out.println ("name =" +name4 +", minStock =" +minStock4);
```

```
}
```

运行结果如下：

```
name=product3
------------------------------------------
name=product1
name=product2
name=product3
------------------------------------------
name=product3, minStock=5702.4
------------------------------------------
name=product1, minStock=63.572256
name=product2, minStock=3801.6
name=product3, minStock=5702.4
...... 其余结果不再列出
```

5.3.3　构造方法表达式

当只查询实体的部分属性时，JPA 不会构造出实体的实例，而是将 Object 或 Object［］作为查询结果，这可能不便于使用。JPA 还提供了一种在 SELECT 子句中直接调用实体构造方法以创建实例的方式，例如：

```
select new Product (id, name, code) from Product
```

上述 JPQL 语句中调用了 Product 实体类的特定构造方法，只要保证产品实体具有接收这三个参数的构造方法，则上述 JPQL 语句执行后就能够构造出产品实体的实例。

下述内容用于完成任务 5.D.3，修改产品实体，在 JPQL 语句中使用产品实体的构造方法创建实例。修改产品实体的代码，添加构造方法，代码如下：

【描述 5.D.3】Product.java

```
@Entity
public class Product {
    ......//各个属性

    public Product (int id, String name, String code) {
        this.id=id;
        this.name=name;
        this.code=code;
    }
    ......
}
```

上述代码中，为产品实体添加了接收 id、name、code 的构造方法，修改后，在 JPQL 语句中可以调用这个构造方法，代码如下。

【描述 5.D.3】 Test.java

```
String jpql ="select new Product (id, name, code) from Product";
Query query =entityManager.createQuery (jpql);
List<Product> list =query.getResultList();
for (Product p :list)
    // 查询出的产品实例中只有 id、name、code 三个属性具有值
    System.out.print ("id =" +p.getId() +", name =" +p.getName()
            +", code =" +p.getCode()
            +", minStock =" +p.getMinStock() +"\n");
```

上述代码中，在 JPQL 语句中调用了 Product 实体类中接收 id、name、code 三个参数的构造方法，执行完毕后，JPA 在查询结果中构造的 Product 实例只有这三个属性是有值的，其余属性将保持默认值。运行结果如下：

```
id=1, name=product1, code=1111, minStock=null
id=2, name=product2, code=2222, minStock=null
id=3, name=product3, code=T410, minStock=null
```

5.3.4 连接查询

JPQL 中主要有三种连接查询方式：

◇ 内连接:INNER JOIN

◇ 外连接:OUTER JOIN

◇ 连接获取:JOIN FETCH

JPQL 中内连接和外连接的含义与 SQL 中的含义相同，连接获取是 JPQL 特有的一种查询方式，主要用于提高查询性能。

1. 内连接

内连接用于根据实体之间的关系连接多个实体，JPQL 中使用 INNER JOIN 关键字表示内连接，例如：

```
select p from Product p inner join p.inventoryTransactionDetails d
```

其中 INNER 关键字可以省略，例如下述是等价的 JPQL 语句：

```
select p from Product p join p.inventoryTransactionDetails d
```

产品实体中的 inventoryTransactionDetails 属性表示产品对应的库存事务明细，上述两个 JPQL 语句完成同样的查询，即将产品与其关联的库存事务明细进行内连接，并查询产品实体。最终查询出的结果中只包含存在对应库存事务明细的产品。

在一个查询中可以存在多个内连接，例如：

```
select p.name, i.quantity from Product p
    join p.inventoryTransactionDetails d
    join p.inventory i
```

上述 JPQL 语句中，将产品实体与其关联的库存事务明细和库存信息都进行了内连接，查询结果中将包含同时存在对应的库存事务明细和库存信息的产品名称及其对应库存量。

下述内容用于完成任务 5.D.4，在 JPQL 语句中使用内连接查询产品相关信息：

【描述 5.D.4】Test.java

```
String jpql ="select p.name, i.quantity, d.quantity"
            +"from Product p"
            +"join p.inventoryTransactionDetails d"
            +"join p.inventory i"
            +"order by p.name";
Query query=entityManager.createQuery (jpql);
List<Object [] > list=query.getResultList();
for (Object [] oo :list)
```

```
    System.out.println ("name=" +oo [0]
                +", quantity=" +oo [1]
                +", transQuantity=" +oo [2]);
```

上述代码的 JPQL 语句中，产品、库存事务明细和库存实体进行了内连接，查询了产品名称、对应库存量和对应库存事务明细中的交易数量。运行结果如下：

```
name=product1, quantity=33.0, transQuantity=-189.0
name=product1, quantity=33.0, transQuantity=11.0
name=product1, quantity=33.0, transQuantity=222.0
name=product2, quantity=44.0, transQuantity=333.0
name=product2, quantity=44.0, transQuantity=22.0
name=product3, quantity=0.0, transQuantity=122.0
```

注意　SQL 中，使用连接查询时可以通过 ON 子句指定关联关系，但是 JPQL 并不支持 ON 子句，所以 JPQL 中的各种连接关系都无法在语句中指定，只能通过已配置的实体关联关系自动获得。因此，在 JPQL 中使用内连接、外连接时，可以连接的必须是 FROM 的实体所关联的实体属性。

2.外连接

内连接用于查询完全匹配的实体，而外连接可用于查询与 JOIN 子句不匹配的实体，JPQL 中使用 OUTER JOIN 关键字表示外连接。外连接包括左外连接（LEFT OUTER JOIN）、右外连接（RIGHT OUTER JOIN）和全外连接（FULL OUTER JOIN），最常用的是左外连接，使用方式如下：

```
select p, d from Product p left outer join p.inventoryTransactionDetails d
```

其中 OUTER 关键字可以省略，下述是等价的 JPQL 语句：

```
select p, d from Product p left join p.inventoryTransactionDetails d
```

上述两个 JPQL 语句完成同样的查询，即将产品与其关联的库存事务明细进行左外连接，并查询产品和库存事务明细两个实体。查询结果中将包含所有的产品及其对应的库存事务明细，如果产品没有对应的库存事务明细信息，则库存事务明细值为 null。

下述内容用于完成任务 5.D.4，在 JPQL 语句中使用左外连接查询产品相关信息：

【描述 5.D.4】Test.java

```
String jpql ="select p.name, i.quantity, d.quantity"
          +"from Product p"
          +"left join p.inventoryTransactionDetails d"
          +"left join p.inventory i"
          +"order by p.name";
Query query=entityManager.createQuery (jpql);
List<Object [] > list=query.getResultList();
for (Object [] oo :list)
    System.out.println ("name=" +oo [0]
                +", quantity=" +oo [1]
                +", transQuantity=" +oo [2]);
```

上述代码的JPQL语句中，产品、库存事务明细和库存实体进行了左外连接，查询了产品名称、对应库存量和对应库存事务明细中的交易数量。运行结果如下：

```
name=product1, quantity=33.0, transQuantity=-189.0
name=product1, quantity=33.0, transQuantity=11.0
name=product1, quantity=33.0, transQuantity=222.0
name=product2, quantity=44.0, transQuantity=333.0
name=product2, quantity=44.0, transQuantity=22.0
name=product3, quantity=0.0, transQuantity=122.0
name=product4, quantity=0.0, transQuantity=null
name=product5, quantity=0.0, transQuantity=null
```

注意 右外连接和全外连接的使用方法与左外连接类似，不再介绍。

3.连接获取

JPQL 提供了一种预先加载关联实体的语法，即 JOIN FETCH，可称为连接获取。JOIN FETCH 可用于内连接和外连接，主要是为了提高查询性能。

在库存管理示例中，产品与库存事务明细是一对多的关联关系，当只需要使用产品信息时，没有必要将产品关联的库存事务明细信息一起查询出来，因此，通常会将一对多和多对多关联关系配置为延迟加载，以避免对关联表进行不必要的查询。例如，产品实体的库存事务明细属性配置了延迟加载：

```
@Entity
@SequenceGenerator (name="productSequence", sequenceName="pd_ seq")
public class Product {
    ......
    @OneToMany (mappedBy="product")
    public Set<InventoryTransactionDetail> getInventoryTransactionDetails() {
        return inventoryTransactionDetails;
    }
    ......
}
```

上述产品实体中，使用@OneToMany注解标注了与库存事务明细实体的一对多关系，JPA中的一对多关系默认是延迟加载的。

下述代码查询了产品及其关联的库存事务明细：

```
// 由于延迟加载，存在 N+1 问题
String jpql = "from Product";
Query query = entityManager.createQuery (jpql);
List<Product> list = query.getResultList();
for (Product p :list)
    System.out.println ("name=" +p.getName()
            +", trans count=" +p.getInventoryTransactionDetails().size());
    }
```

上述代码查询了所有的产品，并在遍历每个产品时获取其对应的库存事务明细的记录数量。由于产品关联的库存事务明细是延迟加载的，所以查询产品时并不会查询库存事务明细；而在遍历每个产品时，调用了Product的getInventoryTransactionDetails()方法，此时会查询对应的库存事务明细，即针对每个产品都会执行一次对库存事务明细表的查询操作。这称为N+1问题，即针对产品的一次查询加上针对每个产品对应库存事务明细的N次查询，N+1问题严重影响了查询性能。

如果是使用SQL，则上述问题可以通过外连接非常容易的解决，只需要一条SELECT语句即可将所有产品及其关联的库存事务明细同时查询出来。实际上，当指定为立即加载时，JPA就会采用这种方式，但是，立即加载又会在不需要关联信息时执行多余的查询，同样影响性能。

JOIN FETCH方式提供了解决上述问题的方案:依然使用延迟加载，这符合大多数的应用场景；在需要同时获得关联实体时，通过在JPQL中使用JOIN FETCH方式强制预先加载关联实体。下述内容用于完成任务5.D.4，在JPQL语句中使用JOIN FETCH方式查询产品相关信息：

【描述5.D.4】Test.java

```
// 使用 JOIN FETCH，避免 N+1 问题
String jpql = "select distinct p from Product p "
          +"left join fetch p.inventoryTransactionDetails d";
Query query = entityManager.createQuery (jpql);
List<Product> list = query.getResultList();
for (Product p :list)
    System.out.println ("name=" +p.getName()
            +", trans count=" +p.getInventoryTransactionDetails().size());
    }
```

上述代码的JPQL语句中，使用JOIN FETCH强制加载了产品关联的库存事务明细。JPA执行查询时，会使用外连接方式，通过一条SELECT SQL语句查询产品和库存事务明细表。运行结果如下：

```
name =product1, trans count =3
name =product2, trans count =2
name =product3, trans count =1
name =product4, trans count =0
name =product5, trans count =0
```

5.3.5 条件查询

JPQL 中使用 WHERE 子句可以进行条件查询，例如：

```
from Product where code = 'T410'
```

上述语句中，使用 WHERE 子句设置了查询条件，将查询出所有编号为“T410”的产品实例。

WHERE 子句由条件表达式构成，条件表达式中可以使用各种运算符，表 5-4 按照优先级从高到低列出了 JPQL 支持的运算符：

表 5-4　JPQL 支持的运算符及优先级

运算符类型	运　算　符
定位	.
一元	+、-
算术	*、/
	+、-
关系	=、<、>、< =、> =、< >
	[NOT] BETWEEN、[NOT] LIKE
	[NOT] IN、IS [NOT] NULL、IS [NOT] EMPTY、[NOT] MEMBER OF
逻辑	NOT
	AND
	OR

除了专门用于集合类型的 IS（NOT）EMPTY 和（NOT）MEMBER OF 外，其余运算符的使用方法与 SQL 中相同。

1. BETWEEN

BETWEEN 用于限定数值范围，例如：

```
from Inventory where quantity between 10 and 100
```

上述 JPQL 语句查询了库存量在 10 到 100 之间的库存信息。

```
from Product where inventory.quantity not between 100 and 200
```

上述 JPQL 语句查询了库存量不在 100 到 200 之间的产品。

与 SQL 一致，使用 BETWEEN 限定范围时包含两端的值。注意 JPQL 中的 BETWEEN 只能用于基本的数值类型（byte、short、int、long、double、float）及其包装类。

2. IN

IN 用于检查属性值是否与一组字面值匹配。例如：

```
from Product where code in ('AAA', 'BBB', 'CCC')
```

上述 JPQL 语句查询了编码是 AAA、BBB 或 CCC 的产品。

```
from Product where code not in ('AAA', 'BBB', 'CCC')
```

上述 JPQL 语句查询了编码不是 AAA、BBB 和 CCC 的产品。

3.LIKE

LIKE 用于选择与指定模式匹配的字符串。例如：

```
from Product where code like '_T% '
```

上述 JPQL 语句查询了编码中第二个字符为 T 的产品。

4.IS NULL

NULL 用于判断属性值是否为 null，例如：

```
from Product where code is null
```

上述 JPQL 语句查询了编码为 null 的产品。

```
from Product where inventory is not null
```

上述 JPQL 语句查询了具有对应库存信息的产品。

5.IS EMPTY

IS EMPTY 运算符用于判断实体关联的集合类型属性是否不包含数据。实体的集合属性永远不可能为 null，如果没有任何关联的数据，则会是一个空的集合，但不是 null。使用 IS EMPTY 运算符可以判断实体的集合属性是否没有包含任何元素，例如：

```
from Product p where p.inventoryTransactionDetails is empty
```

上述 JPQL 语句将查询出没有对应任何库存事务明细信息的产品。

```
from Product p where p.inventoryTransactionDetails is not empty
```

上述 JPQL 语句将查询出存在对应的库存事务明细信息的产品。

6.MEMBER OF

MEMBER OF 运算符用于判断实体是否是一个集合属性的元素。例如：

```
select p from InventoryTransaction t, Product p where p member of t.products
```

上述 JPQL 语句将查询出在所有库存事务中涉及的产品。

```
select t from InventoryTransaction t where :product not member of t.products
```

上述 JPQL 语句将查询出没有涉及 product 参数代表的产品的库存事务。

7.示例

下述内容用于完成任务 5.D.5，使用 JPQL 条件查询修改库存会话 Bean，实现按照产品名称和编码查询库存的功能。

【描述 5.D.5】InventoryServiceBean.java

```
/* *
 * 库存事务的业务会话 bean
 * /
```

```
@Stateless
@SuppressWarnings ("unchecked")
public class InventoryServiceBean implements InventoryServiceLocal,
        InventoryServiceRemote {

    // 注入 EJB 容器的持久化上下文
    @PersistenceContext (unitName = "ejb3theory")
    private EntityManager entityManager;

    @Override
    public List < Inventory > getInventories (String productName,
                                              String productCode) {
        String jpql = "from Inventory where product.name like: productName and
product.code like :productCode";
        Query query = entityManager.createQuery (jpql);
        query.setParameter ("productName", "% " + productName + "% ");
        query.setParameter ("productCode", "% " + productCode + "% ");
        return query.getResultList();
    }
}
```

上述代码 JPQL 语句的 WHERE 条件中存在 productName 和 productCode 两个参数，按照 LIKE 方式进行匹配，查询出满足条件的产品实体实例。

 5.3.6 函数

JPQL 提供了大量函数用于数据处理。

1.字符串函数

表 5-5 列出了 JPQL 支持的字符串函数。

表 5-5 JPQL 字符串函数

函　数	说　明
LOWER（String）	将字符串转为小写
UPPER（String）	将字符串转为大写
TRIM([[LEADING | TRAILING | BOTH] [trimChar] FROM] String)	裁剪字符串。可以指定去除头部（LEADING）、尾部（TRAILING）或两端（BOTH）的指定字符（trimChar）
CONCAT（String1，String2）	返回两个字符串连接成的新字符串
LENGTH（String）	返回字符串长度
LOCATE(toSearchString,String [,start])	返回指定字符串的位置。使用 start 可指定开始匹配的位置，start 是 JPA 可选特性
SUBSTRING（String，start，length）	返回截取后的字符串

下列 JPQL 语句是字符串函数的应用示例：

```
select upper (name) from Product
select trim (BOTH ' ' from name) from Product
select concat (concat (name, ':'), inventory.quantity) from Product
select locate ('t1', name) from Product
select substring (name, 4, 2) from Product
```

2.算术函数

表 5-6 列出了 JPQL 支持的算术函数。

表 5-6　JPQL 算术函数

函　　数	说　　明
ABS (Number)	返回绝对值
SQRT (Double)	返回平方根
MOD (int, int)	返回余数

下列 JPQL 语句是算术函数的应用示例：

```
select abs (minStock) from Product
select sqrt (minStock) from Product
select mod (minStock, 3) from Product
```

3.日期时间函数

表 5-7 列出了 JPQL 支持的日期时间函数。

表 5-7　JPQL 日期时间函数

函　　数	说　　明
CURRENT_DATE()	返回当前日期
CURRENT_TIME()	返回当前时间
CURRENT_TIMESTAMP()	返回时间戳

下列 JPQL 语句是日期时间函数的应用示例：

```
select current_date()from Product
select current_time()from Product
select current_timestamp()from Product
```

> **注意**　JPQL 的日期时间函数最终会转换为执行 SQL 中的对应函数，因此获得的是数据库所在操作系统的时间，如果数据库与应用程序运行于不同的机器上，则与 Java 中获得的系统时间是有可能不一致的。

4.聚合函数

表 5-8 列出了 JPQL 支持的聚合函数。

表 5-8 JPQL 聚合函数

函　数	说　明	返回值类型
COUNT	返回查询结果数量	Long
MAX	返回属性的最大值	取决于属性类型
MIN	返回属性的最小值	取决于属性类型
AVG	返回数值属性的平均值	Double
SUM	返回数值属性的和	取决于属性类型

下列 JPQL 语句是聚合函数的应用示例：

```
select count (id) from Product
select max (minStock) from Product
select min (minStock) from Product
select avg (minStock) from Product
select sum (minStock) from Product
```

5. 集合函数

JPQL 提供了 size 函数用于统计集合属性的大小，例如：

```
select p.name, size (p.inventoryTransactionDetails) from Product p group by p.name
```

上述 JPQL 语句查询了每种产品对应的库存事务明细记录条数。

5.3.7 分组

JPQL 支持使用 GROUP BY 和 HAVING 子句对查询结果进行分组，GROUP BY 经常与聚合函数一同使用。

下述内容用于完成任务 5.D.6，对产品相关信息进行分组查询。

【描述 5.D.6】Test.java

```
select p.name, count (d)
  from Product p
  left join p.inventoryTransactionDetails d
group by p.name
```

上述 JPQL 语句查询了每个产品对应的库存事务明细的数量。

HAVING 子句与 GROUP BY 子句一起使用，可以限定查询结果。例如：

【描述 5.D.6】Test.java

```
select p.name, count (d)
  from Product p
left join p.inventoryTransactionDetails d
group by p.name
having count (d) > 10
```

上述 JPQL 语句查询了每个产品对应的库存事务明细的数量，并且通过 HAVING 子句限制了只查询出对应库存事务明细的数量大于 10 的产品。

 5.3.8 子查询

子查询是指内嵌于 SELECT 语句中的另一个 SELECT 语句。JPQL 支持在 WHERE 子句和 HAVING 子句中使用子查询。

下述内容用于完成任务 5.D.7，使用子查询方式查询产品相关信息。

【描述 5.D.7】Test.java

```
select p from Product p where p.minStock > (select avg (minStock) from Product)
```

上述 JPQL 语句查询了最小库存数量大于所有产品平均最小库存数量的产品。

子查询中可以访问外层查询中定义的别名，例如：

【描述 5.D.7】Test.java

```
select p
  from Product p
 where (select sum (quantity)
           from InventoryTransactionDetail
           where product_id = p.id )
       > 200
```

上述 JPQL 语句中，内层子查询使用了外层查询中定义的别名 p，最终查询出累计库存事务交易数量大于 200 的产品。

1. IN

JPQL 支持使用 IN 子句判断数据是否存在于子查询的结果中，例如：

【描述 5.D.7】Test.java

```
select p
from Product p
where p in (select product from InventoryTransactionDetail where quantity > 100)
```

上述 JPQL 语句查询了存在过单次交易数量大于 100 的库存事务的产品。

使用 NOT IN 子句可以获得相反的结果。

2. EXISTS

EXISTS 子句用于判断数据的存在性，其与 IN 子句的效果类似。例如：

【描述 5.D.7】Test.java

```
select p
from Product p
where exists (select product
              from InventoryTransactionDetail
             where quantity > 100
              and product = p)
```

上述 JPQL 语句查询了存在过单次交易数量大于 100 的库存事务的产品，与前述使用 IN 子句时的效果相同。

同样，使用 NOT EXISTS 子句可以获得相反的效果。

3.ALL、ANY、SOME

ALL、ANY 和 SOME 用于对子查询的结果进行进一步限定。ALL 表示匹配子查询的每一项结果，例如：

【描述 5.D.7】Test.java

```
select p
  from Product p
where 200  < all (select quantity
                    from InventoryTransactionDetail
                  where product = p)
```

上述 JPQL 语句查询了对应的任何库存事务交易数量都大于 200 的产品。

ANY 和 SOME 是同义的，表示匹配子查询的任何一项结果即可，例如：

【描述 5.D.7】Test.java

```
select p
  from Product p
where 200  < any (select quantity
                    from InventoryTransactionDetail
                  where product = p)
```

上述 JPQL 语句查询了存在库存事务交易数量大于 200 的产品。

5.3.9 更新和删除

Query 接口的 executeUpdate( )方法用于执行 UPDATE 和 DELETE 语句。下述内容完成任务 5.D.8，使用 JPQL 更新和删除产品。

【描述 5.D.8】Test.java

```
String jpql = "update Product set minStock = minStock * 1.1";
Query query = entityManager.createQuery (jpql);
query.executeUpdate();
```

上述代码中，使用 UPDATE 语句更新了数据库中所有产品的最小库存数量。

DELETE 的使用方法与 UPDATE 类似，代码如下所示：

【描述 5.D.8】Test.java

```
String jpql = "delete Product p where p.id = :id";
Query query = entityManager.createQuery (jpql);
query.setParameter ("id", 10 );
query.executeUpdate();
```

当需要对数据进行修改和删除时，可以采用先查询出实体，然后再修改实体数据和调用 EntityManager 的 remove( ) 方法删除实体实例的方式，但这样做性能很差，因为查询是多余的，并且当需要一次操作多条数据时，JPA 会为每一个实体执行一条 UPDATE 或 DELETE 的

SQL。使用 JPQL 中的 UPDATE 和 DELETE 语句能够提高性能，因为其会转换为与之类似的 SQL，从而通过一条 SQL 执行所有数据的批量修改或删除。

> **注意**　使用 Query 接口的 executeUpdate()方法可以方便、高效的修改和删除数据，但是需要注意，这很可能带来数据不一致问题。JPA 规范并没有要求持久化提供器在调用 executeUpdate()方法后必须同时自动的修改或删除持久化上下文中的对应实例，可能有的持久化提供器会实现此功能，但这不是规范要求的。因此，executeUpdate()方法执行后，持久化上下文中的受管理实例很可能与数据库中的数据不一致。

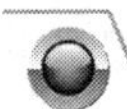

5.4　SQL 查询

JPQL 提供了丰富的功能，能够满足绝大部分的查询要求。但是有时需要使用某些关系型数据库特有的功能，这些功能可以通过直接执行 SQL 完成。

EntityManager 提供了三个创建原生 SQL 查询的方法，分别实现不同的功能：

- ◇ Query createNativeQuery（String sql）：查询结果为标量值；
- ◇ Query createNativeQuery（String sql，Class resultClass）：查询结果为实体；
- ◇ Query createNativeQuery（String sql，String resultSetMapping）：查询结果可以是复杂类型，即标量值与实体的结合。

第三种方式比较复杂，并且使用的场合不是很多，所以不再介绍。本节将完成任务 5.D.9，使用 SQL 查询的前两种方式查询产品相关信息。

> **注意**　在 EJB 应用中仍然可以使用原始的 JDBC 方式操作数据库，就像本书在介绍 JPA 之前所采用的方式。需要注意，无论直接使用 JDBC 还是通过 JPA，执行 SQL 所造成的数据变化都不会同步到持久化上下文中。

5.4.1　标量 SQL 查询

EntityManager 的 createNativeQuery（String sql）方法用于创建标量 SQL 查询的 Query 实例，例如：

【描述 5.D.9】Test.java

```
String sql = "select name, min_stock from product"; // 注意是 SQL
Query query = entityManager.createNativeQuery (sql);
Object o = query.getResultList();
List < Object [] > list = query.getResultList();
for (Object [] oo :list)
    System.out.println ("name =" + oo [0] + ", min_stock =" + oo [1]);
```

上述代码中，首先定义了 SQL 语句查询 product 表的两个字段，然后使用 EntityManager 的 createNativeQuery()方法创建了 Query 实例，并调用其 getResultList()方法得到了查询结果。

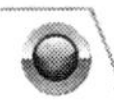

5.4.2 实体 SQL 查询

EntityManager 的 createNativeQuery（String sql，Class resultClass）方法用于创建实体 SQL 查询的 Query 实例，JPA 负责将查询结果中的字段值组装为实体的实例，例如：

【描述 5.D.9】Test.java

```
String sql = "select id, name, code, min_stock from product";
Query query = entityManager.createNativeQuery (sql, Product.class);
List < Product > list = query.getResultList();
for (Product p :list)
    System.out.println ("name = " + p.getName() + ", code = " + p.getCode());
```

上述代码中，首先定义了 SQL 语句查询 product 表的所有字段，并指定返回的实体类型为 Product.class，然后使用 EntityManager 的 createNativeQuery( )方法创建 Query 实例，并调用其 getResultList( )方法得到了查询结果。

需要注意，实体的所有持久化属性都必须在 SQL 语句中查询出来。

> **注意** JPA 规范没有要求支持数据库存储过程，如果需要执行存储过程，可以直接使用 JDBC，或者利用某些持久化提供器的特有支持。

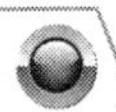

5.5 项目完善

下述内容用于实现任务 5.D.10，将产品关联的库存事务明细改为延迟加载，为库存业务接口添加根据产品 ID 获取对应库存事务明细的方法。

5.5.1 实体

为了在库存清单页面显示产品对应的库存事务明细，上一章 4.3.1 节中将产品与库存事务明细的一对多关系配置成了立即加载，如果在查询产品时不需要对应的库存事务明细信息，则立即加载会影响性能。因此，将产品关联的库存事务明细改回延迟加载，并为库存业务接口添加根据产品 ID 获取对应库存事务明细的方法，使用此方法获取产品对应的库存事务明细信息。修改后的产品实体代码如下：

【描述 5.D.10】Product.java

```
@Entity
@Table (name = "product")
@SequenceGenerator (name = "productSequence", sequenceName = "pd_seq")
public class Product {
    ...... // 各个属性及 get、set 方法

    @OneToMany (mappedBy = "product") // @OneToMany 默认延迟加载
    public Set < InventoryTransactionDetail > getInventoryTransactionDetails() {
```

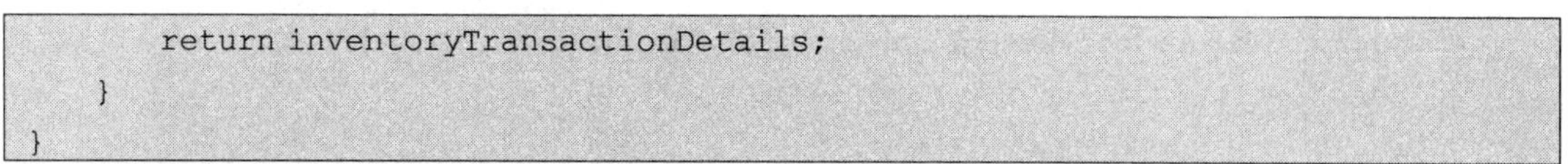

```
        return inventoryTransactionDetails;
    }
}
```

上述产品实体代码中，getInventoryTransactionDetails( )方法上的@OneToMany 注解中去掉了 fetch = FetchType.EAGER，从而修改为默认的延迟加载。

5.5.2　业务接口和会话 Bean

1.库存业务接口

为库存业务接口添加根据产品 ID 获取对应库存事务明细的方法，修改后的代码如下：

【描述 5.D.10】InventoryServiceLocal.java

```
@Local
public interface InventoryServiceLocal {
    /* *
    *  根据产品 ID 查询库存事务明细
    *
    *  @param productId 产品 ID
    *  @return 对应的库存事务明细 List
    * /
    List < InventoryTransactionDetail >
            getInventoryTransactionDetails (int productId);

    ......// 其他业务方法
}
```

2.库存业务会话 Bean

修改实现 InventoryServiceLocal 接口的 InventoryServiceBean，使用 JPQL 查询实现 getInventoryTransactionDetails( )方法，代码如下：

【描述 5.D.10】InventoryServiceBean.java

```
@Stateless
public class InventoryServiceBean implements InventoryServiceLocal,
        InventoryServiceRemote {

    // 注入 EJB 容器的持久化上下文
    @PersistenceContext (unitName = "ejb3theory")
    private EntityManager entityManager;

    @Override
    public List < InventoryTransactionDetail > getInventoryTransactionDetails (
            int productId) {
        String jpql = "from InventoryTransactionDetail where product.id = ?1";
```

```
        Query query = entityManager.createQuery (jpql);
        query.setParameter (1, productId);
        return query.getResultList();
    }
    ......// 其他业务方法
}
```

上述代码中，使用 JPQL 查询了指定产品 ID 对应的库存事务明细。

5.5.3 Servlet

在 InventoryServlet 中，原来只获取了产品实例，因为其内部已加载对应的库存事务明细。改为延迟加载后，产品实例中不再包含库存事务明细，需要通过 InventoryServiceLocal 接口的 getInventoryTransactionDetails( )方法获取，并主动设置产品实例的 inventoryTransactionDetails 属性，修改后的代码如下：

【描述 5.D.10】InventoryServlet.java

```
public class InventoryServlet extends HttpServlet {
    @EJB
    InventoryServiceLocal inventoryService;
    @EJB
    ProductServiceLocal productService;

    @Override
    protected void doGet (HttpServletRequest request,
        HttpServletResponse response) throws ServletException, IOException {
    String name = request.getParameter ("name");
    String code = request.getParameter ("code");
    String productId = request.getParameter ("productId");
    List < Inventory > inventories = inventoryService.getInventories (name, code);
    if (productId != null) {
        Product product = productService.getProductById (Integer
                .parseInt (productId));
                product.setInventoryTransactionDetails (
                    new HashSet < InventoryTransactionDetail > (
                        inventoryService.getInventoryTransactionDetails (
                            product.getId())));
                    request.setAttribute ("product", product);
        }
        request.setAttribute ("inventories", inventories);
        request .getRequestDispatcher ("inventory.jsp")
                .forward (request, response);
    }
    ......
}
```

部署并运行，访问库存清单页面 inventory.jsp，结果与上一章相同，不再演示。

小结

通过本章的学习，学生应该能够学会：

- JPA 支持使用面向实体的 JPQL 查询语言和原生的 SQL 进行复杂查询
- JPA 实体查询主要通过 javax.persistence.Query 接口完成
- 使用 EntityManager 的方法可以创建 Query 的实例
- Query 接口的 setParameter( ) 方法可以设置查询参数
- Query 接口的 getResultList( ) 方法可以查询实体实例集合
- Query 接口的 getSingleResult( ) 方法可以查询单个实体实例
- Query 接口的 setFirstResult( ) 方法和 setMaxResults( ) 方法可以实现分页查询
- Query 接口的 executeUpdate( ) 方法可以执行更新和删除操作
- JPQL 中使用 ORDER BY 子句对查询结果进行排序
- 当只查询实体的部分属性时，JPA 不会将查询结果封装为实体的实例，而是 Object 或 Object [ ] 类型
- JPQL 支持内连接、外连接和连接获取
- JPQL 使用 WHERE 子句实现条件查询
- JPQL 使用 GROUP BY、HAVING 子句实现分组
- JPQL 支持子查询
- JPQL 使用 UPDATE 和 DELETE 语句实现更新和删除
- JPA 支持原生的 SQL 查询

练习

1.关于 Query 接口的说法错误的是________。

A.EntityManager 的 createQuery( ) 方法用于根据 JPQL 语句创建 Query 对象

B.EntityManager 的 createNamedQuery( ) 方法用于创建命名查询

C.EntityManager 的 createSqlQuery( ) 方法用于根据 SQL 语句创建 Query 对象

D.EntityManager 的 createNaticeQuery( ) 方法用于根据 SQL 语句创建 Query 对象

2.关于 Query 接口的说法正确的是________。(多选)

A.getSingleResult( ) 方法用于返回实体的一个实例

B.getResultList( ) 方法用于查询实体的多个实例

C.executeUpdate( ) 方法用于执行 UPDATE 和 DELETE 语句

D.setParameter( ) 方法用于设置参数

3.关于 JPQL 的说法正确的是________。(多选)

A.关键字和别名区分大小写

B.实体类及属性的名称区分大小写

C.必须写出 SELECT

D.查询所有属性时，可以省略 SELECT

4.假设下列 JPQL 语句是正确的，则执行结果为________。

```
select p.name from Product p where p.code is not null order by p.price desc
```

A.所有编码为空的产品，并按价格正序排列

B.所有编码不为空的产品，并按价格倒序排列

C.所有编码为空的产品的名称，并按价格正序排列

D.所有编码不为空的产品的名称，并按价格倒序排列

5.使用 JPA 进行分页查询时，Query 接口的________方法用于设定开始的行数，________方法用于设定需要获取的总行数。

6.Query 接口的 executeUpdate( )方法用于执行________和________语句。

7.使用 JPQL 查询所有 2000 年的库存事务明细。

8.使用 JPQL 更新所有产品的最低库存量为 0。

第 6 章　消息驱动 Bean

本章目标

◆ 理解异步消息原理
◆ 理解 JMS 的作用
◆ 理解 JMS 的点对点消息传递模型
◆ 理解 JMS 的发布订阅消息传递模型
◆ 掌握 JMS 消息生产者的编写
◆ 了解 JMS 消息消费者的编写
◆ 理解消息驱动 Bean 的作用
◆ 掌握消息驱动 Bean 的编写
◆ 了解 ActivationConfigProperty 的参数
◆ 掌握消息驱动 Bean 的生命周期

学习导航

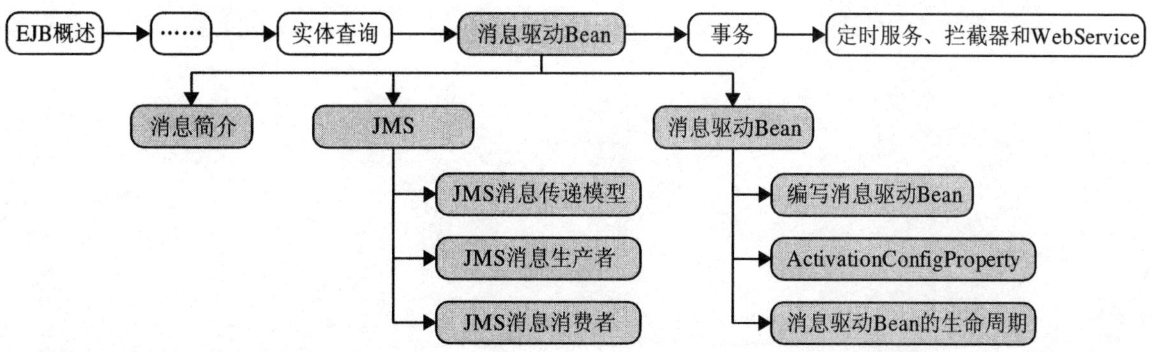

任务描述

【描述】6.D.1

编写 JMS 消息生产者，在独立的 Java 应用中发送 JMS 消息。

【描述】6.D.2

编写 JMS 消息生产者，在 Java EE 环境中发送 JMS 消息。

【描述】6.D.3

完成当产品库存低于其最低库存时自动发送 JMS 消息的功能。

【描述】6.D.4

编写 JMS 消息消费者，接收 JMS 消息。

【描述】6.D.5

编写消息驱动 Bean，处理简单的文本消息。

【描述】6.D.6

编写消息驱动 Bean，接收消息并修改产品的最低库存量。

【描述】6.D.7

修改任务 6.D.5 中的消息驱动 Bean，添加生命周期回调方法。

6.1　消息简介

在 Java EE 应用中，消息通常是指系统组件之间的通信过程中传递的数据。组件之间的通信可以以两种方式进行：

◇ 同步方式：在同步通信方式下，调用者必须等待被调用者处理完毕后，才能得到处理结果并继续后续的操作，因此，同步的消息通信是一种阻塞的通信方式。例如，直接的或者基于 RMI 方式的方法调用（方法调用本质上也是消息传递）就是典型的同步通信。

◇ 异步方式：在异步通信方式下，调用者不会等待被调用者处理完毕，而是继续其本身的后续操作；被调用者通常无需立即处理请求，而是在合适的时机再进行处理，处理完毕后，可以向调用者发送处理结果。例如，某个消息的处理过程特别耗时，但是其处理结果并不需要立即被使用，假如采用同步方式进行通信，则调用者必须长时间的等待处理结束，而这个等待是没有必要的，因为其并不需要马上使用处理结果，此时应该采用异步的通信方式。由此可见，异步的消息通信是一种非阻塞的通信方式，提高了系统的可靠性和可扩展性。

无论是同步还是异步的通信方式，本质上都需要传递信息，例如进行何种业务处理以及需要的参数等，这些信息称为“消息”，发送消息的程序称为“消息的生产者”，而接收消息的程序称为“消息的消费者”。

组件之间有一些通信过程必须以异步方式进行，在异步通信过程中，实际上消息生产者通常并不会把消息直接发送给消费者，而是发送到了某个中间的存储位置；消息消费者会在某个时刻检索中间位置中存储的消息，获得感兴趣的消息并进行处理。这非常类似于电子邮件的处理过程，邮件的发送者将邮件发送到了邮件系统服务器上，接收者从邮件服务器中获取发送给自己的邮件，发送和接收邮件不是同步进行的，而是一种异步的通信过程。

在 Java EE 环境中谈论消息时，通常是指系统组件之间松散耦合的异步通信过程。异步的通信模型中，在中途存储消息的程序称为消息系统，也经常被称为面向消息的中间件（Message-Oriented Middleware，MOM），图 6-1 显示了异步消息的处理过程。

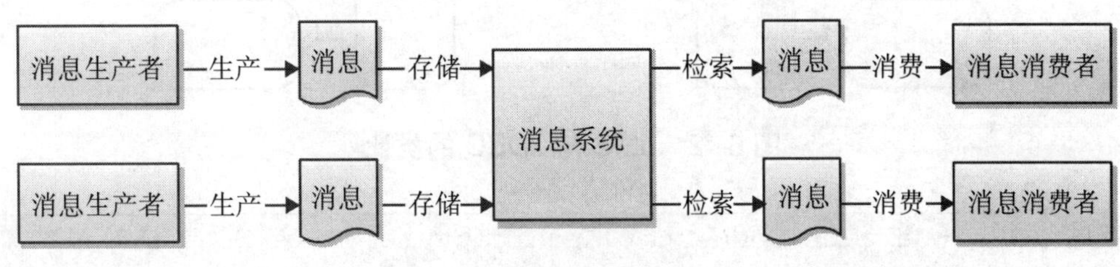

图 6-1　异步消息处理过程

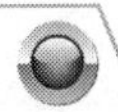

6.2　JMS

JMS（Java Messaging Service，Java 消息服务）是 Java EE 中关于异步消息通信的规范，

是一套用于访问企业消息系统的独立于厂商的 API，定义了 Java 访问异步消息系统的标准。使用这些 API 可以开发生产和消费 JMS 格式消息的应用程序。

JMS 是一组接口规范，其作用与 JDBC 非常类似：

◇ JDBC：存在很多关系型数据库产品，JDBC 统一了访问各种关系型数据库的 API，只要数据库厂商提供实现 JDBC 规范的驱动程序，在 Java 中就可以使用 JDBC 中的统一接口访问这个数据库；

◇ JMS：存在很多种消息系统，例如各种 Java EE 容器一般都带有自己的消息系统，也有一些独立的消息系统，而 JMS 统一了访问各种消息系统的 API，每种符合 JMS 规范的消息系统都必须提供 JMS 的具体实现，应用程序通过 JMS 的接口访问这些消息系统。

实际上，Java EE 中的大部分规范都是这种形式，例如 JDBC、JNDI、JPA 等，JMS 与 JDBC 的类比如图 6-2 所示。

JMS 是 Java EE 规范的组成部分，符合 Java EE 规范的容器应该包含一个 JMS 提供器（即 JMS 消息系统）。大多数 Java EE 容器都会内置一个 JMS 提供器，并通过 JCA 接入其他类型的 JMS 提供器。

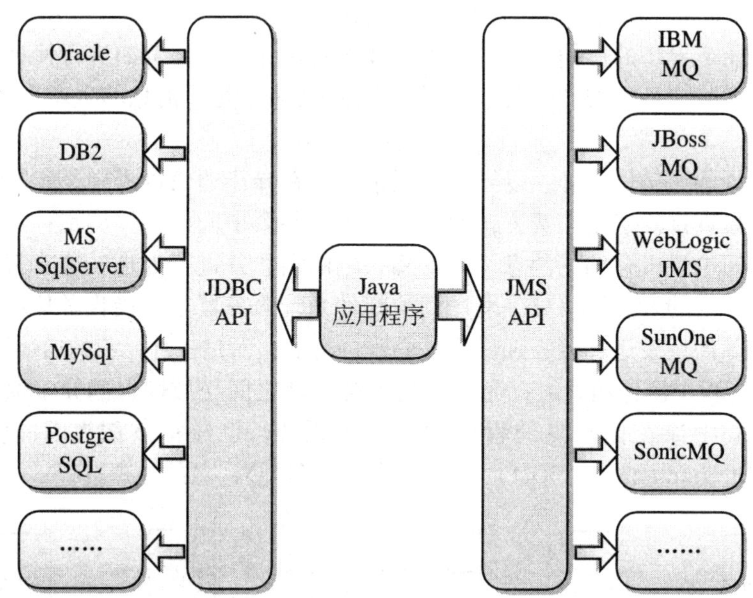

图 6-2　JMS 与 JDBC 的类比

> **注意**　JCA（Java EE Connector Architecture，Java EE 连接器架构）是 Java EE 规范之一，其提供了用于连接各种异构企业信息系统（Enterprise Information System，EIS）的架构规范。

6.2.1 JMS 消息传递模型

可以采用各种方式将消息从生产者传递到消费者，每种方式称为一种消息传递模型。JMS 中规范了两种消息传递模型：

- ◇ 发布和订阅（publish-and-subscribe）
- ◇ 点对点（point-to-point）

1.发布订阅模型

发布订阅模型适合于一对多的消息广播。在此模型下，消息的生产者按照主题（Topic）发布消息，消息的消费者选择需要订阅的主题，即生产者通过主题将消息发送给消费者，发送至某一主题的消息会被传递给所有订阅此主题的消费者。发布订阅模型如图 6-3 所示。

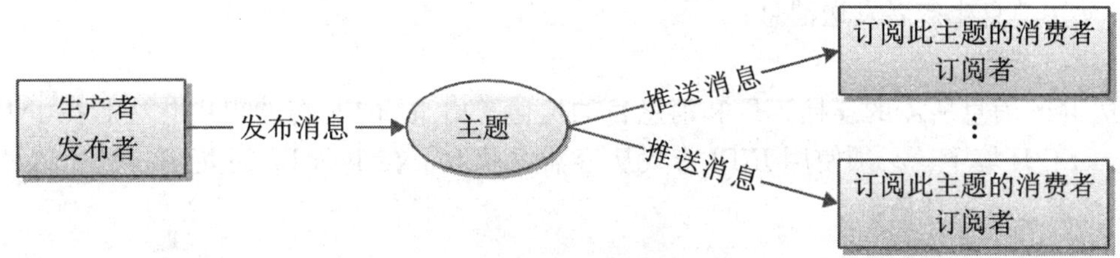

图 6-3　发布订阅模型

发布订阅模型实际上是一种“推”式的模型，JMS 提供器主动向订阅者推送符合其订阅主题的消息。

2.点对点模型

点对点模型适合于一对一的消息传递。在此模型下，消息生产者发送的消息会被 JMS 提供器存放于一个消息队列（Message Queue）中，消息的消费者从消息队列中获取消息。一个消息队列可以存在多个消费者，但是队列中的一条消息只能由其中一个消费者接收。点对点模型如图 6-4 所示。

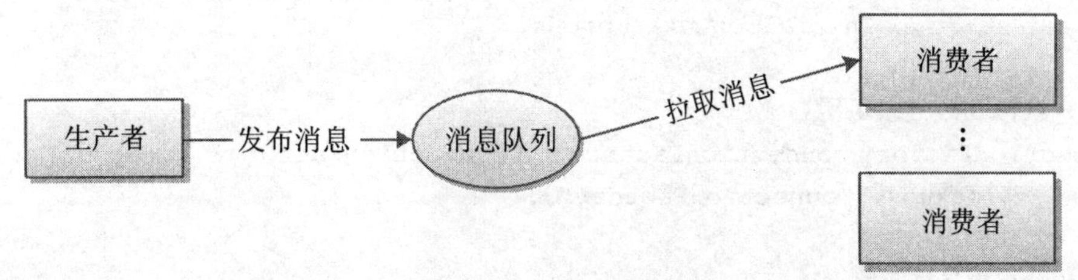

图 6-4　点对点模型

点对点模型实际上是一种“拉”式的模型，消息的消费者需要主动向队列请求获得消息。JMS 提供器负责保证每一条消息只能被一个消费者获得。

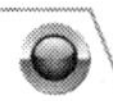 **注意** “推”和“拉”模型只是概念上的区别，本质上发布订阅模型和点对点模型是相同的，都可以实现“推”和“拉”模式。

6.2.2 JMS 消息生产者

消息生产者是发送消息的组件，使用 JMS 发送消息可采用如下步骤：

1）获得 JMS 连接工厂；

2）获得消息目的地；

3）创建连接；

4）创建会话；

5）创建消息生产者；

6）创建消息；

7）使用消息生产者发送消息；

8）释放资源。

发送 JMS 消息所需的连接工厂和消息目的地通常由 Java EE 容器提供并注册在 JNDI 中，在非 Java EE 环境下，必须使用 JNDI 查找从容器中获取，在 Java EE 环境下，还可以使用@Resource 注解注入这些资源。

1.非 Java EE 环境

在非 Java EE 环境下，需要使用 JNDI 查找 Java EE 容器提供的连接工厂和消息目的地。下述代码用于完成任务 6.D.1，编写 JMS 消息生产者，在独立的 Java 应用中发送 JMS 消息，并以此为例介绍发送 JMS 消息的过程。

【描述 6.D.1】JmsMessageProducer.java

```
public static void main (String [] args) throws Exception {
    Properties props =new Properties();
    props.setProperty (Context.INITIAL_CONTEXT_FACTORY,
            "org.jnp.interfaces.NamingContextFactory");
    props.setProperty (Context.PROVIDER_URL," localhost:1099");
    Context ctx =new InitialContext (props);

    // 1) 获得 JMS 连接工厂
    ConnectionFactory connectionFactory = (ConnectionFactory) ctx
            .lookup ("ConnectionFactory");

    // 2) 获得消息目的地
    Destination destination = (Destination) ctx.lookup ("queue/testQueue");

    // 3) 创建连接
    Connection connection =connectionFactory.createConnection();
```

```
    // 4) 创建会话
    Session session
        = connection.createSession (false, Session.AUTO_ACKNOWLEDGE);

    // 5) 创建消息生产者
    MessageProducer messageProducer = session.createProducer (destination);

    // 6) 创建消息
    Message message = session
            .createTextMessage ("Hello, this is my first JMS message.");

    // 7) 使用消息生产者发送消息
    messageProducer.send (message);

    // 8) 释放资源
    messageProducer.close();
    session.close();
    connection.close();
}
```

上述代码完成了 JMS 消息生产者的功能，运行后将发送一条文本消息。其中：

1）通过 JNDI 查找了容器提供的 JMS 连接工厂（javax.jms.ConnectionFactory）；

2）通过 JNDI 查找了容器提供的消息目的地（javax.jms.Destination）。根据采用的是发布订阅模型还是点对点模型，消息的目的地分为主题和队列两种。消息目的地通常需要在 Java EE 容器中进行配置，上述代码中的 queue/testQueue 是在容器中配置的消息目的地的名称；

3）获得连接工厂和目的地后，使用连接工厂创建了连接（javax.jms.Connection），再通过连接又创建了会话（javax.jms.Session），然后通过会话又创建了消息生产者（javax.jms.MessageProducer）和消息（javax.jms.Message）；

4）消息有 TextMessage、MapMessage、ObjectMessage、StreamMessage 和 BytesMessage 等各种类型，消息生产者提供了创建各种消息的方法。消息准备好后，通过调用消息生产者的 send( ) 方法发送了消息；

5）最后，调用了会话、连接等对象的 close( ) 方法将其关闭以释放资源。

上述示例是一个独立的 Java 应用，因此只能通过 JNDI 查找 Java EE 容器提供的 JMS 连接工厂和消息目的地。

2. Java EE 环境

如果是运行在 Java EE 环境下的组件，例如会话 Bean，则可以通过依赖注入获得 JMS 连接工厂和消息目的地。下述代码用于完成任务 6.D.2，编写 JMS 消息生产者，在 Java EE 环境中发送 JMS 消息。

【描述 6.D.2】TestJmsBean.java

```
@Stateless
@Remote (value = TestJmsInterface.class)
public class TestJmsBean {

    @Resource (mappedName = "ConnectionFactory")
    ConnectionFactory connectionFactory;

    @Resource (mappedName = "topic/testTopic")
    Destination destination;

    public void sendJmsMessage (String text) throws Exception {
        Connection connection = connectionFactory.createConnection();
        Session session = connection.createSession (false,
                Session.AUTO_ACKNOWLEDGE);
        MessageProducer messageProducer = session.createProducer (destination);
        Message message = session.createTextMessage (text);
        messageProducer.send (message);
        messageProducer.close();
        session.close();
        connection.close();
    }
}
```

上述代码中，TestJmsBean 是一个无状态会话 Bean，其中使用@Resource 注解注入 Java EE 容器提供的连接工厂 ConnectionFactory 对象和目的地 Destination 对象，并在业务方法中发送了 JMS 消息。除了连接工厂和目的地是通过依赖注入从容器获得的以外，其他步骤与在简单 Java SE 应用中发送 JMS 消息是相同的。

当 EJB 客户端调用 TestJmsBean 的 sendJmsMessage( )方法时，就会发送特定的 JMS 文本消息。例如：

【描述 6.D.2】Test.java

```
public static void main (String [] args) throws Exception {

    Properties props = new Properties();
    props.setProperty (Context.INITIAL_CONTEXT_FACTORY,
          "org.jnp.interfaces.NamingContextFactory");
    props.setProperty (Context.PROVIDER_URL," localhost:1099");
    Context ctx = new InitialContext (props);

    TestJmsInterface testJmsBean = (TestJmsInterface) ctx
            .lookup ("ch06/TestJmsBean/remote");
    testJmsBean.sendJmsMessage ("这是从 EJB 发送的 JMS 消息");
}
```

上述代码中，通过 JNDI 查找实现远程接口 TestJmsInterface 的 TestJmsBean，并调用其业务方法发送一个字符串作为文本消息。

下述内容用于完成任务 6.D.3，当产品库存低于其最低库存时，自动发送 JMS 消息，这样其他的企业系统可以接收到消息，从而获知某个产品的库存已经低于警戒线。

上述需求实际上是需要监测产品库存量的变化，一旦发现低于最低库存就需要发送消息。但是产品库存量可能会在多个会话 Bean 的多个业务方法中被修改，因此通过在会话 Bean 中发送消息不是一种好的方案，会造成大量的代码重复，并且容易遗漏。最合适的执行位置是在库存实体的生命周期监听器中，只要库存实体发生了修改，都会调用其生命周期监听器中标注@PostUpdate 注解的回调方法，因此，只需为库存实体添加生命周期监听器，并编写@PostUpdate 回调方法，在此方法中发送 JMS 消息即可。

添加库存实体的生命周期监听器 InventoryListener 类，代码如下：

【描述 6.D.3】InventoryListener.java

```
public class InventoryListener {

    @PostUpdate
    public void postUpdate (Inventory inventory) {
        Product product = inventory.getProduct();
        if (product.getMinStock() == null ||
            inventory.getQuantity() >= product.getMinStock())
            return;
        try {
            Context ctx = new InitialContext();
            ConnectionFactory connectionFactory
                = (ConnectionFactory) ctx.lookup ("ConnectionFactory");
            Destination destination
                = (Destination) ctx.lookup ("topic/testTopic");
            Connection connection = connectionFactory.createConnection();
            Session session = connection.createSession (false,
                    Session.AUTO_ACKNOWLEDGE);
            MessageProducer messageProducer = session
                    .createProducer (destination);
            Message message = session.createTextMessage ("产品 <"
                    + product.getCode() + ":" + product.getName()
                    + " > 的库存量已低于最低库存 " + product.getMinStock());
            messageProducer.send (message);
            messageProducer.close();
            session.close();
            connection.close();
        } catch (JMSException e) {
            e.printStackTrace();
        } catch (NamingException e) {
            e.printStackTrace();
```

```
        }
    }
}
```

上述代码中，使用@PostUpdate 注解标注了 InventoryListener 类的 postUpdate( )方法为实体生命周期回调方法，postUpdate( )方法中，通过 JNDI 查找获得 Java EE 容器提供的 JMS 连接工厂和目的地，并发送了业务消息。需要注意，实体的生命周期监听器中无法使用依赖注入，因此 JMS 连接工厂和目的地只能通过 JNDI 从容器查找。

库存实体还必须注册上述生命周期监听器，代码如下：

【描述 6.D.3】Inventory.java

```
@Entity
@Table (name = "inventory")
@SequenceGenerator (name = "inventorySequence", sequenceName = "ivt_seq")
@EntityListeners (InventoryListener.class)
public class Inventory {
    …
}
```

上述 Inventory 实体代码中，使用@EntityListeners 注解注册了生命周期监听器 InventoryListener。当对 Inventory 实体的数据进行修改后，容器就会自动调用 InventoryListener 的 postUpdate( )方法，从而判断当前库存是否低于对应产品的最低库存，如果低于最低库存，会发送 JMS 消息，而其他业务系统可以作为消费者来获得这些 JMS 消息。

注意 本章实践篇中介绍了如何在 JBoss 中配置主题和队列形式的 JMS 消息目的地。

6.2.3 JMS 消息消费者

消息消费者是接收消息的组件，使用 JMS 接收消息的步骤与发送消息非常类似，步骤如下：

1）获得 JMS 连接工厂；
2）获得消息目的地；
3）创建连接；
4）创建会话；
5）创建消息消费者；
6）获取并使用消息；
7）释放资源。

同消息生产者类似，消费 JMS 消息所需的连接工厂和消息目的地通常由 Java EE 容器提供并注册在 JNDI 中，在非 Java EE 环境下，必须使用 JNDI 查找从容器中获取，在 Java EE 环境下，还可以使用@Resource 注解注入这些资源。

1. 非 Java EE 环境

在非 Java EE 环境下，需要使用 JNDI 查找 Java EE 容器提供的连接工厂和消息目的地。下述代码用于完成任务 6.D.4，编写 JMS 消息消费者，并以此为例介绍接收 JMS 消息的过程。

【描述 6.D.4】JmsMessageConsumer.java

```
public static void main (String [] args) throws Exception {
    Properties props = new Properties();
    props.setProperty (Context.INITIAL_CONTEXT_FACTORY,
            "org.jnp.interfaces.NamingContextFactory");
    props.setProperty (Context.PROVIDER_URL," localhost:1099");
    Context ctx = new InitialContext (props);

    // 1) 获得 JMS 连接工厂
    ConnectionFactory connectionFactory = (ConnectionFactory) ctx
            .lookup ("ConnectionFactory");

    // 2) 获得消息目的地
    Destination destination = (Destination) ctx.lookup ("topic/testTopic");

    // 3) 创建连接
    Connection connection = connectionFactory.createConnection();

    // 4) 创建会话
    Session session = connection.createSession (false,
            Session.AUTO_ACKNOWLEDGE);

    // 5) 创建消息消费者
    MessageConsumer messageConsumer = session.createConsumer (destination);

    // 6) 获取并使用消息
    // 首先为消息消费者设置消息监听器
    messageConsumer.setMessageListener (new MessageListener() {
        @Override
        public void onMessage (Message message) {
            TextMessage textMessage = (TextMessage) message;
            try {
                System.out.println (textMessage.getText());
            } catch (JMSException e) {
                e.printStackTrace();
            }
        }
    });

    // 然后开始监听消息
    connection.start();
    Thread.sleep (100000); // 用于接收消息的时间间隔

    // 7) 释放资源
```

```
    messageConsumer.close();
    session.close();
    connection.close();
}
```

上述代码完成了 JMS 消息消费者的功能，与生产者代码类似，首先需要获得连接工厂、目的地，创建连接和会话，然后需要通过会话创建消息消费者对象 javax.jms.MessageConsumer，通过消费者对象可以取得消息，最后释放资源。上述示例是一个独立的 Java 应用，因此只能通过 JNDI 查找 Java EE 容器提供的 JMS 连接工厂和消息目的地。

2.Java EE 环境

如果是运行在 Java EE 环境下的组件，例如会话 Bean，则可以通过依赖注入的方式获得这些资源。例如：

```
@Stateless
public class SomeBean implements SomeBusinessInterface {
    @Resource (mappedName = "ConnectionFactory")
    ConnectionFactory connectionFactory;

    @Resource (mappedName = "topic/testTopic")
    Destination destination;

    public void someMethod() {
        ......// 使用连接工厂和目的地消费消息
    }
}
```

上述代码中，SomeBean 是一个无状态会话 Bean，其中使用@Resource 注解注入 Java EE 容器提供的连接工厂 ConnectionFactory 对象和目的地 Destination 对象，在业务方法中可以使用连接工厂和目的地来消费消息。除了连接工厂和目的地是通过依赖注入从容器获得的以外，其他步骤与在简单 Java SE 应用中消费 JMS 消息是相同的。

3.获取消息的方式

创建消息消费者对象后，有两种方式取得消息：

◇ 注册消息监听器 javax.jms.MessageListener

◇ 调用 MessageConsumer 的 receive( )方法

消息监听器接口 MessageListener 只有一个方法：

```
void onMessage (Message message)
```

通过覆盖上述方法可以得到消息对象。消息消费者对象的 setMessageListener( )方法可以注册消息监听器，注册后，需要调用连接对象的 start( )方法开始监听消息。

使用消息监听器是一种事件驱动的异步获得消息的方式，任务 6.D.4 的代码中采用了此种方式。消息监听器会一直监听是否有消息到达，当有消息时会触发器 onMessage 事件，从而执行指定的操作。

如果在消息到达之前消息监听器的实例已经消失，则显然将无法获得消息，因此上述代码中将当前线程暂停 100 秒，在这段时间内当前线程不会执行完毕，消息监听器实例将一直存在，从而能够检测到消息。

MessageConsumer 的 receive( )方法则可以直接得到消息，如果使用这种方式，任务 6.D.4 代码的第 6 步需修改为：

```
TextMessage textMessage = (TextMessage) messageConsumer.receive();
System.out.println (textMessage.getText());
```

receive( )方法会使当前线程一直阻塞，直到消息到达才会继续执行，因此不再需要 Thread.sleep( )调用。

虽然使用 receive( )方法获取消息的代码非常简单，但是这种方式是一种同步的方式，如果永远没有消息，则消息消费者会一直等待下去，当前线程会永远的阻塞住。

MessageConsumer 的 receive（long timeout）方法可以指定超时的时间，如果超过指定时间仍没有消息，则消费者会放弃等待；MessageConsumer 的 receiveNoWait( )方法也可以取得消息，只是当没有消息时会立即返回 null。

由此可见，通过 MessageConsumer 的几个 receive( )方法获取消息是比较难于控制的，应该尽量使用 MessageListener 的方式。

4. 测试消息收发

下列内容用于测试任务 6.D.1、6.D.2、6.D.3、6.D.4 中完成的消息生产者和消费者。

为 Java EE 容器配置消息目的地后启动容器，运行任务 6.D.4 的消息消费者，然后在 100 秒之内运行任务 6.D.1 的消息生产者，则消息消费者的控制台将输出下列内容：

```
Hello, this is my first JMS message.
```

说明消息消费者接收到了生产者发送的消息。

重新运行任务 6.D.4 的消息消费者，然后在 100 秒之内运行任务 6.D.2 的 Test.java，则消息消费者的控制台将输出下列内容：

```
这是从 EJB 发送的 JMS 消息
```

说明消息消费者已接收到任务 6.D.2 中的会话 Bean（TestJmsBean）发送的消息。

再次运行任务 6.D.4 的消息消费者，然后在 100 秒之内运行库存管理项目，并在库存盘点页面修改某个产品的库存量，使其低于最低库存量，如图 6-5 所示。

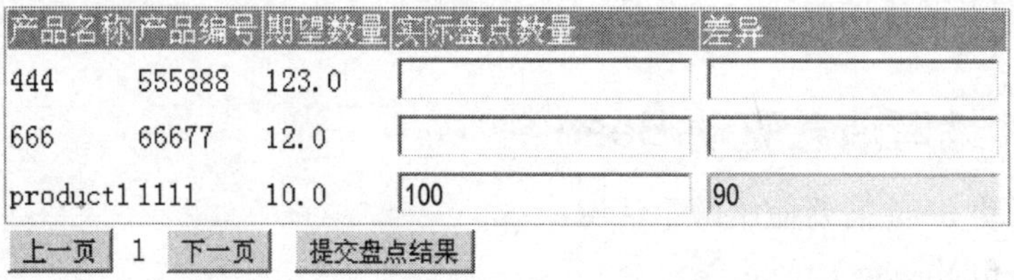

产品名称	产品编号	期望数量	实际盘点数量	差异
444	555888	123.0		
666	66677	12.0		
product1	1111	10.0	100	90

上一页　1　下一页　提交盘点结果

图 6-5

则消息消费者的控制台将输出下列内容：

```
产品 <1111:product1 > 的库存量已低于最低库存 200.0
```

说明消息消费者已接收到任务 6.D.3 中的库存实体监听器（InventoryListener）发送的消息。

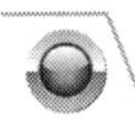 **注意** 有关 JMS 规范的细节本书并没有过多涉及，读者可以参阅相关资料。

6.3 消息驱动 Bean

消息驱动 Bean 是专用于消费异步消息的一种 EJB，是无状态的、事务感知的服务器端组件。消息驱动 Bean 专门负责处理异步消息，而 Java EE 容器则负责管理包括事务、安全、资源、并发和消息确认等问题的组件外环境。

与会话 Bean 不同，消息驱动 Bean 是以 JMS 消息作为驱动条件的一种 EJB，是无法被 EJB 客户端直接调用的，因此消息驱动 Bean 也不需要实现类似于会话 Bean 那样的远程或本地业务接口。

注意 消息驱动 Bean 并非只能够处理 JMS 消息，通过 JCA，消息驱动 Bean 可以支持各种类型的消息，但是 JMS 消息是其中最主要的一种，本书只讨论用来处理 JMS 消息的消息驱动 Bean。

通过上一节对 JMS 消息生产者和消费者的分析可见，任何程序都可以发送和接收 JMS 消息，但是消息驱动 Bean 具有很多优点，使其更适合作为 JMS 消息的消费者使用：

◇ 编写简单：直接使用 JMS 编写消息的消费者程序，需要编写查找连接工厂、目的地、创建连接、会话、消费者以及注册监听器等模板代码，而使用消息驱动 Bean 后，这些工作都由 EJB 容器完成，只需简单的注解即可编写一个消息驱动 Bean；

◇ 并发支持：消息驱动 Bean 是无状态的，其实例由 EJB 容器管理，与无状态会话 Bean 类似，容器通常也会池化消息驱动 Bean 的实例。容器提供的线程安全性使消息驱动 Bean 明显优于直接使用 JMS 编写的消费者程序，不必再编写复杂的多线程代码即可支持并发处理大量的消息。

◇ 事件驱动：消息驱动 Bean 是依靠消息事件驱动的，并且由容器管理着消费者对象，如果直接使用 JMS 编写消费者程序，这些都需要编码实现。

注意 消息驱动 Bean 是专门用于处理消息的，即作为消息的消费者。显然，使用消息驱动 Bean 也可以发送 JMS 消息，但这与直接使用 JMS 编写消息生产者程序没有太大的区别，EJB 并没有为使用消息驱动 Bean 发送消息提供特别的支持。

6.3.1 编写消息驱动 Bean

编写消息驱动 Bean 需要使用两个注解：

◇ @javax.ejb.MessageDriven

◇ @javax.ejb.ActivationConfigProperty

@MessageDriven 注解用于声明消息驱动 Bean，其定义如下：

```
@Target (TYPE)
@Retention (RUNTIME)
public @interface MessageDriven {
```

```
    String name()default "";
    Class messageListenerInterface()default Object.class;
    ActivationConfigProperty [] activationConfig()default {};
    String mappedName()default "";
    String description()default "";
}
```

@MessageDriven 注解具有五个参数：

◇ name：指定消息驱动 Bean 的名称，如果没有指定，则 EJB 容器使用类名作为名称；

◇ messageListenerInterface：指定消息驱动 Bean 实现的消息接口；

◇ activationConfig：指定消息系统的配置信息；

◇ mappedName：EJB 容器厂商专有的名称；

◇ description：说明性内容。

当声明一个消息驱动 Bean 时，必须在类上标注@MessageDriven 注解。

@ActivationConfigProperty 注解用于声明消息系统的属性，其定义如下：

```
@Target (TYPE)
@Retention (RUNTIME)
public @interface ActivationConfigProperty {
    String propertyName();
    String propertyValue();
}
```

@ActivationConfigProperty 注解具有两个参数：

◇ propertyName：指定消息系统属性名称；

◇ propertyValue：指定消息系统属性的值。

@ActivationConfigProperty 注解用来标注消息系统需要的属性，不同的消息系统需要的属性也是不同的，具体含义将在本章 6.3.2 节介绍。

下述代码用于完成任务 6.D.5，编写消息驱动 Bean 处理 JMS 消息，并以此为例介绍消息驱动 Bean 的编写方式。

【描述 6.D.5】TestMdb.java

```
@MessageDriven (
    activationConfig = {
        @ActivationConfigProperty (propertyName = "destinationType",
                                   propertyValue = "javax.jms.Topic"),
        @ActivationConfigProperty (propertyName = "destination",
                                   propertyValue = "topic/testTopic")
    }
)
public class TestMdb implements MessageListener {
    @Override
    public void onMessage (Message message) {
        TextMessage textMessage = (TextMessage) message;
```

```
        try {
            System.out.println ("消息驱动 bean:" +textMessage.getText());
        } catch (JMSException e) {
            e.printStackTrace();
        }
    }
}
```

上述代码中，使用@MessageDriven 注解标注了 TestMdb 类，表明其为消息驱动 Bean。在@MessageDriven 注解中，使用 activationConfig 参数指定了当前消息系统需要的一些信息，包括目的地类型为主题 javax.jms.Topic，目的地为 topic/testTopic，每个属性对应于一个@ActivationConfigProperty 注解。

消息驱动 Bean 通常需要实现 MessageListener 接口（通过 JCA 连接其他消息系统时也可实现别的接口），或者在@MessageDriven 注解中通过 messageListenerInterface 参数指定实现的接口。因此，上述的 TestMdb 实现了 MessageListener 接口，并覆盖了 onMessage()方法用于处理消息。

运行库存管理项目，然后运行任务 6.D.1 的消息生产者，则 Java EE 容器的控制台将输出下列内容：

```
14:10:04, 984 INFO [STDOUT] 消息驱动 bean:Hello, this is my first JMS message.
```

运行任务 6.D.2 的 Test.java，则 Java EE 容器的控制台将输出下列内容：

```
14:13:07, 343 INFO [STDOUT] 消息驱动 bean:这是从 EJB 发送的 JMS 消息
```

上述输出说明消息驱动 Bean（TestMdb）监听到了发送到 Java EE 容器的两条消息，并作出了相应的处理。

6.3.2 ActivationConfigProperty

@MessageDriven 注解的 activationConfig 参数用来指定当前消息系统需要的一些属性，这些属性通过@ActivationConfigProperty 注解声明。属性的名称和取值依赖于具体使用的消息系统，EJB 规范只规定了四个固定的属性：

◇ acknowledgeMode，确认模式

◇ messageSelector，消息选择器

◇ destinationType，目的地类型

◇ subscriptionDurability，订阅持续性

1.确认模式

acknowledgeMode 属性代表消息的确认模式，即消息的使用者向消息系统发送通知以确认消息已经到达的机制。EJB 容器负责向消息系统发送确认，确认一条消息，就是通知消息系统此时容器已经收到并处理了这条消息。如果没有确认机制，消息系统就无法得知消息是否准确送达，从而可能引起不必要的重复发送。

JMS 支持四种确认模式：

◇ Auto-acknowledge：将消息交给消息驱动 Bean 后，容器会立即向消息系统发送确认；

◇ Client-acknowledge：必须调用消息的 acknowledge()方法手动确认已收到；

◇ Dups-ok-acknowledge：将消息交给消息驱动 Bean 后，容器不必立即发送确认，可以在以后的任意时刻发送；

◇ SESSION_TRANSACTED：与事务有关，如果会话处于事务内，则使用此确认模式，事务成功提交后，消息会被确认。

消息驱动 Bean 只支持其中的 Auto-acknowledge 和 Dups-ok-acknowledge 两种确认模式，未指定 acknowledgeMode 属性时，默认采用 Auto-acknowledge 模式。Auto-acknowledge 模式可以避免重复发送消息，绝大多数情况下，使用此默认值即可。

2. 消息选择器

messageSelector 属性代表消息的筛选方式，允许消息驱动 Bean 选择性的接收来自主题或队列的消息。例如如下的消息选择器：

```
@ActivationConfigProperty (propertyName = "messageSelector",
                           propertyValue = "MessageFormat = 'Version 1.0'"),
```

上述代码中的 MessageFormat 称为消息属性（其名称由消息的生产者决定），是由生产者附加到消息上的，并不属于消息的正文，Message 接口提供了若干读写属性的方法。例如下列消息生产者代码用于为消息附加属性信息：

```
Message message = session.createMessage();
message.setStringProperty ("MessageFormat","Version 1.0");
...... // 发送消息
```

当上述消息发送后，标注了值为“MessageFormat = 'Version 1.0'”的选择器的消息驱动 Bean 将能够获得此条消息。

如果消息驱动 Bean 未标注任何消息选择器，将接收其指定目的地的任何消息。

> **注意**　消息选择器使用 SQL 的一个子集作为其表达式语法，因此可以编写相当复杂的选择器脚本，读者可以参阅相关资料。

3. 目的地类型

destinationType 属性代表消息的目的地类型，即主题还是队列。指定 destinationType 属性的值为 javax.jms.Topic 或 javax.jms.Queue 可以分别代表主题和队列。

4. 订阅持续性

subscriptionDurability 属性代表基于主题的消息的持续性。

当消息驱动 Bean 使用主题消息时，即 destinationType 属性的值为 javax.jms.Topic 时，可以指定 subscriptionDurability 属性的值为 Durable 或 NonDurable，分别代表持续和非持续的订阅方式：

◇ Durable：声明为 Durable 的订阅时，如果 EJB 容器由于某些原因（例如程序错误或容器被关闭等）失去了与消息系统的连接，则在丢失连接期间消息消费者应该收到的消息不会丢失，消息系统会保存这些消息，当 EJB 容器重新连接消息系统后，消息系统会重新发送这些消息。

◇ NonDurable：如果声明为 NonDurable 的订阅，则 EJB 容器与消息系统断开连接后，在此期间本应收到的消息将会丢失。

除非严格要求所有消息都必须被处理，否则使用 NonDurable 订阅方式即可，这会改善消息系统的性能，但是使用 Durable 订阅方式的消息驱动 Bean 显然具有更高的可靠性。

如果消息驱动 Bean 是使用基于队列的消息，即 destinationType 属性的值为 javax.jms.Queue 时，不存在是否持续的概念，因为队列中的消息只会被消费一次，并且消息在被消费之前会一直保留在队列中。

下述代码用于完成任务 6.D.6，编写消息驱动 Bean，接收消息并修改产品的最低库存量。在库存管理示例中，修改产品最低库存量的消息应该属于必须被处理的消息，因此需要设置为持续订阅的方式。另外，为了使用消息选择器，代码中会重用前面使用的 topic/testTopic 目的地，但是会只处理特定的消息。

【描述 6.D.6】ProductMdb.java

```
@MessageDriven (activationConfig = {
        @ActivationConfigProperty (propertyName = "destinationType",
                                        propertyValue = "javax.jms.Topic"),
        @ActivationConfigProperty (propertyName = "subscriptionDurability",
                                   propertyValue = "Durable"),
        @ActivationConfigProperty (propertyName = "messageSelector",
                                   propertyValue = "process = 'UpdateProductMin
                                   Stock'"),
        @ActivationConfigProperty (propertyName = "destination",
                                   propertyValue = "topic/testTopic")})
public class ProductMdb implements MessageListener {

    @PersistenceContext (unitName = "ejb3theory")
    private EntityManager entityManager;

    @Override
    public void onMessage (Message message) {
        TextMessage textMessage = (TextMessage) message;
        try {
            double rate = Double.parseDouble (textMessage.getText());
            String jpql = "update Product set minStock = minStock *  ?1";
            Query query = entityManager.createQuery (jpql);
            query.setParameter (1, rate);
            query.executeUpdate();
        } catch (JMSException e) {
            e.printStackTrace();
        }
    }
}
```

上述代码中，ProductMdb 类实现了 MessageListener 接口，使用@MessageDriven 将其声明为消

息驱动 Bean，并在 activationConfig 参数中通过@ActivationConfigProperty 注解指定了四个属性：

◇ destinationType 属性指定了消息类型为 javax.jms.Topic，即主题方式；

◇ subscriptionDurability 属性指定了订阅方式为 Durable，即持续订阅的方式；

◇ messageSelector 属性指定了消息属性 process 值为 UpdateProductMinStock 的消息会被此消息驱动 Bean 处理；

◇ Destination 属性指定了消息目的地为 topic/testTopic。

消息驱动 Bean 中可以使用依赖注入，上述代码中使用@PersistenceContext 注解注入了容器提供的 EntityManager 对象。在 onMessage()方法中，定义了更新 Product 实体的 JPQL 语句，根据消息中的数据将所有产品的最低库存按照比例进行修改，最后调用 Query 的 executeUpdate()方法执行更新。

下列内容用于测试 ProductMdb，产品表中的最低库存数量如图 6-6 所示。

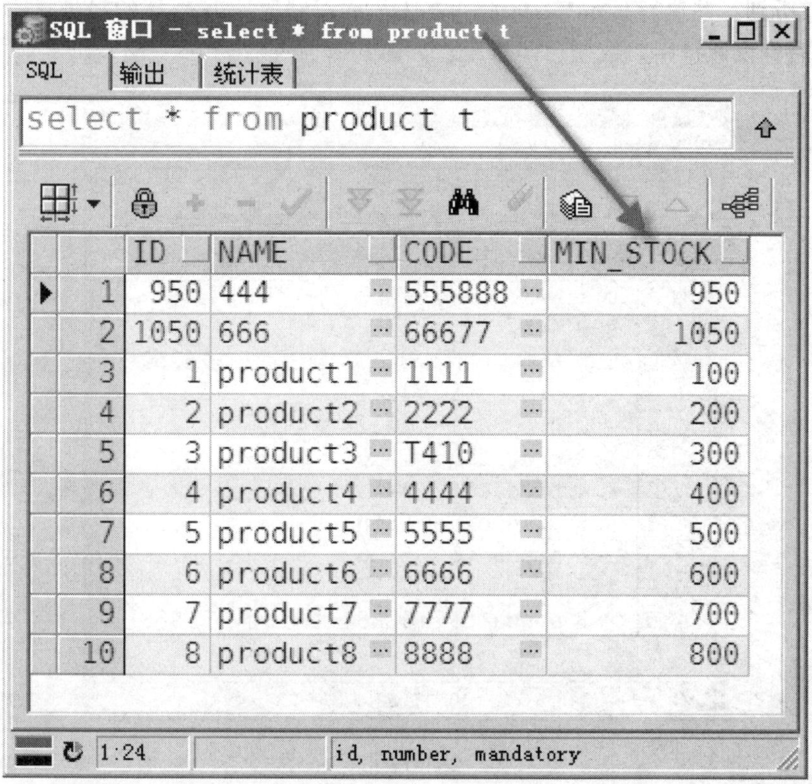

SQL 窗口 - select * from product t

SQL | 输出 | 统计表

select * from product t

	ID	NAME	CODE	MIN_STOCK
1	950	444	555888	950
2	1050	666	66677	1050
3	1	product1	1111	100
4	2	product2	2222	200
5	3	product3	T410	300
6	4	product4	4444	400
7	5	product5	5555	500
8	6	product6	6666	600
9	7	product7	7777	700
10	8	product8	8888	800

1:24　id, number, mandatory

图 6-6

修改任务 6.D.1 的消息生产者程序，使其发送更改最低库存比例的消息，并设置消息选择器属性，代码如下：

【描述 6.D.6】JmsMessageProducer.java

```
public static void main (String [] args) throws Exception {
    ......// 1) 获得 JMS 连接工厂
    ......// 2) 获得消息目的地
```

```
    ......// 3) 创建连接
    ......// 4) 创建会话
    ......// 5) 创建消息生产者
    // 6) 创建消息
    Message message = session.createTextMessage ("1.2");
    message.setStringProperty ("process","UpdateProductMinStock");
    ......// 7) 使用消息生产者发送消息
    ......// 8) 释放资源
}
```

上述代码中，发送了文本消息“1.2”，并设置了名为“process”的消息属性，属性值为“UpdateProductMinStock”。

运行库存管理项目，然后运行 JmsMessageProducer.java，则发送的消息会被消息驱动 Bean ProductMdb 监听到，并执行其 onMessage( ) 方法，从而修改所有产品的最低库存量为原来的 1.2 倍，执行后查询数据库，数据已经修改，如图 6-7 所示。

SQL 窗口 - 查询 table PRODUCT@ORCL 的数据

SQL | 输出 | 统计表

select * from product t

	ID	NAME	CODE	MIN_STOCK
1	950	444	555888	1140
2	1050	666	66677	1260
3	1	product1	1111	120
4	2	product2	2222	240
5	3	product3	T410	360
6	4	product4	4444	480
7	5	product5	5555	600
8	6	product6	6666	720
9	7	product7	7777	840
10	8	product8	8888	960

1:1 10 行被选择，耗时 0.015 秒

图 6-7

如果在发送消息时未指定名为“process”的消息属性，或者其值不为“UpdateProductMinStock”，则 ProductMdb 不会接收到此条消息。

> **注意** 上述示例只是为了演示消息驱动 Bean 的用法，实际上使用消息的方式处理修改产品最低库存量的业务有些牵强，这种业务更应该立即被处理。但是本书采用的库存管理模型非常简单，所以没有使用异步消息的更合适的用例。

6.3.3 消息驱动 Bean 的生命周期

消息驱动 Bean 的生命周期与无状态会话 Bean 几乎相同，当容器启动时，通常会创建消息驱动 Bean 的实例，并放入实例池中，准备接收消息；当消息驱动 Bean 的实例数量不足以处理所有发来的消息时，容器会创建更多的实例，并放入实例池中（同无状态会话 Bean 类似，是否采用实例池以及何时创建实例取决于具体的 EJB 容器）。

容器通过反射调用消息驱动 Bean 的无参构造方法创建实例，因此要求消息驱动 Bean 必须具有这种构造方法。构造实例后，容器会注入消息驱动 Bean 需要的资源。

消息驱动 Bean 也具有@PostConstruct 和@PreDestroy 两个生命周期回调方法。在实例创建和注入完毕后，EJB 容器调用@PostConstruct 标注的方法；在实例被销毁前，EJB 容器调用@PreDestroy 标注的方法。使用@PostConstruct 和@PreDestroy 注解标注的方法可以具有任何名称，但是必须返回 void，不能有任何参数，也不能抛出任何可查异常。

当消息到达时，EJB 容器可以将这条消息送交给处理此类消息的消息驱动 Bean 的任何一个可用实例。当消息驱动 Bean 的一个实例在处理消息时就不能再处理其他的消息，此时 EJB 容器可以交由其他实例处理。

当 EJB 容器确定不再需要消息驱动 Bean 的实例时，会首先调用其使用@PreDestroy 注解标注的方法，然后解除引用，最后实例会在某个时刻被 JVM 的 GC 回收。

消息驱动 Bean 的生命周期如图 6-8 所示。

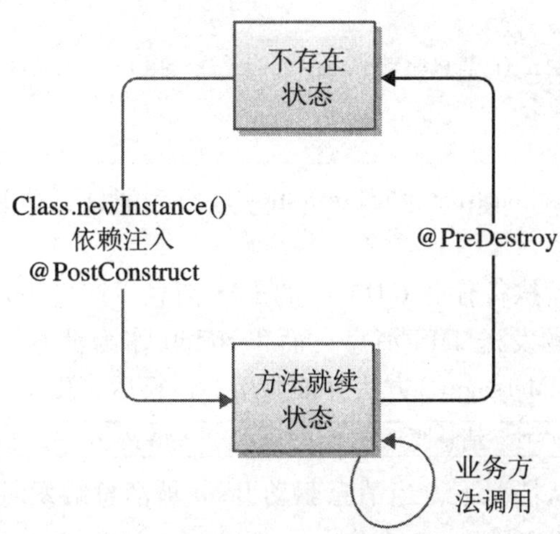

图 6-8 消息驱动 Bean 的生命周期

下述代码用于完成任务 6.D.7，修改任务 6.D.5 中的消息驱动 Bean，添加生命周期回调方法。

【描述 6.D.7】TestMdb.java

```
@MessageDriven (
    activationConfig = {
        @ActivationConfigProperty (propertyName = "destinationType",
                                   propertyValue = "javax.jms.Topic"),
```

```
        @ActivationConfigProperty (propertyName = "destination",
                                   propertyValue = "topic/testTopic")
    }
)
public class TestMdb implements MessageListener {
    @Override
    public void onMessage (Message message) {
        TextMessage textMessage = (TextMessage) message;
        try {
            System.out.println ("消息驱动 bean:" + textMessage.getText());
        } catch (JMSException e) {
            e.printStackTrace();
        }
    }

    @PostConstruct
    public void postConstruct() {
        System.out.println ("消息驱动 bean TestMdb 的@PostConstruct 方法");
    }

    @PreDestroy
    public void preDestroy() {
        System.out.println ("消息驱动 bean TestMdb 的@ PreDestroy 方法");
    }
}
```

上述代码中，使用@PostConstruct 和@PreDestroy 注解为消息驱动 Bean 添加了生命周期回调方法。

部署并运行项目，然后执行任务 6.D.1 中的 JMS 消息生产者 JmsMessageProducer.java，其会向“topic/testTopic”主题发送 JMS 消息；而 TestMdb 作为消息驱动 Bean 会监测“topic/testTopic”主题，因此其 onMessage()方法会被调用。运行后，JBoss 控制台输出如下内容：

```
16:24:07, 578 INFO [STDOUT] 消息驱动 bean TestMdb 的@ PostConstruct 方法
```

上述输出说明，在默认情况下，当消息驱动 Bean 被消息触发时，JBoss 会构造消息驱动 Bean 的实例，并调用其@PostConstruct 方法。

停止 JBoss，JBoss 控制台将输出如下内容：

```
16:30:13, 468 INFO [STDOUT] 消息驱动 bean TestMdb 的@ PreDestroy 方法
```

说明当 JBoss 停止时，会销毁消息驱动 Bean 的实例，并调用其@PreDestroy 方法。

需要注意，如果是在 Eclipse 中运行 JBoss，则停止时不要从 Console 视图直接停止，而应从 Servers 视图停止，如图 6-9 所示。

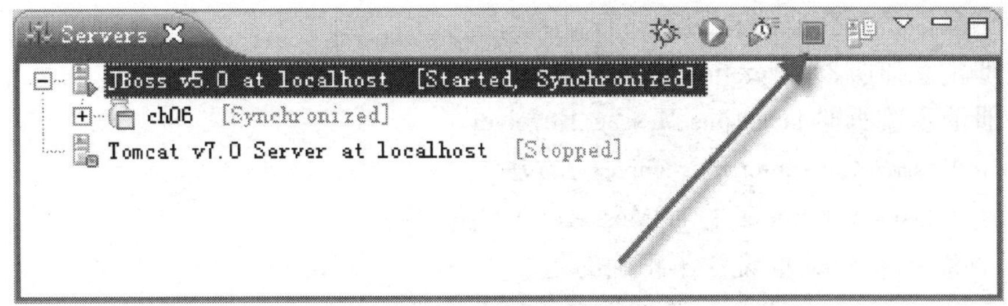

图 6-9

如果从 Console 视图停止 JBoss，则会直接结束 JBoss 所在的 JVM 进程，JBoss 将没有机会执行后续工作。

> **注意**　实例池的特性与具体 EJB 容器的实现有关。比如是否预先创建实例、预先创建的实例数、保证随时可用的实例数、何时销毁实例等，EJB 规范并没有对这些特性作出规定，各个容器厂商可以采用不同的实现方式。

小结

通过本章的学习，学生应该能够学会：

- ◆ 消息通常是指系统组件之间的异步通信过程
- ◆ JMS（Java Messaging Service，Java 消息服务）是 Java EE 中关于异步消息的规范
- ◆ JMS 中规范了点对点和发布订阅两种消息传递模型
- ◆ 发布订阅模型适合于一对多的消息广播，生产者按照按照主题发布消息，消费者按照主题获取消息
- ◆ 点对点模型适合于一对一的消息传递，生产者发送的消息存放于消息队列中，消费者从队列中获取消息
- ◆ 使用 JMS 开发消息生产者程序需要使用连接工厂、目的地、连接、会话、生产者、消息等对象
- ◆ 消息驱动 Bean 是专用于消费异步消息的一种 EJB
- ◆ 消息驱动 Bean 通过@MessageDriven 注解声明
- ◆ @MessageDriven 注解的 activationConfig 参数用来指定当前消息系统需要的一些属性
- ◆ 消息驱动 Bean 的生命周期与无状态会话 Bean 类似

练习

1.JMS 提供的两种消息传递模型是________。(多选)

A.同步　　B.异步　　C.发布订阅　　D.点对点

2.编写 JMS 应用时，可以从 Java EE 容器获取的是________。(多选)

A.连接工厂　　B.消息目的地　　C.连接　　D.会话

3.JMS 消息消费者获取消息的方式有________。

A.注册消息监听器 javax.jms.MessageListener

B.注册消息监听器 javax.jms.MessageReveiver

C.调用 MessageConsumer 的 receive( )方法

D.调用 MessageConsumer 的 getMessage( )方法

4.关于消息驱动 Bean 的说法不正确的是________。（多选）

A.@MessageDriven 注解用于声明消息驱动 Bean

B.消息驱动 Bean 是专用于消费异步消息的一种 EJB

C.消息驱动 Bean 中无法发送消息

D.客户端可以调用消息驱动 Bean 的方法

5.关于消息驱动 Bean 生命周期的说法不正确的是________。（多选）

A.消息驱动 Bean 具有@PostConstruct 和@PreDestroy 两个生命周期注解

B.消息驱动 Bean 的生命周期与有状态会话 Bean 类似

C.消费完消息后，消息驱动 Bean 的实例将被销毁

D.消息驱动 Bean 的生命周期与无状态会话 Bean 类似

6.消息驱动 Bean 支持哪些消息确认模式________。（多选）

A.Auto-acknowledge　　B.Client-acknowledge

C.Dups-ok-acknowledge　　D.SESSION_TRANSACTED

7.JMS 支持"推/拉"两种消息传递模型，发布订阅模型是________模型，点对点模型是________模型。

8.消息驱动 Bean 使用________注解声明，使用________注解可以指定消息系统的属性。

9.使用消息驱动 Bean 作为消息消费者有什么优点？

10.如何获得消息连接工厂和目的地？

11.编写 Java SE 程序发送 JMS 消息。

12.编写会话 Bean 发送 JMS 消息。

13.编写消息驱动 Bean 消费 JMS 消息。

第7章　事　　务

本章目标

- 理解事务的 ACID 特性
- 理解本地事务和全局事务
- 了解两阶段提交的原理
- 掌握容器管理的事务原理
- 掌握如何声明容器管理的事务
- 了解事务的属性
- 熟悉使用 EJBContext 回滚事务
- 熟悉使用系统异常和应用异常回滚事务
- 熟悉 Bean 管理的事务原理
- 熟悉 UserTransaction 接口
- 掌握获得 UserTransaction 对象的方式

学习导航

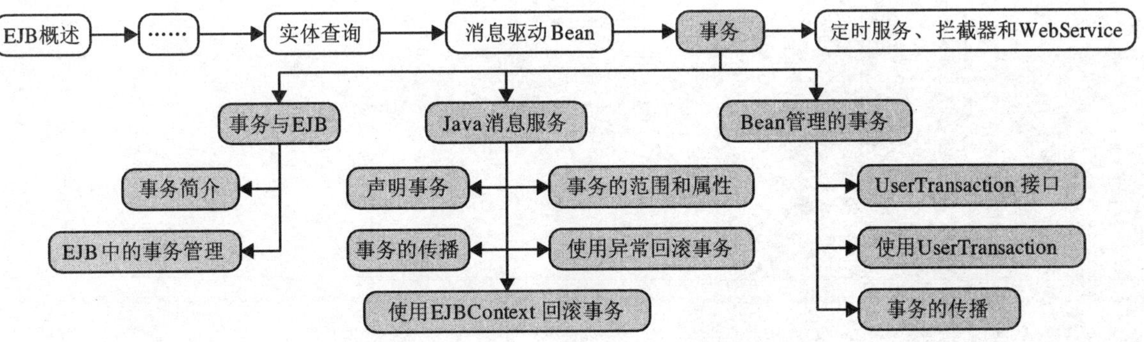

任务描述

【描述】7.D.1

为产品业务会话 Bean 添加容器管理的事务。

【描述】7.D.2

为产品业务会话 Bean 配置事务属性。

【描述】7.D.3

为产品业务会话 Bean 中的方法配置事务属性。

【描述】7.D.4

在产品业务会话 Bean 中的添加产品方法中使用 EJBContext 进行回滚操作。

【描述】7.D.5

在产品业务会话 Bean 中的添加产品方法中使用系统异常进行回滚操作。

【描述】7.D.6

在产品业务会话 Bean 中的添加产品方法中使用应用异常进行回滚操作。

【描述】7.D.7

修改库存盘点业务会话 Bean，使用 Bean 管理事务的方式进行事务处理。

7.1 事务与 EJB

事务是企业级应用的核心，对于整个应用系统起到至关重要的作用。事务问题本身具有很大的复杂性，EJB 的一个主要优点就是提供了易于使用并且功能强大的事务管理支持。EJB 支持声明式的事务管理（容器管理的事务），通过简单的配置即可为业务方法添加事务；EJB 也支持编程式的事务管理（Bean 管理的事务），可以更加精确地控制事务的边界。

7.1.1 事务简介

在业务系统中，一个事务通常涉及两方的交易，体现的是一次商业交易的概念。一个事务代表了一次业务操作的执行过程，一般包括一组彼此关联并且必须一起完成的业务活动，可能会访问一个或多个共享的资源（通常是数据库）。事务的目的是执行一次业务操作，并完成可靠的交易。

1. ACID

事务具有四个特征，在高可靠性的系统中，事务必须满足这全部四项要求。事务的四个特征简称为 ACID，包括：

- ◇ Atomicity：原子性
- ◇ Consistency：一致性
- ◇ Isolation：隔离性
- ◇ Durability：持久性

事务的原子性是指一个事务要么完整的执行，要么一点都不执行。原子性意味着事务中的每项操作都必须正确的执行，如果有任何一项失败，则整个事务必须终止，并且此前对数据所做的任何修改都必须撤销；如果事务中的所有操作都成功执行，则事务会被提交，其对数据所做的修改会变为永久性的。

事务的一致性代表了业务数据的完整性。在事务开始之前，系统处于符合业务规则的状态；事务执行完毕或者被中途回滚后，系统必须仍然是符合业务规则的状态；在事务的执行过程中，系统可以处于不符合规则的状态。事务的一致性与业务逻辑密切相关，需要由事务管理器（负责管理事务的程序）和应用程序共同保证，事务管理器负责保证事务的原子性、隔离性和持久性，而业务应用程序保证事务的一致性。

事务的隔离性是指事务必须在不干扰其他事务的前提下独立运行。隔离性确保事务不会互相影响，在事务的运行过程中，其他事务无法操作这个事务正在使用的数据，事务管理器通常会利用数据库提供的锁机制来保证事务的隔离性。

事务的持久性是指事务执行完毕后对数据所做的所有改动必须被保存。事务管理系统通常会利用数据库的事务日志功能来保证事务的持久性。

> **注意** 事务的隔离性涉及许多复杂的概念，例如各种隔离条件（脏读、可重复读和幻读），以及根据隔离条件定义的隔离级别（读未提交、读已提交、可重复读和序列化）等，关系型数据库中会采用各种锁定技术以控制事务对数据的并发访问，事务管理器通常会利用数据库的锁定技术来保证事务的隔离性。对数据库隔离机制的深入讨论超出了本书的范围，读者可以参阅有关 SQL 和关系型数据库的资料。

2.本地事务和全局事务

事务中的业务操作可能涉及各种类型的数据，最常见的是数据库，还可能是异步消息服务器、其他的业务系统甚至文件系统等，这些统称为事务性的资源。按照涉及资源的数量，事务可以分为本地事务和全局事务（也称为分布式事务）两种类型。

本地事务只涉及单一的事务性资源，绝大多数的应用程序使用的都是本地事务。使用本地事务时无需 Java EE 容器的支持，事务性资源（如数据库）本身即可实现。例如 JDBC 中的 Connection 接口就提供了事务的提交、回滚等方法，这种事务绑定到一个数据库连接之上，因此是本地事务。

全局事务涉及多个事务性资源，其中单独某个资源无法独立地实现全局事务，必须有一个事务管理程序统一协调对各个资源的操作才能实现。全局事务的协调程序称为事务协调器或事务管理器，通常由 Java EE 容器充当。事务管理器会登记所有参与事务的资源，一旦某个操作使用了涉及事务的资源，事务管理器可以根据需要提交或者回滚事务。

由于全局事务会跨越多个资源，使得事务的管理变得更加复杂。例如一个事务中有两个操作，分别操作两个数据库中的数据，如果第一个操作成功并提交，但是第二个操作失败了，此时撤销第一个操作是非常困难的，为了避免此类问题，通常使用两阶段提交（two - phase commit，2PC）的方式。

3.两阶段提交

在两阶段提交协议的第一个阶段，协调者询问所有的事务参与者是否已为提交做好准备；在第二个阶段，协调者通知参与者提交（或放弃）事务。其流程如下：

1）投票阶段

◇ 协调者向全局事务的所有参与者发送请求，询问是否可以提交；

◇ 参与者收到请求后，根据其具体状态进行投票，并将投票回复给协调者。在投 Yes 票之前，此参与者会保存所有数据，准备提交；如果投 No 票，参与者立即放弃当前操作。

2）完成阶段

◇ 协调者收集所有的投票（包括它自己的投票）。如果不存在故障并且所有的投票都是 Yes，则协调者决定提交事务并向所有参与者发送提交请求；否则，协调者决定放弃事务，并向所有投 Yes 票的参与者发送放弃请求。

◇ 只有投 Yes 票的参与者能够收到协调者的第二次请求（可能是提交或者放弃），其收到请求后将根据该请求放弃或者提交事务。如果是提交事务还需向协调者发送提交完成请求来确认事务已经提交。

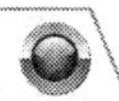 7.1.2 EJB 中的事务管理

由于事务问题本身的复杂性，其相关的 API 通常也都非常复杂，特别是涉及分布的事务性资源时，编程实现事务管理更是一项繁重的工作。EJB 为事务管理提供了有力支持，容器负责处理事务管理的细节，开发人员只需指定何时开始、提交和回滚事务即可。

Java EE 中的 JTA（Java Transaction API，Java 事务 API）是实现全局事务的规范，其遵循基于 X/Open XA 规范的两阶段提交协议，Java EE 容器会提供 JTA 规范的具体实现。EJB 提供的事务管理支持都是使用基于 JTA 的全局事务，包括两种形式：

◇ 容器管理的事务（container-managed transaction，CMT）：是一种声明式的事务管理方式，即只需声明特定的注解即可完成事务控制，无需编写任何事务代码。

◇ Bean 管理的事务（bean-managed transaction，BMT）：该方式下需要显式的编程控制事务。

无论事务由容器还是 Bean 管理，应用程序开发人员都无需处理全局事务的底层细节，容器负责处理各种情况下的事务管理。

只有会话 Bean 和消息驱动 Bean 可以使用 EJB 的事务处理功能，JPA 并不直接支持，但是当在 Java EE 环境下使用 JPA 时，可以自动加入 Java EE 容器提供的事务环境。

> **注意** EJB 中的事务管理都是使用基于 JTA 的全局事务，即使只使用一个数据库。当只有一个事务性资源时，有的 Java EE 容器可能会自动优化为本地事务，但 EJB 规范并没有要求这一点。

@javax.ejb.TransactionManagement 注解用于声明一个 EJB（会话 Bean 或消息驱动 Bean）所使用的事务管理方式，其定义如下：

```
@Target (TYPE)
@Retention (RUNTIME)
public @interface TransactionManagement {
    TransactionManagementType value()
            default TransactionManagementType.CONTAINER;
}
```

@TransactionManagement 注解只有一个默认参数 value，用于指定事务管理的方式。value 参数是枚举 javax.ejb.TransactionManagementType 类型的，此枚举定义了两个值，分别对应于两种事务管理方式：

◇ TransactionManagementType.CONTAINER：容器管理的事务

◇ TransactionManagementType.BEAN：Bean 管理的事务

value 参数的默认值为 TransactionManagementType.CONTAINER，表示容器管理的事务。

在 EJB 上标注@TransactionManagement 注解，即可指定其采用的事务管理方式。例如：

```
@Stateless
@TransactionManagement (TransactionManagementType.CONTAINER)
public class SomeBean1 implements SomeBusinessInterface {
   ......
```

```
}
```

上述的 SomeBean1 上标注了@TransactionManagement 注解，并指定事务管理方式为 TransactionManagementType.CONTAINER，即采用容器管理的事务。

```
@Stateless
@TransactionManagement (TransactionManagementType.BEAN)
public class SomeBean2 implements SomeBusinessInterface {
    ......
}
```

上述的 SomeBean2 则采用了 Bean 管理的事务。

容器管理的事务是 EJB 事务管理的默认方式，@TransactionManagement 注解的 value 参数默认值是 TransactionManagementType.CONTAINER，因此，即使上述的 SomeBean1 上不标注@TransactionManagement 注解，或者标注了@TransactionManagement 注解但是没有指定 value 参数的值，SomeBean1 也都将使用容器管理的事务。

> **注意** @TransactionManagement 注解的 Target 为 TYPE，不能标注于方法上，因此标注@TransactionManagement 注解的 EJB 中所有的业务方法都将使用其指定的事务管理方式。

7.2 容器管理的事务

在 EJB 中使用容器管理的事务时，由 EJB 容器负责完成事务的开始、提交和回滚。容器管理的事务是一种声明式的事务管理方式，即通过在注解或配置文件中进行事务相关信息的声明，从而通知容器如何管理事务，包括何时开始、提交和回滚事务，而在业务方法中无须编写任何事务控制的代码。

声明式的事务管理具有巨大的优越性，如果没有这一特性，就必须使用一些相当复杂的事务 API（如 JTA 等）进行事务的控制，并且需要在业务逻辑中编写事务性的代码，这造成了代码重复，降低了代码的清晰度和系统的可维护性。而声明式事务管理降低了事务控制的复杂度，使得构建健壮的事务型应用变得更为容易。

7.2.1 声明事务

在会话 Bean 或消息驱动 Bean 上标注@TransactionManagement 注解，并指定其 value 参数值为 TransactionManagementType.CONTAINER，即可使这个 EJB 采用容器管理的事务。因为容器管理的事务是 EJB 事务管理的默认方式，因此，实际上 EJB 上无需标注@TransactionManagement 注解，其将自动采用容器管理的事务。

下述代码用于完成任务 7.D.1，为产品业务会话 Bean 添加容器管理的事务支持。

【描述 7.D.1】ProductServiceBean.java

```
@Stateless
@TransactionManagement (TransactionManagementType.CONTAINER)
```

```
public class ProductServiceBean implements ProductServiceLocal {

    // 注入 EJB 容器的持久化上下文
    @PersistenceContext (unitName = "ejb3theory")
    private EntityManager entityManager;

    @Override
    public void addProduct (Product product) {
        entityManager.persist (product);
        Inventory inventory = new Inventory();
        inventory.setProduct (product);
        inventory.setQuantity (0.0);
        entityManager.persist (inventory);
    }

    ......
}
```

上述代码中，在产品业务会话 Bean 上标注了@TransactionManagement 注解，并指定事务类型为 TransactionManagementType.CONTAINER，即容器管理的事务。实际上，因为容器管理的事务是默认行为，所以上述@TransactionManagement 注解的声明可以去掉，与声明的效果是相同的。

> **注意** 声明式事务管理的本质是由容器调用事务性资源的开始、提交和回滚事务的方法，所以无需再编写相关代码。因此，事务性的资源（如 DataSource、EntityManager 等）必须由容器完全控制，即这些资源只能是从容器获得，而不能是编码创建的，例如上例 ProductServiceBean 中的 EntityManager 对象是从容器获得的，因此可以交由容器来管理事务。

7.2.2 事务的范围和属性

事务的范围对于声明式事务的控制非常重要，一个事务的范围会涉及参与事务的每个资源，包括会话 Bean 和实体。例如下列代码：

```
@Stateless
public class Bean1 implements BusinessInterface1 {

    @PersistenceContext (unitName = "somePersistenceUnit")
    private EntityManager entityManager;

    @EJB
    private BusinessInterface2 bean2;

    @Override
    public void method (SomeEntity entity) {
```

```
        entityManager.persist (entity);
        bean2.method (entity);
    }
}
```

上述代码中，Bean1 是一个会话 Bean，其中注入了 EntityManager 和另外一个会话 Bean (bean2)。在 Bean1 的业务方法 method()中，分别调用了 EntityManager 和 bean2 的方法。

如果对 Bean1 的 method()方法启动了事务，则事务的范围也必须涵盖 bean2 的 method()方法；类似的，Bean1 的 method()方法也很有可能会被另外的 EJB 调用，从而可能需要加入其他的事务范围，而 bean2 的 method()方法也可能会调用其他 EJB 的方法。

由此可见，当 EJB 的一个业务方法中需要调用其他 EJB 的方法时，事务的范围会变得非常复杂。在使用容器管理的事务时，默认情况下，业务方法会自动加入已有的事务，如果不存在事务，则会新建事务，这适合于大多数的需求，但有时仍然需要明确的指明事务的具体范围，这可以通过使用@javax.ejb.TransactionAttribute 注解来声明。

@TransactionAttribute 注解用于声明事务的属性，其定义如下：

```
@Target ( {METHOD, TYPE})
@Retention (RUNTIME)
public @interface TransactionAttribute {
    TransactionAttributeType value()
            default TransactionAttributeType.REQUIRED;
}
```

@TransactionAttribute 注解只有一个默认参数 value，用于指定事务属性的类型。value 参数是枚举 javax.ejb.TransactionAttributeType 类型的，默认值为 REQUIRED。

TransactionAttributeType 枚举定义了六种事务属性：

- ◇ NOT_SUPPORTED：标注此种事务属性的方法不支持事务。如果方法在事务范围内被调用，则当前事务会被挂起，方法执行完毕后，事务会恢复。因此，事务范围不会被传入标注 NOT_SUPPORTED 事务属性的方法及其调用的其他 EJB 方法中。
- ◇ SUPPORTS：标注此种事务属性的方法只是支持事务，但不是必须参与事务。如果方法在事务范围内被调用，即客户端已经开始了事务，则方法会自动加入这个事务；如果没有在事务范围内调用，则方法也可以正常执行，但不会存在事务功能。
- ◇ REQUIRED：标注此种事务属性的方法必须参与事务。如果方法在事务范围内被调用，则会自动加入当前事务；如果没有在事务范围内调用，则容器会创建一个新的事务，新事务会包含此方法及其调用的其他 EJB 方法，在此方法执行完毕后，新事务会结束。REQUIRED 是容器管理的事务的默认行为。
- ◇ REQUIRES_NEW：标注此种事务属性的方法必须具有独立的事务。无论方法是否在事务范围内被调用，容器总会创建新的事务，新事务会包含此方法及其调用的其他 EJB 方法，在此方法执行完毕后，新事务会结束。如果在事务范围内调用，当前事务会被挂起，并开始新的事务；方法执行完毕后，新事务将结束，原有事务会被恢复。
- ◇ MANDATORY：标注此种事务属性的方法必须参与已有的事务，但是不会创建事务，事务必须由客户端发起。如果发起调用的客户端没有开始事务，则方法会调用失败，并抛出 javax.ejb.EJBTransactionRequiredException。

◇ NEVER:标注此种事务属性的方法不能够参与事务。如果方法在事务范围内被调用，则会抛出 javax.ejb.EJBException；如果没有在事务范围内调用，则会正常执行。

> **注意** REQUIRED 事务属性是容器管理事务的默认行为，其提供了最大的通用性，适合于绝大多数的情况。

下述代码用于完成任务 7.D.2，为产品业务会话 Bean 配置事务属性。

【描述 7.D.2】ProductServiceBean.java

```
@Stateless
@TransactionManagement (TransactionManagementType.CONTAINER)
@TransactionAttribute (TransactionAttributeType.REQUIRED)
public class ProductServiceBean implements ProductServiceLocal {
    ......
}
```

上述代码中，使用@TransactionAttribute 注解配置产品业务会话 Bean 的事务属性为 TransactionAttributeType.REQUIRED 类型，因此，ProductServiceBean 的所有业务方法被调用时都会具有事务，要么是已存在的事务，要么是新建的事务。

@TransactionAttribute 注解可以标注于类或者方法上。如果标注于类上，则类中的所有方法都将采用其指定的事务属性；可以同时在类和方法上使用@TransactionAttribute 注解，此时方法上的配置将覆盖类上的配置。下述代码用于完成任务 7.D.3，为产品业务会话 Bean 中的方法配置事务属性。

【描述 7.D.3】ProductServiceBean.java

```
@Stateless
@TransactionManagement (TransactionManagementType.CONTAINER)
@TransactionAttribute (TransactionAttributeType.REQUIRED)
public class ProductServiceBean implements ProductServiceLocal {

    // 注入 EJB 容器的持久化上下文
    @PersistenceContext (unitName = "ejb3theory")
    private EntityManager entityManager;

    @TransactionAttribute (TransactionAttributeType.REQUIRES_ NEW)
    @Override
    public void updateProduct (Product product) {
        entityManager.merge (product);
    }

    @Override
    public void removeProduct (Product product) {
        Product p = entityManager.find (Product.class, product.getId());
```

```
        entityManager.remove (p.getInventory());
        entityManager.remove (p);
    }

    ......
}
```

上述代码中，在产品业务会话 Bean 的 updateProduct( )方法上使用@TransactionAttribute 注解配置了事务属性，为 TransactionAttributeType.REQUIRED_NEW 类型，即调用此方法时必须新建事务。ProductServiceBean 的其他业务方法没有专门配置@TransactionAttribute 注解，将采用在类上声明的 REQUIRED 事务属性。

需要注意，消息驱动 Bean 也可以使用容器管理的事务，但是只能使用 NOT_SUPPORTED 和 REQUIRED 两种事务属性。其他的四种事务属性主要用于客户端发起的事务，而消息驱动 Bean 不能由客户端主动调用，因此这四种属性对于消息驱动 Bean 没有意义。

7.2.3 事务的传播

容器管理的事务与 JPA 的持久化上下文之间有密切的关系。一个事务中可能涉及多个 EJB 中的多个业务方法，这些业务方法进行的各种数据库操作都依赖于 EntityManager，而 EntityManager 引用了某一个持久化上下文，事务管理器必须控制持久化上下文在多个 EJB 之间的传播。

JPA 持久化上下文的传播涉及多个条件，包括持久化上下文是事务范围的还是扩展的、业务方法调用发生在事务范围之内还是之外、事务是否已经关联了持久化上下文、调用的是无状态会话 Bean 还是有状态会话 Bean 等，这些条件的不同组合使得持久化上下文的传播规则非常复杂，简单介绍如下：

- ◇ 如果在事务范围之外调用事务范围的 EntityManager，则容器会创建一个新的持久化上下文；方法调用完毕后，这个持久化上下文会销毁，其关联的实体实例会变为游离状态；
- ◇ 如果在事务范围之内调用事务范围的 EntityManager，并且事务没有关联持久化上下文，则容器会创建一个新的持久化上下文；
- ◇ 如果在事务范围之内调用 EntityManager，并且事务已经关联了某个持久化上下文，则 EntityManager 将会自动使用事务关联的这个持久化上下文。这种情况下，持久化上下文会在同一事务涉及的多个 EJB 中传播，即这些 EJB 中使用的 EntityManager 将关联同一个持久化上下文对象；
- ◇ 如果使用事务范围持久化上下文的 EJB 调用了使用扩展持久化上下文的有状态会话 Bean，会导致错误发生；
- ◇ 如果使用扩展持久化上下文的有状态会话 Bean 调用了使用事务范围持久化上下文的 EJB，则扩展的持久化上下文会被传播；
- ◇ 如果一个 EJB 调用了不同事务范围的另一个 EJB，则无论是事务范围的还是扩展的持久化上下文都不会被传播；
- ◇ 如果使用扩展持久化上下文的有状态会话 Bean 调用了另一个使用扩展持久化上下文

的有状态会话 Bean，则当被调用的有状态会话 Bean 实例是通过依赖注入获得时，持久化上下文会被传播；实例不是通过依赖注入获得时，会导致错误发生。

7.2.4 使用 EJBContext 回滚事务

使用容器管理的事务时，事务的提交和回滚是由容器控制的，不存在类似于 commit( ) 和 rollback( ) 的可以直接调用的方法。当事务范围内的业务方法正常执行完毕后，事务会被自动提交；当根据业务逻辑判断需要回滚事务时，必须通知事务管理器进行回滚操作。有两种方式回滚事务：

◇ 使用 EJBContext

◇ 使用异常

javax.ejb.EJBContext 接口代表当前的 EJB 上下文，用于访问 EJB 容器提供的服务，其实例不能直接创建，需要使用 JNDI 查找或依赖注入从 EJB 容器获得。EJBContext 接口提供了访问 EJB 容器各种服务的方法，表 7-1 列出了其主要方法。

表 7-1　EJBContext 接口的主要方法

方　法	说　明
Object lookup (String name)	查找 JNDI 中的对象
UserTransaction getUserTransaction( )	获得 UserTransaction 对象，用于 bean 管理的事务
boolean getRollbackOnly( )	获得当前事务是否已被标记为回滚
void setRollbackOnly( )	将当前事务标记为回滚
Principal getCallerPrincipal (String roleName)	用于 EJB 的安全管理
boolean isCallerInRole( )	用于 EJB 的安全管理
TimerService getTimerService( )	用于 EJB 的定时服务

EJBContext 接口的 getRollbackOnly( ) 和 setRollbackOnly( ) 方法用于在容器管理的事务中控制回滚操作，表中列出的其他方法主要用于 EJB 的安全和定时服务，本书将在介绍相关内容时进行说明。EJBContext 接口中还存在一些为了兼容 EJB 早期版本而设置的方法，已经被废弃，表中并没有列出。

使用 EJBContext 接口的 setRollbackOnly( ) 方法可以将当前事务标记为需要回滚，并且不能被当前事务的其他参与者提交。使用 getRollbackOnly( ) 方法则可以获知当前事务是否已被标记为回滚，可以利用此信息避免一些没有必要的操作，例如某个操作需要进行大量的计算，则可以在执行前先调用 getRollbackOnly( ) 方法，如果当前事务已经被标记为需要回滚，则进行后续的操作通常是没有意义的。

> **注意**　只有使用容器管理的事务，并且是在事务范围内时，才可以调用 EJBContext 接口的 setRollbackOnly( ) 和 getRollbackOnly( ) 方法。通常只有标记为 REQUIRED、REQUIRED_NEW 和 MANDATORY 事务属性的业务方法中可以采用这种方式。

下述代码用于完成任务 7.D.4，在产品业务会话 Bean 中添加产品的方法中使用 EJBContext 控制事务回滚。

【描述 7.D.4】ProductServiceBean.java

```
@Stateless
@TransactionManagement (TransactionManagementType.CONTAINER)
@TransactionAttribute (TransactionAttributeType.REQUIRED)
public class ProductServiceBean implements ProductServiceLocal {

    // 注入 EJB 容器的持久化上下文
    @PersistenceContext (unitName = "ejb3theory")
    private EntityManager entityManager;

    // 注入 EJBContext
    @Resource
    private EJBContext ejbContext;

    @Override
    public void addProduct (Product product) {
        // 不允许编码重复
        String jpql = " select count (p) from Product p where p.code = :code";
        Query query = entityManager.createQuery (jpql);
        query.setParameter ("code", product.getCode());
        long count = (Long) query.getSingleResult();
        if (count > 0) { // 如果重复，回滚
            ejbContext.setRollbackOnly();
            return;
        }
        entityManager.persist (product);

        Inventory inventory = new Inventory();
        inventory.setProduct (product);
        inventory.setQuantity (0.0);
        entityManager.persist (inventory);
    }

    ......
}
```

在上述代码中，通过@Resource 注解注入了 EJBContext 对象，在添加产品的业务方法中，判断是否存在编码重复的产品，如果存在，则通过调用 EJBContext 对象的 setRollbackOnly( ) 方法将当前事务标记为需要回滚，并直接 return 方法。

当 EJB 客户端已经开始事务，并且调用 ProductServiceBean 的 addProduct( )方法时，由于 ProductServiceBean 声明了事务属性为 REQUIRED，所以 addProduct( )方法会连接此事务。如果此时检查发现产品编码重复，因为调用了 setRollbackOnly( )方法，从而使得容器得知当前事务需要回滚，则在客户端发起事务的方法调用完毕后，容器会回滚整个事务。

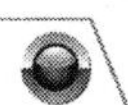

7.2.5 使用异常回滚事务

通过在业务方法中抛出合适的异常也可以使容器管理的当前事务回滚，EJB 将业务方法抛出的异常分为系统异常和应用异常两种。

1. 系统异常

系统异常包括 RuntimeException 和 java.rmi.RemoteException 以及它们的子类。如果业务方法抛出了系统异常，则一定会引起事务的回滚。

尤其需要注意的是，当业务方法抛出系统异常时，EJB 容器会认为当前的 EJB 实例处于不一致的状态，因此，容器不仅会回滚当前事务，而且还会销毁这个 EJB 实例。根据业务方法所属 EJB 的类型，销毁 EJB 实例会造成不同的影响：

- ◇ 如果是无状态会话 Bean，其实例不针对特定的客户端，客户端可以使用任何实例来处理业务，因此丢弃实例并没有影响；
- ◇ 如果是有状态会话 Bean，丢弃实例可能会造成不希望的后果。有状态会话 Bean 的实例是专门为某个客户端服务的，并维护着会话的状态，实例被丢弃后，会话状态就被破坏，客户端对这个有状态会话 Bean 的引用也将失效，由客户端发起的后续方法调用都会抛出 javax.ejb.NoSuchEJBException。因此，在有状态会话 Bean 中抛出系统异常后，客户端必须明确的重新获得实例才能继续调用。
- ◇ 如果是消息驱动 Bean，由 onMessage( ) 方法或任何生命周期回调方法抛出的系统异常都会导致实例被丢弃，容器会回滚事务，消息将不会得到确认，并有可能会被重新发送。

下述代码用于完成任务 7.D.5，在产品业务会话 Bean 中的添加产品方法中使用系统异常控制事务回滚。

【描述 7.D.5】 ProductServiceBean.java

```
@Stateless
@TransactionManagement (TransactionManagementType.CONTAINER)
@TransactionAttribute (TransactionAttributeType.REQUIRED)
public class ProductServiceBean implements ProductServiceLocal {

    // 注入 EJB 容器的持久化上下文
    @PersistenceContext (unitName = "ejb3theory")
    private EntityManager entityManager;

    // 注入 EJBContext
    @Resource
    private EJBContext ejbContext;

    @Override
    public void addProduct (Product product) {
        // 不允许编码重复
```

```
        String jpql = "select count (p) from Product p where p.code = :code";
        Query query = entityManager.createQuery (jpql);
        query.setParameter ("code", product.getCode());
        long count = (Long) query.getSingleResult();
        if (count > 0) { // 如果重复，回滚
            // 使用系统异常回滚
            throw new RuntimeException ("产品编码不允许重复");
        }
        entityManager.persist (product);

        Inventory inventory = new Inventory();
        inventory.setProduct (product);
        inventory.setQuantity (0.0);
        entityManager.persist (inventory);
    }

    ......
}
```

上述代码中，判断产品编码重复时，抛出了 RuntimeException，这将导致当前事务回滚，并且当前的 ProductServiceBean 实例会被 EJB 容器销毁。

2.应用异常

如果业务方法抛出的异常不是 EJB 的系统异常，即不是 RuntimeException 和 java.rmi.RemoteException 以及它们的子类，则不会引起事务的自动回滚。因为此时抛出的异常肯定不是 RuntimeException，所以必须在业务方法上声明，同时 EJB 客户端必须处理此异常，这为客户端提供了从错误中恢复的机会。

下列的 InvalidProductCodeException 是一个产品编码异常类：

```
public class InvalidProductCodeException extends Exception {
    public InvalidProductCodeException() {
    }

    public InvalidProductCodeException (String message) {
        super (message);
    }
}
```

在产品业务会话 Bean 中，修改添加产品的方法（及对应的业务接口），当产品编码重复时，改为抛出 InvalidProductCodeException，代码如下：

```
......
@Override
public void addProduct (Product product) throws InvalidProductCodeException {
    // 不允许编码重复
    String jpql = "select count (p) from Product p where p.code = :code";
```

```
    Query query=entityManager.createQuery (jpql);
    query.setParameter ("code", product.getCode());
    long count = (Long) query.getSingleResult();
    if (count > 0) { // 如果重复，回滚
        // 使用应用异常
        throw new InvalidProductCodeException ("产品编码不允许重复");
    }
    entityManager.persist (product);

    Inventory inventory=new Inventory();
    inventory.setProduct (product);
    inventory.setQuantity (0.0);
    entityManager.persist (inventory);
}
......
```

修改后，ProductServiceBean 的客户端必须处理 InvalidProductCodeException 异常。出现此异常时，当前事务不会被 EJB 容器自动回滚。

如果需要在发生非系统异常时也由容器自动回滚事务，则需要将业务异常声明为 EJB 应用异常，即使用@javax.ejb.ApplicationException 注解标注业务异常，并指定其唯一的 rollback 参数值为 true。需要注意，与系统异常不同，抛出 EJB 应用异常时，虽然 EJB 容器也会自动回滚事务，但不会销毁 EJB 的实例。

下述代码用于完成任务 7.D.6，在产品业务会话 Bean 中的添加产品方法中使用应用异常控制事务回滚。修改 InvalidProductCodeException，声明为 EJB 应用异常，代码如下：

【描述 7.D.6】InvalidProductCodeException.java

```
@ApplicationException (rollback=true)
public class InvalidProductCodeException extends Exception {
    public InvalidProductCodeException() {
    }

    public InvalidProductCodeException (String message) {
        super (message);
    }
}
```

上述代码中，使用@ApplicationException 注解标注了 InvalidProductCodeException，并指定其 rollback 参数值为 true，表示发生此异常时需要容器回滚事务。

在产品业务会话 Bean 中，添加产品的方法中仍然抛出 InvalidProductCodeException，但是因为 InvalidProductCodeException 已经是 EJB 应用异常，因此发生此异常时，EJB 容器会自动回滚事务。

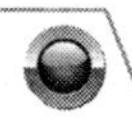

7.3 Bean 管理的事务

通过使用容器管理的事务，EJB 提供了方法级别的隐式事务管理，从而可以借助业务方法的作用域来界定事务的范围。EJB 提供的声明性事务划分，将事务的相关行为从业务逻辑中分离，对这些行为的修改不会影响到业务逻辑。这些是 EJB 事务管理的突出优点，降低了复杂度和出错的几率。绝大多数情况下，使用容器管理的事务都能够满足要求，可以通过对业务方法的调整使其符合容器管理事务的条件，因此，应该尽量使用容器管理的事务。在极少数的情况下，可能仍然需要显式的控制事务，即使用 Bean 管理的事务。

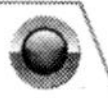

7.3.1 UserTransaction 接口

EJB 中 Bean 管理的事务也是基于 JTA 的全局事务，但是通常只需要使用 JTA 中一个简单的接口 javax.transaction.UserTransaction。UserTransaction 接口提供了用于显式控制事务的方法，其定义如下：

```
public interface UserTransaction {

    void begin()throws NotSupportedException, SystemException;

    void commit()throws RollbackException, HeuristicMixedException,
            HeuristicRollbackException, SecurityException,
            IllegalStateException, SystemException;

    void rollback()throws IllegalStateException, SecurityException,
            SystemException;

    void setRollbackOnly()throws IllegalStateException, SystemException;

    void setTransactionTimeout (int seconds) throws SystemException;

    int getStatus()throws SystemException;
}
```

UserTransaction 接口包含六个方法：

◇ begin()：开始一个新的事务，当前线程会立即与新事务关联，事务能够被传播到支持现存事务的任何 EJB 中。如果当前线程已经关联了其他未结束的事务，则 begin()方法会抛出 IllegalStateException（JTA 不支持嵌套事务）。

◇ commit()：提交当前线程关联的事务，commit()方法执行完毕后，当前线程将不再与任何事务关联。如果当前线程没有与任何事务关联，则 commit()方法会抛出 IllegalStateException；如果事务已被标记回滚，则会抛出 TransactionRolledbackException。

◇ rollback()：回滚当前线程关联的事务，并撤销事务所作的修改。如果当前线程所使用的 UserTransaction 对象不允许回滚，或者当前线程没有关联任何事务，rollback()方法都会抛出异常。

◇ setRollbackOnly():用于将当前线程关联的事务标记为回滚。无论事务中执行的操作是否成功，标记为回滚的事务在结束时都会回滚。如果当前线程没有与任何事务关联，则 setRollbackOnly()方法会抛出 IllegalStateException。

◇ setTransactionTimeout (int seconds):用于设置事务的超时时间，事务必须在此时间内结束。超时时间的默认值取决于具体的 Java EE 容器。

◇ getStatus():用于返回当前 UserTransaction 对象的状态，javax.transaction.Status 接口中定义了十个表示不同状态的常量，可以根据这些值判断当前事务的具体阶段。

7.3.2 使用 UserTransaction

UserTransaction 接口的实例需要由 Java EE 容器提供，可以使用三种方式从容器获得：

◇ 使用@Resource 注解注入

◇ 使用 JNDI 查找

◇ 使用 EJBContext 的 getUserTransaction()方法获取

1.使用@Resource 注解注入 UserTransaction

使用@Resource 注解注入 UserTransaction 对象是最简单的一种方式，例如：

```
@Stateless
public class SomeBean implements SomeBusinessInterface {
    @Resource
    private UserTransaction userTransaction;

    ......
}
```

上述代码中，在会话 Bean 中使用@Resource 注解注入 UserTransaction 对象。

2.使用 JNDI 查找 UserTransaction

Java EE 容器会将 UserTransaction 对象存放于 JNDI 上下文中，因此，也可以使用 JNDI 从容器中查找 UserTransaction 对象，例如：

```
@Stateless
public class SomeBean implements SomeBusinessInterface {
    public void someMethod() {
        Context context = new InitialContext();
        UserTransaction userTransaction
                = (UserTransaction) context.lookup ("UserTransaction");
    ......
    }
    ......
}
```

上述代码中，从 JNDI 中查找 UserTransaction 对象。UserTransaction 对象在 JNDI 中的名称

与具体的 Java EE 容器有关，在 JBoss 下，其 JNDI 名称为 UserTransaction。

3. 使用 EJBContext 获得 UserTransaction

EJB 上下文对象 EJBContext 提供了 getUserTransaction( ) 方法，通过此方法也可获得 UserTransaction 对象，例如：

```
@Stateless
@TransactionManagement (TransactionManagementType.BEAN) // bean 管理的事务
public class SomeBean implements SomeBusinessInterface {
    @Resource
    private EJBContext ejbContext;

    public void someMethod() {
        UserTransaction userTransaction = ejbContext.getUserTransaction();
        ......
    }
    ......
}
```

上述代码的会话 Bean 中，使用@Resource 注解注入了 EJBContext 对象，在业务方法中使用 EJBContext 的 getUserTransaction( )方法获得了 UserTransaction 对象。

需要注意，只有使用 Bean 管理的事务时，才可以通过调用 EJBContext 的 getUserTransaction( )方法获得 UserTransaction 对象，如果在容器管理的事务中，调用此方法会抛出异常。因此，上述代码中的会话 Bean 使用@TransactionManagement 注解声明了采用 Bean 管理的事务。

下述代码用于完成任务 7.D.7，修改库存盘点业务会话 Bean，使用 Bean 管理事务的方式进行事务处理。

【描述 7.D.7】InventoryCheckingServiceBean.java

```
@Stateful
@TransactionManagement (TransactionManagementType.BEAN) // bean 管理的事务
    public class InventoryCheckingServiceBean implements
        InventoryCheckingServiceLocal {

    // 注入 EJB 容器的持久化上下文
    @PersistenceContext (unitName = "ejb3theory")
    private EntityManager entityManager;

    // 注入 UserTransaction
    @Resource
    private UserTransaction userTransaction;

    // 盘点结果:Map < 产品 ID, 盘点差异数量 >。
    private Map < Integer, Double > checkingResults
            = new HashMap < Integer, Double >();
```

```
@SuppressWarnings ("unchecked")
@Override
@Remove
public void updateInventory() {
    try {
                userTransaction.begin();

        Query inventoryQuery = entityManager
            .createQuery ("from Inventory where product.id = ?1");

        InventoryTransaction inventoryTransaction
            = new InventoryTransaction();
        inventoryTransaction.setDate (new Date ());
        inventoryTransaction
            .setType (InventoryTransaction.INVENTORY_CHECKING_TYPE);
        entityManager.persist (inventoryTransaction);

        for (Entry < Integer, Double > entry :checkingResults.entrySet()) {
            int productId = entry.getKey();
            double quantity = entry.getValue();
            if (quantity = =0)
            continue;

            Product product = entityManager.find (Product.class, productId);
            inventoryQuery.setParameter (1, productId);
            List < Inventory > list = inventoryQuery.getResultList();
            if (list.size() > 0) {
                Inventory inventory = list.get (0);
                inventory.setQuantity (inventory.getQuantity() + quantity);
            }

            InventoryTransactionDetail inventoryTransactionDetail
                    = new InventoryTransactionDetail();
            inventoryTransactionDetail.setProduct (product);
            inventoryTransactionDetail.setQuantity (quantity);
            inventoryTransactionDetail
                    .setInventoryTransaction (inventoryTransaction);
            entityManager.persist (inventoryTransactionDetail);
        }

        userTransaction.commit();
    } catch (Exception e) {
        e.printStackTrace();
```

```
            try {
                userTransaction.rollback();
            } catch (Exception e1) {
                e1.printStackTrace();
            }
        }
    }

    @Override
    public void addCheckingResult (Integer productId, double difference) {
        checkingResults.put (productId, difference);
    }

    private static final long serialVersionUID =1L;
}
```

上述代码的产品业务会话 Bean 中，首先使用@Resource 注解注入了 UserTransaction 对象 userTransaction；在执行盘点操作的业务方法中，通过调用 userTransaction 的 begin( )方法开始事务；执行完持久化操作（涉及三个实体）后，调用其 commit( )方法提交了事务；当出现异常时，调用 rollback( )方法回滚事务。

 7.3.3 事务的传播

1.会话 Bean

对于无状态会话 Bean，使用 UserTransaction 管理的事务必须在同一个方法内开始和结束。无状态会话 Bean 的实例可能由多个客户端共享，一个实例为某个客户端提供了服务后，可能此客户端的后续请求会由另一个实例进行服务。因此，不要使用 UserTransaction 在一个方法中开始事务，而在另一个方法中提交（或回滚）事务，这极有可能造成混乱。

对于有状态会话 Bean，其实例只为一个客户端提供服务，因此，可以编写跨方法的事务，即可以在一个方法中开始事务，调用若干方法后，再在某个方法中结束事务。但是，这不是一种好的设计方式，跨越多个方法的事务很可能会持续较长的时间，甚至忘记了调用最后执行事务提交的方法，这可能造成死锁或资源的泄漏。

当客户端调用了使用 Bean 管理事务的会话 Bean 的方法时，如果这个客户端已经位于事务范围之内，则其已经加入的事务会被挂起，直到方法调用完毕才能恢复。当使用 Bean 管理的事务时，无论是在业务方法中开始的事务，还是业务方法中使用了以前已经存在的事务，客户端的事务都会被挂起，业务方法调用完毕后才能够恢复。

2.消息驱动 Bean

消息驱动 Bean 与无状态会话 Bean 类似，使用 UserTransaction 管理的事务必须在 onMessage( )方法内开始和结束。

需要注意的是，使用容器管理的事务时，消息驱动 Bean 中消费的消息是事务的一部分，当事务回滚时，消息处理也会回滚，JMS 提供器会重新发送消息。而使用 Bean 管理的事务

时，消息不作为事务的一部分看待，事务回滚时，JMS 提供器无法得知事务已经失败，此时 JMS 提供器只能通过消息的确认机制来判断是否已经成功送达消息。

当消息驱动 Bean 的 onMessage( )方法成功返回后，容器会回复确认消息。但是，如果 onMessage( )方法抛出了 RuntimeException，容器将不会回复，JMS 提供器会尝试重新发送消息。

如果需要在任务失败时重新接收消息，则应该使 onMessage( )方法抛出 EJBException，从而使容器不会发送确认，进而 JMS 提供器会重新发送消息。

但另一方面，再次接收这条造成异常的消息时很有可能还会造成异常，这就很容易形成接收—异常—重发的循环。容器通常会提供重发计数和死亡消息区等类似的机制，以避免不必要的无限重发，但这些处理方式是特定于容器的，EJB 规范并没有要求。

小结

通过本章的学习，学生应该能够学会：

- ◆ 事务是企业级应用的核心，对于整个应用系统起到至关重要的作用
- ◆ 事务具有 ACID（原子性、一致性、隔离性、持久性）四个特征
- ◆ 本地事务只涉及单一的资源，绝大多数的应用程序使用的都是本地事务
- ◆ 全局事务涉及多个资源，必须由事务管理器统一协调各个资源
- ◆ 全局事务使用两阶段的方式提交事务
- ◆ EJB 提供的事务管理支持都是使用基于 JTA 的全局事务
- ◆ EJB 提供容器管理的事务和 Bean 管理的事务两种事务管理方式
- ◆ 使用容器管理的事务时，由 EJB 容器负责完成事务的开始、提交和回滚
- ◆ 使用@TransactionManagement 注解可以声明一个 EJB 使用哪种事务管理方式
- ◆ 使用@TransactionAttribute 注解可以声明事务的属性
- ◆ EJB 中的业务方法默认采用容器管理的事务，并且采用 REQUIRED 事务属性
- ◆ 使用容器管理的事务时，如果业务方法抛出了系统异常，则一定会引起事务的回滚，并且容器会销毁 EJB 实例
- ◆ 使用容器管理的事务时，如果业务方法抛出了普通异常，则不会引起事务的回滚
- ◆ 使用@ApplicationException 注解可以将异常标记为 EJB 应用异常，如果使用容器管理的事务并且业务方法抛出了 EJB 应用异常，则会引起事务的回滚，但容器不会销毁 EJB 实例
- ◆ UserTransaction 接口提供了用于显式控制事务的方法
- ◆ UserTransaction 接口的实例需要由 Java EE 容器提供，可以通过依赖注入、JNDI 查找和 EJBContext 获得
- ◆ UserTransaction 接口的 begin( )、commit( )、rollback( )方法用于开始、提交、回滚事务

练习

1.事务具有四个特征，下列不属于这些特征的是________。(多选)

A.原子性　　B.持久性　　C.扩展性　　D.高性能

2.关于本地事务和全局事务的说法不正确的是________。

A.本地事务只操作一个事务性资源　　B.全局事务可操作多个事务性资源

C.全局事务通过 JDBC 的 Connection 可以实现　D.全局事务通常使用两阶段提交的方式

3.关于全局事务的说法不正确的是________。

A.Java EE 中的 JTA 是全局事务规范

B.全局事务也经常称为分布式事务

C.全局事务需要通过一个事务协调器管理

D.如果两个 JDBC Connection 对象连接的是同一个数据库，则在这两个连接上的操作不属于全局事务

4.关于 EJB 事务管理的说法不正确的是________。

A.EJB 支持 Bean 管理的事务和容器管理的事务

B.EJB 的事务管理都是基于 JTA 的

C.EJB 中无法手动控制事务的提交和回滚

D.EJB 中的方法默认会自动加入事务

5.关于 EJB 事务管理的说法正确的是________。(多选)

A.@TransactionManagement 注解用于声明事务管理方式

B.@TransactionManagementType 注解用于声明事务管理方式

C.@TransactionAttribute 注解用于声明事务属性

D.@TransactionAttributeType 注解用于声明事务属性

6.要实现下属要求，需要标注何种事务属性？________

标注此种事务属性的方法必须参与事务。如果方法在事务范围内被调用，则会自动加入当前事务；如果没有在事务范围内调用，则容器会创建一个新的事务，新事务会包含此方法及其调用的其他 EJB 方法，在此方法执行完毕后，新事务会结束。

A.NEVER　　B.SUPPORTS　　C.MANDATORY　　D.REQUIRED

7.使用容器管理的事务时，下列哪些操作会引起事务回滚？________（多选）

A.调用了 EJBContext 的 setRollbackOnly( )方法

B.抛出 RuntimeException

C.抛出 RemoteException

D.抛出 IOException

8.使用 Bean 管理的事务时，下列哪些操作可以获得 UserTransaction 对象？________（多选）

A.使用@Resource 注解注入

B.查找 JNDI

C.调用 EJBContext 的 getUserTransaction( )方法

D.直接构造

9.事务的四个特征是________、________、________、________。

10.在 EJB 中使用容器管理的事务时，可以使用________和________两种异常。

11.使用容器管理的事务时，如何提交和回滚事务？

12.使用容器管理的事务时，抛出 EJB 规定的系统异常和应用异常都可引起事务回滚，两种方式有何区别？

13.何种情况下必须使用 Bean 管理的事务？

14.修改产品会话 Bean，改为使用 Bean 管理的事务。

第 8 章　定时服务、拦截器和 WebService

本章目标

- ◆ 熟悉 EJB 定时服务的 API
- ◆ 掌握使用 EJB 定时服务
- ◆ 了解 EJB 定时服务的局限
- ◆ 理解 AOP 的概念
- ◆ 掌握创建和使用 EJB 拦截器
- ◆ 了解 EJB 默认拦截器和生命周期拦截器
- ◆ 熟悉使用 EJB 发布 WebService
- ◆ 熟悉在 EJB 中访问 WebService

学习导航

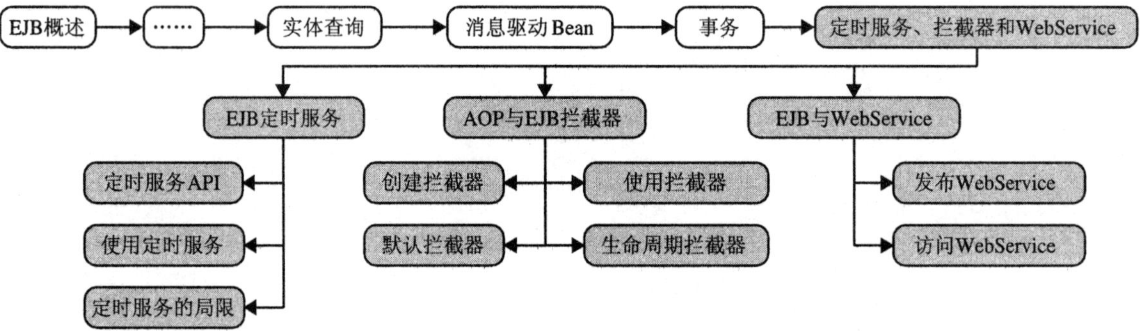

任务描述

【描述】8.D.1

使用 TimerService 接口创建定时器。

【描述】8.D.2

在库存管理示例中，使用 EJB 定时服务完成每月 25 日自动统计生成报表的功能。

【描述】8.D.3

编写拦截器实现自动记录日志的功能。

【描述】8.D.4

为库存查询业务方法关联日志拦截器。

【描述】8.D.5

编写按照产品编码查询库存数量的 WebService 接口。

【描述】8.D.6

修改库存业务会话 bean，添加按照产品编码查询库存数量的 WebService 方法。

【描述】8.D.7

编写 EJB 访问按照产品编码查询库存数量的 WebService。

本书的前述章节已经介绍了 EJB 的主要内容，包括会话 Bean、JPA 及实体、消息驱动 Bean 和 EJB 事务管理。本章将介绍其他几项 EJB 提供的功能，包括 EJB 的定时服务、EJB 中基于拦截器的 AOP 实现以及如何在 EJB 中发布和访问 WebService。

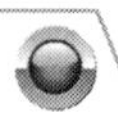

8.1 EJB 定时服务

企业应用中经常需要使用任务调度系统来定时的执行一些操作。例如在夜间自动的统计数据并生成报表；在工作流系统中，也经常需要一些定期执行的审计任务，例如周期性的清点业务单据等。

调度程序在企业应用中具有重要的作用，存在各种实现调度功能的方案。java.util.Timer 类提供了基本的任务调度功能，但是通常不能满足企业应用的要求；一些开源或者商业的工具提供了具有丰富特性和全面功能的调度框架，例如 Quartz 和 Flux Scheduler 等。EJB 规范中引入了称为 Timer Service 的标准调度系统，该系统在功能上有一定的限制，但能够基本满足常见的调度需求。EJB 定时服务采用了与 java.util.Timer 类似的机制，是一种基于超时回调的处理方式，即当指定的时间到达后，由 EJB 容器自动调用指定的方法。

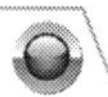

8.1.1 定时服务 API

EJB 定时服务主要涉及 EJB 规范中提供的两个接口和一个注解：

- ◇ javax.ejb.Timer 接口
- ◇ javax.ejb.TimerService 接口
- ◇ @javax.ejb.Timeout 注解

1.Timer 接口

javax.ejb.Timer（注意不是 java.util.Timer）接口代表定时器，其封装了使用定时服务的 EJB 中设置的定时事件。Timer 接口中定义了五个方法，如表 8-1 所示。

表 8-1 Timer 接口

方　法	说　明
void cancel()	取消定时器
Serializable getInfo()	获取定时器相关信息
Date getNextTimeout()	获取定时器下一次的到期时间
long getTimeRemaining()	获取定时器下一次到期前的剩余时间
TimerHandle getHandle()	获取定时器可序列化的句柄

其中：

- ◇ getHandle()方法用于返回一个 javax.ejb.TimerHandle 对象，其代表一个可以被序列化的定时器引用，通过将其反序列化并调用其 getTimer()方法可以重新获得对定时器的访问，TimerHandle 对象只有在定时器到期（对于一次性的定时器）或被取消前是有效的。
- ◇ getInfo()方法使定时器可以携带信息，在定时器到期时，通常需要获得这些信息。

◇ cancel()方法用于取消定时器，当确定不再需要定时器（特别是定期循环执行的定时器）时，不要忘记取消，否则会一直循环。

Timer 接口的其余方法意义都很明显，无需说明。

2. TimerService 接口

javax.ejb.TimerService 接口为访问 EJB 的定时服务提供了支持，利用 TimerService 接口可以创建新的定时器，也可以列出已有的定时器。TimerService 接口中定义了五个方法，如表 8-2 所示。

表 8-2 TimerService 接口

方法	说明
Timer createTimer（Date expiration, Serializable info）	创建一次性定时器，expiration 参数是到期时间，info 参数是自定义的定时器信息
Timer createTimer（long duration, Serializable info）	创建一次性定时器，duration 参数是离到期时间的间隔，单位是毫秒，info 参数是自定义的定时器信息
Timer createTimer（Date initialExpiration, long intervalDuration, Serializable info）	创建间隔定时器，initialExpiration 参数是启动时间，intervalDuration 参数是每次调用的间隔，单位是毫秒，info 参数是自定义的定时器信息
Timer createTimer（long initialDuration, long intervalDuration, Serializable info）	创建间隔定时器，initialDuration 参数是离启动的时间间隔，intervalDuration 参数是每次调用的间隔，单位都是毫秒，info 参数是自定义的定时器信息
Collection getTimers()	获取与当前 EJB 关联的所有定时器

使用 TimerService 接口可以创建一次性的和间隔的两种定时器，一次性的定时器只会触发一次，而间隔定时器会每隔指定的时间就触发一次。

下述代码用于完成任务 8.D.1，使用 TimerService 接口创建定时器。

【描述 8.D.1】TestTimerServiceBean.java

```
Calendar calendar = Calendar.getInstance();
calendar.set (2011, Calendar.OCTOBER, 1); // 2011 年国庆节
Date date = calendar.getTime(); // 2011 年国庆节
long aWeek = 7 * 24 * 60 * 60 * 1000; // 一星期
long aDay = 24 * 60 * 60 * 1000; // 一天

// 使用 TimerService 创建定时器
TimerService ts = ...... // 某种方式获取的 TimerService 对象
ts.createTimer (date,"一次性定时器，2011 年国庆节到期");
ts.createTimer (aWeek,"一次性定时器，一星期后到期");
ts.createTimer (date, aDay,"间隔定时器，2011 年国庆节开始运行，每隔一天执行一次");
ts.createTimer (aWeek, aDay,"间隔定时器，一星期后开始运行，每隔一天执行一次");
```

当创建好一个定时器后，EJB 容器会将其存储在某种持久化介质上，因此，即使系统崩溃，计时器仍然可以保存下来，当容器重新启动后，计时器便可以恢复。

一个 EJB 上可以注册多个定时器，TimerService 接口的 getTimers( )方法可以返回当前 EJB 上关联的所有定时器，例如：

```
TimerService ts =...... // 某种方式获取的 TimerService 对象
for (Object t :ts.getTimers())
    ( (Timer) t) .cancel();
```

上述代码调用 TimerService 的 getTimers( )方法获取了当前 EJB 上关联的所有定时器，然后调用 cancel( )方法取消了每个定时器。

> **注意** 在 EJB 容器停止运行期间，如果计时器到期（对于间隔计时器，甚至有可能在此期间多次到期），那么系统恢复后，该计时器可能会被触发多次。针对 EJB 容器如何处理在系统崩溃时到期的计时器，EJB 规范并没有作出规定，具体的 EJB 容器可能有不同的处理方式。

3. @Timeout 注解

当定时器到期时，EJB 定时服务会调用关联此定时器的 EJB 中的超时方法，超时方法需要使用@javax.ejb.Timeout 注解标记。@Timeout 注解是一个标识性的注解，没有任何参数，但是要求被标记的方法应该遵循一些约定，即返回类型为 void 并且有且只有一个 Timer 类型的参数，例如：

```
@Timeout
public void someMethod (Timer timer ) {......}
```

一个 EJB 中只能有一个方法被@Timeout 注解标记为超时方法，超时方法中可以利用 Timer 参数的 getInfo( )方法获得计时器携带的信息，例如：

```
@Timeout
public void someMethod (Timer timer) {
    SomeBusinessObject bo = (SomeBusinessObject) timer.getInfo();
    ......
}
```

8.1.2 使用定时服务

只能在无状态会话 Bean 和消息驱动 Bean 中使用 EJB 定时服务，而有状态会话 Bean 由于其存储了客户端状态，特定于某一个客户端，因此不能使用定时服务。实际上，当某个定时器启动时，关联该定时器的 EJB 可能在实例池中存在多个实例，EJB 容器会从中选择一个实例并调用其@Timeout 回调方法。对于定时器来说，使用其关联的 EJB 的任何一个实例应该都是等价的，而有状态会话 Bean 显然无法满足此要求。

使用 EJB 定时服务首先需要获得 TimerService 的实例，实例由 EJB 容器提供，可以通过@Resource 注解注入和 EJBContext 的 getTimerService( )方法获得。例如下列代码使用@Resource 注解注入了 TimerService：

```
@Stateless
public class SomeBean implements SomeBusinessInterface {
    @Resource
```

```
    TimerService timerService;
    ......
}
```

使用 EJBContext 的 getTimerService( )方法也可以获得 TimerService，例如：

```
@Stateless
public class SomeBean implements SomeBusinessInterface {
    @Resource
    EJBContext ejbContext;

    public void someMethod() {
            TimerService timerService = ejbContext.getTimerService();
        timerService......
    }

    ......
}
```

获得 TimerService 对象后即可创建定时器。还需要使用@Timeout 注解标注超时方法，当定时器到期时，会自动执行超时方法。

下述内容用于完成任务 8.D.2，在库存管理示例中，使用 EJB 定时服务完成每月 25 日自动统计生成报表的功能。

首先编写业务接口及会话 Bean，用于创建定时器，并在超时方法中生成报表：

【描述 8.D.2】ReportTimerService.java

```
@Local
public interface ReportTimerService {
    /**
     * 每月 25 日生成报表
     */
    void start();

    /**
     * 取消定时器
     */
    void stop();
}
```

【描述 8.D.2】ReportTimerBean.java

```
@Stateless
public class ReportTimerBean implements ReportTimerService {

    private static final String REPORT_SQL =
        "select p.code,                                              "
        +"      p.name,                                              "
```

```
        +"      sum (decode (t.type, 'O', -d.quantity, 0)) out_qty,     "
        +"      sum (decode (t.type, 'I', d.quantity, 0)) in_qty,       "
        +"      i.quantity                                              "
        +" from product p                                               "
        +" left join inventory i on i.product_id=p.id                   "
        +" left join inventory_trans_detail d on d.product_id=p.id "
        +" left join inventory_trans t on t.id=d.trans_id               "
        +" where (t.type='I' or t.type='O')                             "
        +" and t.trans_date > ?                                         "
        +" and t.trans_date <=?                                         "
        +" group by p.code, p.name, i.quantity                          ";

    @PersistenceContext (unitName="ejb3theory")
    private EntityManager entityManager;

    // 注入 TimerService
    @Resource
    private TimerService timerService;

    // 每月 25 日生成报表
    @Override
    public void start() {
        Calendar calendar=Calendar.getInstance(); // 当前时间
        // 每个月的 25 日 23 点 59 分 59 秒执行。
        // 如果当前日期已经到达 25 日，则从下个月 25 日开始
        if (calendar.get (Calendar.DAY_OF_MONTH) >=25)
            calendar.add (Calendar.MONTH, 1); // 下个月
        calendar.set (Calendar.DAY_OF_MONTH, 25);
        calendar.set (Calendar.HOUR_OF_DAY, 23);
        calendar.set (Calendar.MINUTE, 59);
        calendar.set (Calendar.SECOND, 59);
        timerService.createTimer (calendar.getTime(), calendar);
    }

    // 取消定时器
    @Override
    public void stop() {
        for (Object timer :timerService.getTimers())
            ((Timer) timer).cancel();
    }

    @SuppressWarnings ("unchecked")
    @Timeout
    public void generateReport (Timer timer) {
```

```
        Calendar calendar = (Calendar) timer.getInfo(); // 执行时间
        // 需要统计从上个月 26 日到这个月 25 日的所有数据
        Date to = calendar.getTime(); // 截止日期
        calendar.add (Calendar.MONTH, -1); // 上个月
        Date from = calendar.getTime(); // 开始日期

        Query query = entityManager.createNativeQuery (REPORT_SQL);
        query.setParameter (1, from) .setParameter (2, to);
        List <Object [] > list = query.getResultList();

        // 生成报表
        System.out.println ("编号\t 名称\t 出库数量\t 入库数量\t 期末数量");
        for (Object [] line :list)
            System.out.println (line [0] +" \t" +line [1] +" \t" +line [2] +" \t"
                +line [3] +" \t" +line [4] +" \t");

        // 开始一个新的计时器，下月 25 号执行
        start();
    }
}
```

上述代码中，ReportTimerBean 为无状态会话 Bean，其中使用@Resource 注解注入了容器提供的 TimerService 对象；在业务接口方法 start()中，创建了一次性定时器，定时器在下一个 25 日的最后一秒钟到期；使用@Timeout 注解标注超时方法 generateReport()，其中查询数据库，并在最后又一次调用 start()方法，从而创建一个新的一次性定时器；stop()方法用于取消定时器。注意在超时方法 generateReport()中只是在控制台输出查询结果，实际应用中可能会以某种形式产生报表。

每个月的 25 日执行，这更像是一个间隔性的定时器，但是因为各个月的 25 日之间间隔的时间是不一样的，所以只能采用一次性定时器，并在每次执行完毕后再开始一个新的定时器。另外，报表查询通常比较复杂，不适合使用 JPA 的实体查询方式，所以上述代码中直接使用 SQL 完成查询。

ReportTimerBean 中完成了创建定时器的操作和超时方法，但是 EJB 容器启动时不会自动调用 ReportTimerBean，必须得有客户端的调用才能启动定时器。在 Web 项目中，可以使用 Servlet 中的 ServletContextListener 来调用定时服务 Bean，从而在 Web 容器启动时就能够开始运行定时器。编写 Servlet 监听器如下：

【描述 8.D.2】ReportListener.java

```
public class ReportListener implements ServletContextListener {

    @EJB
    ReportTimerService reportTimerService;
```

```
    @Override
    public void contextInitialized (ServletContextEvent arg0) {
        reportTimerService.start();
    }

    @Override
    public void contextDestroyed (ServletContextEvent arg0) {
    }
}
```

上述 Servlet 监听器 ReportListener 中，注入了 ReportTimerBean，并在 contextInitialized( )方法中调用其 start( )方法，从而使定时器启动。在 web.xml 中配置好 ReportListener 后，运行 EJB 容器和 Web 容器，则会在每个月的25 日生成报表。为了方便测试，可以将系统时间修改为 25 日的 23 时 59 分，然后运行，则到期后 EJB 容器控制台将输出下列内容：

```
00:00:29, 531   INFO   [STDOUT]  编号   名称       出库数量   入库数量   期末数量
00:00:29, 531   INFO   [STDOUT]  1111   product1   2222       0          100
00:00:29, 531   INFO   [STDOUT]  2222   product2   333        0          44
```

8.1.3 EJB 定时服务的局限

EJB 的定时服务使用非常容易，但是功能上有很大的局限。首先，任务调度控制不够灵活，必须通过复杂的编码才能表达现实中很常见的需求，例如任务描述 8.D.2 中经过了复杂的日期计算才表达出每月 25 日这个简单的要求，并且还无法使用更贴切的间隔定时器。

EJB 定时服务的更大限制是，定时器无法自动启动，必须由客户端主动调用才能创建定时器并开始运行。因此，对于无状态会话 Bean，必须在客户端调用某个业务方法时，定时器才会创建；对于消息驱动 Bean，必须在消息到达时，才能触发创建定时器的操作。只能依靠客户端的某些机制来自动启动定时器，例如任务描述 8.D.2 中使用了 Servlet 的监听器，而这更应该是由 EJB 容器提供的功能。

无法创建主动运行的定时器是 EJB 定时服务的一个主要缺陷。不要试图在 EJB 的@PostConstruct 回调方法中创建定时器，因为无法确定容器何时会创建 EJB 的实例，并且这会导致每构造一个实例就会产生一个新的定时器。可以在@PostConstruct 回调方法中添加一个静态的标志变量，每次回调时都判断这个标志，如果标志为假则创建定时器，并置标志为真，如果标志为真则不创建新的定时器，这可以部分的解决问题，但是在集群或存在多个类加载器的情况下还是无法保证定时器是唯一的。

另外，Timer 接口也过于简单，除了下次的到期时间，无法从中得到其他任何关于定时器的信息，只能自己动手将这些信息封装在其 info 属性中。

尽管有上述的缺陷，但是相对于直接使用 java.util.Timer，使用 EJB 定时服务要简单得多。如果需要更强大的任务调度功能，可以采用一些专门的调度工具。

> **注意** EJB 定时服务的最小时间单位是毫秒，但实际上很难达到这样的精度，因为程序的运行时间在运行前基本上是无法预料的，特别是涉及多个线程竞争时，另外，服务器的时钟是否真的准确是一个更复杂的问题。因此，时间精度不能算作 EJB 定时服务的缺陷，读者可以参阅关于时间服务的资料。

8.2 AOP 与 EJB 拦截器

软件系统中经常存在很多完成基础性功能的代码，这些功能与核心的业务逻辑没有关系，但是必须被处理才能使整个系统正常运行。基础代码在业务方法中频繁出现，通常会非常类似，但是却很难抽取到一个统一的位置以供重用。经常被提到的例子是日志和事务，类似于 log( )、beginTransaction( )、commit( )这样的方法调用在业务方法中大量重复出现，无法以一种简单的方式将其抽取到合适的位置。

面向方面程序设计（aspect - oriented programming，AOP）的目的就是解决上述问题。使用 AOP 后，这些重复的代码可以在一个统一的位置只编写一次，而业务方法中只需简单的配置即可自动调用这些代码，更强大的 AOP 工具（例如 AspectJ）甚至能够在直接对属性赋值或 new 一个对象时自动进行功能增强。

EJB 通过拦截器机制提供了方法级的 AOP 功能（非常类似于 Java SE 中的动态代理），即可以在业务方法执行前后对其功能进行增强。编写拦截器后，只需将其注册到需要被增强的业务方法，则这个业务方法被调用时将自动执行拦截器中的相关方法。

> **注意** EJB 的拦截器只提供了基于方法的 AOP 功能，其他的一些工具或框架等提供了从低到高各种级别的 AOP 支持，如果需要更多的 AOP 功能，可以使用这些工具。关于 AOP 的实现机制等深入内容可以参阅专门介绍 AOP 的资料。

8.2.1 创建拦截器

创建 EJB 拦截器需要使用@javax.interceptor.AroundInvoke 注解，这是一个标识性注解，没有任何参数，但是要求被标记的方法应该遵循一些约定，即返回类型为 Object 并且有且只有一个 javax.interceptor.InvocationContext 类型的参数，例如：

```
@AroundInvoke
public Object someMethod (InvocationContext context ) {......}
```

只需在方法上标注@AroundInvoke 注解，即可声明一个 EJB 拦截器，例如：

```
public class SomeInterceptor {
    @AroundInvoke
    public Object someMethod (InvocationContext context) {
        ......
    }
}
```

InvocationContext 接口封装了被拦截方法的信息，其提供了多个用于访问这些信息的方法，如表 8-3 所示。

表 8-3 InvocationContext 接口

方 法	说 明
Object getTarget()	获取被调用的 EJB 实例
Method getMethod()	获取被调用的 EJB 方法，即被增强的方法
Object [] getParameters()	获取被调用的 EJB 方法的参数值
void setParameters (Object [] newParameters)	设置被调用的 EJB 方法的参数值
Map <String, Object> getContextData()	返回的 Map 中可以存储信息，此 Map 在被增强的方法调用期间一直存在，可用于在同一方法的多个拦截器之间传递数据
Object proceed()	调用目标方法，即 EJB 中被增强的方法

InvocationContext 接口的 proceed()方法用于调用下一个拦截器，如果已经没有拦截器，则调用最终的业务方法。因此，通常应该调用 proceed()方法，除非确实需要取消业务方法的调用（这非常类似于 Servlet 中过滤器的执行机制）。InvocationContext 接口的其他方法意义很明显，无需介绍。

下述代码用于完成任务 8.D.3，编写 EJB 拦截器实现记录日志的功能。

【描述 8.D.3】LogInterceptor.java

```
public class LogInterceptor {
    @AroundInvoke
    public Object log (InvocationContext context) throws Exception {
        String ejbName = context.getTarget().getClass().getName();
        String methodName = context.getMethod().getName();
        StringBuilder sb = new StringBuilder();
        sb.append ("调用了") .append (ejbName)
            .append ("的") .append (methodName) .append ("方法，参数为:");
        for (Object parameter :context.getParameters())
            sb.append (parameter) .append (",");
        System.out.println (sb);
        return context.proceed();
    }
}
```

上述代码中，使用@AroundInvoke 注解标注了 LogInterceptor 类的 log()方法，因此 LogInterceptor 可以作为 EJB 拦截器使用。log()方法中，使用 InvocationContext 的相关方法得到了目标类名、方法名和参数列表，并在控制台输出（真实业务中，应该使用功能完善的日志工具）。在 log()方法最后，调用了 InvocationContext 的 proceed()方法以执行后续拦截器或 EJB 中的最终业务方法。

8.2.2 使用拦截器

创建 EJB 拦截器后，使用@javax.interceptor.Interceptors 注解可以将 EJB 与拦截器关联，其定义如下：

```
@Target (TYPE, METHOD)
@Retention (RUNTIME)
public @interface Interceptors {
```

```
    Class [] value();
}
```

@Interceptors 注解只有一个默认参数，用于指定需要的拦截器。使用@Interceptors 注解可以同时声明多个拦截器，其执行顺序就是声明的顺序。

@Interceptors 注解可以在 EJB 或者其业务方法上标注。如果标注于类上，则针对其每个业务方法的每次调用都会触发拦截器，例如：

```
@Stateless
@Interceptors ( {Interceptor1.class, Interceptor2.class})
public class SomeBean implements SomeBusinessInterface {
    public void method1() {......}
    public void method2() {......}
}
```

上述 EJB 中的 method1 ( ) 和 method1 ( ) 方法每次被调用时，都会依次执行拦截器 Interceptor1 和 Interceptor2 中的拦截方法。

如果@Interceptors 注解标注于某个业务方法上，则会在每次调用此业务方法时触发拦截器，例如：

```
@Stateless
public class SomeBean implements SomeBusinessInterface {
    @Interceptors ( {Interceptor1.class, Interceptor2.class})
    public void method1() {......}
    public void method2() {......}
}
```

上述 EJB 中只有 method1 ( ) 方法每次被调用时会依次执行拦截器 Interceptor1 和 Interceptor2 中的拦截方法。

下述代码用于完成任务 8.D.4，为库存查询业务方法关联日志拦截器。

【描述 8.D.4】 InventoryServiceBean.java

```
@Stateless
@SuppressWarnings ("unchecked")
public class InventoryServiceBean implements InventoryServiceLocal {
    // 注入 EJB 容器的持久化上下文
    @PersistenceContext (unitName = "ejb3theory")
    private EntityManager entityManager;

    @Override
    @Interceptors (LogInterceptor.class)
    public List < Inventory > getInventories (String productName,
                                               String productCode) {
          String jpql = " from Inventory where product.name like:productName and
product.code like:productCode";
        Query query = entityManager.createQuery (jpql);
```

```
        if (productName = =null)
            productName ="";
        if (productCode = =null)
            productCode ="";
        query.setParameter ("productName","% " +productName +"% ");
        query.setParameter ("productCode","% " +productCode +"% ");
        return query.getResultList();
    }
}
```

上述库存查询业务会话 Bean 中，使用@Interceptors 注解标注 getInventories( ) 业务方法，并关联了 LogInterceptor 拦截器。当客户端调用 getInventories( ) 方法时，会调用 LogInterceptor 拦截器的 log( ) 方法记录日志。启动项目，并访问库存清单页面，录入查询条件，如图 8-1 所示。

产品编码 88

产品名称 8

提交

产品编码	产品名称	产品库存量
8888	product8	0.0
555888	444	123.0
66677	666	12.0
1111	product1	100.0
2222	product2	44.0
T410	product3	0.0
4444	product4	6.0
5555	product5	0.0
6666	product6	0.0
7777	product7	0.0

图 8-1

点击查询，将执行 InventoryServiceBean 的 getInventories( ) 方法，从而触发 LogInterceptor 拦截器的 log( ) 方法，控制台会输出下列内容：

```
调用了 ejb3programming.ch08.service.impl.InventoryServiceBean 的 getInventories 方法，参数为:8, 88,
```

8.2.3 默认拦截器

如果使用部署描述文件来配置拦截器，<interceptor-binding>元素的 <ejb-name> 子元素可以使用通配符，因此，可以配置应用于所有 EJB 的默认拦截器，例如下列部署描述文件片断：

```
<assembly-descriptor>
    <interceptor-binding>
        <ejb-name>* </ejb-name>
        <interceptor-class>pkg1.pkg2.SomeInterceptor</interceptor-class>
    </interceptor-binding>
</assembly-descriptor>
```

上述配置代码中，<ejb-name>元素的内容为“ * ”，因此所有 EJB 中的所有业务方法都会被 SomeInterceptor 拦截器拦截。注意，只有在部署描述文件中才能使用通配符配置默认拦截器，使用注解是无法指定默认拦截器的。

EJB 的业务方法上可能关联多个拦截器，最复杂的情况下，会有默认拦截器、其所在类上的拦截器以及方法上声明的拦截器三种，并且每种类型都有可能存在多个拦截器，EJB 会按照默认拦截器→类拦截器→方法拦截器的顺序执行，而每种类型中的多个拦截器则按照声明的顺序执行。

使用 javax.interceptor 包下的@ExcludeDefaultInterceptors 和@ExcludeClassInterceptors 注解可以禁用默认拦截器和类上的拦截器，只需在类（禁用默认拦截器）或者方法（禁用默认的或者类上的拦截器）上标注即可。

8.2.4 生命周期拦截器

除了拦截 EJB 业务方法的调用，拦截器还可以拦截 EJB 的生命周期事件，当 EJB 的生命周期状态发生改变时，会自动触发生命周期拦截器的拦截方法。

生命周期拦截器的定义方式与业务方法拦截器类似，但是不再使用@AroundInvoke 注解，而是使用 EJB 生命周期回调的相关注解，并且生命周期拦截方法必须返回 void，而不是 Object，例如：

```
public class SomeInterceptor {
    @PostConstruct
    public void method1 (InvocationContext context) {
        ......
    }

    @PreDestroy
    public void method2 (InvocationContext context) {
        ......
    }
}
```

上述代码中，定义了生命周期拦截器，其中分别使用@PostConstruct 和@PreDestroy 注解标注了 method1( ) 和 method2( ) 方法。对于关联此拦截器的 EJB，当实例被创建时，会调用 method1( ) 方法，实例被销毁时，会调用 method2( ) 方法。

与业务方法拦截器类似，只有调用了 InvocationContext 的 proceed( ) 方法，才能完成对生命周期事件的响应。调用 proceed( ) 方法时，会触发针对此生命周期事件的下一个拦截器；如果不再有拦截器，则调用 EJB 的生命周期回调方法；如果没有回调方法，proceed()方法则不会执行任何操作。

使用生命周期拦截器的方式与业务方法拦截器完全相同，只需使用@Interceptors 注解在 EJB 上标注即可，例如：

```
@Stateless
@Interceptors (SomeInterceptor.class)
public class SomeBean implements SomeBusinessInterface {
    ......
}
```

上述代码中，使用@Interceptors 注解将 SomeBean 与生命周期拦截器 SomeInterceptor 关联在一起。

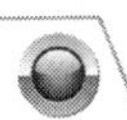

8.3 EJB 与 WebService

WebService 是一种远程应用平台，提供了跨越硬件、操作系统、编程语言和应用系统的互操作能力。Java EE 中有许多与 WebService 有关的规范，包括 JAX-WS（Java API for XML Web Services）、JAX-RPC（Java API for XML-based RPC）、SAAJ（SOAP with Attachments API for Java）、JAXR（Java API for XML Registries）等，这些 API 是使用 Java EE 开发 WebService 的基础。本章将简单介绍如何使用 EJB 和 JAX-WS 2.0 进行 WebService 开发，其中会涉及许多关于 WSDL（Web Service Description Language）和 SOAP（Simple Object Access Protocol）的内容，这些内容与 WebService 紧密相关，但是与 EJB 并没有太大的关系，因此本书将不会详细说明。

> **注意** 对 WebService 的深入讨论将涉及大量错综复杂的技术与规范，这超出了本书的主题，读者可以参阅专门介绍 WebService 的资料。

8.3.1 发布 WebService

1. @WebService 注解

使用 JAX－WS 将一个无状态会话 Bean 的业务方法发布为 WebService 是非常容易的，在最简单的情况下，只需要使用@javax.jws.WebService 注解标注业务接口或无状态会话 Bean 即可。@WebService 注解的定义如下：

```
@Target (TYPE)
@Retention (RUNTIME)
public @interface WebService {
    String name()default "";
    String targetNamespace()default "";
    String serviceName()default "";
    String wsdlLocation()default "";
    String portName()default "";
    String endpointInterface()default "";
}
```

@WebService 注解有六个参数：

◇ name：指定 WebService 名称，映射到 WSDL 中 <portType> 元素的 name 属性，默认值为类或者接口的名称；
◇ targetNamespace：指定生成的 WSDL 和 XML 中的命名空间，默认值为类或接口的 Java 包名；
◇ serviceName：指定服务名称，映射到 WSDL 中 <service> 元素的 name 属性，只有将@WebService 注解标注在类（而非接口）上时才可以指定此参数，默认值为类名 + Service；
◇ wsdlLocation：指定 WSDL 的 URL 地址，需要映射到现有的 WSDL 文件时才需要此参数；
◇ portName：指定端口名称，映射到 WSDL 中 <port> 元素的 name 属性；
◇ endpointInterface：指定服务端点接口（service endpoint interface，SDI）的名称。

EJB 为@WebService 注解的参数提供了合适的默认值，大部分情况下无需修改。下述代码用于完成任务 8.D.5，编写按照产品编码查询库存数量的 WebService 接口。

【描述 8.D.5】 InventoryServiceWS.java

```
@WebService
public interface InventoryServiceWS {
    double getInventory (String productCode);
}
```

上述代码使用@WebService 注解将 InventoryServiceWS 声明为 WebService 接口，因此，实现此接口的无状态会话 Bean 中的 getInventory( ) 方法将被发布为 WebService。

下述代码用于完成任务 8.D.6，修改库存业务会话 Bean，添加按照产品编码查询库存数量的 WebService 方法。

【描述 8.D.6】 InventoryServiceBean.java

```
@Stateless
@WebService (
    endpointInterface = "ejb3programming.ch08.service.InventoryServiceWS")
@SuppressWarnings ("unchecked")
public class InventoryServiceBean
        implements InventoryServiceLocal, InventoryServiceWS {

    // 注入 EJB 容器的持久化上下文
    @PersistenceContext (unitName = "ejb3theory")
    private EntityManager entityManager;

    @Override
    public double getInventory (String productCode) {
        String jpql
        = "select quantity from Inventory where product.code = :productCode";
```

```
        Query query = entityManager.createQuery (jpql);
        query.setParameter ("productCode", productCode);
        List < Double > list = query.getResultList();
        if (list.size() > 0)
            return list.get (0);
        return 0;
    }

    ......
}
```

上述代码中的 InventoryServiceBean 实现了 WebService 接口 InventoryServiceWS，完成了根据产品编码查询库存数量的方法。注意其中使用@WebService 注解指定了服务端点接口，但并不是必需的。

定义了 WebService 接口时，其所有的方法都会暴露为 WebService，例如上例中 InventoryServiceWS 接口中定义了 getInventory( )方法，InventoryServiceBean 实现了此接口，则 InventoryServiceBean 中的 getInventory( )方法会暴露为 WebService，但是其他方法不会。

如果没有定义 WebService 接口，也可以直接在无状态会话 Bean 上声明@WebService 注解，例如 InventoryServiceBean 可修改为：

```
@Stateless
@WebService
public class InventoryServiceBean implements InventoryServiceLocal {
    public double getInventory (String productCode) {......}
    public void otherMethod() {......}
}
```

上述代码中，修改后的 InventoryServiceBean 不再实现任何 WebService 接口 (InventoryServiceLocal 不是 WebService 接口)，但是标注了@WebService 注解。这种情况下，InventoryServiceBean 中的所有 public 方法都将被暴露为 WebService，容器会自动生成 WebService 的端点接口。

2. @WebMethod 注解

使用自动生成的端点接口时，无状态会话 Bean 中的所有 public 方法都将被暴露为 WebService，如果不希望如此，可以使用@javax.jws.WebMethod 注解，其定义如下：

```
@Target (METHOD)
@Retention (RUNTIME)
public @interface WebMethod {
    String operationName()default "";
    String action()default "";
    boolean exclude()default false;
}
```

@WebMethod 注解有三个参数：

◇ operationName：指定操作名称，映射到 WSDL 中 <operation>元素的 name 属性，默认

值为方法的名称；

◇ action：指定 SOAP 动作，映射到 WSDL 中 <soap:operation>元素的 soapAction 属性；

◇ exclude：指定是否排除此方法。

利用@WebMethod 注解的 exclude 参数，可以将方法排除在 WebService 之外，例如：

```
@Stateless
@WebService
public class InventoryServiceBean implements InventoryServiceLocal {
    public double getInventory (String productCode) {......}
    @WebMethod (exclude = true)
    public void otherMethod() {......}
}
```

上述代码中，使用@WebMethod 注解标记了 otherMethod()方法，并指定 exclude 参数值为 true，因此 otherMethod()方法将不会被暴露为 WebService。

3. 其他注解

除了最常用的@WebService 和@WebMethod，JAX－WS 还提供了一些注解用于更细致的控制 WSDL，包括：

◇ @javax.jws.soap.SOAPBinding 用于指定 WebService 的样式、SOAP 消息的样式和参数的样式；

◇ @javax.jws.WebParam 用于控制 SOAP 消息的参数；

◇ @javax.jws.WebResult 用于控制 SOAP 消息的返回值；

◇ @javax.jws.OneWay 用于不具有返回值的 WebService 操作；

◇ @javax.jws.HandlerChain 用于定义在响应 SOAP 消息时调用的处理器链。

上述注解与 WSDL 密切相关，本书不再详细介绍。

8.3.2 访问 WebService

由于 WebService 具有平台无关性，所以发布后可以被任何程序调用，当然，在 EJB 中也可以访问 WebService。最简单的方式是使用 JAX-WS 提供的@javax.xml.ws.WebServiceRef 注解，其定义如下：

```
@Target (TYPE, METHOD, FIELD)
@Retention (RUNTIME)
public @interface WebServiceRef {
    String name()default "";
    String wsdlLocation()default "";
    Class type()default Object.class;
    Class value()default Object.class;
    String mappedName()default "";
}
```

@WebServiceRef 注解有五个参数：

◇ name：指定 WebService 的 JNDI 名称；

◇ wsdlLocation：指定 WSDL 文件的 URL；

◇ type：指定 WebService 的端点接口；

◇ value：指定服务接口；

◇ mappedName：厂商专有的 JNDI 名称。

下述代码用于完成任务 8.D.7，编写 EJB 访问按照产品编码查询库存数量的 WebService。

【描述 8.D.7】TestWebServiceClientInterface.java

```
// 业务接口
@Remote
public interface TestWebServiceClientInterface {
    void test();
}
```

【描述 8.D.7】TestWebServiceClientBean.java

```
@Stateless
public class TestWebServiceClientBean
        implements TestWebServiceClientInterface {

    @WebServiceRef (wsdlLocation
            ="http://127.0.0.1:8080/ch08-ch08EJB/InventoryServiceBean?wsdl")
    InventoryServiceWS inventoryService;

    @Override
    public void test() {
        System.out.println (inventoryService.getInventory ("1111"));
    }
}
```

上述会话 Bean 中，使用@WebServiceRef 注解引入了端点接口类型为 InventoryServiceWS 的 WebService，并调用了其 getInventory( )方法，其中@WebServiceRef 注解的 wsdlLocation 参数指定了 WebService 的 WSDL 路径。

编写调用 TestWebServiceClientBean 的测试代码如下：

【描述 8.D.7】Test.java

```
Properties props =new Properties();
props.setProperty (Context.INITIAL_CONTEXT_FACTORY,
        " org.jnp.interfaces.NamingContextFactory");
props.setProperty (Context.PROVIDER_URL," localhost:1099");
Context ctx =new InitialContext (props);
TestWebServiceClientInterface testWebServiceClientBean =
        (TestWebServiceClientInterface)
        ctx.lookup ("ch08/TestWebServiceClientBean/remote");
testWebServiceClientBean.test();
```

执行上述代码，控制台将输出下列内容：

```
13:37:26, 156 INFO [STDOUT] 100.0
```

注意　EJB 与 WebService 并没有太大的关联，实际上本节更多的是在介绍 JAX-WS，在非 EJB 的应用程序中使用 JAX-WS 发布和访问 WebService 的方法与在 EJB 中基本上完全相同。WebService 开发涉及到很多 WebService 的底层概念，特别是 WSDL 和 SOAP，本书只是做了简单的介绍，如果需要更细致的理解，读者应该查看更具针对性的资料。

小结

通过本章的学习，学生应该能够学会：

- EJB 定时服务使用 Timer、TimerService 和@Timeout 定义
- Timer 接口表示定时器
- TimerService 接口用于访问 EJB 的定时服务
- @Timeout 注解用于标识超时方法
- EJB 通过拦截器机制提供了方法级的 AOP 功能
- 使用@AroundInvoke 注解可以创建 EJB 拦截器
- 使用@Interceptors 注解可以将 EJB 与拦截器关联
- EJB 还支持默认拦截器和生命周期拦截器
- 使用@WebService 注解标注业务接口或无状态会话 Bean 可以发布 WebService
- @WebMethod 注解用于详细定义 WebService 暴露的方法
- 使用@WebServiceRef 注解可以访问 WebService

练习

1.下列使用 EJB 定时服务的说法不正确的是________。(多选)

A.获取容器的 javax.ejb.TimerService 对象

B.使用 TimerService 创建 java.util.Timer 对象

C.使用@Timeout 注解标注超时方法

D.EJB 客户端主动启动定时器

2.下列关于 EJB 的 AOP 功能的说法不正确的是________。(多选)

A.EJB 支持方法、属性级别的 AOP

B.EJB 的 AOP 通过拦截器实现

C.EJB 支持在实体上使用 AOP

D.一个方法只能关联一个拦截器

3.关于 EJB 拦截器的说法正确的是________。(多选)

A.@AroundInvoke 注解用于标识拦截器方法

B.@Interceptors 注解用于关联拦截器

C.拦截器中的拦截方法必须具有 InvocationContext 参数

D.InvocationContext 的 proceed( )方法用于调用被拦截的方法

4.EJB 定时器分为________、________两种。

5.假如在一个 EJB 上同时具有类拦截器、方法拦截器和默认拦截器，则从先到后的执行顺序是________、________、________。

6.EJB 定时服务有什么局限性?

7.简述如何将会话 Bean 的业务方法发布为 WebService?

8.简述如何在会话 Bean 中访问 WebService?

9.编写会话 Bean，使用 EJB 定时服务完成每年 1 月 1 日统计上年库存变化的功能。

10.编写拦截器，在控制台输出所有被客户端调用的会话 Bean 业务方法的方法名。

11.编写会话 Bean，发布查询当前服务器时间的 WebService。

实践篇

实践1　EJB概述

实践指导

实践 1.G.1

安装并配置开发 EJB 3.0 应用程序所需的软件，包括：

◇ JDK1.6

◇ JBoss Application Server 5.0.1 Community

◇ Oracle database 10g

◇ Eclipse 3.5

分析

1.JDK 包括 JRE、一系列的开发工具和基础的类库，安装 JDK 是搭建 Java 开发环境的第一步。本书使用 JDK1.6 的 update18 版本。

2.JBoss 最早是开源社区的项目，2006 年 4 月，JBoss 被 Redhat 以 3.5 亿美元收购。JBoss 开始时只有一个 EJB 容器，随着发展又添加了很多新的功能，现在的 JBoss 包括很多子项目，最著名的是其中的 Java EE 容器，即 JBoss Application Server，通常所说的 JBoss 即指 JBoss Application Server。作为当今最流行的 Java EE 容器之一，JBoss Application Server 对 Java EE 规范有完善的支持。目前，JBoss 分为社区版（JBoss Community）和企业版（JBoss Enterprise)，社区版是完全免费的，可以自由下载并可以用于商业用途。本书使用的就是 JBoss 5.0.1 社区版，符合 Java EE 5.0 规范，对 EJB 3.0 和 JPA 1.0 提供了支持。

3.Oracle database 是主流的关系型数据库产品。本书使用其 10g 版本。

4.Eclipse 是一个使用 Java 开发的开源的集成开发环境（IDE)，是目前流行的开发 Java 应用程序的 IDE。本书使用其 3.5 版（galileo 版）。

参考解决方案

1.安装 JDK

Oracle 网站 http://www.oracle.com 提供 JDK 的下载，下载 jdk－6u18－windows－i586.exe 并运行，如图 1.1 所示。

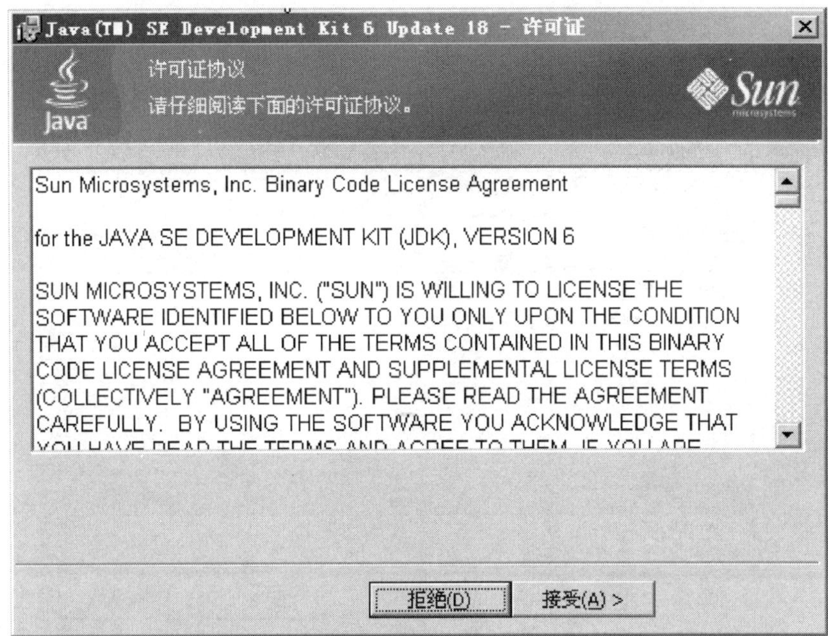

图 1.1

点击“接受”，画面如图 1.2 所示。

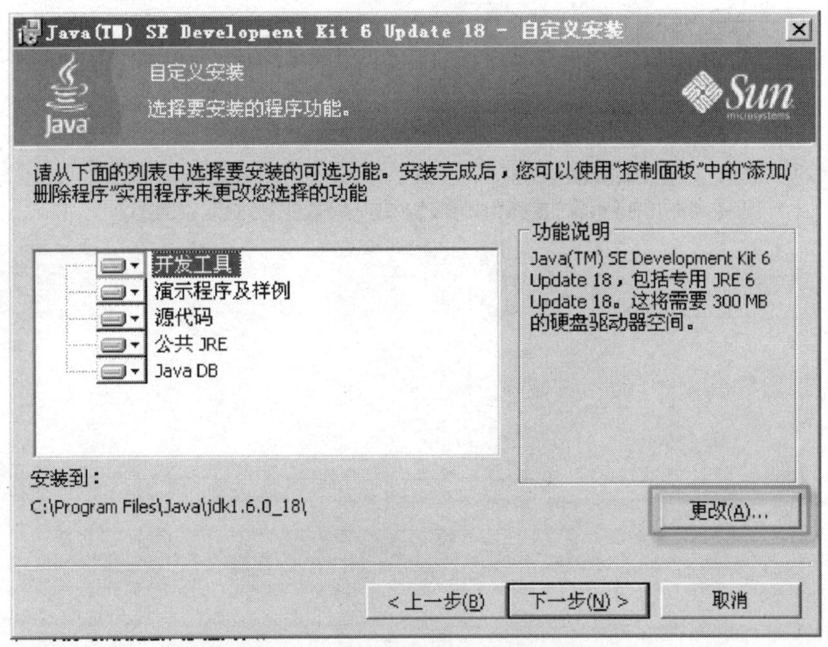

图 1.2

点击“更改”按钮，更改安装目录，画面如图 1.3 所示。

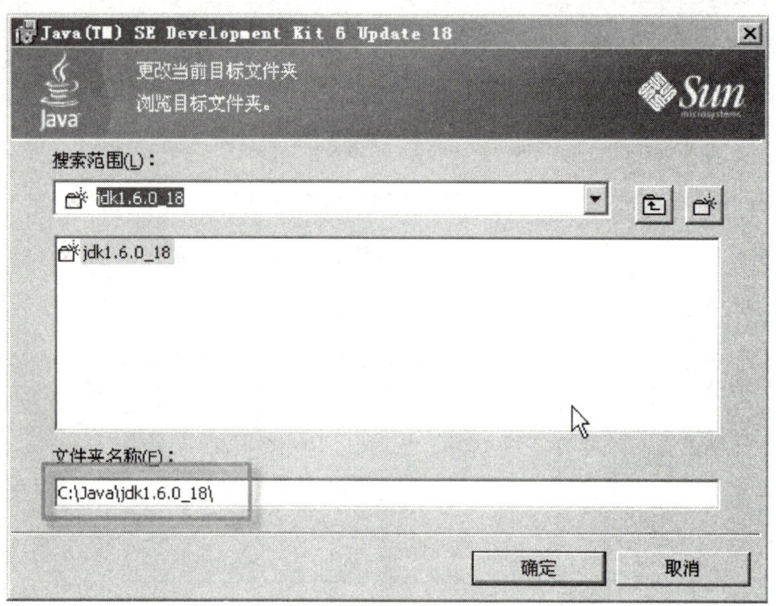

图 1.3

点击“下一步”进行安装，画面如图 1.4 所示。

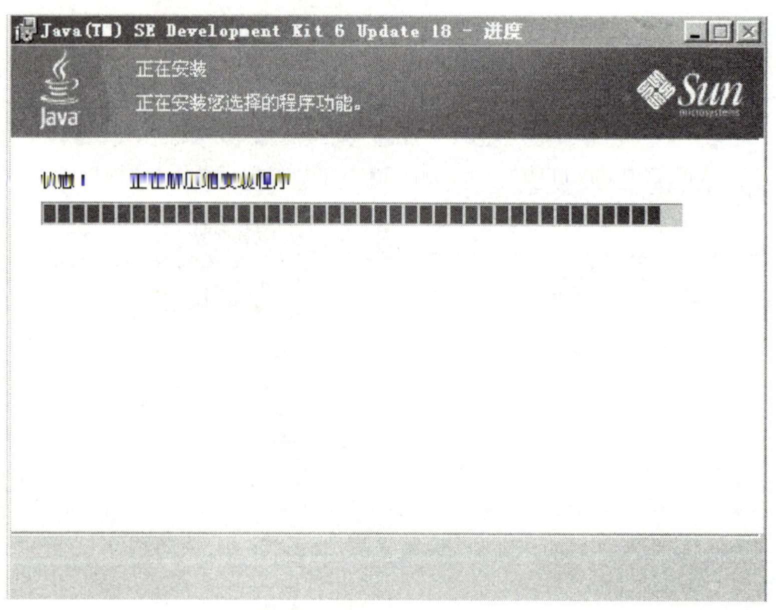

图 1.4

安装 jre 时，“更改”安装目录，画面如图 1.5 所示。

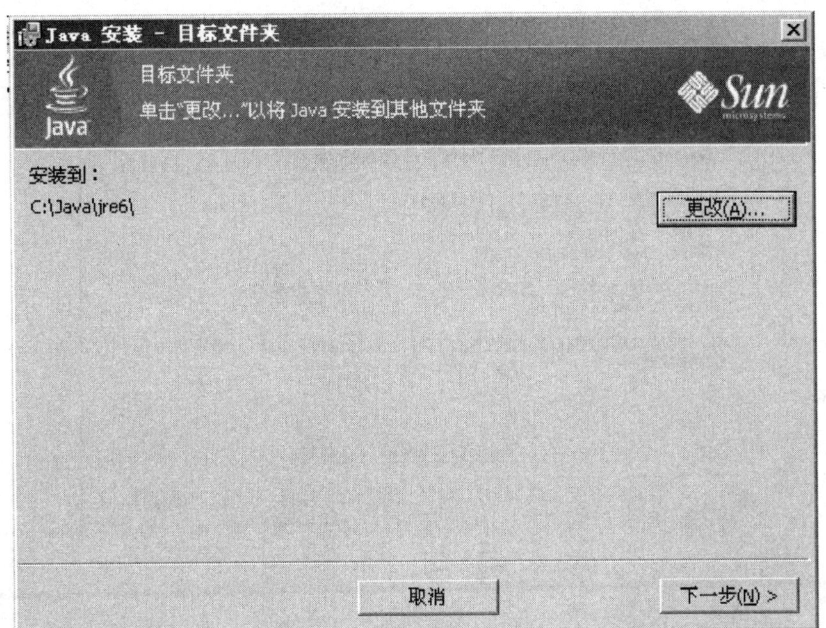

图 1.5

点击“下一步”，画面如图 1.6 所示。

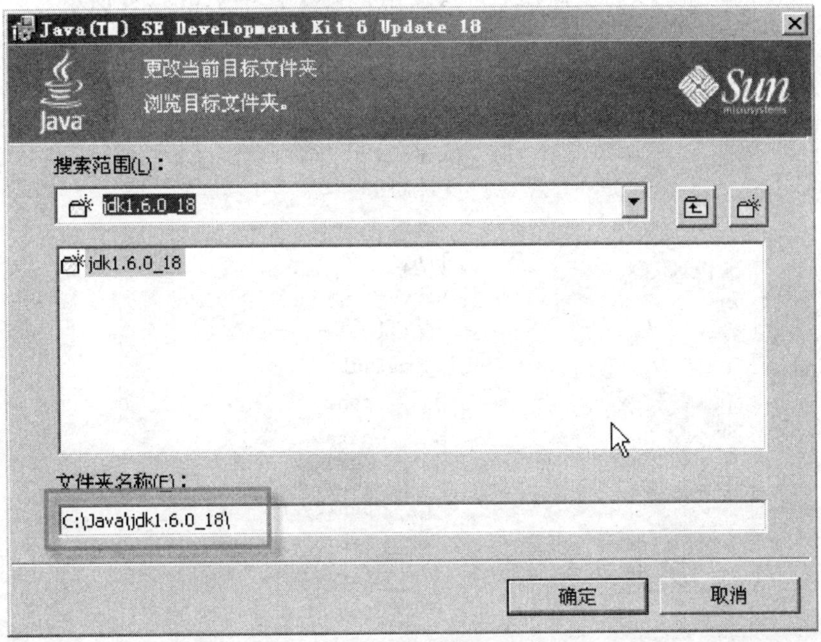

图 1.6

安装完毕，画面如图 1.7 所示。

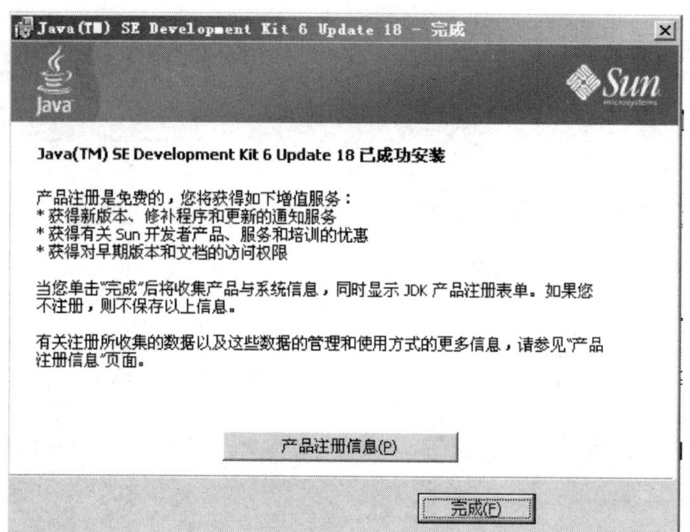

图 1.7

点击“完成”，JDK 安装完毕。

2. 安装 JBoss Application Server

JBoss 网站 http://www.jboss.org 提供了 JBoss Application Server 5.0.1 社区版的下载，下载后为 jboss-5.0.1GA.zip 压缩文件，解压后即可使用，其目录结构如图 1.8 所示。

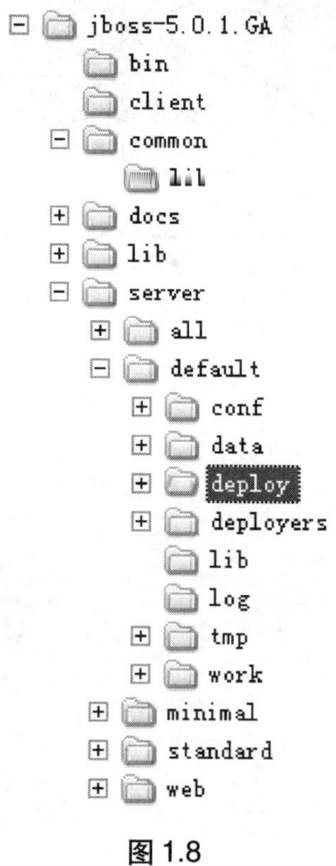

图 1.8

列出了 JBoss 5 主要目录的作用。

表 1.1 JBoss 5 目录结构

目 录	说 明
bin	包括服务器启动、关闭和系统相关的脚本。基本上所有 jar 文件的进入点和启动脚本都在这个目录里面
client	Java 客户端应用或外部 web 容器（在 JBoss 之外运行）所需的配置文件和 jar 文件
docs	JBoss 的 XML DTD 文件，还有一些案例和文档
lib	JBoss 所需的 jar 文件
server	JBoss 服务器实例的配置集合，这里的每个子目录就是一个不同的服务器实例配置。默认包括 all、default 等几项
server/default	JBoss 的默认服务器实例，本书中的项目最终都将被发布于此目录
server/default/conf	JBoss 的默认服务器实例配置文件
server/default/deploy	JBoss 的默认服务器实例的热部署目录，存放于此目录的应用会被自动部署
server/default/lib	JBoss 的默认服务器实例的 jar 文件，例如数据库驱动可以存放于此目录

实践 1.G.3 中的 ph01 项目运行时，Eclipse 会将项目打包为 ph01.ear 文件并复制到 JBoss 的 server/default/deploy 目录下，从而完成项目部署。

3. 安装 Oracle database 10g

Oracle 网站 http://www.oracle.com 提供 Oracle database 试用版的下载，下载后运行安装程序，如图 1.9 所示：

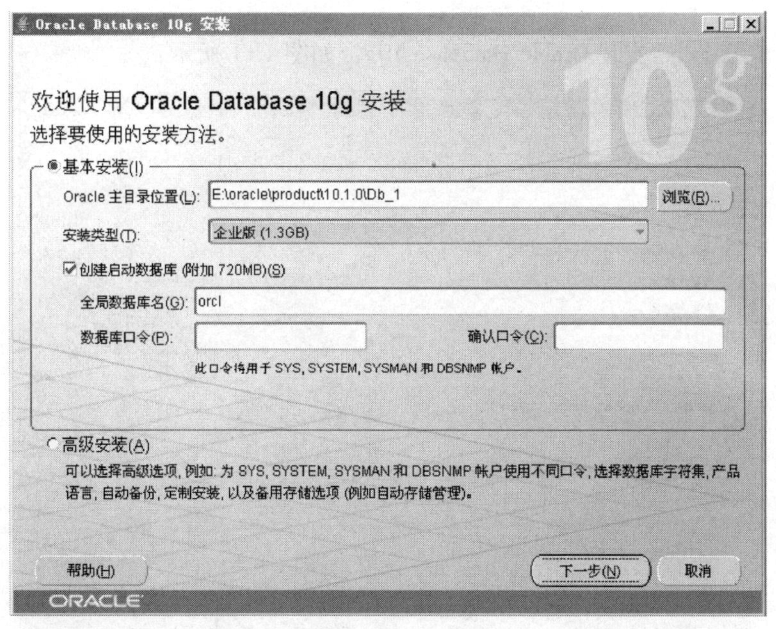

图 1.9

在 Oracle DataBase 10g 安装界面可以选择“基本安装”和“高级安装”。选择“基本安装”时，“Oracle 主目录位置”用于指定 Oracle DataBase 10g 软件的安装位置；“安装类型”用于指定 Oracle 产品的安装类型（企业版、标准版和个人版）。如果选择“创建启动数据库”，需要指定全局数据库名称和数据库用户的口令。选择“企业版”和“创建启动数据库”，并指定数据库口令，点击“下一步”，会出现“概要”对话框，如图 1.10 所示：

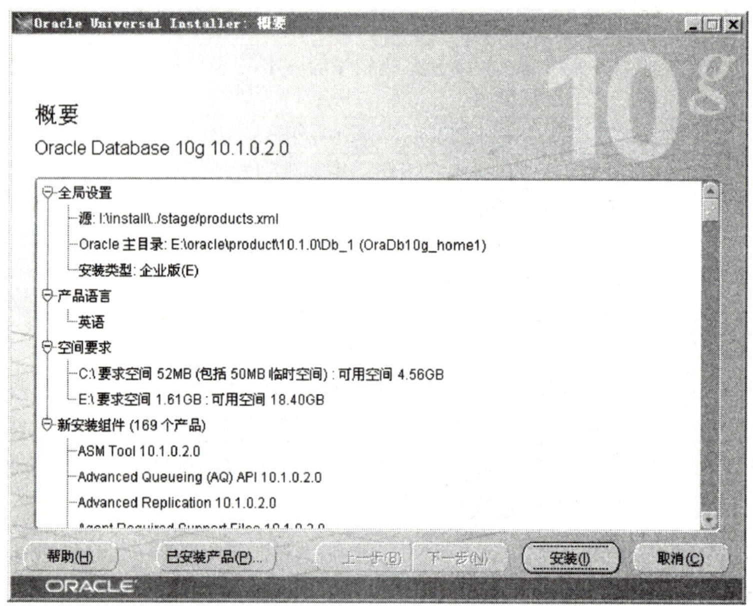

图 1.10

单击“安装”，开始安装 Oracle Database 10g，如图 1.11 所示：

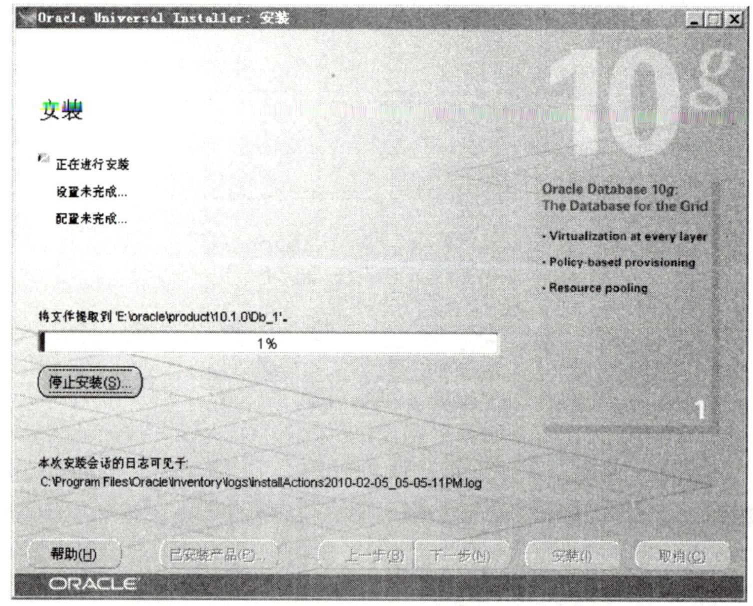

图 1.11

由于选择了“创建启动数据库”，安装过程中会同时创建数据库，如图 1.12 所示：

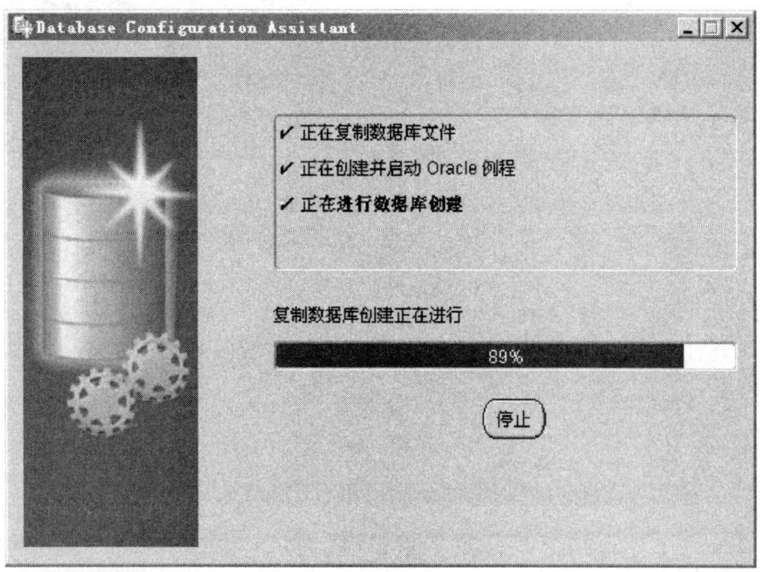

图 1.12

数据库创建完毕后，出现“口令管理”界面，如图 1.13 所示，在此界面中可指定数据库用户的密码。

口令管理

锁定/解除锁定数据库用户帐户和/或更改默认口令:

用户名	是否锁定帐户？	新口令	确认口令
SYSTEM		****	****
SYS		****	****
OUTLN	✔		
OLAPSYS	✔		
SI_INFORMTN_SCHEMA	✔		
ORDPLUGINS	✔		
WKPROXY	✔		
XDB	✔		
ANONYMOUS	✔		
CTXSYS	✔		
WK_TEST	✔		

确定　取消　帮助

图 1.13

为 SYSTEM 和 SYS（最高权限）用户输入相应管理员的密码，点击“确定”，弹出窗口提示安装结束，如图 1.14 所示：

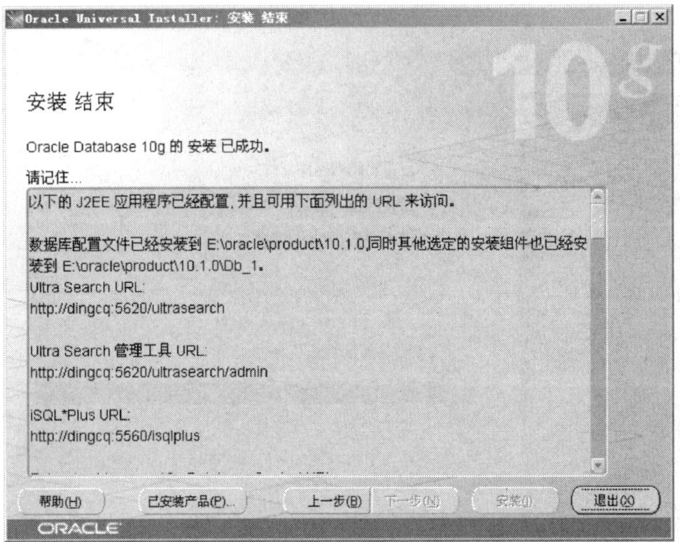

图 1.14

图 1.14 提示了几个 Oracle 应用程序的网址，以便将来使用它们进行数据库管理。这些 URL 地址还被记录在% oralce_home%\product\10.1.0\db_1\install\portlist.int 文件中。

单击“退出”按钮，并在确认界面中单击“是”按钮，完成安装。

4.安装 Eclipse 3.5，并配置 JBoss

Eclipse 网站 http://www.eclipse.org 提供 Eclipse 的下载，下载 3.5 版本，解压后即可使用。

还需要在 Eclipse 中配置 JBoss 的环境，点击“window→preferences”菜单，画面如图 1.15 所示。

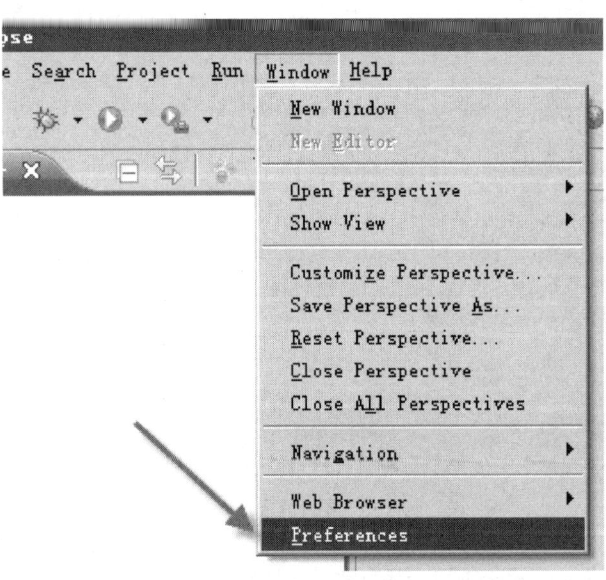

图 1.15

在弹出的窗口中点击左侧菜单中的“Server→Runtime Environments”，然后点击右侧的“Add”按钮，画面如图 1.16 所示。

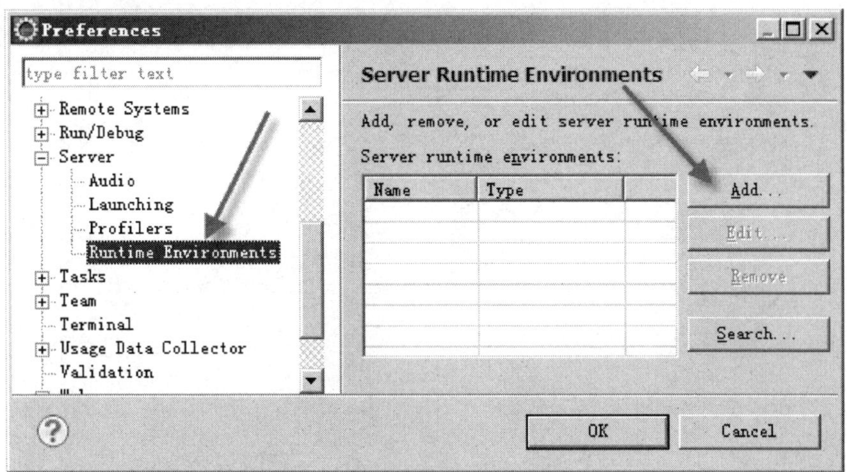

图 1.16

在弹出的窗口中选择 JBoss v5.0，画面如图 1.17 所示。

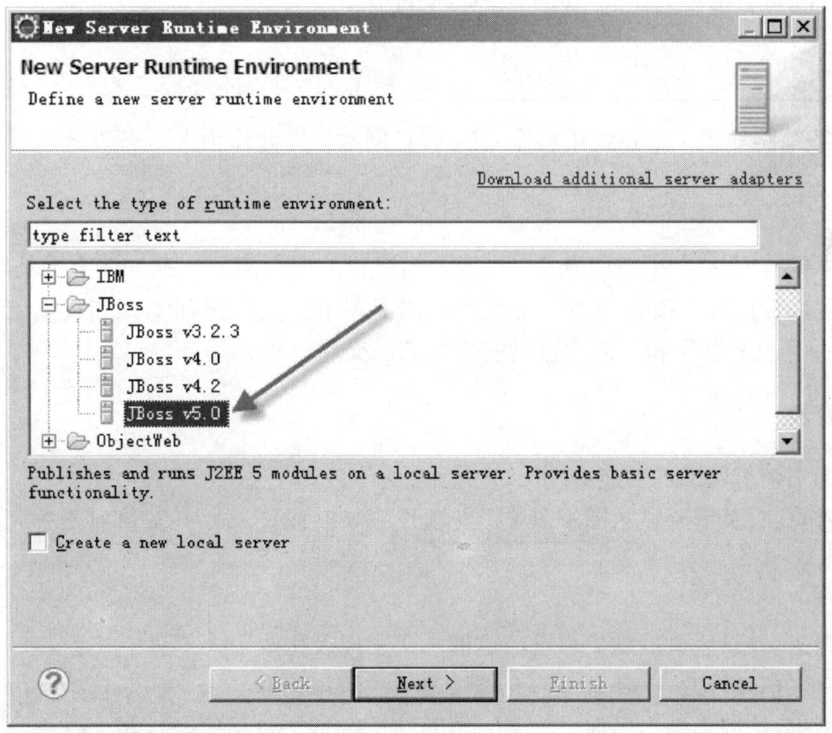

图 1.17

点击“Next”按钮，在弹出的窗口中设置 JBoss 解压后的目录，画面如图 1.18 所示。

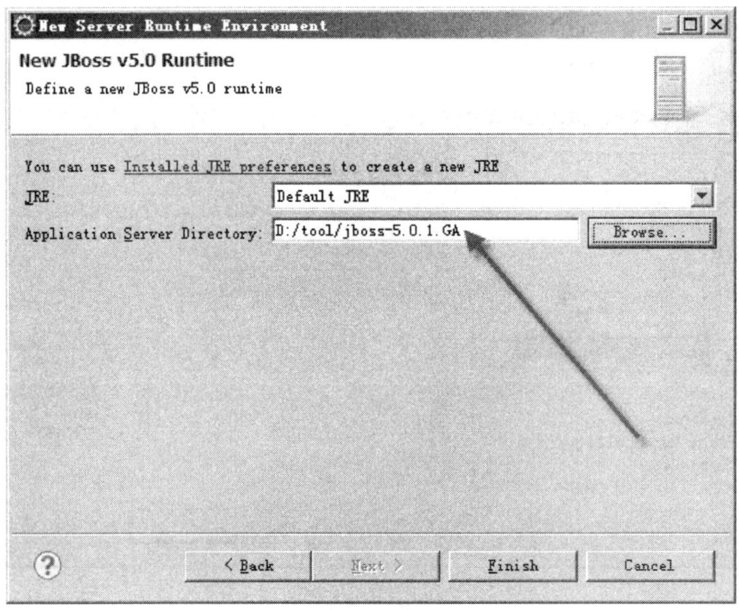

图 1.18

点击“Finish”按钮，完成 JBoss 服务器的配置。

实践 1.G.2

本书实践篇将实现一个在线销售图书的 C2C 网站，以此作为 EJB 开发的实践贯穿案例。

分析

1.本图书销售网站采用 C2C 模式，即客户对客户的电子商务（例如淘宝网是典型案例）。

2.卖家可以在店铺中销售图书，买家可以购买图书，交易是在卖家和买家之间进行，网站只是提供一个交易的平台，而不进行实际的商品交易。

参考解决方案

1.在线图书销售网站的功能如图 1.19 所示。

2.网站首页：首页需要显示图书分类、热卖图书、热拍图书，并提供对图书和店铺的模糊查找功能；

3.用户注册；

4.用户登录：登录后可以维护自己的店铺、买书以及修改个人信息；

5.用户个人信息修改：已登录用户允许修改个人信息；

6.查找图书：按照类型、书名、作者、出版社、ISBN、价格等条件组合查询，并提供按照发布时间、销量、价格的排序功能；

7.查找店铺：按照名称模糊查找店铺；

8.查看图书详细信息；

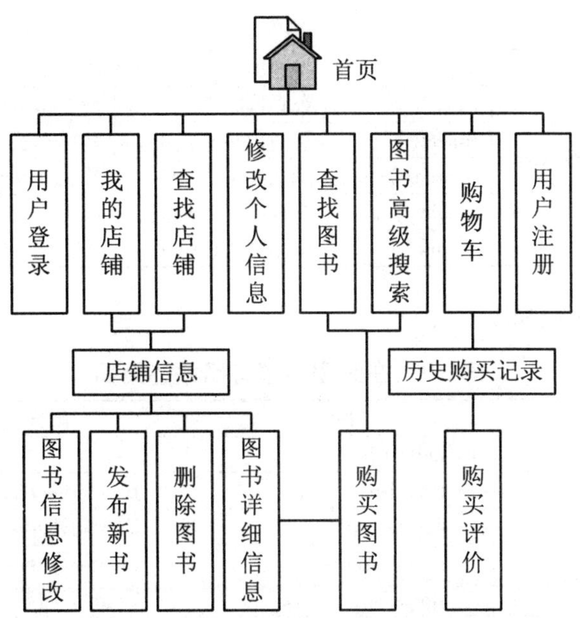

图1.19　在线图书销售网站功能结构图

9.购买图书:登录用户可以购买图书，购买的图书会放入购物车，等待用户最终确认；

10.购物车:购物车中可以查看登录用户本次购买的所有图书，用户可以取消或确认并生成订单；

11.历史购买记录:显示登录用户的历次购买记录；

12.购买评价:登录用户可以对购买的图书进行评价，只允许评价一次；

13.我的店铺:登录用户可以维护其店铺内的在售图书，可以发布、删除、修改图书，修改时只允许修改库存量和价格；

14.网站中需要的Servlet及其方法的作用如表1.2所示。

表1.2　在线图书销售网站的Servlet

功　能	Servlet	方　法	方法功能	方法转向页面
用户相关操作	UserServlet	register()	注册新用户	登录页面 login.jsp
		login()	用户登录	首页 index.jsp
		quit()	用户退出	首页 index.jsp
		modify()	修改用户信息	用户信息修改页面 modifyUser.jsp
		store()	进入店铺	店铺页面 store.jsp
		findStore()	查询店铺	店铺列表页面 stores.jsp
图书相关操作	BookServlet	add()	添加图书	店铺页面 store.jsp
		remove()	删除图书	店铺页面 store.jsp
		toModify()	根据ID查找图书	图书信息修改页面 modifyBook.jsp
		modify()	修改图书信息	店铺页面 store.jsp
		detail()	根据ID查找图书	图书详细信息页面 book.jsp
		find()	查询图书	图书查询页面 books.jsp

续 表

与购买图书相关的操作	OrderServlet	buy( )	将图书放入购物车	
		cart( )	查看购物车	购物车页面 cart.jsp
		cancel( )	取消购买某图书	购物车页面 cart.jsp
		commit( )	确认购买	首页 index.jsp
		bought( )	查看历史购买记录	历史购买记录页面 bought.jsp
		remark( )	添加购买评价	历史购买记录页面 bought.jsp

15.网站中需要的页面如表 1.3 所示。

表 1.3　在线图书销售网站的页面

页 面 功 能	JSP	转向的 Servlet 及方法
网站首页	index.jsp	
用户登录	login.jsp	UserServlet#login( )
注册用户	register.jsp	UserServlet#register( )
用户修改个人信息	modifyUser.jsp	UserServlet#modify( )
店铺列表	stores.jsp	UserServlet#store( )
店铺详细信息	store.jsp	BookServlet#toModify( ) BookServlet#remove( ) OrderServlet#buy( )
图书列表	books.jsp	BookServlet#find( ) BookServlet#detail( ) OrderServlet#buy( )
发布新书	addBook.jsp	BookServlet#add( )
图书详细信息	book.jsp	OrderServlet#buy( )
图书信息修改	modifyBook.jsp	BookServlet#modify( )
购物车	cart.jsp	OrderServlet#commit( ) OrderServlet#cancel( ) OrderServlet#bought( ) BookServlet#detail( )
用户历史购买记录	bought.jsp	BookServlet#detail( )
添加购买评价	remark.jsp	OrderServlet#remark( )
帮助	help.html	
各页面共用的顶部	top.jsp	OrderServlet#cart( ) UserServlet#store( ) UserServlet#quit( )
各页面共用的底部	bottom.jsp	

实践 1.G.3

针对图书销售 C2C 网站，在 Eclipse 中建立项目，并进行基本的配置。

分析

1.本项目的业务功能使用 EJB 完成，前台显示使用 JSP 和 Servlet 完成，因此需要建立两个项

目：

◇ 完成业务功能的 EJB 项目。

◇ 完成前台显示功能的 Web 项目

Web 项目作为 EJB 客户端访问业务功能。

2.Web 客户端访问 EJB 时可以采用两种方式：

◇ Web 项目和 EJB 项目都部署于同一个 Java EE 容器中，此时 Web 项目属于 EJB 的本地客户端；

◇ EJB 项目部署于 EJB 容器中，而 Web 项目部署于独立的 Web 容器（比如 Tomcat）中，EJB 容器和 Web 容器可以位于不同的机器上，此时 Web 项目属于 EJB 的远程客户端，是一种分布式的架构。

考虑到项目的实际需求和分布式架构的缺点（效率低），本项目将采用第一种方式，即将 EJB 项目和 Web 项目都部署于同一个 JBoss 服务器中，Web 项目使用本地方式访问 EJB 项目。

参考解决方案

1.在 Eclipse 中建立项目

在 Eclipse 中新建项目时，如果是独立的 EJB 项目，可以选择新建 EJB Project，而本项目的 EJB 和 Web 模块部署于同一个 Java EE 容器中，因此选择新建 Enterprise Application Project 是更方便的一种方式，如图 1.20 所示。

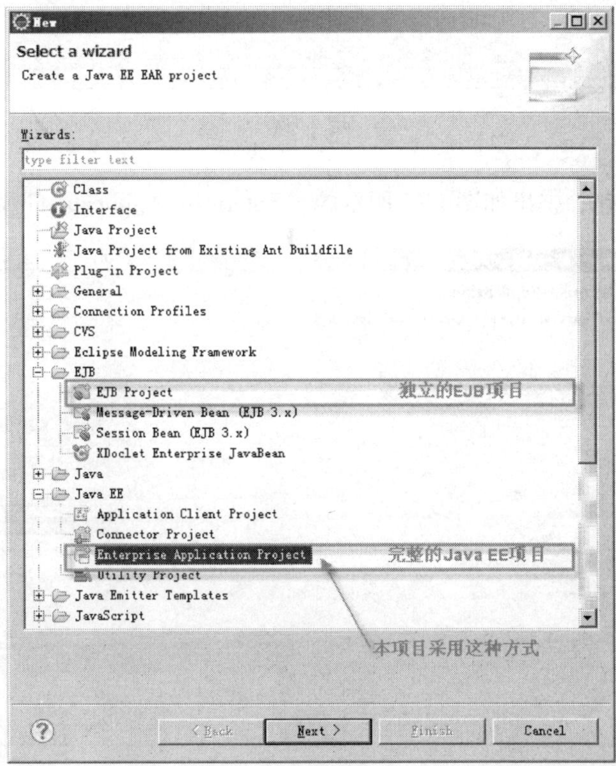

图 1.20

点击“Next”按钮，弹出“EAR Application Project”窗口，在此窗口中输入项目名称“ph01”，Target runtime 选择已在 Eclipse 中配置好的 JBoss，如图 1.21 所示。

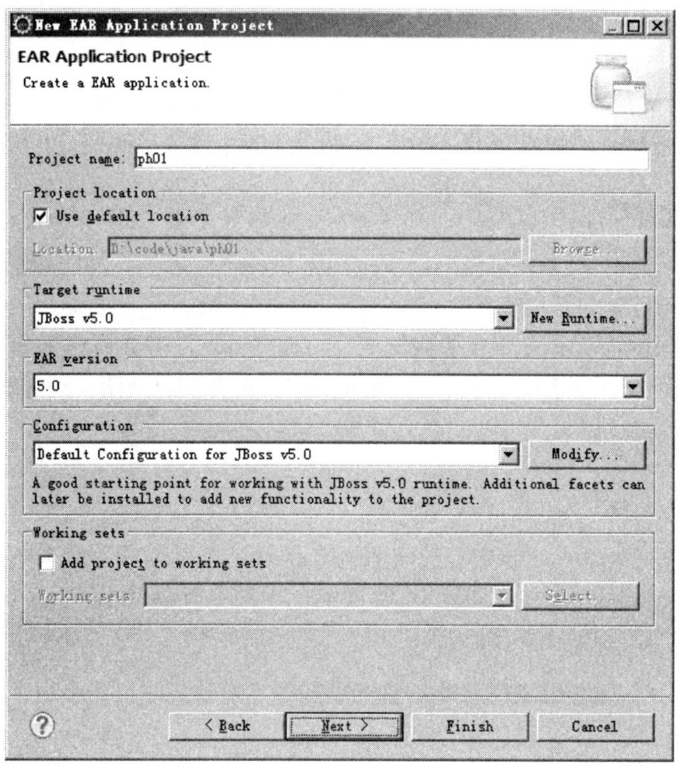

图 1.21

点击“Next”按钮，弹出如图 1.22 所示的“Enterprise Application”窗口。

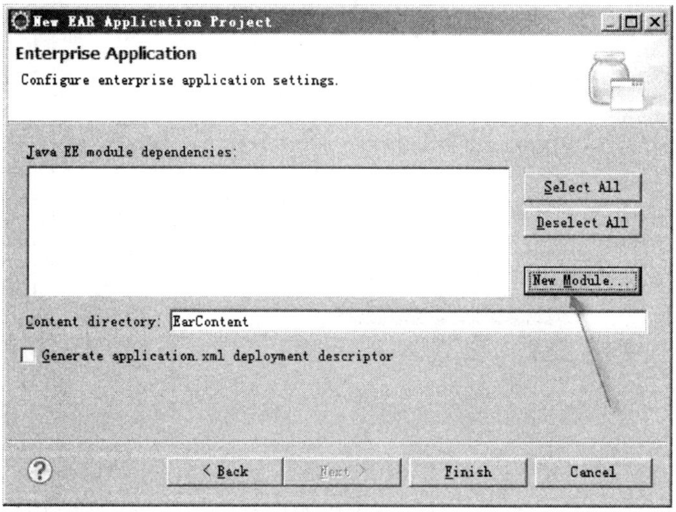

New EAR Application Project
Enterprise Application
Configure enterprise application settings.
Java EE module dependencies:
Select All
Deselect All
New Module...
Content directory: EarContent
Generate application.xml deployment descriptor
< Back
Next >
Finish
Cancel

图 1.22

点击“New Module...”按钮，弹出如图 1.23 所示“New Java EE Modules”窗口，在此窗口中选择需要由 Eclipse 自动生成的 Java EE 模块，图书销售网站需要 EJB 和 Web 模块，因此选中 EJB module 和 Web module 两项。

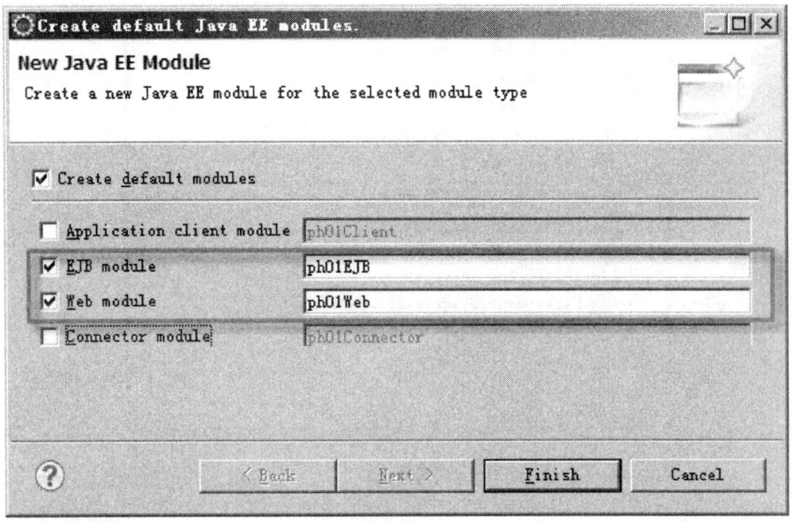

图 1.23

点击“Finish”按钮，返回上一“Enterprise Application”窗口，如图 1.24 所示，此时显示了 Eclipse 将要创建的项目 ph01EJB 和 ph01Web。

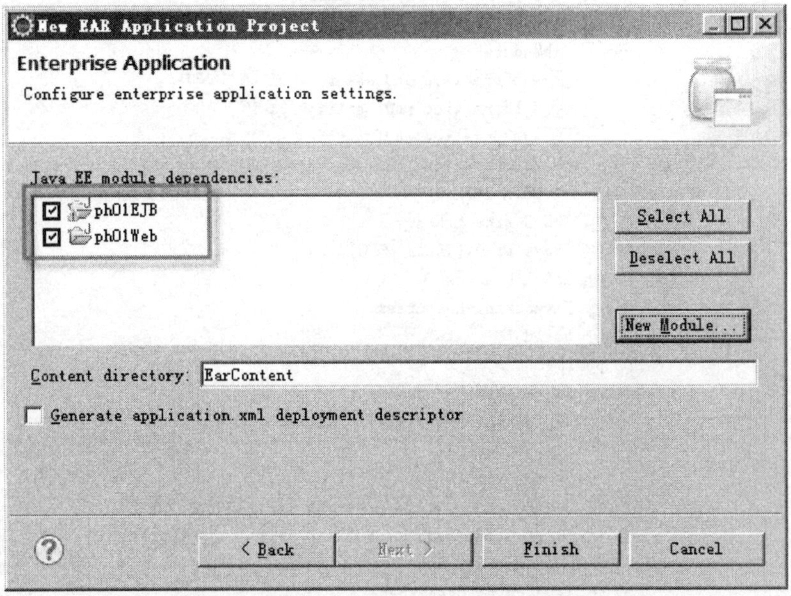

图 1.24

点击“Finish”按钮，项目将创建完毕，最终在 Eclipse 中生成的项目如图 1.25 所示。

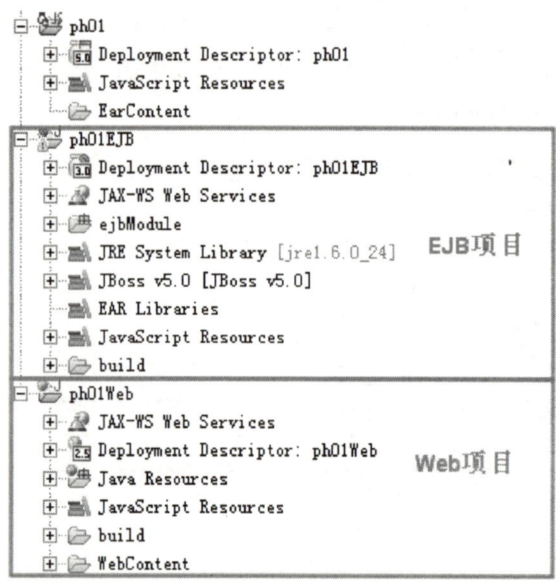

图 1.25

在 EJB 项目 ph01EJB 和 Web 项目 ph01Web 中的源代码目录下添加需要的包（Java package），包名及用于存放哪些类如图 1.26 所示。

图 1.26

各个包名中的“ph01”代表实践篇第 1 章，在后续每个章节的实践篇中，会改为 ph02 至 ph07，但总体的包结构将不再变化。

2.在 Eclipse 中建立 JBoss 服务器

打开 Eclipse 的 Servers 视图，如果当前界面中没有此视图，可选择“window→ShowView→Servers”菜单打开，如图 1.27 所示。

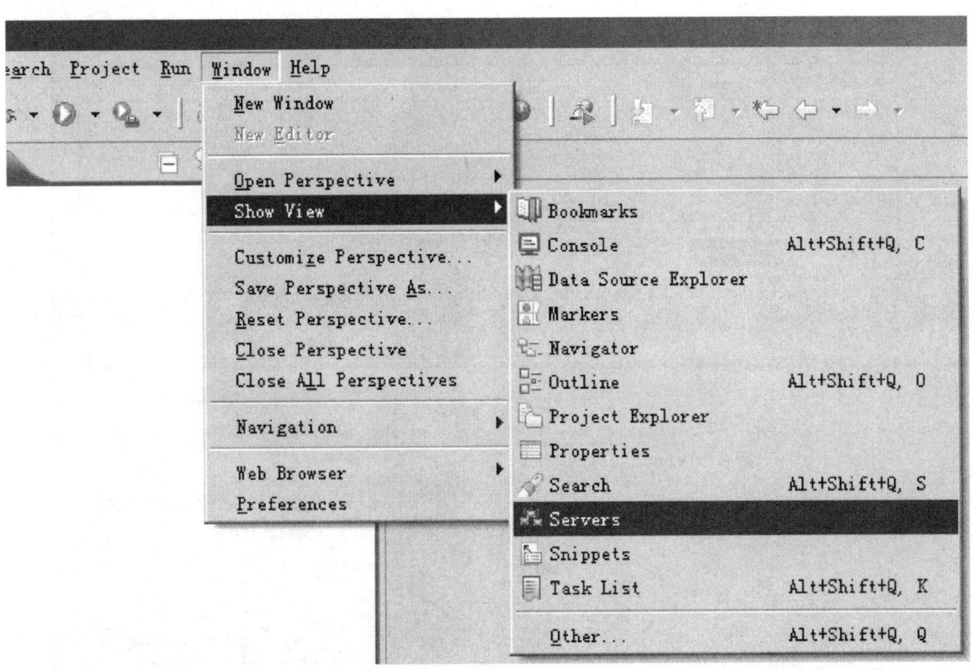

图 1.27

在 Servers 视图中单击右键，选择“New→Server”菜单，如图 1.28 所示。

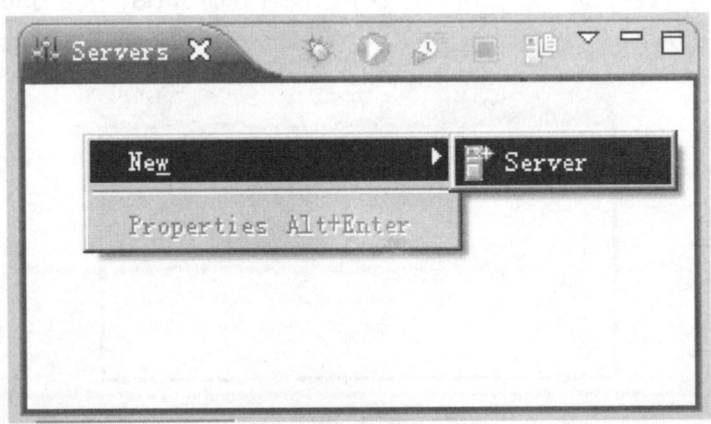

图 1.28

弹出“Define a New Server”窗口，如图 1.29 所示，选择 JBoss v5.0。

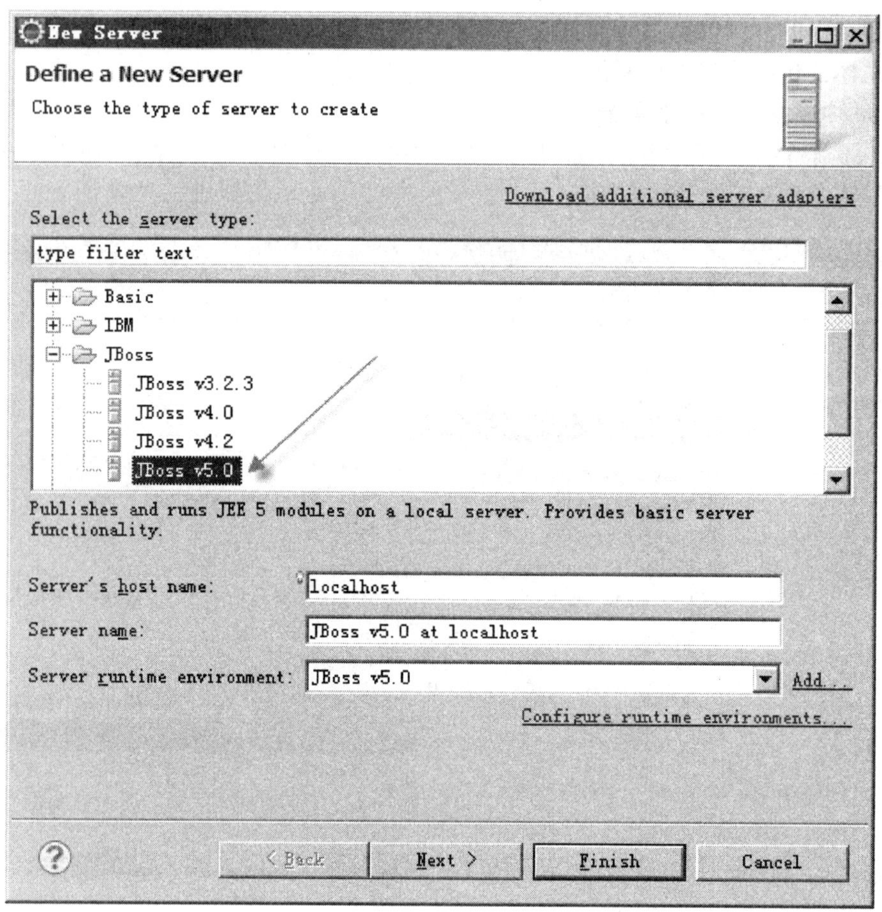

图 1.29

点击“Finish”按钮，Servers 视图中将显示已配置好的 JBoss，表示 JBoss 运行服务器创建完成，如图 1.30 所示。

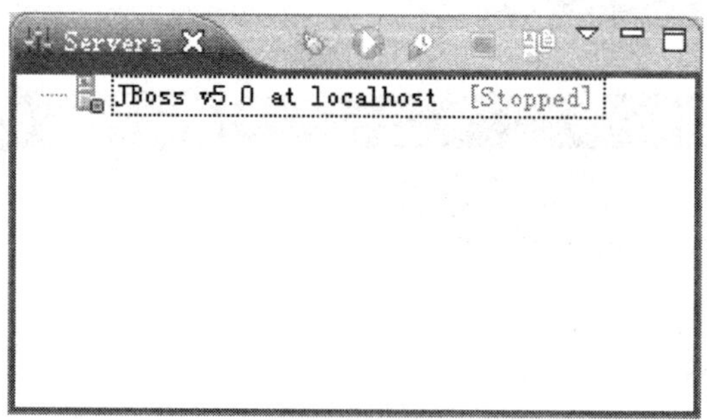

图 1.30

3.将项目添加到 JBoss 服务器

在 Servers 视图中的 JBoss 上点击右键，选择 Add and Remove，如图 1.31 所示。

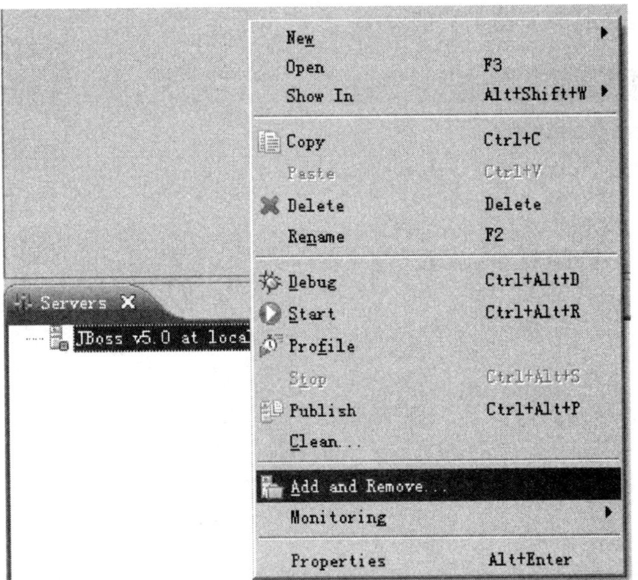

图 1.31

在弹出窗口中选中 ph01 项目，并点击“Add”按钮将其添加到 JBoss 服务器中，如图 1.32 所示。

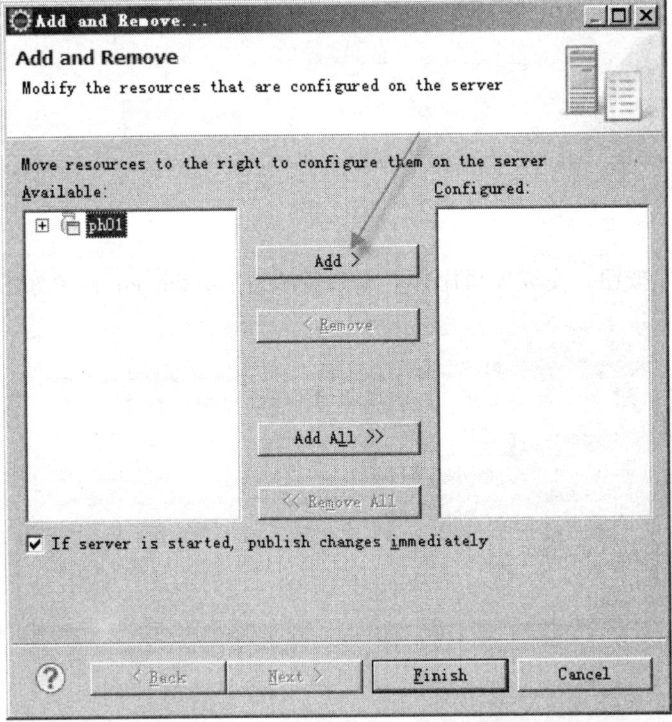

图 1.32

点击“Add”按钮后，如图 1.33 所示。

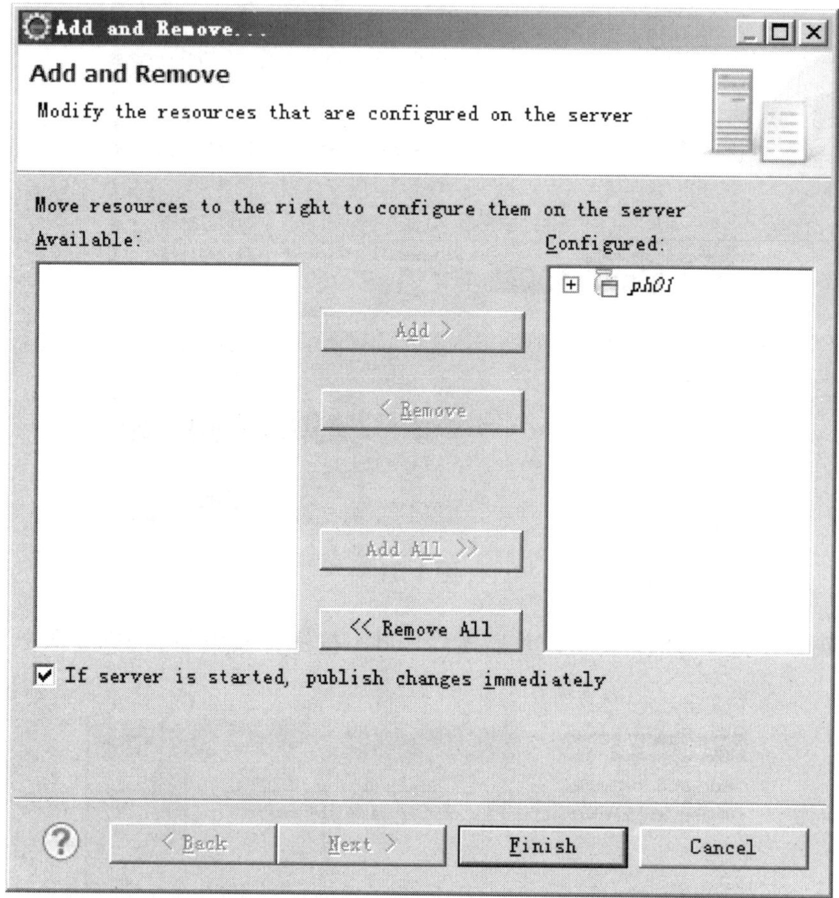

图 1.33

点击“Finish”按钮，完成项目添加。添加完项目后，Servers 视图如图 1.34 所示。

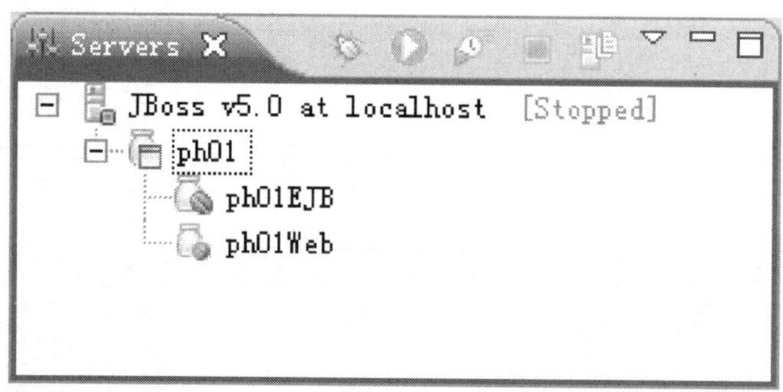

图 1.34

4.运行项目

在 ph01Web 项目中添加 index.jsp 页面，代码如下所示。

```
<%@page language="java" contentType="text/html; charset=UTF-8"
    pageEncoding=" UTF-8"%>
<!DOCTYPE html PUBLIC "-//W3C//DTD HTML 4.01 Transitional//EN"
" http://www.w3.org/TR/html4/loose.dtd">
<html>
    <head>
        <meta http-equiv="Content-Type"content="text/html; charset=UTF-8">
        <title>Insert title here</title>
    </head>
    <body>Hello, EJB! </body>
</html>
```

上述页面代码中只是简单地显示文本“Hello，EJB!”。点击 Servers 视图中的运行或调试按钮，将启动 JBoss 服务器，如图 1.35 所示。

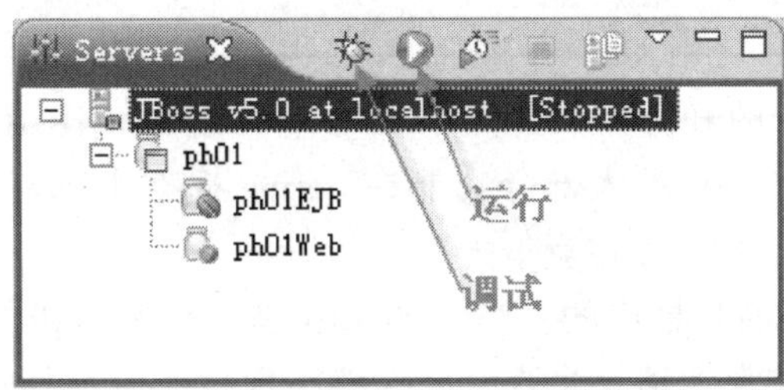

图 1.35

启动 JBoss 时，Eclipse 会将 ph01 项目（包括 EJB 项目 ph01EJB 和 Web 项目 ph01Web）打包为 ph01.ear 文件并部署在 JBoss 中，如图 1.36 所示。

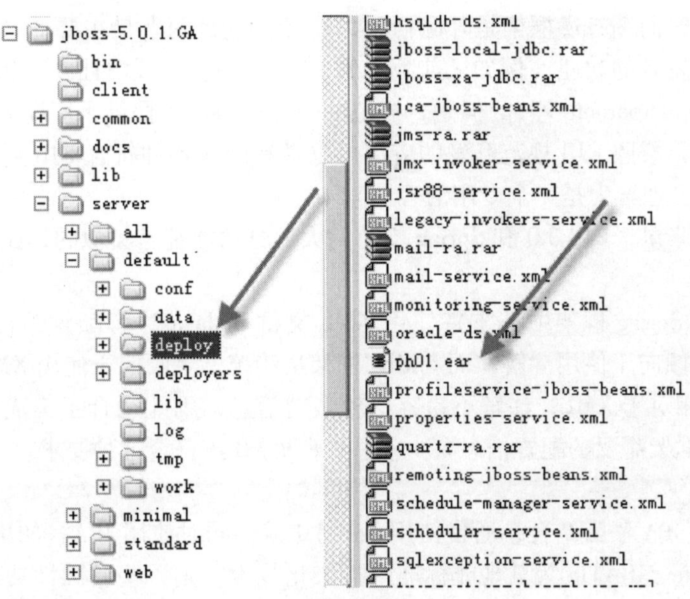

图 1.36

运行后，Eclipse 控制台会输出大量 JBoss 的日志，当出现类似如下的输出时，说明 JBoss 启动成功：

```
14:39:22, 875 INFO  [ServerImpl]  JBoss  (Microcontainer)  [5.0.1.GA (build:
SVNTag=JBoss_5_0_1_GA date=200902231221)] Started in 17s:610ms
```

输出日志中的“Started in 17s:610ms”表示 JBoss 此次启动使用的时间。

项目启动成功后，在浏览器中访问 http://localhost:8080/ph01Web/，将显示 index.jsp 中的“Hello，EJB!”。需要注意，网站地址为 Web 项目的名称 ph01Web，而不是 ph01。

知识拓展

1.EJB 和 Spring

Spring 是一个广泛流行的开源框架，是 Java 企业开发领域使用最多的框架之一。Spring 框架可以与很多框架整合，EJB 的大部分功能在 Spring 框架中都有对等的解决方案，因此，在很大程度上 Spring 框架与 EJB 存在竞争关系。

Spring 框架是在 EJB 2 时代推出的，当时的 EJB 是一种重量级的、侵入性很高的编程模型，使用 EJB 2 开发应用非常烦琐，当 Spring 框架出现后，由于其轻量、灵活的特点，迅速使很多开发者转到了 Spring 阵营中。EJB 3.0 规范问世后，在保持完整功能的同时简化了开发过程，但是由于 Spring 已经占据了大量的市场份额，因此，在较长的一段时间内，EJB 和 Spring 必将共存。

EJB 是 Java EE 的核心规范，是由 JCP（Java Community Process）提出并必然受到各大厂商支持的官方标准，而 Spring 框架是开源社区的产品，这是两者最主要的区别。当然，官方标准未必会受到开发者的欢迎（例如之前版本的 EJB），而很多开源社区产品却成为事实上的标准（例如 Spring、Hibernate 等）。但是，规范的最大优势在于提供了厂商无关性，只要不使用厂商专有的特性，按照 EJB 规范开发的应用可以容易的在各种符合 EJB 规范的容器之间移植（Spring 框架也可理解为是一个专用的容器）。

从纯技术角度来讲，EJB 3.0 和 Spring 支持的大部分功能都是类似的，比较如下：

◇ 配置方式

EJB 3.0 和 Spring 框架中都支持使用 XML 文件和 Java 注解配置组件间的依赖关系，EJB 3.0 更倾向于使用注解，而 Spring 框架从传统上更倾向于使用 XML 文件。这主要是因为，相对于 XML，注解不易容纳较多的信息，因此适合于集成程度比较高的框架，这种框架需要的配置信息要少一些，EJB 3.0 正符合这种要求。

◇ 持久化

EJB 3.0 与 JPA 紧密结合，通常使用 EJB 3.0 就会同时使用 JPA，如果在 EJB 3.0 中使用 Hibernate、iBATIS 等其他非标准的持久化技术，则一些基础性功能（例如事务管理）需要手动实现。而 Spring 框架采用针对常见持久化方案（如 JDBC、Hibernate、iBATIS、JPA 等）提供辅助类（例如其各种 DaoSupport、Template 类）的方式，在

Spring 下使用各种持久化技术所需的配置复杂度基本是相同的。

◇ 事务管理

EJB 3.0 和 Spring 框架都支持声明式和编程式的事务管理。EJB 3.0 的事务管理是针对 JPA 的，使用声明式（即容器管理的）事务和编程式（即 Bean 管理的）事务都非常方便。Spring 对各种持久化方案都提供了事务管理器，通过简单的配置即可实现声明式事务管理，使用其提供的各种辅助类也可实现编程式的事务管理。但是，EJB 3.0 使用基于 JTA 的全局事务，而 Spring 本身不支持全局事务，需要借助于 Java EE 容器（或一些独立的分布式事务协调器）来实现。

◇ 依赖注入

EJB 3.0 支持注入各种由容器管理的资源，包括会话 Bean 和一些服务性对象（如 JDBC 数据源、JPA 持久化上下文、定时服务等），但是对于自定义的简单 POJO，不允许将其（或向其）注入其他资源。而 Spring 框架支持各种资源间的依赖注入，当然，前提是这些资源也必须由 Spring 管理。实际上，EJB 3.0 不允许注入 POJO 是因为这些 POJO 不是容器管理的，而 Spring 下通过配置信息可以通知 Spring 容器哪些 POJO 交由其管理，如果将 POJO 声明为会话 Bean，则 EJB 3.0 中也可以注入 POJO。

◇ AOP

EJB 3.0 和 Spring 框架都支持方法级的 AOP。EJB 3.0 通过拦截器实现 AOP，但是只可以在会话 Bean 和消息驱动 Bean 上使用拦截器，而 Spring 允许在任何受其管理的 POJO 上使用，AOP 是 Spring 框架中很多功能的实现基础。AOP 和依赖注入的情况是类似的，无论 EJB 3.0 还是 Spring，都是只有容器管理的资源才可以使用 AOP。

◇ Web 层

EJB 是服务器端组件模型，并不包含任何 Web 层的内容，而 Spring 框架本身包含一个 MVC 框架。

◇ 其他企业级服务

完整的 Java EE 容器还包含很多规范中规定的服务，如 JMS、JNDI 等，EJB 中可以非常方便地使用这些服务，但是 Spring 框架本身是不提供这些服务的，必须与某种服务提供者集成才行。

◇ 分布式应用

EJB 规范从设计之初就将业务对象的分布式能力作为一个重要的目标，在开发大型分布式应用时，目前 EJB 仍然是第一选择。

总体上，EJB 和 Spring 区别的根本原因还是在于一个是规范，一个是产品。开发企业级应用需要很多基础性功能（典型的如持久化及事务管理），无论使用什么技术都需要解决这些问题，Java EE 规范规定了这些功能的实现接口，所以各个 Java EE 容器厂商会按照此规范来开发容器，而 EJB 是 Java EE 的核心规范，所以这些容器必然会支持 EJB。个人或者小型的企业受各种条件所限，是没有能力完整的实现所有 Java EE 规范的，因此市面上的 Java EE 容器并不多（相对于各种实现专一功能的框架来说），高端的 Java EE 容器价格也很高。

Spring 框架要解决的问题与 EJB 是一致的，因此在很多方面与 EJB 非常相似。但是 Spring 本身不能解决所有的问题，很多情况下需要结合其他框架，这些框架可能符合 Java EE

规范（例如某种 JPA 持久化提供器），也可能不符合（例如 Hibernate、iBATIS），还有一些功能（如分布式事务、JMS 服务等），Spring 需要借助于完整的 Java EE 容器或专门的容器才能提供。如果所有这些问题 Spring 都自己解决，则 Spring 也会变成一个 Java EE 容器，也无法再保持轻量级。

综上所述，运行于 Java EE 容器之上的 EJB 是一种大而全的方式，可以提供完整的企业级应用解决方案，但是必须借助于 Java EE 容器；而 Spring 框架能够提供更大的灵活性，针对不同的问题可以选择各种不同的实现，但这也带来了配置的复杂性，同时某些功能还是需要借助 Java EE 容器。

拓展练习

练习 1.E.1

在 Eclipse 中建立独立的 EJB 项目，即新建 EJB Project，并部署于 JBoss 中。

实践2　会话Bean

实践指导

实践 2.G.1

编写图书销售网站的实体类。

分析

1.用户和图书

首先必须有最基本的用户和图书实体类。一种图书只能有一个卖家,即每种图书对应于一个用户；用户可以卖多种图书，即每个用户可以对应于多个图书。因此，用户与图书是一对多的关联关系。

需要注意，现实中的同一种图书可能会有多个卖家都在销售，例如卖家 A 与卖家 B 都在销售图书《EJB 3.0 程序设计》，但系统中设计为这属于两种不同的图书。这主要是由 C2C 电子商务的性质决定的，商品由卖家用户来维护，系统无法保证销售现实中同一本书的多个卖家选择系统中的同一种图书。

用户实体类需要姓名、登录名、密码、身份证、账户、电话、email、地址、店铺名称、创建日期、累计销量、好评数量、说明和状态属性。

图书实体类需要书名、作者、出版社、ISBN、出版日期、页数、字数、开本、纸张、封面、作者介绍、图书介绍、定价、售价、是否二手、开始销售时间、库存量、累计销量、好评数量和状态属性。

需要注意，用户和图书中都有累计销量和好评数量，用户中的数量是其销售的所有图书的对应数量的合计。

2.图书类型

网站访问者需要按照图书类型进行查找，因此需要图书类型实体类。一种图书类型下显然会存在多种图书；而一种图书可以同时属于多种图书类型。因此图书和图书类型是多对多的关联关系。

需要注意，设计为一种图书可以属于多种图书类型更贴近现实，因为常见的图书分类并不是完全独立的，而是存在交集，例如《电脑入门》既属于计算机类图书，也属于科普类图书。将图书类型设计为一种清晰的单根树形结构是不现实也是没有必要的，因此本项目中的图书类型只分为两级，为了保证数据尽量准确，将限制每种图书最多同时属于五种图书类型。图书类型实体类需要类型名称、父类型和状态属性。

3.订单

登录用户购买图书的记录需要保存，因此需要订单和订单明细实体类。订单类代表用户的一次交易，订单明细类代表一次交易（一笔订单）中购买的多种图书，这些图书可能分属于不同的卖家。因此，订单和订单明细是一对多的关联关系。

一个买家可以进行多次交易，因此用户（作为买家）与订单是一对多的关联关系。一笔订单明细只能对应一种图书，因此订单明细与图书是多对一的关联关系。

订单实体类需要订单编号、买家和购买时间属性。

订单明细实体类需要订单明细编号、对应订单、对应图书、购买数量、成交价格、评价级别和评语属性。

买家用户对其购买的图书只能评价一次，因此购买评价属性可以直接放在订单明细类中。评价级别分为固定的好评、中评和差评三种，需要建立一个枚举对应于这三种评价级别。

4.实体类关系

用户、图书、图书类型、订单和订单明细五个实体类的关系如图 2.1 所示。

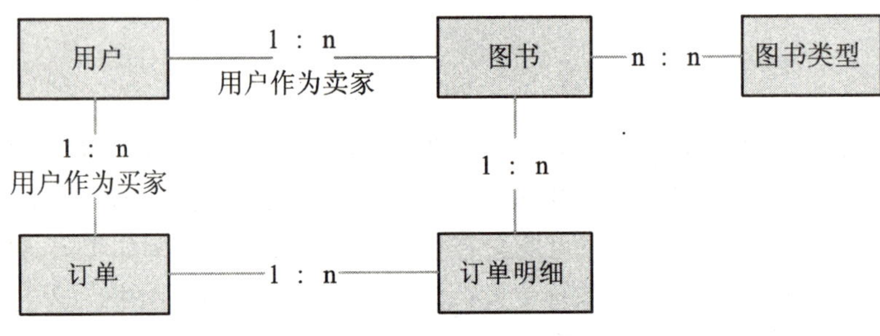

图 2.1　实体类关系

参考解决方案

1.编写用户实体类 User

在 ejb3practice.ph02.entity 包中新建用户实体类 User，其代码如下所示。

```
public class User {
    int id;
    String name; // 姓名
    String loginName; // 登录名
    String password; // 密码
    String idCard; // 身份证
    String tel; // 电话
    String email; // EMail
    String address; // 地址
    String description; // 说明
    String account; // 账户
    String storeName; // 店铺名称
    Date createdDate; // 创建日期
    int solds; // 累计销量
    int positiveRemarks; // 好评数量
    int state;

    ......// get、set 方法
}
```

2.编写图书实体类 Book

在 ejb3practice.ph02.entity 包中新建图书实体类 Book，其代码如下所示。

```
public class Book {
    /**
     * 一个图书可以对应多个图书类型，对应类型的数量有限制，此常量规定最多对应几种图书类型
     * /
    public static final int MAX_TYPE_NUMBER = 5;

    int id;
    String title; // 书名
    String author; // 作者
    String publisher; // 出版社
    String isbn; // ISBN
    Date publishDate; // 出版日期
    int pages; // 页数
    int words; // 字数
    String format; // 开本
    String paper; // 纸张
    String cover; // 封面
    String authorIntro; // 作者介绍
    String description; // 说明
    double stickerPrice; // 定价
    double price; // 售价
    boolean isSecondhand; // 是否是二手的
    Date startTime; // 开始销售时间
    int inventory; // 库存量
    int solds; // 累计销量
    int positiveRemarks; // 好评数量
    int state;

    User seller; // 卖家
    Set 〈BookType〉 types = new HashSet 〈BookType〉 (); // 书籍类型最多 MAX_TYPE_
NUMBER

    ......// get、set 方法
}
```

上述代码中，seller 属性代表图书的卖家用户，types 属性代表图书对应的类型。

3.编写图书类型实体类 BookType

在 ejb3practice.ph02.entity 包中新建图书类型实体类 BookType，其代码如下所示。

```
public class BookType {
    int id;
    String name; // 类型名称
    BookType parentType; // 父类型
    int state;

    Set 〈BookType〉 childTypes; // 子类型

    ......// get、set 方法
}
```

上述代码中，parentType 属性代表图书类型的父类型，childTypes 属性代表其子类型。

4.编写订单实体类 Order

在 ejb3practice.ph02.entity 包中新建订单实体类 Order，其代码如下所示。

```
public class Order {
    int id;
    String code; // 订单编号
    User buyer; // 买家
    Date buyTime; // 购买时间

    ...... // get、set 方法
}
```

上述代码中，buyer 属性代表订单对应的买家用户。

5.编写订单明细实体类 OrderDetail

在 ejb3practice.ph02.entity 包中新建订单明细实体类 OrderDetail，其代码如下所示。

```
public class OrderDetail {
    int id;
    String code; // 订单明细编号
    Order order; // 订单
    Book book; // 书籍
    int quantity; // 购买数量
    double price; // 成交价格
    RemarkLevel remarkLevel; // 评价级别
    String remark; // 评语

    ...... // get、set 方法
}
```

上述代码中，order 属性代表订单明细对应的订单，book 属性代表对应的图书，评价级别使用枚举 RemarkLevel 类型。

6.编写评价级别枚举 RemarkLevel

在 ejb3practice.ph02.entity 包中新建评价级别枚举 RemarkLevel，其代码如下所示。

```
public enum RemarkLevel {
    POSITIVE ("好评"), MODERATE ("中评"), NEGATIVE ("差评");

    String name;

    RemarkLevel (String name) {
        this.name = name;
    }

    public String getName() {
        return name;
    }
}
```

注意 上述实体类只是简单的 POJO，在后续与 JPA 相关的实践中将把这些实体类修改为 JPA 实体。

实践 2.G.2

编写用户业务接口。

分析

1.用户业务接口中需要注册用户、根据用户名和密码登录以及修改用户信息的方法。

2.注册用户时需要判断是否有重名的用户，如果有则不允许注册，因此用户业务接口中还需要一个判断用户名是否存在的方法。

3.网站需要提供根据店铺名称查找店铺（本项目中店铺实际上就是用户）的功能，查找出店铺后，还需要点击进入对应的店铺。因此用户业务接口中需要提供根据店铺名称和用户ID 查找用户的方法。

4.用户登录后，需要能够看到历史购买记录，因此在用户业务接口中还需要一个查找用户对应订单明细的方法。

5.本项目的 EJB 模块和 Web 模块将运行于同一个 Java EE 容器中，因此所有的业务接口都将使用本地接口，无需远程接口。

参考解决方案

在 ejb3practice.ph02.service 包中新建用户业务接口 UserService，其代码如下所示。

```
@Local
public interface UserService {

    /**
     * 注册用户
     *
     * @param user 新用户
     * /
    void registerUser (User user);

    /**
     * 修改用户信息。登录名不可修改
     *
     * @param user 修改的用户
     * /
    void modifyUser (User user);

    /**
     * 根据 ID 获取用户
     *
     * @param userId 用户 ID
     *
     * @return 用户
     * /
    User getUser (int userId);
```

```
    /**
     * 判断是否存在使用某个登录名的用户
     *
     * @param loginName 登录名
     *
     * @return 是否存在
     * /
    boolean existsUserWithSameName (String loginName);

    /**
     * 查询用户
     *
     * @param storeName 店铺名称
     *
     * @return 用户
     * /
    List 〈User〉 getUsers (String storeName);

    /**
     * 根据登录名和密码登录
     *
     * @param loginName 登录名
     * @param password 密码
     *
     * @return 用户
     * /
    User login (String loginName, String password);

    /**
     * 获得某个买家所有的订单明细，即其购买记录
     *
     * @param buyerId 买家 ID
     *
     * @return 买家的订单明细
     * /
    List 〈OrderDetail〉 getOrderDetails (int buyerId);
}
```

上述代码的用户业务接口 UserService 中，使用@Local 注解声明为本地接口，并添加了需要的业务方法。

实践 2.G.3

编写图书相关业务接口。

分析

1.卖家用户在其店铺中可以发布新的图书、修改和删除已有的在售图书，因此图书业务接口中需要图书的增加、修改和删除方法。

2.用户选中一个图书时可以查看其详细信息，图书业务接口中还需要一个根据图书 ID 获

取图书的方法。

3.网站将针对图书提供复杂的查询功能。查询条件包括卖家、关键字、价格范围、是否是二手书和图书类型；还需要提供供用户选择的排序方式，包括按照发布时间、价格和销量进行正序或倒序排列；查询结果可能包含很多图书，必须分页显示。因此图书业务接口中针对图书查询需要提供一个方法，包括上述的参数。

分页显示时，需要提供页码的直接导航功能，而不仅仅是简单的上一页和下一页，所以必须明确符合查询条件的图书总数量才可以显示所需的页码，因此图书业务接口中还需要一个根据上述查询条件获取图书数量的方法。

4.首页和高级查询页面都需要显示部分或所有的图书类型，因此图书业务接口中还需要一个获取所有图书类型的方法。图书类型相对比较固定，查询出来后可以缓存起来。

参考解决方案

在 ejb3practice.ph02.service 包中新建图书业务接口 BookService，其代码如下所示。

```
@Local
public interface BookService {

    /**
     * 添加图书，即发布新的待售图书
     *
     * @param book 需要发布的图书
     * /
    void addBook (Book book);

    /**
     * 修改在售的图书。只能修改库存量和售价
     *
     * @param book 需要修改的图书
     * /
    void modifyBook (Book book);

    /**
     * 删除图书
     *
     * @param bookId 需要删除的图书 ID
     * /
    void removeBook (int bookId);

    /**
     * 根据 ID 获取图书
     *
     * @param bookId 图书的 ID
     *
     * @return 图书
     * /
    Book getBook (int bookId);
```

```
/**
 * 分页查询图书
 *
 * <pre>
 * 可以按照下列 6 种规则排序:
 *   b.startTime
 *   b.startTime desc
 *   b.price
 *   b.price desc
 *   b.soldQuantity
 *   b.soldQuantity desc
 * </pre>
 *
 * @param sellerId 卖家 ID
 * @param key 查询关键字
 *      将与标题、作者、出版社、ISBN 匹配，其中 ISBN 为 =判断，其余三项为 LIKE 判断
 * @param priceFrom 价格范围，如果是拍卖则为当前最高出价
 * @param priceTo 价格范围，如果是拍卖则为当前最高出价
 * @param isSecondhand 是否是二手
 * @param bookTypeIds 类型 ID
 * @param orderBy 排序规则
 * @param pageNo 第几页
 * @param pageSize 每页显示几条记录
 *
 * @return 满足条件的图书
 * /
 List <Book> getBooks (Integer sellerId, String key, Double priceFrom,
         Double priceTo, Boolean isSecondhand, int[] bookTypeIds,
         String orderBy, int pageNo, int pageSize);

  /**
   * 得到满足条件的图书数量
   *
   * @param sellerId 卖家 ID
   * @param key 查询关键字
   *      将与标题、作者、出版社、ISBN 匹配，其中 ISBN 为 =判断，其余三项为 LIKE 判断
   * @param priceFrom 价格范围，如果是拍卖则为当前最高出价
   * @param priceTo 价格范围，如果是拍卖则为当前最高出价
   * @param isSecondhand 是否是二手
   * @param bookTypeIds 类型 ID
   *
   * @return 满足条件的图书数量
   * /
 long getBookCount (Integer sellerId, String key, Double priceFrom,
         Double priceTo, Boolean isSecondhand, int[] bookTypeIds);
 /**
   * 获取所有图书类型。图书类型比较固定，获得后可缓存
   *
   * @return 图书类型
```

```
    * /();
  List, <BookType> getBookTypes
}
```

上述代码的图书业务接口 BookService 中，使用@Local 注解声明为了本地接口，并添加了需要的业务方法。

实践 2.G.4

编写订单业务接口。

分析

1.用户购买图书是通过购物车实现的，因此订单业务接口中只需要关于订单的一些查询方法以及添加购买评价的方法，购买图书的业务方法将放在购物车业务接口中。

2.买家用户购买图书后，可以对图书以及这次购买过程进行评价，针对每种购买的图书只能评价一次。因此订单业务接口中需要一个添加购买评价的方法。

3.买家在浏览图书时，需要看到针对这本图书的历史评价，以此作为是否购买的参考信息。购买评价存在于订单明细中，因此需要在订单业务接口中添加一个根据图书获取其所有订单明细记录的方法。一本图书的订单明细可能有很多，因此上述方法需要对查询结果进行分页。同查询图书类似，分页的同时还需要一个获取全部记录数量的方法，以便在页面显示总的页码数量。

4.网站需要为用户提供查看其历史购买记录的功能，因此订单业务接口中需要添加一个根据买家用户获取其所有订单明细记录的方法。同样，一个用户的购买记录可能有很多，所以需要分页显示，也需要一个获取全部历史购买记录数量的方法，以便在页面显示总的页码数量。

参考解决方案

在 ejb3practice.ph02.service 包中新建订单业务接口 OrderService，其代码如下所示。

```
@Local
public interface OrderService {

    /**
     * 买家收到货后对图书进行评价。如果是好评，同时增加对应图书的好评数量
     *
     * @param orderDetailId 对应订单明细 ID
     * @param remarkLevel 评价级别
     * @param remark 评价内容
     * /
    void writeRemark (int orderDetailId, RemarkLevel remarkLevel, String remark);

    /**
     * 分页查询某个图书的订单明细
     *
     * @param bookId 图书 ID
     * @param pageNo 第几页
```

```
     * @param pageSize 每页显示几条记录
     *
     * @return 订单明细
     */
    List<OrderDetail> getOrderDetailsOfBook (int bookId, int pageNo,
            int pageSize);

    /**
     * 得到某图书的订单明细数量
     *
     * @param bookId 图书 ID
     *
     * @return 订单明细数量
     */
    long getOrderDetailCountOfBook (int bookId);

    /**
     * 分页查询某个买家的订单明细
     *
     * @param buyerId 买家 ID
     * @param pageNo 第几页
     * @param pageSize 每页显示几条记录
     *
     * @return 订单明细
     */
    List<OrderDetail> getOrderDetailsOfUser (int buyerId, int pageNo,
            int pageSize);

    /**
     * 得到某买家的订单明细数量
     *
     * @param buyerId 买家 ID
     *
     * @return 订单明细数量
     */
    long getOrderDetailCountOfUser (int buyerId);

    /**
     * 添加订单及订单明细，并修改对应图书的库存量和销量，对应卖家用户的累计销量
     *
     * @param userId 买家用户 ID
     * @param orderDetails 订单明细
     */
    void addOrder (int userId, Collection<OrderDetail> orderDetails);
}
```

上述代码的订单业务接口 OrderService 中，使用@Local 注解声明为了本地接口，并添加了需要的业务方法。

实践 2.G.5

编写购物车业务接口。

分析

1.买家用户购买图书时，首先是添加到购物车，购物车中可以多次添加图书，用户也可以取消购物车中的购买记录，当用户确定购物车中的所有购买记录时，最终一次提交所有数据，形成订单和订单明细。

2.根据上述分析，购物车业务接口中需要添加购买记录、取消购买记录、查看本次购买记录和提交订单四个方法。需要注意，在最终提交前，所有的数据都是临时的，不应该写入数据库。

参考解决方案

在 ejb3practice.ph02.service 包中新建用户业务接口 BookCartService，其代码如下所示。

```
@Local
public interface BookCartService {
    /**
     * 添加一笔购买明细
     *
     * @param userId 买家 ID
     * @param bookId 图书 ID
     * @param quantity 图书购买数量
     * /
    void buy (int userId, int bookId, int quantity);

    /**
     * 取消一笔购买明细
     *
     * @param userId 买家 ID
     * @param bookId 图书 ID
     * /
    void cancel (int userId, int bookId);

    /**
     * @return 当前已有的购买明细，尚未保存
     * /
    Collection <OrderDetail > getDetails();

    /**
     * 确认购买，提交订单
     * /
    void commitOrder();
}
```

上述代码的购物车业务接口 BookCartService 中，使用@Local 注解声明为了本地接口，并添加了需要的业务方法。注意其中适当简化了业务需求，接口中并没有提供修改购买数量的方法，买家用户只能一次取消某本图书的所有订购，而不能修改其购买数量。

实践 2.G.6

为图书销售网站建立数据库，设计表结构及相关的 Sequence。

分析

1.在 Oracle 中为图书销售网站新建用户 ejb3practice。

2.根据实践 2.G.1 中的实体类设计，在 ejb3practice 用户下为实体类建立对应的表。其中图书和图书类型存在多对多关联关系，因此还需要一个两者的关联关系表。

3.为各个表建立对应的 Sequence 以便生成主键。

参考解决方案

1.在 Oracle 中新建用户 ejb3practice

建立用户 ejb3practice 的 SQL 如下所示。

```
create user ejb3practice identified by ejb3practice;
grant connect to ejb3practice;
grant resource to ejb3practice;
grant unlimited tablespace to ejb3practice;
```

2.在 ejb3practice 用户下为实体类建立对应的表

建立用户表 USERS，结构如表 2.1 所示。

表 2.1　USERS 表

列	类　型	是否可以为空	说　明
ID	NUMBER	N	
NAME	NVARCHAR2(50)	N	姓名
LOGIN_NAME	NVARCHAR2(50)	N	登录名
PASSWORD	NVARCHAR2(50)	N	密码
ID_CARD	NVARCHAR2(50)	N	身份证号
TEL	NVARCHAR2(100)	N	电话
EMAIL	NVARCHAR2(100)	N	email
ADDRESS	NVARCHAR2(500)	N	地址
DESCRIPTION	NVARCHAR2(1000)	Y	说明
STATE	NUMBER	N	0 已删除，1 正常
ACCOUNT	NVARCHAR2(100)	N	账户
STORE_ NAME	NVARCHAR2(100)	N	店铺名称
CREATED_ DATE	DATE	N	创建日期
SOLDS	NUMBER	Y	累计销量
POSITIVE_ REMARKS	NUMBER	Y	好评数量

建立图书表 BOOK，结构如表 2.2 所示。

表 2.2 BOOK 表

列	类　型	是否可以为空	说　明
ID	NUMBER	N	
TITLE	NVARCHAR2(200)	N	书名
AUTHOR	NVARCHAR2(200)	N	作者
PUBLISHER	NVARCHAR2(100)	N	出版社
ISBN	NVARCHAR2(100)	N	ISBN
PUBLISH_DATE	DATE	Y	出版日期
PAGES	NUMBER	Y	页数
WORDS	NUMBER	Y	字数
FORMAT	NVARCHAR2(100)	Y	开本
PAPER	NVARCHAR2(100)	Y	纸张
COVER	NVARCHAR2(200)	N	封面图片路径
AUTHOR_INTRO	NVARCHAR2(1000)	Y	作者简介
DESCRIPTION	NVARCHAR2(2000)	Y	说明
STICKER_PRICE	NUMBER	N	定价
IS_SECONDHAND	CHAR(1)	N	是否是二手书
STATE	NUMBER	N	0 已删除，1 正常
INVENTORY	NUMBER	N	库存量
SOLDS	NUMBER	Y	累计销量
POSITIVE_REMARKS	NUMBER	Y	好评数量
PRICE	NUMBER	N	售价
SELLER_ID	NUMBER	N	卖家 ID
START_TIME	DATE	N	开始销售时间

建立图书类型表 BOOKTYPE，结构如表 2.3 所示。

表 2.3 BOOKTYPE 表

列	类　型	是否可以为空	说　明
ID	NUMBER	N	
NAME	NVARCHAR2(50)	N	类型名称
STATE	NUMBER	N	0 已删除，1 正常
PARENT_TYPE_ID	NUMBER	Y	父类型 ID

建立图书与图书类型的对应关系表 BOOK_TYPE，结构如表 2.4 所示。

表 2.4 BOOK_TYPE 表

列	类　型	是否可以为空	说　明
BOOK_ID	NUMBER	N	图书 ID
BOOK_TYPE_ID	NUMBER	N	图书类型 ID

建立订单表 SELL_ORDER，结构如表 2.5 所示。

表 2.5　SELL_ORDER 表

列	类　型	是否可以为空	说　明
ID	NUMBER	N	
CODE	NVARCHAR2(50)	N	订单编号
BUYER_ID	NUMBER	N	买家 ID
BUY_TIME	DATE	N	订单时间

建立订单表 SELL_ORDER_DETAIL，结构如表 2.6 所示。

表 2.6　SELL_ORDER_DETAIL 表

列	类　型	是否可以为空	说　明
ID	NUMBER	N	
CODE	NVARCHAR2(50)	N	订单明细编号
SELL_ORDER_ID	NUMBER	N	对应订单 ID
BOOK_ID	NUMBER	N	图书 ID
QUANTITY	NUMBER	N	购买数量
PRICE	NUMBER	N	成交价格
REMARK_LEVEL	NVARCHAR2(50)	Y	评价级别
REMARK	NVARCHAR2(500)	Y	评语

3.建立 Sequence

为用户表、图书表、图书类型表、订单表、订单明细表分别建立 Sequence，需要的 SQL 语句如下：

```
create sequence USERS_SEQ;
create sequence BOOK_SEQ;
create sequence BOOKTYPE_SEQ;
create sequence S_ORDER_SEQ;
create sequence S_ORDER_D_SEQ;
```

实践 2.G.7

为 JBoss 配置数据源。

分析

1.为了在程序中使用容器提供的数据源，必须对容器进行相关配置。JBoss 在其安装目录 /docs/examples/jca 目录下提供了各种数据库的数据源示例配置文件。

2.将 Oracle 数据库的本地事务数据源配置文件 oracle-ds.xml 复制到 JBoss 的部署目录 server \default \deploy 下，再修改其中的配置即可。

参考解决方案

1.JBoss 数据源配置文件

JBoss 在其安装目录/docs/examples/jca 目录下提供了各种数据库的数据源示例配置文件。如图 2.2 所示，该目录下的 oracle-ds.xml 和 oracle-xa-ds.xml 是关于 Oracle 数据库的两个数据源配置文件：

◇ oracle-ds.xml 用于配置本地事务数据源；

◇ oracle-xa-ds.xml 用于配置全局事务数据源。

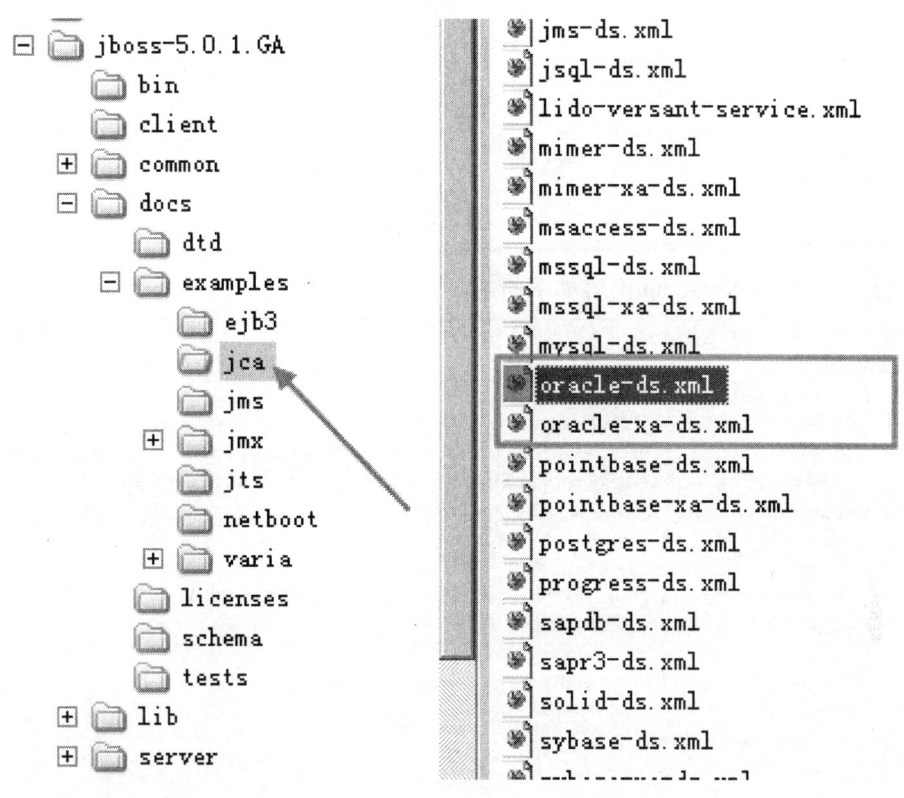

图 2.2

图书销售网站项目将只使用一个 Oracle 数据库，也只需配置一个数据源，因此是本地事务，只需要 oracle-ds.xml 配置文件即可。

2.复制并修改 oracle-ds.xml 配置文件

将本地事务数据源配置文件 oracle－ds.xml 复制到 JBoss 的部署目录 server \default \deploy 目录下，如图 2.3 所示。

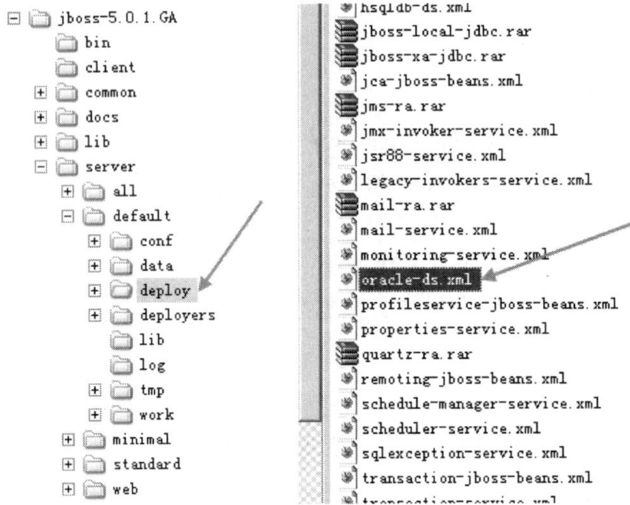

图 2.3

复制后，修改 oracle-ds.xml 内容如下所示。

```
<?xml version="1.0" encoding="UTF-8"? >
<datasources>
    <local-tx-datasource>
        <jndi-name>jdbc/ejb3theory </jndi-name>
        <connection-url>jdbc:oracle:thin:@localhost:1521:orcl </connection-url>
        <driver-class>oracle.jdbc.driver.OracleDriver</driver-class>
        <user-name>ejb3theory</user-name>
        <password>ejb3theory</password>
        <exception-sorter-class-name>
          org.jboss.resource.adapter.jdbc.vendor.OracleExceptionSorter
        </exception-sorter-class-name>
        <metadata>
          <type-mapping>Oracle10g</type-mapping>
        </metadata>
    </local-tx-datasource>

    <local-tx-datasource>
        <jndi-name>jdbc/ejb3practice </jndi-name>
        <connection-url>jdbc:oracle:thin:@localhost:1521:orcl </connection-url>
        <driver-class>oracle.jdbc.driver.OracleDriver</driver-class>
        <user-name>ejb3practice</user-name>
        <password>ejb3practice</password>
        <exception-sorter-class-name>
            org.jboss.resource.adapter.jdbc.vendor.OracleExceptionSorter
        </exception-sorter-class-name>
        <metadata>
          <type-mapping>Oracle10g</type-mapping>
        </metadata>
    </local-tx-datasource>
</datasources>
```

上述代码中，配置了两个 <local-tx-datasource>，即配置了两个本地事务数据源。每个数据源中都包括下列元素：

◇　<jndi-name>：数据源的 JNDI 名称，代码中使用此名称访问数据源；

◇　<connection-url>：数据库的连接字符串；

◇　<driver-class>：数据库驱动类名；

◇　<user-name>：数据库用户名；

◇　<password>：数据库密码。

其中，JNDI 名称为“jdbc/ejb3theory”的数据源是本书理论篇部分使用的，JNDI 名称为“jdbc/ejb3practice”的数据源是本实践篇案例使用的数据源。

另外，还需要将数据库的驱动程序保存于 JBoss 的部署目录下的 lib 目录中，如图 2.4 所示。

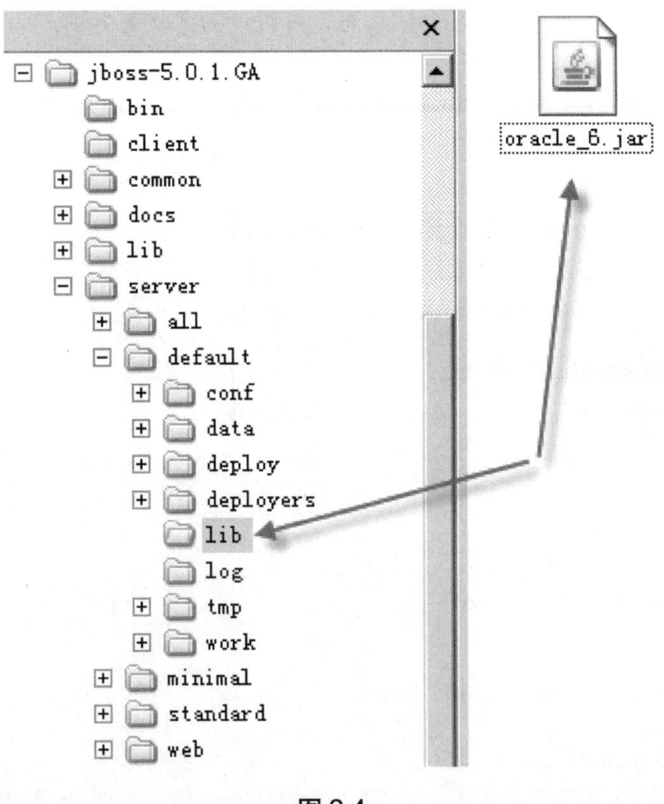

图 2.4

当项目部署成功并启动后，即可访问上述配置的 Oracle 数据源，例如：

```
@Stateless
public class OrderBean implements OrderService {

    // 注入 EJB 容器的数据源
    @Resource (mappedName = "java:jdbc/ejb3practice")
    private DataSource dataSource;
```

```
......
}
```

上述代码中，使用@EJB注解注入了数据源，其mappedName参数值为数据源配置文件oracle－ds.xml中数据源的JNDI名称，并添加了前缀“java:”。

注意 本书理论篇第7章中将介绍本地事务和全局事务。

实践2.G.8

编写名为UserBean的用户业务会话Bean。

分析

1.用户业务会话Bean中无需保存会话状态，可设计为无状态会话Bean，需要实现本地业务接口UserService。

2.用户业务会话Bean中使用JDBC操作数据库时需要获取EJB容器提供的数据源。

参考解决方案

编写名为UserBean的用户业务会话Bean，代码如下。

```
@Stateless
    public class UserBean implements UserService {

    // 注入 EJB 容器的数据源
    @Resource (mappedName = "java:jdbc/ejb3practice")
    private DataSource dataSource;

    /**
     * 注册用户
     *
     * @param user 新用户
     * /
    @Override
    public void registerUser (User user) {
        Connection conn = null;
        PreparedStatement ps = null;
        String sql = "insert into users (id, name, login_name, password, id_card,
tel, email, address, description, state, account, store_name, created_date, solds,
positive_remarks) values (users_seq.nextval , ?, ?, ?, ?, ?, ?, ?, ?, 1 , ?, ?, ?, 0, 0)";
        try {
            conn = dataSource.getConnection();
            ps = conn.prepareStatement (sql);
            ps.setString (1, user.getName());
            ps.setString (2, user.getLoginName());
            ps.setString (3, user.getPassword());
            ps.setString (4, user.getIdCard());
```

```
    ps.setString (5, user.getTel());
        ps.setString (6, user.getEmail());
        ps.setString (7, user.getAddress());
        ps.setString (8, user.getDescription());
        ps.setString (9, user.getAccount());
        ps.setString (10, user.getStoreName());
        ps.setDate (11, new java.sql.Date (new Date().getTime()));
        ps.executeUpdate();
    } catch (SQLException e) {
        e.printStackTrace();
        throw new RuntimeException (e); // 抛出异常以使容器回滚事务
    } finally {
        if (ps != null)
            try {
                ps.close();
            } catch (SQLException e) {
                e.printStackTrace();
            }
        if (conn != null)
            try {
                conn.close();
            } catch (SQLException e) {
                e.printStackTrace();
        }
    }
}

@Override
public User login (String loginName, String password) {
    Connection conn = null;
    PreparedStatement ps = null;
    ResultSet rs = null;
    String sql = "select *  from users where login_name = ? and password = ?";
    try {
        conn = dataSource.getConnection();
        ps = conn.prepareStatement (sql);
        ps.setString (1, loginName);
        ps.setString (2, password);
        rs = ps.executeQuery();
        if (rs.next()) {
            User user = new User();
            user.setId (rs.getInt ("id"));
            user.setName (rs.getString ("name"));
            user.setLoginName (loginName);
```

```
        user.setPassword (password);
            user.setIdCard (rs.getString ("id_card"));
            user.setTel (rs.getString ("tel"));
            user.setEmail (rs.getString ("email"));
            user.setAddress (rs.getString ("address"));
            user.setDescription (rs.getString ("description"));
            user.setState (rs.getInt ("state"));
            user.setAccount (rs.getString ("account"));
            user.setStoreName (rs.getString ("store_name"));
            user.setCreatedDate (rs.getDate ("created_date"));
            user.setSolds (rs.getInt ("solds"));
            user.setPositiveRemarks (rs.getInt ("positive_remarks"));
            return user;
        }
    } catch (SQLException e) {
        e.printStackTrace();
        throw new RuntimeException (e); // 抛出异常以使容器回滚事务
    } finally {
        if (rs != null)
            try {
                    rs.close();
            } catch (SQLException e) {
                    e.printStackTrace();
            }
        if (ps != null)
            try {
                ps.close();
            } catch (SQLException e) {
            e.printStackTrace();
            }
        if (conn != null)
            try {
                conn.close();
            } catch (SQLException e) {
                e.printStackTrace();
            }
    }
    return null;
}

@Override
public List<User> getUsers (String storeName) {
    List<User> list = new ArrayList<User>();
    Connection conn = null;
    PreparedStatement ps = null;
    ResultSet rs = null;
    String sql = "select * from users where store_name like ?";
    try {
        conn = dataSource.getConnection();
        ps = conn.prepareStatement (sql);
        ps.setString (1, "%" + storeName + "%");
        rs = ps.executeQuery();
```

```
    while (rs.next()) {
            User user = new User();
            user.setId (rs.getInt ("id"));
            user.setName (rs.getString ("name"));
            user.setLoginName (rs.getString ("login_name"));
            user.setPassword (rs.getString ("password"));
            user.setIdCard (rs.getString ("id_card"));
            user.setTel (rs.getString ("tel"));
            user.setEmail (rs.getString ("email"));
            user.setAddress (rs.getString ("address"));
            user.setDescription (rs.getString ("description"));
            user.setState (rs.getInt ("state"));
            user.setAccount (rs.getString ("account"));
            user.setStoreName (rs.getString ("store_name"));
            user.setCreatedDate (rs.getDate ("created_date"));
            user.setSolds (rs.getInt ("solds"));
            user.setPositiveRemarks (rs.getInt ("positive_ remarks"));
            list.add (user);
        }
        return list;
    } catch (SQLException e) {
        e.printStackTrace();
        throw new RuntimeException (e); // 抛出异常以使容器回滚事务
    } finally {
        if (rs != null)
        try {
                rs.close();
            } catch (SQLException e) {
                e.printStackTrace();
            }
        if (ps != null)
            try {
                ps.close();
            } catch (SQLException e) {
                e.printStackTrace();
            }
        if (conn != null)
            try {
                conn.close();
            } catch (SQLException e) {
                e.printStackTrace();
            }
    }
}
```

```
    ......// 其余业务方法将在 JPA 相关实践中实现
}
```

上述代码中，使用@Stateless 注解标注 UserBean 为无状态会话 Bean，并使其实现了 UserService 本地业务接口；使用@Resource 注解注入了容器提供的数据源，在 registerUser()、login()和 getUsers()方法中，都通过数据源获得数据库连接，使用 JDBC 执行了相应的 SQL 语句；在 registerUser()方法中，向 USERS 表中插入了记录，在 login()方法中，查询了 USERS 表中满足条件的记录，并组装为 User 的实例返回，在 getUsers()方法中，查询了 USERS 表中符合店铺名称的记录，并组装为 List <User>返回。

插入记录时，USERS 表的主键通过 Sequence USERS_SEQ 生成；state 字段值为 1，表示正常状态；CREATED_DATE 字段赋值为当前时间。

> **注意** 上述代码中并未实现业务接口 UserService 中的所有方法，只是以 registerUser()、login()和 getUsers()方法为例介绍了如何在会话 Bean 中直接使用 JDBC 操作数据库；UserService 业务接口中的其余方法将在后续实践篇详细介绍 JPA 后再以 JPA 方式实现。

实践 2.G.9

编写名为 BookCartBean 的购物车业务会话 Bean。

分析

1.购物车业务会话 Bean 中需要维持购物车的状态，即保存当前用户本次的购买记录，因此可设计为有状态会话 Bean，需要实现本地业务接口 BookCartService。

2.买家用户可能多次购买同一本书，因此添加到购物车中时需要判断这本书是否在本次购买中已经买过，如果买过则只需增加数量，如果未买过则需添加购买记录。为了便于查找是否已买过某本图书，购买记录可采用 Map 存储，其 key 为图书 ID，value 为购买记录（即订单明细）的实例。

3.因为购物车业务会话 Bean 为有状态会话 Bean，所以其实例可能被客户端长时间引用，为了避免错误，此会话 Bean 中需要一个用户 ID 属性，以保证多次购买活动是来自同一个买家用户。

4.买家用户在最终确定购买时，可能需要查看本次购买的图书详细信息，因此在每笔购买记录中需要保存对应的图书信息，即需要根据图书 ID 查找对应的图书。BookService 业务接口中定义了根据图书 ID 查找图书的方法，因此，在购物车会话 Bean 中可以注入 BookService 业务接口，然后直接调用其 getBook()方法即可返回对应的图书实例。

5.提交订单时，通过调用 OrderService 业务接口的 addOrder()方法完成数据库操作，因此，在购物车会话 Bean 中需要注入实现 OrderService 业务接口的会话 Bean 对象。

6.当买家用户最终确认购买并提交订单后，购物车业务会话 Bean 的实例即完成其业务功能，可以被销毁，因此，提交订单的业务方法应该标记为@Remove 方法。

参考解决方案

编写名为 BookCartBean 的购物车业务会话 Bean，代码如下。

```
@Stateful
public class BookCartBean implements BookCartService {

    // 注入图书业务会话 Bean
    @EJB
    BookService bookService;
// 注入订单业务会话 Bean
    @EJB
    OrderService orderService;

    // 当前买家用户 ID
    Integer userId;

    // 用于保存购物车状态，即买家本次的购买记录
    Map < Integer, OrderDetail > orderDetails = new HashMap < Integer, OrderDetail >
();

    /**
     * 添加一笔购买明细
     *
     * @param userId 买家 ID
     * @param bookId 图书 ID
     * @param quantity 图书购买数量
     * /
    @Override
    public void buy (int userId, int bookId, int quantity) {
        // 保存买家用户的 ID
        if (this.userId = = null)
            this.userId = userId;
        else if (this.userId != userId)
            throw new BookC2CException ("多次购买不是同一个买家");

        OrderDetail orderDetail = orderDetails.get (bookId);
        if (orderDetail = = null) { // 添加购买记录
            // 查询图书
            Book book = bookService.getBook (bookId);
            if (book.getSeller().getId() = = userId)
                throw new BookC2CException ("不能购买自己的书");
            orderDetail = new OrderDetail();
            orderDetail.setCode (userId + "." + bookId);
            orderDetail.setBook (book);
            orderDetail.setPrice (book.getPrice());
            orderDetail.setQuantity (quantity);
            orderDetails.put (bookId, orderDetail);
        } else { // 修改已有购买记录的购买数量
```

```
        orderDetail.setQuantity (orderDetail.getQuantity() + quantity);
        }
    }

    /**
     * 取消一笔购买明细
     *
     * @param userId 买家 ID
     * @param bookId 图书 ID
     * /
    @Override
    public void cancel (int userId, int bookId) {
        if (this.userId = = null)
            this.userId = userId;
        else if (this.userId != userId)
            throw new BookC2CException ("不能取消其他买家的购买");
        orderDetails.remove (bookId);
    }

    /**
     * @return 当前已有的购买明细，尚未保存
     * /
    @Override
    public Collection < OrderDetail > getDetails () {
        return orderDetails.values ();
    }
    /**
     * 确认购买，提交订单
     * /
    @Override
    @Remove
    public void commitOrder () {
        orderService.addOrder (userId, orderDetails.values ());
    }
}
```

上述代码中，使用@Stateful 注解将 BookCartBean 标注为有状态会话 Bean，并使其实现了本地业务接口 BookCartService。

BookCartBean 中使用 userId 属性保存买家用户的 ID，在添加和取消购买记录时根据 userId 判断是否为同一个买家的操作；使用 HashMap < Integer, OrderDetail > 类型的 orderDetails 属性保存买家此次的所有购买记录，在添加购买记录的 buy( ) 方法和取消购买的 cancel( ) 方法中根据图书 ID 修改 orderDetails 属性中的购买记录。

BookCartBean 中使用@EJB 注解注入了实现 BookService 业务接口的会话 Bean，在添加购

买记录的 buy( )方法中，新建订单明细时通过调用 BookService 的 getBook( )方法获取了对应的图书信息，并将此图书信息保存在订单明细中。

BookCartBean 中使用@EJB 注解注入了实现 OrderService 业务接口的会话 Bean，在提交订单的 commitOrder( )方法中，通过调用 OrderService 的 addOrder( )方法保存了订单信息。

BookCartBean 是有状态会话 Bean，其 commitOrder( )方法用于最终提交订单，执行后将不再需要 BookCartBean 的当前实例，因此使用@Remove 注解标注了 commitOrder( )方法，以通知 EJB 容器在此方法被调用后可以销毁 BookCartBean 的当前实例。

> **注意** 本章实践中将不再演示实现其他业务接口的会话 Bean，在后续实践篇详细介绍 JPA 后将使用 JPA 方式实现所有业务接口中的全部方法。

实践 2.G.10

本章实践篇的后续几个实践将完成图书销售网站的全部 Web 模块，虽然目前并未在 EJB 模块中编写出实现所有业务接口的会话 Bean，但这对于编写 EJB 客户端并没有影响，因为客户端的代码中只需调用业务接口即可，在后续的实践篇中将逐步完善 EJB 模块。

在网站首页中需要显示图书的所有类型，图书类型相对比较固定，因此可以编写 ServletContext 监听器，在网站启动时预先读取所有的图书类型并放入 ServletContext，所有需要使用图书类型的 Servlet 和 JSP（包括首页）都可以直接从 ServletContext 中获取，而无需再查询数据库。

分析

1.在 Web 项目 ph02Web 中，需要调用 EJB 项目中的业务接口。如果是分布式的架构，即 Web 模块与 EJB 模块运行于不同的容器中时，需要将 EJB 模块中的业务接口和实体类打包为 jar 文件，然后在 Web 模块中引用此 jar 文件；本图书销售网站采用的是将 EJB 模块和 Web 模块运行于同一个容器中的方式，因此 EJB 模块无需单独打包，只需在 Eclipse 中使 Web 项目直接引用 EJB 项目即可。

2.在 ServletContext 监听器中，通过调用 BookService 业务接口的 getBookTypes( )方法获取所有的图书类型，并保存在 ServletContext 中。BookService 业务接口可以通过@EJB 注解注入。

3.图书销售网站的 JSP 页面以及 JavaScript 和 CSS 等代码篇幅较长，其内容与 EJB 并无太大关系，因此本书正文中不再展示表示层的代码，而只是演示运行结果，读者可以自行参阅项目的代码。

> **注意** 本书的主要目的是介绍 EJB 3.0 技术，因此图书销售网站实践案例中，Web 模块将使用最基本的 Servlet 和 JSP 实现，而不会采用一些高级的 Web 框架，并且 Web 模块的实现（包括 Servlet、JSP 以及一些 JavaScript 和 CSS 等）也不会详尽的说明，而是重点介绍其作为 EJB 客户端如何调用 EJB 模块。Web 模块的详细内容读者可以参阅具体的代码。

参考解决方案

1.在 Eclipse 中使 Web 项目关联 EJB 项目

首先在 Web 项目上点击右键，选择 Properties，如图 2.5 所示。

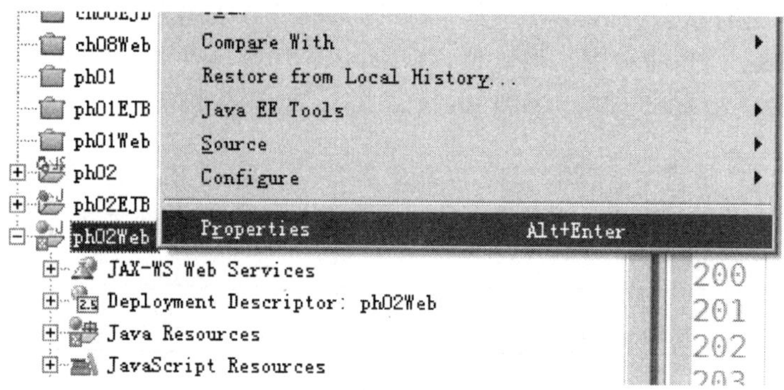

图 2.5

弹出的窗口中，左方选择“Java Build Path”，右方选择 Projects 标签，然后点击“Add”，如图 2.6 所示。

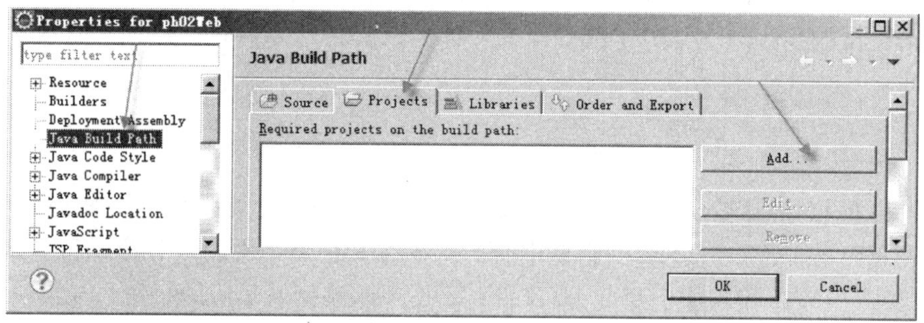

图 2.6

弹出的窗口中勾选 ph02EJB，然后点击“OK”，如图 2.7 所示。

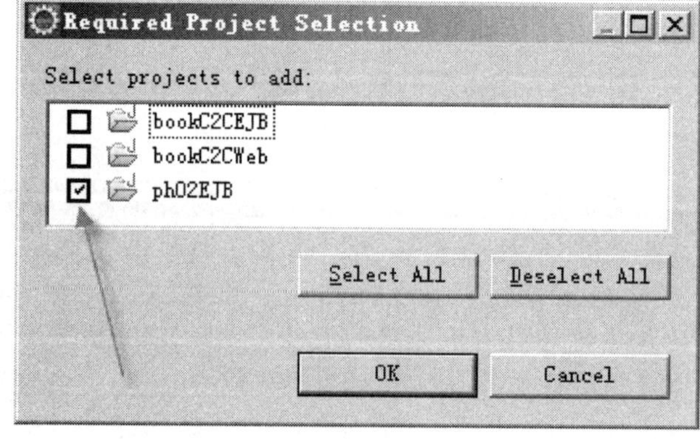

图 2.7

将会返回图 2.3 所示窗口，再点击“OK”，项目关联完毕。

2. 编写 ServletContext 监听器 InitListener

InitListener 代码如下所示。

```
public class InitListener implements ServletContextListener {

    @EJB
    BookService bookService;

    @Override
    public void contextInitialized (ServletContextEvent event) {
        event.getServletContext().setAttribute ("BOOK_TYPES",
                bookService.getBookTypes());
    }

    @Override
    public void contextDestroyed (ServletContextEvent event) {
        // nothing to do
    }
}
```

上述代码的 ServletContext 监听器 InitListener 中，使用@EJB 注解注入了容器提供的实现 BookService 业务接口的 Bean，在 contextInitialized( ) 方法中，调用 BookService 的 getBookTypes( ) 方法获取所有的图书类型，并放入 ServletContext 中，名称为“BOOK_TYPES”。

实践 2.G.11

编写 Servlet 完成与用户相关的业务，包括用户注册、登录、退出、修改个人信息、进入用户店铺和根据店铺名称查找店铺的功能。

分析

1.与用户相关的业务操作可在一个 Servlet（UserServlet）中完成，不同的操作对应此 Servlet 中不同的方法。

2.在用户注册、登录、退出、修改个人信息、进入用户店铺和根据店铺名称查找店铺的功能中都需要使用 UserService 业务接口中提供的方法，因此 UserServlet 中需要注入实现 UserService 接口的会话 Bean。

3.在进入用户店铺后，需要显示此用户店铺中的图书，因此 UserServlet 中需要注入实现 BookService 接口的会话 Bean，通过调用其 getBooks( ) 和 getBookCount( ) 方法分页显示店铺中的图书。

参考解决方案

编写 UserServlet，代码如下。

```
public class UserServlet extends HttpServlet {

    // 店铺中每页显示的图书数量
    static final int BOOK_COUNT_PER_PAGE = 10;

    // 注入 UserService
    @EJB
    UserService userService;

    // 注入 BookService
    @EJB
    BookService bookService;

    @Override
    protected void doPost (HttpServletRequest req, HttpServletResponse resp)
            throws ServletException, IOException {
        req.setCharacterEncoding ("UTF-8");

        String to = req.getParameter ("to");
        if ("register" .equals (to))
            register (req, resp);
        else if ("login" .equals (to))
            login (req, resp);
        else if ("quit" .equals (to))
            quit (req, resp);
        else if ("modify" .equals (to))
            modify (req, resp);
        else if ("store" .equals (to))
            store (req, resp);
        else if ("findStore" .equals (to))
            findStore (req, resp);
    }

    @Override
    protected void doGet (HttpServletRequest req, HttpServletResponse resp)
            throws ServletException, IOException {
        doPost (req, resp);
    }

    void register (HttpServletRequest req, HttpServletResponse resp)
            throws ServletException, IOException {
        String validateCode = req.getParameter ("validateCode");
        String vc = (String) req.getSession ().getAttribute ("validateCode");
        String name = req.getParameter ("name"); // 姓名
        String loginName = req.getParameter ("loginName"); // 登录名
        String password = req.getParameter ("password"); // 密码
        String password2 = req.getParameter ("password2"); // 确认密码
        String idCard = req.getParameter ("idCard"); // 身份证
        String account = req.getParameter ("account"); // 账户
```

```
    String tel = req.getParameter ("tel"); // 电话
    String email = req.getParameter ("email"); // EMail
    String address = req.getParameter ("address"); // 地址
    String storeName = req.getParameter ("storeName"); // 店铺名称
    String description = req.getParameter ("description"); // 说明

    User user = new User();
    user.setLoginName (loginName);
    user.setPassword (password);
    user.setName (name);
    user.setIdCard (idCard);
    user.setAccount (account);
    user.setTel (tel);
    user.setEmail (email);
    user.setAddress (address);
    user.setStoreName (storeName);
    user.setDescription (description);
    user.setCreatedDate (new Date());
    user.setState (1);

    if (! validateCode.toUpperCase().equals (vc.toUpperCase())) {
        req.setAttribute ("msg", "验证码不正确");
        req.setAttribute ("user", user);
        req.getRequestDispatcher ("register.jsp") .forward (req, resp);
        return;
    }
    if (! password.equals (password2)) {
        req.setAttribute ("msg", "两次密码输入不一致");
        req.setAttribute ("user", user);
        req.getRequestDispatcher ("register.jsp") .forward (req, resp);
        return;
    }
    // 判断是否存在重名用户
    if (userService.existsUserWithSameName (loginName)) {
        req.setAttribute ("msg", "已有用户使用此登录名");
        req.setAttribute ("user", user);
        req.getRequestDispatcher ("register.jsp") .forward (req, resp);
        return;
    }

    // 注册用户
    userService.registerUser (user);
    req.getRequestDispatcher ("login.jsp") .forward (req, resp);
}

void login (HttpServletRequest req, HttpServletResponse resp)
        throws ServletException, IOException {
    String loginName = req.getParameter ("loginName"); // 登录名
    String password = req.getParameter ("password"); // 密码
```

```
        // 用户登录
        User user = userService.login (loginName, password);
        if (user = = null) {
            req.setAttribute ("msg", "用户名不存在或密码错误");
            req.getRequestDispatcher ("login.jsp") .forward (req, resp);
            return;
        }
        // 已登录用户保存在 HttpSession 中
        req.getSession().setAttribute ("USER", user);
        req.getRequestDispatcher ("index.jsp") .forward (req, resp);
    }

    void quit (HttpServletRequest req, HttpServletResponse resp)
            throws IOException {
        req.getSession().invalidate();
        resp.sendRedirect ("index.jsp");
    }

    void modify (HttpServletRequest req, HttpServletResponse resp)
            throws ServletException, IOException {
        User user = (User) req.getSession().getAttribute ("USER");
        if (user = = null) {
            req.getRequestDispatcher ("login.jsp") .forward (req, resp);
            return;
        }

        String name = req.getParameter ("name"); // 姓名
        String oldpassword = req.getParameter ("oldpassword"); // 原密码
        String password = req.getParameter ("password"); // 新密码
        String password2 = req.getParameter ("password2"); // 确认新密码
        String idCard = req.getParameter ("idCard"); // 身份证
        String account = req.getParameter ("account"); // 账户
        String tel = req.getParameter ("tel"); // 电话
        String email = req.getParameter ("email"); // EMail
        String address = req.getParameter ("address"); // 地址
        String storeName = req.getParameter ("storeName"); // 店铺名称
        String description = req.getParameter ("description"); // 说明

        if (! user.getPassword().equals (oldpassword)) {
            req.setAttribute ("msg", "原密码不正确");
            req.getRequestDispatcher ("modifyUser.jsp") .forward (req, resp);
            return;
        }

        if (! password.equals (password2)) {
            req.setAttribute ("msg", "两次密码输入不一致");
            req.getRequestDispatcher ("modifyUser.jsp") .forward (req, resp);
            return;
        }
```

```
        user.setPassword (password);
        user.setName (name);
        user.setIdCard (idCard);
        user.setAccount (account);
        user.setTel (tel);
        user.setEmail (email);
        user.setAddress (address);
        user.setStoreName (storeName);
        user.setDescription (description.replace ("\r\n", "<br/>"));

        //修改用户信息
        userService.modifyUser (user);
        req.setAttribute ("msg", "修改成功");
        req.getRequestDispatcher ("modifyUser.jsp").forward (req, resp);
    }

    void store (HttpServletRequest req, HttpServletResponse resp)
            throws ServletException, IOException {

        String userId0 = req.getParameter ("userId");
        String pageNo0 = req.getParameter ("pageNo");
        //根据ID获取用户
        User user = userService.getUser (Integer.parseInt (userId0));

        Integer userId = user.getId();
        int pageNo = 1;
        if (pageNo0 != null&&pageNo0.length() != 0)
            pageNo = Integer.parseInt (pageNo0);

        //查询店铺内的图书及总数量
        List<Book> books = bookService.getBooks (userId, null, null, null, null,
                null, null, pageNo, BOOK_COUNT_PER_PAGE);
        long count = bookService.getBookCount (userId, null, null, null, null,
                null);

        req.setAttribute ("books", books);
        req.setAttribute ("count", count);
        req.setAttribute ("user", user);
        req.setAttribute ("p", PageUtil.urlPaged (pageNo, BOOK_COUNT_PER_PAGE,
                count, "user?to=store&userId=" + userId));

        req.getRequestDispatcher ("store.jsp").forward (req, resp);
    }

    void findStore (HttpServletRequest req, HttpServletResponse resp)
            throws ServletException, IOException {
        String key = req.getParameter ("k");
        if (key != null&&key.length() != 0)
            key = new String (key.getBytes ("ISO-8859-1"), "UTF-8");
```

```
        // 根据关键字查询店铺（即用户）
        List <User> users = userService.getUsers (key);
        req.setAttribute ("users", users);
        req.getRequestDispatcher ("stores.jsp") .forward (req, resp);
    }

    private static final long serialVersionUID = 1L;
}
```

上述代码中，使用@EJB 注解向 UserServlet 注入实现业务接口 UserService 和 BookService 的会话 Bean，在各个方法中通过调用 UserService 和 BookService 接口的业务方法完成了对应的功能。

实践 2.G.12

编写 Servlet 完成与图书相关的业务，包括图书的添加、删除、修改、查看图书详细信息和查询图书的功能。

分析

1.与图书相关的业务操作在 BookServlet 中完成，不同的操作对应此 Servlet 中不同的方法。

2.与图书相关的各个操作都需要使用 BookService 业务接口中提供的方法，因此 BookServlet 中需要注入实现 BookService 接口的会话 Bean。

3.在查看图书详细信息时，需要显示此图书以往的购买评价，因此 UserServlet 中需要注入实现 OrderService 接口的会话 Bean，通过调用其 getOrderDetailsOfBook（ ）和 getOrderDetailCountOfBook( )方法完成分页显示购买评价的功能。

参考解决方案

编写 BookServlet，代码如下。

```
public class BookServlet extends HttpServlet {

    static final int REMARK_COUNT_PER_PAGE = 10;
    static final int BOOK_COUNT_PER_PAGE = 20;

    @EJB
    BookService bookService;

    @EJB
    OrderService orderService;

    @Override
    protected void doPost (HttpServletRequest req, HttpServletResponse resp)
            throws ServletException, IOException {
        req.setCharacterEncoding ("UTF-8");

        String to = req.getParameter ("to");
```

```
    if ("add".equals(to))
        add(req, resp);
    else if ("remove".equals(to))
        remove(req, resp);
    else if ("toModify".equals(to))
        toModify(req, resp);
    else if ("modify".equals(to))
        modify(req, resp);
    else if ("detail".equals(to))
        detail(req, resp);
    else if ("find".equals(to))
        find(req, resp);
}

@Override
protected void doGet(HttpServletRequest req, HttpServletResponse resp)
        throws ServletException, IOException {
    doPost(req, resp);
}

void add(HttpServletRequest req, HttpServletResponse resp)
        throws ServletException, IOException {
    User user = (User) req.getSession().getAttribute("USER");
    if (user == null) {
        req.getRequestDispatcher("login.jsp").forward(req, resp);
        return;
    }

    FileUpDown fud = new FileUpDown();
    try {
        fud.uploadByApacheCommonsFileupload(
                req,
                getServletContext().getRealPath("/bookcover/"),
                user.getId()
                        + "_"
                        + new SimpleDateFormat("yyyy-MM-dd_HH_mm_ss")
                              .format(new Date()));
    } catch (FileUpDownException e) {
        e.printStackTrace();
        req.setAttribute("msg", "封面上传失败");
        req.getRequestDispatcher("addBook.jsp").forward(req, resp);
        return;
    }
    String title = fud.getParameter("title");
    String author = fud.getParameter("author");
    String publisher = fud.getParameter("publisher");
    String isbn = fud.getParameter("isbn");
    String publishDate = fud.getParameter("publishDate");
    String pages = fud.getParameter("pages");
```

```
String words = fud.getParameter ("words");
String format = fud.getParameter ("format");
String paper = fud.getParameter ("paper");
String cover = fud.getUploadedFile ("cover") .getFile().getName();
String stickerPrice = fud.getParameter ("stickerPrice");
String price = fud.getParameter ("price");
String isSecondhand = fud.getParameter ("isSecondhand");
String inventory = fud.getParameter ("inventory");
String authorIntro = fud.getParameter ("authorIntro");
String description = fud.getParameter ("description");
String bookTypeIds = fud.getParameter ("bookTypeIds");

Book book = new Book();
book.setTitle (title);
book.setAuthor (author);
book.setPublisher (publisher);
book.setIsbn (isbn);
try {
    book.setPublishDate (new SimpleDateFormat ("yyyy-MM-dd")
            .parse (publishDate));
} catch (ParseException e) {
    e.printStackTrace();
    req.setAttribute ("msg", "日期格式不正确");
    req.getRequestDispatcher ("addBook.jsp") .forward (req, resp);
    return;
}
if (pages.length() != 0)
    book.setPages (Integer.parseInt (pages));
if (words.length() != 0)
    book.setWords (Integer.parseInt (words));
book.setFormat (format);
book.setPaper (paper);
book.setCover (cover);
if (stickerPrice.length() != 0)
    book.setStickerPrice (Double.parseDouble (stickerPrice));
if (price.length() != 0)
    book.setPrice (Double.parseDouble (price));
if (isSecondhand != null)
    book.setIsSecondhand (true);
book.setInventory (Integer.parseInt (inventory));
book.setAuthorIntro (authorIntro.replace ("\r\n", "<br/>"));
book.setDescription (description.replace ("\r\n", "<br/>"));

book.setStartTime (new Date());
book.setSolds (0);
book.setPositiveRemarks (0);
book.setSeller (user);
book.setState (1);
```

```
    if (bookTypeIds != null  &&  bookTypeIds.length() != 0) {
        String[] ids = bookTypeIds.split (",");
        for (int i = 0; i < ids.length; i ++) {
            int typeId = Integer.parseInt (ids [i]);
            BookType type = new BookType();
            type.setId (typeId);
            book.getTypes().add (type);
        }
    }

    bookService.addBook (book);
    req.getRequestDispatcher ("user? to=store&userId=" + user.getId())
            .forward (req, resp);
}

void detail (HttpServletRequest req, HttpServletResponse resp)
        throws ServletException, IOException {
    int bookId = Integer.parseInt (req.getParameter ("bookId"));
    Book book = bookService.getBook (bookId);

    String pageNo0 = req.getParameter ("pageNo");
    int pageNo = 1;
    if (pageNo0 != null  &&  pageNo0.length() != 0)
        pageNo = Integer.parseInt (pageNo0);

    List<OrderDetail> orderDetails = orderService.getOrderDetailsOfBook (
            bookId, pageNo, REMARK_COUNT_PER_PAGE);
    long allCount = orderService.getOrderDetailCountOfBook (bookId);

    req.setAttribute ("book", book);
    req.setAttribute ("orderDetails", orderDetails);
    req.setAttribute ("allCount", allCount);
    req.setAttribute ("pageNo", pageNo);
    req.setAttribute ("p", PageUtil.urlPaged (pageNo, REMARK_COUNT_PER_PAGE,
            allCount, "book? to=detail&bookId=" + bookId));
    req.getRequestDispatcher ("book.jsp").forward (req, resp);
}

void find (HttpServletRequest req, HttpServletResponse resp)
        throws IOException, ServletException {
    String key0 = req.getParameter ("k");
    String priceFrom0 = req.getParameter ("pf");
    String priceTo0 = req.getParameter ("pt");
    String isSecondhand0 = req.getParameter ("i");
    String bookTypeIds0 = req.getParameter ("t");
    String orderBy0 = req.getParameter ("o");
    String pageNo0 = req.getParameter ("pageNo");
```

```
String key = null;
Double priceFrom = null;
Double priceTo = null;
Boolean isSecondhand = null;
int[] bookTypeIds = null;
String orderBy = null;
int pageNo = 1;

if (key0 != null  &&  key0.length() != 0) {
    key0 = new String (key0.getBytes ("ISO-8859-1"), "UTF-8");
    key = key0;
} else {
    key0 = "";
}

if (priceFrom0 != null  &&  priceFrom0.length() != 0) {
    try {
        priceFrom = Double.parseDouble (priceFrom0);
    } catch (Exception e) {
        e.printStackTrace();
    }
} else {
    priceFrom0 = "";
}

if (priceTo0 != null  &&  priceTo0.length() != 0) {
    try {
        priceTo = Double.parseDouble (priceTo0);
    } catch (Exception e) {
        e.printStackTrace();
    }
} else {
    priceTo0 = "";
}

if (isSecondhand0 != null  &&  isSecondhand0.length() != 0)
    if (isSecondhand0.equals ("n"))
        isSecondhand = false;
    else if (isSecondhand0.equals ("s"))
        isSecondhand = true;

if (bookTypeIds0 != null  &&  bookTypeIds0.length() != 0) {
    String[] ids = bookTypeIds0.split (",");
    bookTypeIds = new int [ids.length];
    for (int i = 0; i < ids.length; i++)
        try {
            bookTypeIds [i] = Integer.parseInt (ids [i]);
        } catch (Exception e) {
```

```
            e.printStackTrace();
        }

    } else {
        bookTypeIds0 = "";
    }

    if (orderBy0 != null&&orderBy0.length() != 0) {
        if (orderBy0.equals ("0"))
            orderBy = "b.startTime";
        else if (orderBy0.equals ("1"))
            orderBy = "b.startTime desc";
        else if (orderBy0.equals ("2"))
            orderBy = "b.solds";
        else if (orderBy0.equals ("3"))
            orderBy = "b.solds desc";
        else if (orderBy0.equals ("4"))
            orderBy = "b.price";
        else if (orderBy0.equals ("5"))
            orderBy = "b.price desc";
    }

    if (pageNo0 != null&&pageNo0.length() != 0)
        pageNo = Integer.parseInt (pageNo0);

    List<Book> books = bookService
            .getBooks (null, key, priceFrom, priceTo, isSecondhand,
                    bookTypeIds, orderBy, pageNo, BOOK_COUNT_PER_PAGE);
    long count = bookService.getBookCount (null, key, priceFrom, priceTo,
            isSecondhand, bookTypeIds);

    req.setAttribute ("k", key0);
    req.setAttribute ("pf", priceFrom0);
    req.setAttribute ("pt", priceTo0);
    req.setAttribute ("i", isSecondhand0);
    req.setAttribute ("t", bookTypeIds0);
    req.setAttribute ("o", orderBy0);
    req.setAttribute ("pageNo", pageNo0);

    req.setAttribute ("books", books);
    req.setAttribute ("count", count);

    String url = "book?to=find&k=" + key0 + "&pf=" + priceFrom0 + "&pt="
            + priceTo0 + "&i=" + isSecondhand0 + "&t=" + bookTypeIds0
            + "&o=" + orderBy0;
    req.setAttribute ("p",
            PageUtil.urlPaged (pageNo, BOOK_COUNT_PER_PAGE, count, url));

    req.getRequestDispatcher ("books.jsp") .forward (req, resp);
```

```
}

void remove (HttpServletRequest req, HttpServletResponse resp)
        throws ServletException, IOException {
    User user = (User) req.getSession().getAttribute ("USER");
    int bookId = Integer.parseInt (req.getParameter ("bookId"));
    Book book = check (req, resp, bookId);
    if (book == null)
        return;
    bookService.removeBook (bookId);
    req.getRequestDispatcher ("user?to=store&userId=" + user.getId())
            .forward (req, resp);
}

void toModify (HttpServletRequest req, HttpServletResponse resp)
        throws ServletException, IOException {
    int bookId = Integer.parseInt (req.getParameter ("bookId"));
    Book book = check (req, resp, bookId);
    if (book == null)
        return;
    req.setAttribute ("book", book);
    req.getRequestDispatcher ("modifyBook.jsp").forward (req, resp);
}

void modify (HttpServletRequest req, HttpServletResponse resp)
        throws ServletException, IOException {
    User user = (User) req.getSession().getAttribute ("USER");
    int bookId = Integer.parseInt (req.getParameter ("bookId"));
    Book book = check (req, resp, bookId);
    if (book == null)
        return;
    String price = req.getParameter ("price");
    String inventory = req.getParameter ("inventory");
    book.setPrice (Double.parseDouble (price));
    book.setInventory (Integer.parseInt (inventory));
    bookService.modifyBook (book);
    resp.sendRedirect ("user?to=store&userId=" + user.getId());
}

private Book check (HttpServletRequest req, HttpServletResponse resp,
        int bookId) throws ServletException, IOException {
    User user = (User) req.getSession().getAttribute ("USER");
    if (user == null) {
        req.getRequestDispatcher ("login.jsp").forward (req, resp);
        return null;
    }
    Book book = bookService.getBook (bookId);
    if (book.getSeller().getId() != user.getId()) {
        req.getRequestDispatcher ("login.jsp").forward (req, resp);
```

```
            return null;
        }
        return book;
    }
    private static final long serialVersionUID = 1L;
}
```

上述代码中，使用@EJB注解向UserServlet注入了实现业务接口UserService和BookService的会话Bean，在各个方法中通过调用UserService和BookService接口的业务方法完成了对应的功能。

实践 2.G.13

编写Servlet完成与购买图书和订单相关的业务，包括购买图书、取消购买、查看购物车、提交订单、查看历史购买记录和购买评价的功能。

分析

1.与订单及购买图书相关的业务操作在OrderServlet中完成，不同的操作对应这个Servlet中不同的方法。

2.与订单相关的各个操作都需要使用OrderService业务接口中提供的方法，因此OrderServlet中需要注入实现OrderService接口的会话Bean。

3.与购物车相关的操作需要使用BookCartService业务接口中提供的方法，BookCartService接口的实现类BookCartBean为有状态会话Bean，因此不能通过@EJB注解注入，必须使用JNDI查找。查找出BookCartService的实例后，可以保存在HttpSession中，以便在同一个HTTP会话中维持同一个BookCartService的实例。

参考解决方案

编写OrderServlet，代码如下。

```
public class OrderServlet extends HttpServlet {

    static final String CART = "cart";
    static final int ORDER_DETAIL_COUNT_PER_PAGE = 20;

    @EJB
    OrderService orderService;

    @Override
    protected void doPost (HttpServletRequest req, HttpServletResponse resp)
            throws ServletException, IOException {
        req.setCharacterEncoding ("UTF-8");

        String to = req.getParameter ("to");
        if ("buy" .equals (to))
            buy (req, resp);
```

```
    else if ("cart" .equals (to))
        cart (req, resp);
    else if ("cancel" .equals (to))
        cancel (req, resp);
    else if ("commit" .equals (to))
        commit (req, resp);
    else if ("bought" .equals (to))
        bought (req, resp);
    else if ("remark" .equals (to))
        remark (req, resp);
}

@Override
protected void doGet (HttpServletRequest req, HttpServletResponse resp)
        throws ServletException, IOException {
    doPost (req, resp);
}

void buy (HttpServletRequest req, HttpServletResponse resp)
        throws ServletException, IOException {

    User user = (User) req.getSession().getAttribute ("USER");
    if (user = = null) {
        req.getRequestDispatcher ("login.jsp") .forward (req, resp);
        return;
    }

    BookCartService cart = getCart (req);
    int bookId = Integer.parseInt (req.getParameter ("bookId"));
    int quantity = Integer.parseInt (req.getParameter ("quantity"));
    cart.buy (user.getId(), bookId, quantity);
    resp.getWriter().write ("ok");
}

void cancel (HttpServletRequest req, HttpServletResponse resp)
        throws ServletException, IOException {
    User user = (User) req.getSession().getAttribute ("USER");
    if (user = = null) {
        req.getRequestDispatcher ("login.jsp") .forward (req, resp);
        return;
    }
    BookCartService cart = getCart (req);
    int bookId = Integer.parseInt (req.getParameter ("bookId"));
    cart.cancel (user.getId(), bookId);
    cart (req, resp);
}

void cart (HttpServletRequest req, HttpServletResponse resp)
        throws ServletException, IOException {
```

```
    User user = (User) req.getSession().getAttribute("USER");
    if (user == null) {
        req.getRequestDispatcher("login.jsp").forward(req, resp);
        return;
    }
    BookCartService cart = getCart(req);
    req.setAttribute("details", cart.getDetails());
    req.getRequestDispatcher("cart.jsp").forward(req, resp);
}

void commit(HttpServletRequest req, HttpServletResponse resp)
        throws IOException {
    getCart(req).commitOrder();
    req.getSession().removeAttribute(CART);
    resp.sendRedirect("index.jsp");
}

void remark(HttpServletRequest req, HttpServletResponse resp)
        throws IOException, ServletException {
    User user = (User) req.getSession().getAttribute("USER");
    if (user == null) {
        req.getRequestDispatcher("login.jsp").forward(req, resp);
        return;
    }

    String detailId = req.getParameter("detailId");
    String remarkLevel = req.getParameter("remarkLevel");
    RemarkLevel rl = null;
    if ("POSITIVE".equals(remarkLevel))
        rl = RemarkLevel.POSITIVE;
    else if ("MODERATE".equals(remarkLevel))
        rl = RemarkLevel.MODERATE;
    else if ("NEGATIVE".equals(remarkLevel))
        rl = RemarkLevel.NEGATIVE;
    String remark = req.getParameter("remark");
    orderService.writeRemark(Integer.parseInt(detailId), rl, remark);
    resp.sendRedirect("order?to=bought");
}

void bought(HttpServletRequest req, HttpServletResponse resp)
        throws IOException, ServletException {
    User user = (User) req.getSession().getAttribute("USER");
    if (user == null) {
        req.getRequestDispatcher("login.jsp").forward(req, resp);
        return;
    }

    String pageNo0 = req.getParameter("pageNo");
    int pageNo = 1;
```

```
        if (pageNo0 != null&&pageNo0.length() != 0)
            pageNo = Integer.parseInt (pageNo0);

        List <OrderDetail > orderDetails = orderService.getOrderDetailsOfUser (
                user.getId(), pageNo, ORDER_DETAIL_COUNT_PER_PAGE);
        long count = orderService.getOrderDetailCountOfUser (user.getId());

        req.setAttribute ("details", orderDetails);
        req.setAttribute ("count", count);

        req.setAttribute ("p", PageUtil.urlPaged (pageNo,
                ORDER_DETAIL_COUNT_PER_PAGE, count, "order?to =bought"));

        req.getRequestDispatcher ("bought.jsp") .forward (req, resp);
    }

    // 从 HttpSession 中获取有状态会话 bean BookCartService
    BookCartService getCart (HttpServletRequest req) {
        HttpSession session = req.getSession();
        BookCartService cart = (BookCartService) session.getAttribute (CART);
        if (cart = = null) {
            try {
                Context ctx = new InitialContext();
                cart = (BookCartService) ctx.lookup ("ph02/BookCartBean/local");
                session.setAttribute ("cart", cart);
            } catch (NamingException e) {
                e.printStackTrace();
            }
        }
        return cart;
    }

    private static final long serialVersionUID = 1L;
}
```

上述代码中，使用@EJB 注解向 OrderServlet 注入了实现业务接口 OrderService 的会话 Bean，在各个方法中通过调用 OrderService 接口的业务方法完成了对应的功能。在 getCart( ) 方法中，使用 JNDI 查找方式获取了 BookCartService 接口的实现，并保存在 HttpSession 中，后续需要购物车时直接从 HttpSession 中获取。

实践 2.G.14

运行 ph02 项目，完成下列操作：

◇ 注册一个新用户

◇ 登录网站

◇ 查询店铺

分析

在线图书销售网站项目中目前只有注册用户、用户登录和店铺查询功能是全部完成的，其余功能将在详细介绍 JPA 后逐步完善。

参考解决方案

1.注册用户

运行项目后，在浏览器中访问 http://localhost:8080/ph02Web，首页 index.jsp 如图 2.8 所示。

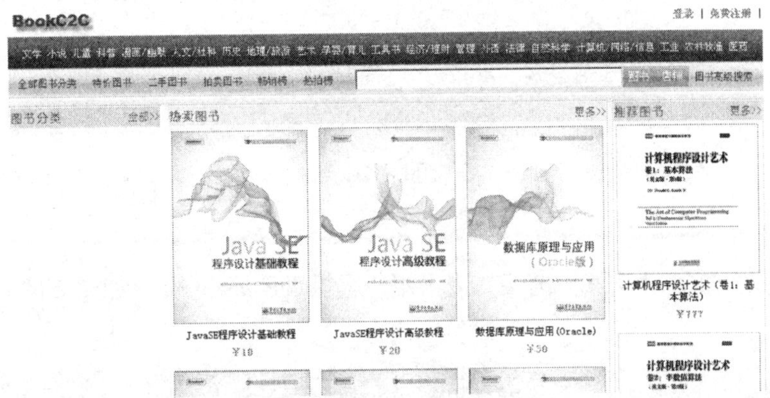

图 2.8 首页 index.jsp（部分）

点击首页右上角的“免费注册”链接，进入用户注册页面 register.jsp，如图 2.9 所示。

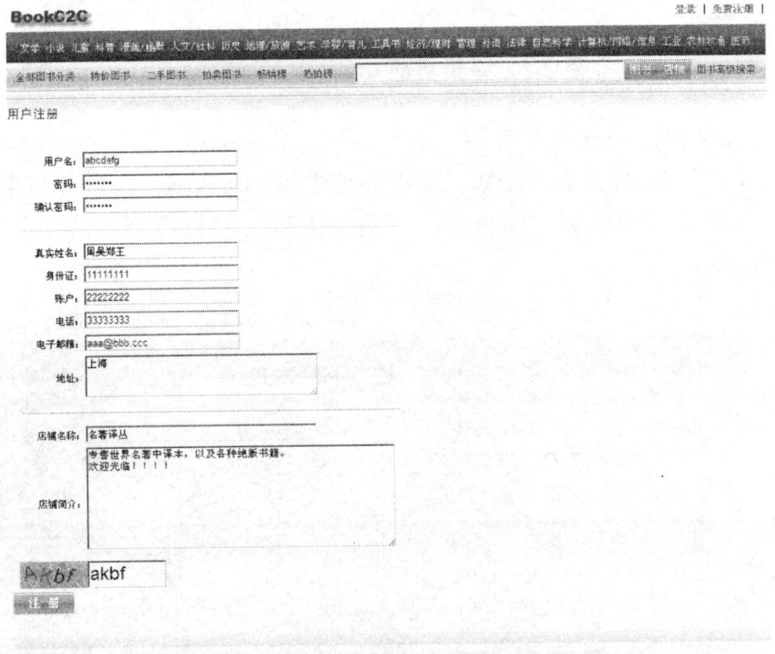

图 2.9 用户注册页面 register.jsp

输入各个信息后，点击“注册”会提交到 UserServlet 的 register( )方法，进而调用 UserService 的 registerUser( )方法完成注册过程，并返回用户登录页面。注册成功后，数据库中 USERS 表中插入了新用户的记录，如图 2.10 所示。

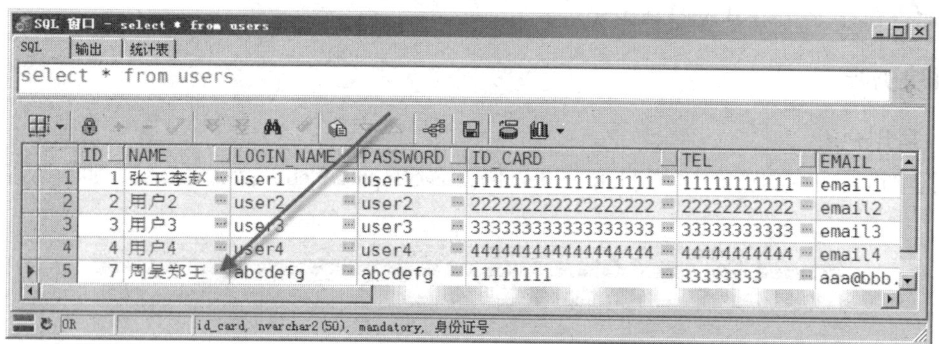

SQL 窗口 - select * from users

select * from users

	ID	NAME	LOGIN_NAME	PASSWORD	ID_CARD	TEL	EMAIL
1	1	张王李赵	user1	user1	111111111111111111	11111111111	email1
2	2	用户2	user2	user2	222222222222222222	22222222222	email2
3	3	用户3	user3	user3	333333333333333333	33333333333	email3
4	4	用户4	user4	user4	444444444444444444	44444444444	email4
5	7	周吴郑王	abcdefg	abcdefg	11111111	33333333	aaa@bbb.

id_card, nvarchar2(50), mandatory, 身份证号

图 2.10

2. 用户登录

点击首页右上角的“登录”链接，进入用户登录页面 login.jsp，如图 2.11 所示。

图 2.11 登录页面 login.jsp（部分）

输入登录名和密码后，点击“登录”，会提交到 UserServlet 的 login( )方法，进而调用 UserService 的 login( )方法完成登录功能。如果登录成功，则返回网站首页，并且在页面右上角显示当前登录用户的登录名和“购物车”、“我的店铺”、“修改个人信息”、“退出”超链接，如图 2.12 所示。

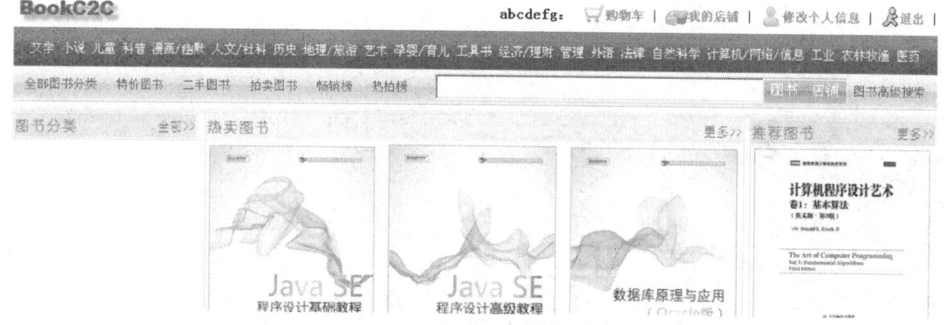

图 2.12 登录成功后的首页（部分）

3.查找店铺

在页面上部的搜索输入框中输入查找店铺的关键字，如图 2.13 所示。

图 2.13

点击输入框右方的店铺链接，将进入店铺列表页面 stores.jsp，其中会显示查询出的店铺列表，如图 2.14 所示。

BookC2C

登录 | 免费注册 |

文学 小说 儿童 科普 漫画/幽默 人文/社科 历史 地理/旅游 艺术 孕婴/育儿 工具书 经济/理财 管理 外语 法律 自然科学 计算机/网络/信息 工业 农林牧渔 医药

全部图书分类 特价图书 二手图书 拍卖图书 畅销榜 热拍榜 图书 店铺 图书高级搜索

查询店铺

店铺名称	店主	创店日期	累计销量	好评率
程序员 ++	user1	1998-1-10	21	29%
程序员图书馆	user2	2000-2-10	0	

关于我们 合作伙伴 帮助中心 诚征英才 网站地图 版权说明

Copyright ©BookC2C 版权所有

BookC2C

图 2.14 店铺列表页面 stores.jsp

知识拓展

1.在独立的 Web 应用中访问 EJB

在线图书销售网站的 Web 模块是 EJB 客户端，与 EJB 模块部署于同一个 JBoss 中，因此在 Servlet 中可以直接注入 EJB。有时 Web 客户端与 EJB 项目部署于不同的容器中，例如 Web 项目部署于 Tomcat 中，EJB 项目部署于 JBoss 中，这也是一种常见的形式，此时 Web 项目中无法使用依赖注入，只能通过 JNDI 查找 EJB，并且只能访问远程的 EJB。下述内容演示如何在独立的 Web 项目中访问 EJB。

1.建立 EJB 项目

在 Eclipse 中新建 EJB 项目 myEJB，并添加远程业务接口和实现接口的会话 Bean。

远程业务接口 BusinessInterface 的代码如下：

```
@Remote
public interface BusinessInterface {
    String getInfo (int arg);
}
```

BusinessBean 是实现 BusinessInterface 接口的无状态会话 Bean，代码如下：

```
@Stateless
public class BusinessBean implements BusinessInterface {
    @Override
    public String getInfo (int arg) {
        return "传入的参数是:" + arg;
    }
}
```

2.导出业务接口

EJB 客户端需要引用业务接口，因此必须把 EJB 项目中需要被客户端调用的业务接口打包为 jar 文件，并提供给客户端使用。Eclipse 提供了导出 jar 文件的功能，在 EJB 项目上点击右键，选择“Export...”，如图 2.15 所示。

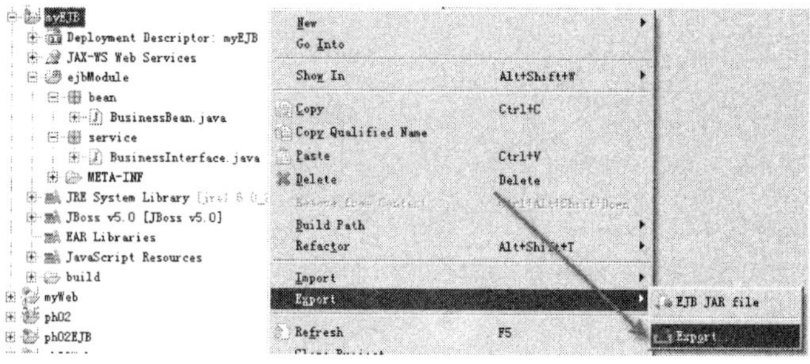

图 2.15

在弹出窗口中选择“JAR file”，如图 2.16 所示。

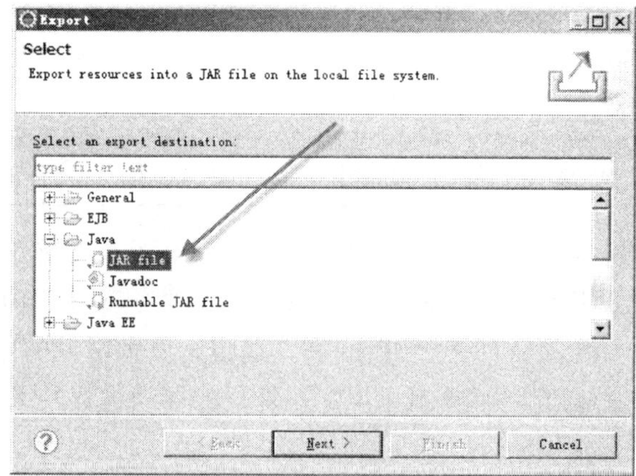

图 2.16

点击“Next >”，在弹出窗口中勾选所有需要导出的业务接口，并指定jar文件的保存路径，如图2.17所示。

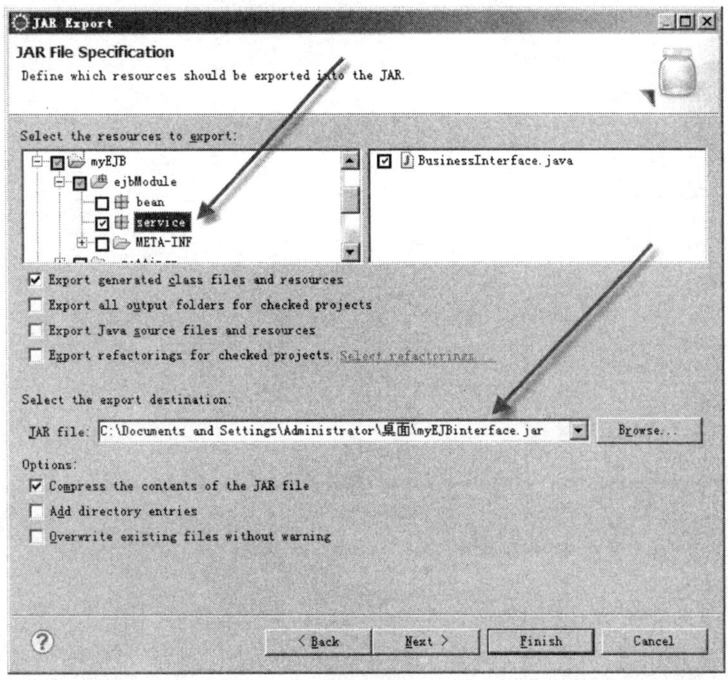

图2.17

点击“Finish”按钮，将在指定的位置生成jar文件，其中包含了所有业务接口编译后的class文件。

3.建立Web项目并复制需要的类库

新建“Dynamic Web Project”项目myWeb，然后需要复制两部分类库到Web项目根目录/WEB-INF/lib目录下：

◇ 第2步中生产的EJB业务接口jar文件myEJBinterface.jar

◇ JBoss提供的客户端类库

其中，JBoss提供的客户端类库是供EJB客户端访问JBoss中部署的EJB时使用的，在JBoss安装目录/client目录下，找到jbossall-client.jar文件，如图2.18所示。

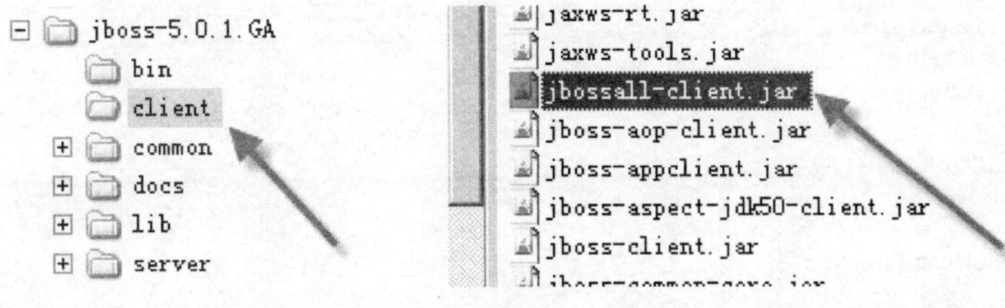

图2.18

使用解压缩软件打开 jbossall-client.jar 文件，并查看其中的 readme.txt 文件。readme.txt 中列出了 JBoss 客户端需要的所有类库，包括：

```
commons-logging.jar
concurrent.jar
ejb3-persistence.jar
hibernate-annotations.jar
jboss-aop-client.jar
jboss-appclient.jar
jboss-aspect-jdk50-client.jar
jboss-client.jar
jboss-common-core.jar
jboss-deployers-client - spi.jar
jboss-deployers-client.jar
jboss-deployers-core - spi.jar
jboss-deployers-core.jar
jboss-deployment.jar
jboss-ejb3-common-client.jar
jboss-ejb3-core-client.jar
jboss-ejb3-ext-api.jar
jboss-ejb3-proxy-client.jar
jboss-ejb3-proxy-clustered-client.jar
jboss-ejb3-security-client.jar
jboss-ha-client.jar
jboss-ha-legacy-client.jar
jboss-iiop-client.jar
jboss-integration.jar
jboss-j2se.jar
jboss-javaee.jar
jboss-jsr77-client.jar
jboss-logging-jdk.jar
jboss-logging-log4j.jar
jboss-logging-spi.jar
jboss-main-client.jar
jboss-mdr.jar
jboss-messaging-client.jar
jboss-remoting.jar
jboss-security-spi.jar
jboss-serialization.jar
jboss-srp-client.jar
jboss-system-client.jar
jboss-system-jmx - client.jar
jbosscx-client.jar
jbosssx-as-client.jar
jbosssx-client.jar
jmx-client.jar
jmx-invoker-adaptor-client.jar
jnp-client.jar
slf4j-api.jar
slf4j-jboss-logging.jar
xmlsec.jar
```

这些 jar 文件与 jbossall-client.jar 位于同一目录下。将 jbossall-client.jar 与 readme.txt 中列

出的所有 jar 文件一起复制到 Web 项目根目录/WEB-INF/lib 目录下。

4.编写 Servlet 访问 EJB

在 Web 项目中编写 Servlet，代码如下：

```
public class TestServlet extends HttpServlet {

    BusinessInterface bean;

    public TestServlet() throws NamingException {
        Properties props = new Properties();
        props.setProperty (Context.INITIAL_CONTEXT_FACTORY,
                "org.jnp.interfaces.NamingContextFactory");
        props.setProperty (Context.PROVIDER_URL, "localhost:1099" );
        Context ctx = new InitialContext (props);
        bean = (BusinessInterface) ctx.lookup ("BusinessBean/remote" );
    }

    @Override
    protected void doGet (HttpServletRequest request,
            HttpServletResponse response) throws ServletException, IOException {
        System.out.println (bean.getInfo (1234) );
    }
}
```

上述的 Servlet 代码中，定义了 EJB 远程业务接口 BusinessInterface 类型的属性 bean，在构造方法中，使用 JNDI 查找了远程会话 Bean，并赋值给 bean 属性。doGet( )方法中，可以直接访问 bean 属性，从而调用会话 Bean 中的方法。在 web.xml 中配置此 Servlet 后，Web 项目即编写完毕。

> **注意** 构造 InitialContext 需要的属性值以及会话 Bean 的 JNDI 名称都与具体的 EJB 容器有关，上述代码是针对 JBoss 的。

5.运行

将 EJB 项目部署于 JBoss 中，而 Web 项目部署于不同的容器中，例如 Tomcat。运行 JBoss 和 Tomcat，访问 TestServlet，在 Tomcat 的控制台将输出下列内容：

```
传入的参数是:1234
```

说明在独立的 Web 项目中调用 EJB 成功。

> **注意** 如果 JBoss 与 Tomcat 运行于同一个机器上，则会出现端口冲突。JBoss 内的 Servlet 容器实际上就是 Tomcat，所以 JBoss 启动后会占用 Tomcat 需要的8080 和8009 端口，外部的 Tomcat 将无法启动。可以修改外部 Tomcat 的端口以解决此问题，在 Tomcat 安装目录/conf 目录下的 server.xml 中可以修改这两个端口。如果 Tomcat 与 JBoss 运行于不同的机器上，则不会有端口问题。

拓展练习

练习 2.E.1

为 JBoss 配置本地事务数据源，连接 Microsoft SqlServer 数据库。

练习 2.E.2

为 JBoss 配置全局事务数据源，连接 Oracle 数据库。

练习 2.E.3

将在线图书销售网站中的 UserService 改为远程接口，新建 Web 项目，在 Servlet 中访问 UserService 接口。要求 Web 项目部署于 Tomcat 中。

实践3　JPA

实践指导

实践 3.G.1

将图书销售网站的用户实体类修改为 JPA 实体。

分析

用户实体类对应于数据库中的 USERS 表，ID 字段为主键，添加记录时使用 USERS_SEQ 序列生成主键。

参考解决方案

在 ejb3practice.ph03.entity 包中新建 JPA 实体 User，其代码如下所示。

```
@Entity
@Table (name = "users")
@SequenceGenerator (name = "users_seq", sequenceName = "users_ seq")
public class User {
    int id;
    String name; // 姓名
    String loginName; // 登录名
    String password; // 密码
    String idCard; // 身份证
    String tel; // 电话
    String email; // EMail
    String address; // 地址
    String description; // 说明
    String account; // 账户
    String storeName; // 店铺名称
    Date createdDate; // 创建日期
    int solds; // 累计销量
    int positiveRemarks; // 好评数量
    int state;

    @Id
    @GeneratedValue (strategy = GenerationType.SEQUENCE, generator = "users_
seq")
    public int getId() {
        return id;
    }
```

```
    @Column (name = "login_name")
    public String getLoginName() {
        return loginName;
    }

    @Column (name = "id_card")
    public String getIdCard() {
        return idCard;
    }

    @Column (name = "store_name")
    public String getStoreName() {
        return storeName;
    }

    @Column (name = "positive_remarks")
    public int getPositiveRemarks() {
        return positiveRemarks;
    }

    @Column (name = "created_date")
    public Date getCreatedDate() {
        return createdDate;
    }

    ...... // set 方法和与对应字段名称相同的其他属性的 get、set 方法
}
```

上述代码中，使用@Entity 注解标注 User 类为 JPA 实体；使用@Table 注解标注 User 实体对应于数据库中的 USERS 表；使用@SequenceGenerator 注解定义了序列生成器 users_seq，其对应于数据库中的 users_seq 序列。

在 id 属性的 get 方法上标注@Id 注解，指明其为主键，并使用@GeneratedValue 注解指定主键生成策略为 SEQUENCE，并且使用序列生成器 users_seq 来生成主键。

如果属性与表中对应字段的名称相同，则可以不指定其对应的字段，上述代码中，在名称不同的几个属性的 get 方法上，使用@Column 注解指定了其对应的字段名称，这些属性的 set 方法以及其他属性的 get、set 方法在上述代码中没有演示。

实践 3.G.2

将图书销售网站的图书实体类修改为 JPA 实体。

分析

图书实体类对应于数据库中的 BOOK 表，ID 字段为主键，添加记录时使用 BOOK_SEQ 序列生成主键。

参考解决方案

在 ejb3practice.ph03.entity 包中新建 JPA 实体 Book，其代码如下所示。

```
@Entity
@Table (name = "book")
@SequenceGenerator (name = "book_seq", sequenceName = "book_seq")
public class Book {

    /**
     * 一个图书可以对应多个图书类型，对应类型的数量有限制，此常量规定最多对应几种图书类型
     * /
    public static final int MAX_TYPE_NUMBER = 5;

    int id;
    String title; // 书名
    String author; // 作者
    String publisher; // 出版社
    String isbn; // ISBN
    Date publishDate; // 出版日期
    int pages; // 页数
    int words; // 字数
    String format; // 开本
    String paper; // 纸张
    String cover; // 封面
    String authorIntro; // 作者介绍
    String description; // 说明
    double stickerPrice; // 定价
    double price; // 售价
    boolean isSecondhand; // 是否是二手的
    Date startTime; // 开始销售时间
    int inventory; // 库存量
    int solds; // 累计销量
    int positiveRemarks; // 好评数量
    int state;
    int sellerId; // 对应卖家的 ID，第 4 章介绍实体关联后将去掉此属性
    User seller; // 卖家
    Set <BookType > types = new HashSet <BookType > (); // 书籍类型

    @Id
    @GeneratedValue (strategy = GenerationType.SEQUENCE, generator = "book_
seq")
    public int getId() {
        return id;
    }

    @Column (name = "publish_date")
    public Date getPublishDate() {
        return publishDate;
    }
```

```
    @Column (name = "author_intro")
    public String getAuthorIntro() {
        return authorIntro;
    }

    @Column (name = "sticker_price")
    public double getStickerPrice() {
        return stickerPrice;
    }

    @Column (name = "is_secondhand")
    public boolean getIsSecondhand() {
        return isSecondhand;
    }

    @Column (name = "start_time")
    public Date getStartTime() {
        return startTime;
    }

    @Column (name = "positive_remarks")
    public int getPositiveRemarks() {
        return positiveRemarks;
    }

    @Column (name = "seller_id")
    public int getSellerId() {
        return sellerId;
    }

    @Transient
    public Set<BookType> getTypes() {
        return types;
    }

    @Transient
    public User getSeller() {
        if (seller == null) {
            seller = new User();
            seller.setId (sellerId);
        }
        return seller;
    }

    public void setSeller (User seller) {
        this.seller = seller;
        setSellerId (seller.getId());
    }

    ......// set 方法和与对应字段名称相同的其他属性的 get、set 方法
}
```

上述代码中，使用@Entity 注解标注 Book 类为 JPA 实体；使用@Table 注解标注 Book 实体对应于数据库中的 BOOK 表；使用@SequenceGenerator 注解定义了序列生成器 book_seq，其对应于数据库中的 book_seq 序列。

在 id 属性的 get 方法上标注了@Id 注解，指明其为主键，并使用@GeneratedValue 注解指定主键生成策略为 SEQUENCE，并且使用序列生成器 book_seq 来生成主键。

在名称与表中对应字段不同的几个属性的 get 方法上，使用@Column 注解指定了其对应的字段名称，这些属性的 set 方法以及其他属性的 get、set 方法在上述代码中没有演示。

Book 实体中的 seller 和 types 属性代表与 User 实体和 BookType 实体的关联关系，上述代码中并没有配置这些关联关系，因此在其 get 方法上标注了@Transient 注解，以使 JPA 在持久化时忽略这些属性，在下一章实践篇中将配置完整。

因为必须指定图书所属的卖家，所以目前临时使用 sellerId 属性代表卖家的 ID，并在 setSeller( )方法中修改 sellerId，在 getSeller( )方法中返回只含有 ID 的 User 实例，在实践篇第 4 章介绍实体关联关系后将删掉 sellerId 属性。

实践 3.G.3

将图书销售网站的图书类型实体类修改为 JPA 实体。

分析

图书类型实体类对应于数据库中的 BOOKTYPE 表，ID 字段为主键，添加记录时使用 BOOKTYPE_SEQ 序列生成主键。

参考解决方案

在 ejb3practice.ph03.entity 包中新建 JPA 实体 BookType，其代码如下所示。

```
@Entity
@Table (name = "booktype")
@SequenceGenerator (name = "booktype_seq", sequenceName = "booktype_seq")
public class BookType {
    int id;
    String name; // 类型名称
    BookType parentType; // 父类型
    int state;

    Set <BookType> childTypes; // 子类型

    @Id
    @GeneratedValue (strategy = GenerationType.SEQUENCE,
                generator = "booktype_seq")
    public int getId() {
        return id;
    }
```

```
    @Transient
    public BookType getParentType() {
        return parentType;
    }

    @Transient
    public Set<BookType> getChildTypes() {
        return childTypes;
    }

    ...... // set 方法和与对应字段名称相同的其他属性的 get、set 方法
}
```

上述代码中，使用@Entity 注解标注 BookType 类为 JPA 实体；使用@Table 注解标注 BookType 实体对应于数据库中的 BOOKTYPE 表；使用@SequenceGenerator 注解定义了序列生成器 booktype_seq，其对应于数据库中的 booktype_seq 序列。

在 id 属性的 get 方法上标注了@Id 注解，指明其为主键，并使用@GeneratedValue 注解指定主键生成策略为 SEQUENCE，并且使用序列生成器 booktype_seq 来生成主键。

BookType 实体中的 parentType 和 childTypes 属性代表与自身的关联关系，上述代码中并没有配置这些关联关系，因此在其 get 方法上标注了@Transient 注解，以使 JPA 在持久化时忽略这些属性，在下一章实践篇中将配置完整。

实践 3.G.4

将图书销售网站的订单实体类修改为 JPA 实体。

分析

订单实体类对应于数据库中的 SELL_ORDER 表，ID 字段为主键，添加记录时使用 S_ORDER_SEQ 序列生成主键。

参考解决方案

在 ejb3practice.ph03.entity 包中新建 JPA 实体 Order，其代码如下所示。

```
@Entity
@Table (name = "sell_order")
@SequenceGenerator (name = "s_order_seq", sequenceName = "s_order_seq")
public class Order {
    int id;
    String code; // 订单编号
    User buyer; // 买家
    Date buyTime; // 购买时间

    @Id
    @GeneratedValue (strategy = GenerationType.SEQUENCE,
```

```
                generator = "s_order_seq")
    public int getId() {
        return id;
    }

    @Column (name = "buy_time")
    public Date getBuyTime() {
        return buyTime;
    }

    @Transient
    public User getBuyer() {
        return buyer;
    }

    ...... // set 方法和与对应字段名称相同的其他属性的 get、set 方法
}
```

上述代码中，使用@Entity 注解标注 Order 类为 JPA 实体；使用@Table 注解标注 Order 实体对应于数据库中的 SELL_ORDER 表；使用@SequenceGenerator 注解定义了序列生成器 s_order_seq，其对应于数据库中的 s_order_seq 序列。

在 id 属性的 get 方法上标注了@Id 注解，指明其为主键，并使用@GeneratedValue 注解指定主键生成策略为 SEQUENCE，并且使用序列生成器 s_order_seq 来生成主键。

在名称与表中对应字段不同的几个属性的 get 方法上，使用@Column 注解指定了其对应的字段名称，这些属性的 set 方法以及其他属性的 get、set 方法在上述代码中没有演示。

Order 实体中的 buyer 属性代表与 User 实体的关联关系，上述代码中并没有配置这些关联关系，因此在其 get 方法上标注了@Transient 注解，以使 JPA 在持久化时忽略这些属性，在下一章实践篇中将配置完整。

实践 3.G.5

将图书销售网站的订单明细实体类修改为 JPA 实体。

分析

订单明细实体类对应于数据库中的 SELL_ORDER_DETAIL 表，ID 字段为主键，添加记录时使用 S_ORDER_D_SEQ 序列生成主键。

参考解决方案

在 ejb3practice.ph03.entity 包中新建 JPA 实体 OrderDetail，其代码如下所示。

```
@Entity
@Table (name = "sell_order_detail")
@SequenceGenerator (name = "s_order_d_seq", sequenceName = "s_order_d_seq")
public class OrderDetail {
    int id;
```

```
String code; // 订单明细编号
    Order order; // 订单
    Book book; // 书籍
    int quantity; // 购买数量
    double price; // 成交价格
    String remarkLevel; // 评价级别
    String remark; // 评语

    @Id
    @GeneratedValue (strategy = GenerationType.SEQUENCE,
                    generator = "s_order_d_seq")
    public int getId() {
        return id;
    }

    @Column (name = "remark_level")
    public String getRemarkLevel() {
        return remarkLevel;
    }

    @Transient
    public Order getOrder() {
        return order;
    }

    @Transient
    public Book getBook() {
        return book;
    }

    ......// set 方法和与对应字段名称相同的其他属性的 get、set 方法
}
```

上述代码中，使用@Entity 注解标注 OrderDetail 类为 JPA 实体；使用@Table 注解标注 OrderDetail 实体对应于数据库中的 SELL_ORDER_DETAIL 表；使用@SequenceGenerator 注解定义了序列生成器 s_order_d_seq，其对应于数据库中的 s_order_d_seq 序列。

在 id 属性的 get 方法上标注了@Id 注解，指明其为主键，并使用@GeneratedValue 注解指定主键生成策略为 SEQUENCE，并且使用序列生成器 s_order_d_seq 来生成主键。

在名称与表中对应字段不同的几个属性的 get 方法上，使用@Column 注解指定了其对应的字段名称，这些属性的 set 方法以及其他属性的 get、set 方法在上述代码中没有演示。

OrderDetail 实体中的 order 和 book 属性代表与 Order 实体和 Book 实体的关联关系，上述代码中并没有配置这些关联关系，因此在其 get 方法上标注了@Transient 注解，以使 JPA 在持久化时忽略这些属性，在下一章实践篇中将配置完整。

实践 3.G.6

为图书销售网站的 EJB 模块配置 JPA 持久化单元。

分析

1.使用 JPA 操作数据库时需要配置持久化单元，持久化单元通过 persistence.xml 配置，此文件应该保存于 EJB 项目源代码目录下的 META – INF 目录下。

2.在 persistence.xml 文件中需要指定引用的数据源，在第 2 章实践篇中已配置了 JBoss 的数据源，因此在 persistence.xml 文件中直接引用即可。

3.在 persistence.xml 文件中还需要指定持久化提供器，并且配置持久化提供器需要的一些基本信息。JBoss 内置了 Hibernate 框架作为其默认的持久化提供器，如果没有特别指定，则 JBoss 会使用 Hibernate 进行 JPA 的持久化操作，本实践案例将使用此默认设置。

参考解决方案

在 EJB 项目 ph03EJB 的源代码目录下的 META – INF 目录下新建 persistence.xml，路径如图 3.1 所示。

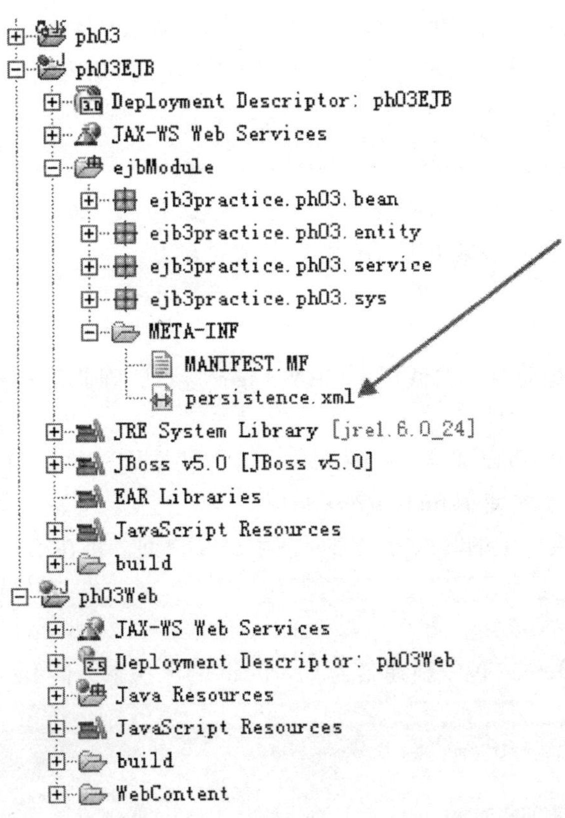

图 3.1

persistence.xml 文件的代码如下所示。

```
<?xml version="1.0" encoding="UTF-8"? >
<persistence xmlns="http://java.sun.com/xml/ns/persistence"
   xmlns:xsi="http://www.w3.org/2001/XMLSchema-instance"
   xsi:schemaLocation="http://java.sun.com/xml/ns/persistence
         http://java.sun.com/xml/ns/persistence/persistence_1_0.xsd"
   version="1.0" >
   <persistence-unit name="ejb3practice" >
      <jta-data-source>java:jdbc/ejb3practice </jta-data-source>
      <properties>
         <! -- 输出 Hibernate 生成的 SQL 语句 -- >
         <property name="hibernate.show_sql" value="true" />
         <! -- 格式化 Hibernate 生成的 SQL 语句 -- >
         <property name="hibernate.format_sql" value="true" />
      </properties>
   </persistence-unit>
</persistence>
```

上述代码中，<persistence-unit>元素的 name 属性值为 ejb3practice，表明此持久化单元的名称为 ejb3practice；<jta-data-source>元素的内容为 java:jdbc/ejb3practice，表明此持久化单元将使用容器提供的名为 java:jdbc/ejb3practice 的数据源；hibernate.show_sql 和 hibernate.format_sql 两个属性是 Hibernate 框架特有的，hibernate.show_sql 表示是否在控制台输出 Hibernate 自动生成的 SQL 语句，hibernate.format_sql 表示是否格式化这些 SQL 语句，在开发阶段可以将这两个属性设为 true，便于通过控制台输出的 SQL 语句发现程序中的错误。

实践 3.G.7

UserBean 是实现 UserService 业务接口的无状态会话 Bean，修改 UserBean，使用 JPA 实现注册用户、修改用户信息和根据主键获取用户实例的方法。

分析

1.使用 JPA 操作数据库时需要使用 EntityManager 接口，因此首先在 UserBean 中需要注入 EntityManager 的实例。

2.注册用户可以使用 EntityManager 的 persist( ) 方法实现，修改用户使用 merge( ) 方法实现，根据主键获取用户实例使用 find( ) 方法实现。

3.UserService 业务接口中的其余方法需要使用 JPA 查询，将在第 5 章实践篇中完成。

参考解决方案

在 ejb3practice.ph03.bean 包中新建名为 UserBean 的无状态会话 Bean，其代码如下所示。

```
@Stateless
public class UserBean implements UserService {

   // 注入 EJB 容器提供的数据源
   @Resource (mappedName = "java:jdbc/ejb3practice")
```

```
private DataSource dataSource;

    // 注入 EJB 容器提供的持久化上下文，即 EntityManager
    @PersistenceContext (unitName = "ejb3practice")
    EntityManager entityManager;

    @Override
    public void registerUser (User user) {
        entityManager.persist (user);
    }

    @Override
    public void modifyUser (User user) {
        entityManager.merge (user);
    }

    @Override
    public User getUser (int userId) {
        User user = entityManager.find (User.class, userId);
        if (user.getState () = = 0)
            return null;
        return user;
    }

    @Override
    public User login (String loginName, String password) {
        Connection conn = null;
        PreparedStatement ps = null;
        ResultSet rs = null;
        String sql = "select *  from users where login_name = ? and password = ?";
    try {
            conn = dataSource.getConnection ();
            ps = conn.prepareStatement (sql);
            ps.setString (1, loginName);
            ps.setString (2, password);
            rs = ps.executeQuery ();
            if (rs.next ()) {
                User user = new User ();
                user.setId (rs.getInt ("id"));
                user.setName (rs.getString ("name"));
                user.setLoginName (loginName);
                user.setPassword (password);
                user.setIdCard (rs.getString ("id_card"));
                user.setTel (rs.getString ("tel"));
```

```
                user.setEmail (rs.getString ("email"));
                user.setAddress (rs.getString ("address"));
                user.setDescription (rs.getString ("description"));
                user.setState (rs.getInt ("state"));
                user.setAccount (rs.getString ("account"));
                user.setStoreName (rs.getString ("store_name"));
                user.setCreatedDate (rs.getDate ("created_date"));
                user.setSolds (rs.getInt ("solds"));
                user.setPositiveRemarks (rs.getInt ("positive_remarks"));
                return user;
            }
        } catch (SQLException e) {
            e.printStackTrace();
            throw new RuntimeException (e); // 抛出异常以使容器回滚事务
        } finally {
            ......// 关闭 rs、ps、conn
        }
        return null;
    }

    ......// 其余方法在第 5 章实践篇中实现
}
```

上述代码中，首先在 UserBean 中使用@PersistenceContext 注解注入了容器提供的 EntityManager，其名称为 ejb3practice，即使用实践 3.G.6 中配置的名称为 ejb3practice 的持久化单元；在 registerUser( ) 方法中，使用 EntityManager 的 persist( ) 方法插入了用户数据；在 modifyUser( ) 方法中，使用 EntityManager 的 merge( ) 方法修改了用户数据；在 getUser( ) 方法中，使用 EntityManager 的 find( ) 方法根据用户主键（id 属性）查找了用户实例。

JPA 查询尚未介绍，login( ) 方法目前继续使用 JDBC 实现，因此 UserBean 中还需要注入容器提供的 JDBC 数据源供 login( ) 方法使用。

实践 3.G.8

BookBean 是实现 BookService 业务接口的无状态会话 Bean，修改 BookBean，使用 JPA 实现添加、修改、删除和根据主键获取图书实例的方法。

分析

1.首先在 BookBean 中需要注入 EntityManager 的实例。

2.添加、修改和根据主键获取图书可以使用 EntityManager 的 persist( )、merge( ) 和 find( ) 方法实现。

3.删除图书时并不是直接删除数据库中的对应记录，而是修改图书的 state 属性值为 0，因此删除图书不能使用 EntityManager 的 remove( ) 方法，而应该首先通过 find( ) 方法查找出对应的实例，再修改其 state 属性。

4.BookService 业务接口中的其余方法需要使用 JPA 查询，将在第 5 章实践篇中完成。

参考解决方案

在 ejb3practice.ph03.bean 包中新建名为 BookBean 的无状态会话 Bean，其代码如下所示。

```
@Stateless
public class BookBean implements BookService {
    // 注入 EJB 容器提供的数据源
    @Resource (mappedName = "java:jdbc/ejb3practice")
    private DataSource dataSource;

    // 注入 EJB 容器提供的持久化上下文，即 EntityManager
    @PersistenceContext (unitName = "ejb3practice")
    EntityManager entityManager;

    @Override
    public void addBook (Book book) {
        entityManager.persist (book);
    }

    @Override
    public void modifyBook (Book book) {
        entityManager.merge (book);
    }

    @Override
    public void removeBook (int bookId) {
        Book book = getBook (bookId);
        book.setState (0);
    }

    @Override
    public Book getBook (int bookId) {
        Book book = entityManager.find (Book.class, bookId);
        if (book.getState () = = 0)
            return null;
        return book;
    }

    @Override
    public List < Book > getBooks (Integer sellerId, String key, Double priceFrom,
            Double priceTo, Boolean isSecondhand, int[] bookTypeIds,
            String orderBy, int pageNo, int pageSize) {
        int to = pageNo * pageSize;
        int from = to - pageSize + 1;
        List < Book > books = new ArrayList < Book > ();
        Connection conn = null;
        PreparedStatement ps = null;
        ResultSet rs = null;
        StringBuilder sql = new StringBuilder (
```

```
            "select bbb.*  from (select bb.* , rownum r from (select b.*  from book b
where b.state < > 0 and b.inventory > 0");
        if (sellerId != null)
            sql.append (" and b.seller_id = " + sellerId);
        if (key != null&&key.trim().length() != 0)
            sql.append (" and (b.title like '% ") .append (key)
                    .append ("% ' or b.author like '% ") .append (key)
                    .append ("% ' or b.publisher like '% ") .append (key)
                    .append ("% ' or b.isbn like '% ") .append (key) .append ("% ')");
        if (priceFrom != null)
            sql.append (" and b.price > = " + priceFrom);
        if (priceTo != null)
            sql.append (" and b.price < = " + priceTo);
        if (isSecondhand != null)
            sql.append (" and b.is_secondhand = " + isSecondhand);
        if (bookTypeIds != null&&bookTypeIds.length != 0) {
            String typeIds = "";
            for (int typeId :bookTypeIds)
                typeIds + = "," + typeId;
            typeIds = " and exists (select 1 from book_type bt where bt.book_id =
b.id and bt.book_type_id in ("
                    + typeIds.substring (1) + "))";
            sql.append (typeIds);
        }
        if (orderBy = = null | | orderBy.length() = = 0)
            orderBy = "b.start_time desc";
        sql.append (" order by " + orderBy);
        sql.append (") bb where rownum < = " + to);
        sql.append (") bbb where bbb.r > = " + from);
        try {
            conn = dataSource.getConnection();
            ps = conn.prepareStatement (sql.toString());
            rs = ps.executeQuery();
            while (rs.next()) {
                Book book = new Book();
                book.setId (rs.getInt ("id"));
                book.setTitle (rs.getString ("title"));
                book.setAuthor (rs.getString ("author"));
                book.setPublisher (rs.getString ("publisher"));
                book.setIsbn (rs.getString ("isbn"));
                book.setPublishDate (rs.getDate ("publish_date"));
                book.setPages (rs.getInt ("pages"));
                book.setWords (rs.getInt ("words"));
                book.setFormat (rs.getString ("format"));
                book.setPaper (rs.getString ("paper"));
                book.setCover (rs.getString ("cover"));
                book.setAuthorIntro (rs.getString ("author_intro"));
                book.setDescription (rs.getString ("description"));
                book.setStickerPrice (rs.getDouble ("sticker_price"));
```

```
            book.setPrice (rs.getDouble ("price"));
            book.setIsSecondhand (rs.getString ("is_secondhand")
                    .equals ("1") ? true :false);
            book.setStartTime (rs.getDate ("start_time"));
            book.setInventory (rs.getInt ("inventory"));
            book.setSolds (rs.getInt ("solds"));
            book.setPositiveRemarks (rs.getInt ("positive_remarks"));
            book.setState (rs.getInt ("state"));
            book.setSellerId (rs.getInt ("seller_id"));
            books.add (book);
        }
        return books;
    } catch (SQLException e) {
        e.printStackTrace();
        throw new RuntimeException (e); // 抛出异常以使容器回滚事务
    } finally {
        ......// 关闭 rs、ps、conn
    }
}

@Override
public long getBookCount (Integer sellerId, String key, Double priceFrom,
        Double priceTo, Boolean isSecondhand, int[] bookTypeIds) {
    Connection conn = null;
    PreparedStatement ps = null;
    ResultSet rs = null;
    StringBuilder sql = new StringBuilder (
            "select count (b.id) from book b where b.state < > 0 and b.inventory > 0");
    if (sellerId != null)
        sql.append (" and b.seller_ id = " + sellerId);
    if (key != null&&key.trim().length() != 0)
        sql.append (" and (b.title like '% ").append (key)
                .append ("% ' or b.author like '% ").append (key)
                .append ("% ' or b.publisher like '% ").append (key)
                .append ("% ' or b.isbn like '% ").append (key).append ("% ')");
    if (priceFrom != null)
        sql.append (" and b.price > = " + priceFrom);
    if (priceTo != null)
        sql.append (" and b.price < = " + priceTo);
    if (isSecondhand != null)
        sql.append (" and b.is_ secondhand = " + isSecondhand);
    if (bookTypeIds != null&&bookTypeIds.length != 0) {
        String typeIds = "";
        for (int typeId :bookTypeIds)
            typeIds + = "," + typeId;
        typeIds = " and exists (select 1 from book_type bt where bt.book_id =
t.id and bt.book_type_id in ("
                + typeIds.substring (1) + "))";
        sql.append (typeIds);
```

```
        }
        try {
            conn = dataSource.getConnection();
            ps = conn.prepareStatement (sql.toString());
            rs = ps.executeQuery();
            rs.next();
            return rs.getLong (1);
        } catch (SQLException e) {
            e.printStackTrace();
            throw new RuntimeException (e); // 抛出异常以使容器回滚事务
        } finally {
            ......// 关闭 rs、ps、conn
        }
    }

    @Override
    public List<BookType> getBookTypes() {
        // 第 5 章实践篇实现
        return null;
    }
}
```

上述代码中，首先在 BookBean 中使用@PersistenceContext 注解注入了容器提供的 EntityManager，其名称为 ejb3practice；在 addBook()方法中，使用 EntityManager 的 persist()方法插入了用户数据；在 modifyBook()方法中，使用 EntityManager 的 merge()方法修改了用户数据；在 getBook()方法中，使用 EntityManager 的 find()方法根据用户主键（id 属性）查找了用户实例；在 removeBook()方法中，首先调用 getBook()方法获取了 Book 实例，然后修改其 state 属性为 0，表示已删除状态。

JPA 查询尚未介绍，getBooks() 和 getBookCount() 方法目前使用 JDBC 实现，因此 BookBean 中还需要注入容器提供的 JDBC 数据源供这两个方法使用。在 getBooks()方法中，使用了 Oracle 数据库的 rownum 虚拟列完成了分页查询，这是 Oracle 数据库的专有特性，因此这段 SQL 语句不具有数据库可移植性。

> **注意** 完成购物车业务的 BookCartBean 与实践篇第 2 章代码相同；实现订单业务接口 OrderService 需要使用实体之间的关联关系和实体查询，因此本章不再实现，在实践篇的第 4 章和第 5 章中将使用 JPA 实现 OrderService 接口。

实践 3.G.9

运行 ph03 项目，完成下列操作：

◇ 修改用户个人信息
◇ 进入店铺
◇ 添加图书
◇ 修改图书

◇ 删除图书
◇ 查看图书详细信息

分析

1.本章使用 JPA 重新实现了 UserBean 中的 registerUser( ) 方法，在实践篇第 1 章已演示过用户注册操作，因此本章不再演示。

2.登录的用户可以修改个人信息，用户登录时已将其实例保存于 HttpSession 中，用户信息修改页面从 HttpSession 中直接获取此实例并显示即可。修改个人信息时需要调用 UserBean 的 modifyUser( ) 方法。

3.通过查找店铺后进入店铺列表页面，点击某个店铺可以进入此店铺，如果是登录的用户还可以进入“我的店铺”页面。“我的店铺”和其他用户的店铺显示的信息是类似的，包括店铺的基本信息和在售图书的列表。店铺基本信息通过调用 UserBean 的 getUser( ) 方法获得，在售图书通过调用 BookBean 的 getBooks( ) 方法获得，在售图书分页显示还需要调用 BookBean 的 getBookCount( ) 方法获得图书总数量。

4.“我的店铺”页面还可以添加、修改、删除图书，分别需要调用 BookBean 的 addBook( )、modifyBook( )、removeBook( ) 方法完成。

5.通过店铺页面的在售图书列表可以进入某本图书的详细信息页面，通过 BookBean 的 getBook( ) 方法可以获得图书详细信息。

参考解决方案

1.修改用户个人信息

运行 ph03 项目，用户登录成功后，点击首页右上方的“修改个人信息”链接，将进入用户信息修改页面 modifyUser.jsp，其中显示了当前登录用户的详细信息，如图 3.2 所示。

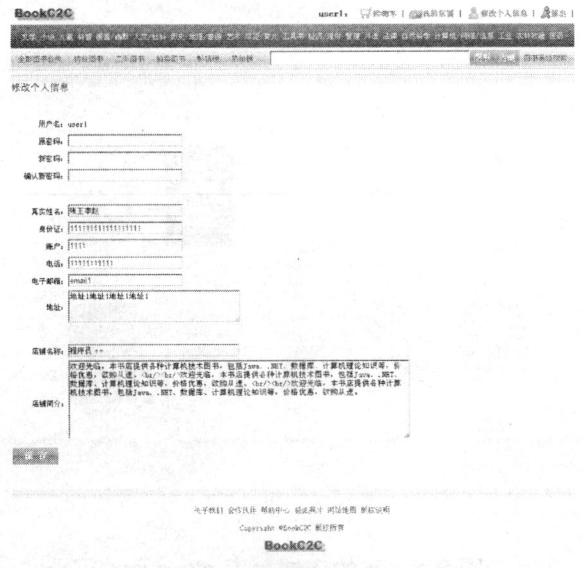

图 3.2 用户信息修改页面 modifyUser.jsp

修改信息后点击下方的“保存”按钮，将提交到 UserServlet 的 modify( )方法，进而调用 UserService 的 modifyUser( )方法完成用户信息的修改。修改成功后，将在页面上方显示“修改成功”信息，如图 3.3 所示。

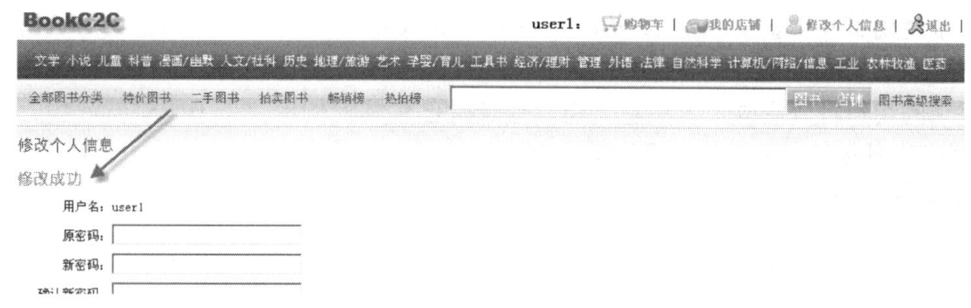

图 3.3

2.进入店铺

网站中有三种方式进入店铺页面 store.jsp：

◇ 登录用户进入自己的店铺

◇ 未登录用户进入某个店铺

◇ 登录用户进入其他卖家的店铺

用户登录成功后，点击首页右上方的“我的店铺”链接，将进入此登录用户的店铺页面，如图 3.4 所示。其中在页面上方显示了店铺的基本信息，下方分页显示了店铺中的在售图书。在售图书列表的下方显示了页码，点击不同的页码可以跳转到对应的分页显示页面。

图 3.4 我的店铺页面 store.jsp

如果是未登录用户，可以通过页面上方提供的查找店铺功能进入某个店铺的页面，与登录用户自己的“我的店铺”页面相比，未登录用户看到的店铺页面不会显示发布新书、修改图书和删除图书的链接，如图 3.5 所示。

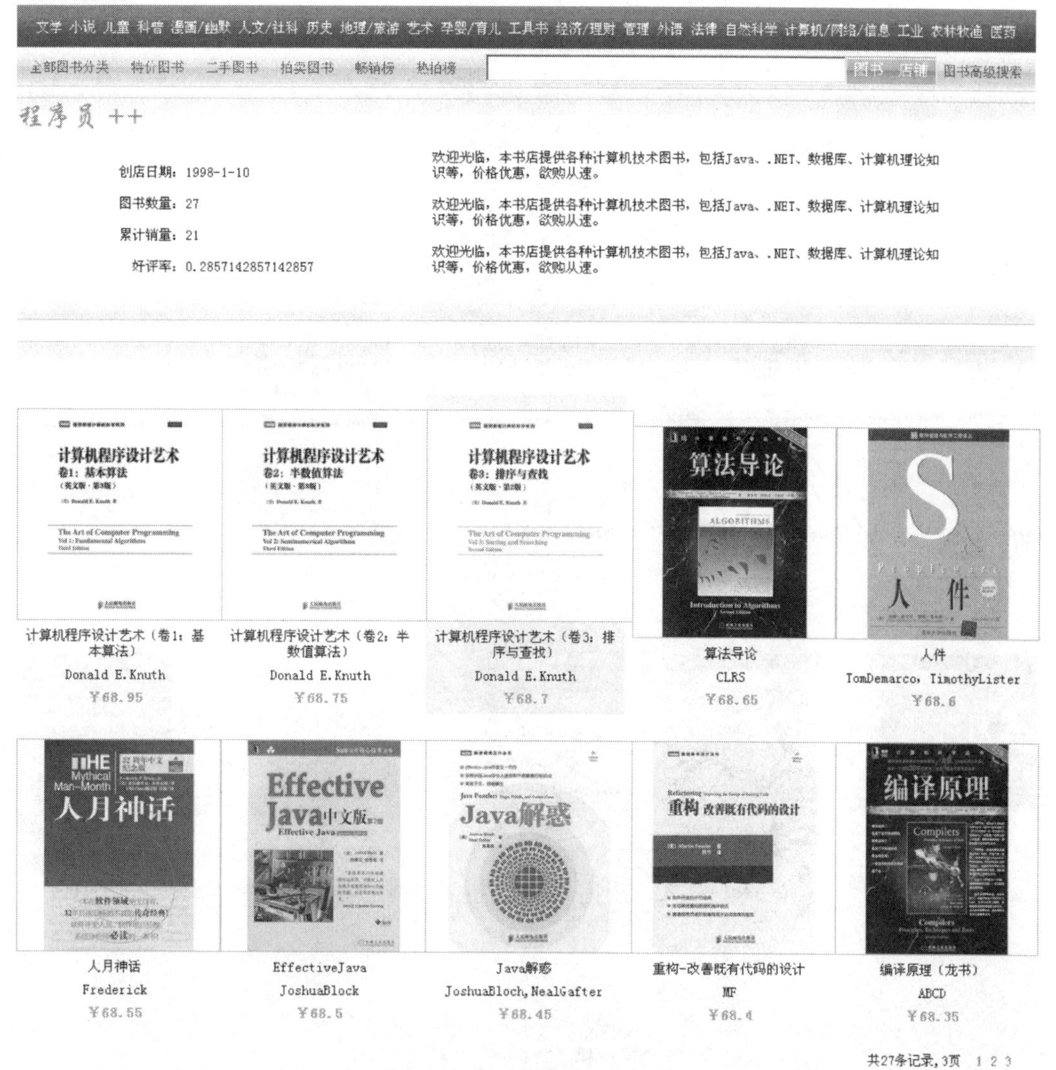

图 3.5 未登录用户看到的店铺页面 store.jsp

已登录用户也可以通过页面上方提供的查找店铺功能进入其他卖家的店铺，此时不会显示发布新书、修改图书和删除图书的链接，但是会在每本图书下方显示购物车图标，如图 3.6 所示。

图 3.6 登录用户看到的其他卖家店铺 store.jsp

3. 发布新书

用户登录后，进入“我的店铺”，点击在售图书列表上方的“发布新书”链接，进入发布新书页面 addBook.jsp，其中可以录入新书的信息，如图 3.7 所示。

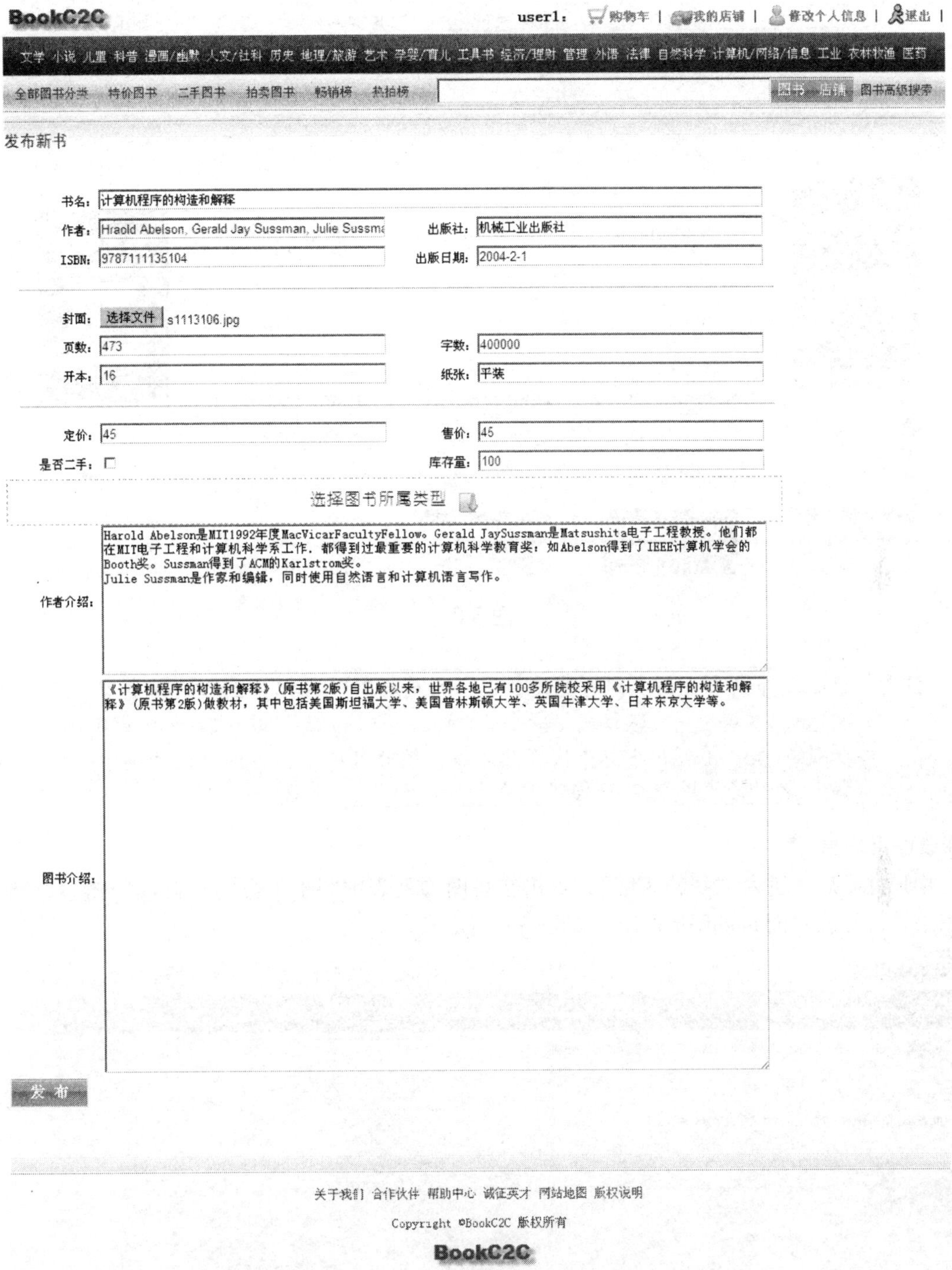

图 3.7　发布新书页面 addBook.jsp（已录入信息）

录入完毕后，点击下方的“发布”按钮，将提交到 BookServlet 的 add( )方法，进而调用 BookService 的 addBook( )方法完成图书发布操作。新书发布成功后，将跳转到店铺页面，并在在售图书列表中显示新发布的图书，如图 3.8 所示。

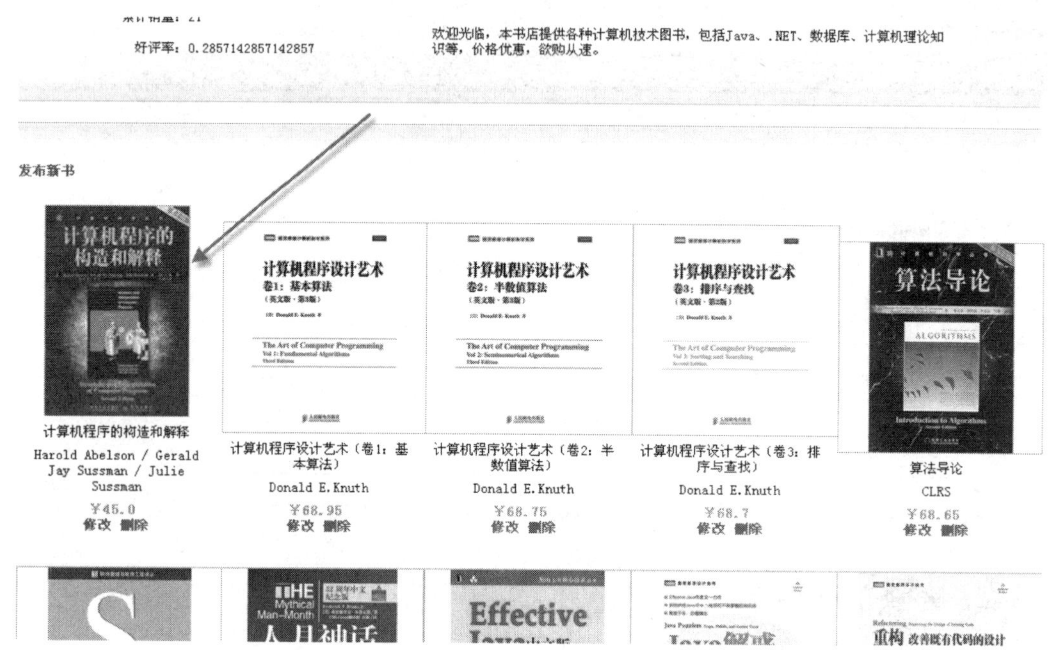

图 3.8

> **注意** 点击发布新书页面中部的“选择图书所属类型”可以为图书选择类型，通过调用 BookService 接口的 getBookTypes() 方法可以获得所有的图书类型，但是在 BookBean 中并未实现此方法，因此目前无法为图书选择类型。实践篇第 5 章中将使用 JPA 查询实现此方法。

4.修改图书信息

用户登录后，进入“我的店铺”，点击在售图书列表中图书下方的“修改”链接，将进入图书信息修改页面 modifyBook.jsp，如图 3.9 所示。

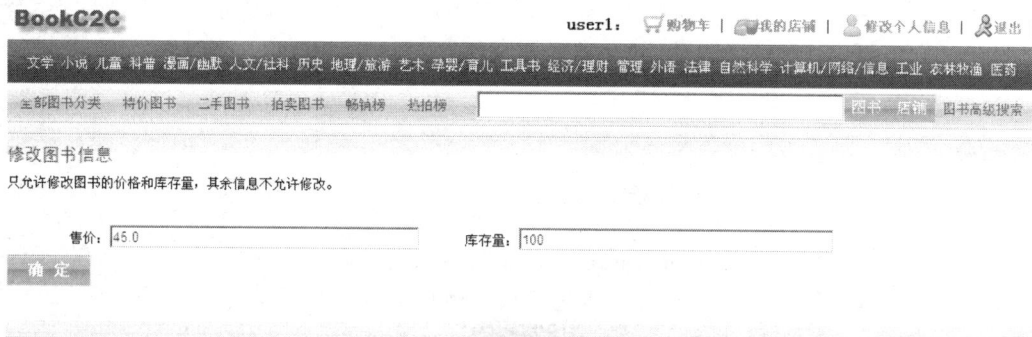

BookC2C　user1：购物车 | 我的店铺 | 修改个人信息 | 退出 |

文学 小说 儿童 科普 漫画/幽默 人文/社科 历史 地理/旅游 艺术 孕婴/育儿 工具书 经济/理财 管理 外语 法律 自然科学 计算机/网络/信息 工业 农林牧渔 医药

全部图书分类 特价图书 二手图书 拍卖图书 畅销榜 热拍榜　图书 店铺 图书高级搜索

修改图书信息

只允许修改图书的价格和库存量，其余信息不允许修改。

售价：45.0　库存量：100

确 定

关于我们 合作伙伴 帮助中心 诚征英才 网站地图 版权说明

Copyright ©BookC2C 版权所有

BookC2C

图 3.9　图书修改页面 modifyBook.jsp

只允许修改图书的售价和库存量，修改信息后点击“确定”按钮，将提交到 BookServlet 的 modify( )方法，进而调用 BookService 的 modifyBook( )方法完成图书信息修改操作。

5.查看图书详细信息

网站中有四种方式进入图书详细信息页面 book.jsp：

◇ 登录用户查看自己店铺的图书

◇ 未登录用户搜索店铺后查看某个卖家店铺的图书

◇ 未登录用户通过图书搜索查看某本图书

◇ 登录用户查看其他卖家店铺的图书

用户登录后，进入“我的店铺”，点击在售图书列表中的图书封面，将进入图书详细信息页面，如图 3.10 所示。

图 3.10 图书详细信息页面 book.jsp

图书详细信息页面下方将分页显示买家评价信息，这需要调用 OrderService 业务接口的 getOrderDetailsOfBook( )和 getOrderDetailCountOfBook( )方法获得，目前尚未实现 OrderService 接口，因此页面不会显示任何评价信息。在实践篇第 5 章中将实现此功能。

未登录用户通过查找店铺功能可以进入其他卖家的店铺，进入后点击在售图书列表中的图书封面，将进入图书详细信息页面，内容与登录用户查看自己店铺的图书时是相同的，如图 3.10 所示。

未登录用户还可以通过图书搜索功能查找图书，点击搜索结果中的图书封面，也可以进入图书详细信息页面，内容与登录用户查看自己店铺的图书时是相同的，如图 3.10 所示。图书搜索功能将在实践篇第 5 章中实现。

用户登录后，也可以通过查找店铺进入其他卖家的店铺，进入后点击在售图书列表中的图书封面，将进入图书详细信息页面，此时图书封面下方会显示购物车图标，如图 3.11 所示。

图 3.11　登录用户查看其他卖家的图书详细信息

6. 删除图书

点击在售图书列表中图书下方的“删除”链接，将向用户询问是否确定删除，如图 3.12 所示。

图 3.12

点击“确定”后，将提交到 BookServlet 的 remove( )方法，进而调用 BookService 的 removeBook( )方法完成删除操作。删除成功后，将跳转回店铺页面，不再显示已删除的图书。

知识拓展

1.联合主键

如果实体的主键有多个属性构成，则称为联合主键。JPA 规范提供定义实体联合主键的两种方法：

- ◇ 使用@javax.persistence.IdClass 注解
- ◇ 使用@javax.persistence.EmbeddedId 注解和@javax.persistence.Embeddable 注解

1.使用@IdClass 定义联合主键

使用@IdClass 定义联合主键时，首先需要定义主键类。主键类中需要包含实体中用来组成联合主键的所有属性，并且必须是可序列化的，即实现 Serializable 接口。例如需要将图书销售网站中的用户实体改为使用联合主键，联合主键由登录名和身份证号组成，则首先需要建立主键类，编写 UserPk 类作为 User 实体的主键类，代码如下。

```
public class UserPk implements Serializable {

    String loginName; // 登录名
    String idCard; // 身份证

    public String getLoginName() {
        return loginName;
    }

    public void setLoginName (String loginName) {
        this.loginName = loginName;
    }

    public String getIdCard() {
        return idCard;
    }

    public void setIdCard (String idCard) {
        this.idCard = idCard;
    }

    @Override
    public boolean equals (Object obj) {
        if (this == obj)
            return true;
        if (obj == null)
            return false;
```

```
        if (getClass() != obj.getClass())
            return false;
        UserPk other = (UserPk) obj;
        if (idCard == null) {
        if (other.idCard != null)
            return false;
        } else if (!idCard.equals(other.idCard))
            return false;
        if (loginName == null) {
            if (other.loginName != null)
                return false;
        } else if (!loginName.equals(other.loginName))
            return false;
        return true;
    }

    @Override
    public int hashCode() {
        final int prime = 31;
        int result = 1;
        result = prime * result + ((idCard == null) ? 0 :idCard.hashCode());
        result = prime * result
                + ((loginName == null) ? 0 :loginName.hashCode());
        return result;
    }

    private static final long serialVersionUID = 1L;
}
```

上述代码中，User 实体主键类 UserPk 实现了 Serializable 接口，并包含了形成联合主键的 loginName 和 idCard 属性。主键类通常需要覆盖 equals( )和 hashCode( )方法，其中需要根据主键属性的值进行相等判断和生成散列码，上述代码中的 equals( )和 hashCode( )方法是使用 Eclipse 自动生成的。

编写实体的主键类后，需要在实体上使用@IdClass 注解引用主键类，并将联合主键包含的属性都使用@Id 注解标注。实体中必须包含所有在主键类中出现的属性，并且都必须标注@Id 注解。下述的 User 实体使用了 UserPk 主键类。

```
@Entity
@Table(name = "users")
@IdClass(UserPk.class)
public class User {
    int id;
    String name; // 姓名
    String loginName; // 登录名
    String password; // 密码
    String idCard; // 身份证
    String tel; // 电话
    String email; // EMail
```

```
    String address; // 地址
    String description; // 说明
    String account; // 账户
    String storeName; // 店铺名称
    Date createdDate; // 创建日期
    int solds; // 累计销量
    int positiveRemarks; // 好评数量
    int state;

    @Id
    @Column (name = "login_name")
    public String getLoginName() {
        return loginName;
    }

    public void setLoginName (String loginName) {
        this.loginName = loginName;
    }

    @Id
    @Column (name = "id_card")
    public String getIdCard() {
        return idCard;
    }

    public void setIdCard (String idCard) {
        this.idCard = idCard;
    }

    ..... 其他属性的 get、set 方法
}
```

上述 User 实体的代码中，首先使用@IdClass 注解引用了主键类 UserPk，并在 loginName 和 idCard 属性上标注了@Id 注解。

2. 使用@EmbeddedId 定义联合主键

在实体中使用@IdClass 定义的联合主键时，形成联合主键的多个属性是分散的，而使用 JPA 提供的@EmbeddedId 和@Embeddable 注解可以在实体中定义一个属性作为主键，其类型为联合主键类型，例如上例中的 User 实体中将不再需要 loginName 和 idCard 属性，而是代之以一个 UserPk 类型的属性，代码如下：

```
@Entity
@Table (name = "users")
public class User {
    int id;
    String name; // 姓名
    String password; // 密码

    // String loginName; // 登录名，不再需要
```

```
    // String idCard; // 身份证，不再需要
    UserPk pk; // 主键

    String tel; // 电话
    String email; // EMail
    String address; // 地址
    String description; // 说明
    String account; // 账户
    String storeName; // 店铺名称
    Date createdDate; // 创建日期
    int solds; // 累计销量
    int positiveRemarks; // 好评数量
    int state;

    @EmbeddedId
    public UserPk getPk() {
        return pk;
    }

    public void setPk (UserPk pk) {
        this.pk = pk;
    }

    ...... 其他属性的 get、set 方法
}
```

上述代码中，User 实体中不再使用@IdClass 注解，并且去掉了 loginName 和 idCard 属性，但是添加了 UserPk 类型的属性 pk，代表 User 实体的主键。

使用 UserPk 类型的属性作为主键时，必须使用@Embeddable 注解标注主键类 UserPk，并且其包含的 loginName 和 idCard 属性仍然需要配置与数据库的对应关系，有两种方式指定对应关系：

◇ 在主键类中使用@Column 注解指定

◇ 在实体中使用@javax.persistence.AttributeOverrides 注解指定

下述的 UserPk 类中使用@Column 注解指定了 loginName 和 idCard 属性与数据库中列的对应关系。

```
@Embeddable
public class UserPk implements Serializable {

    String loginName; // 登录名
    String idCard; // 身份证

    @Column (name = "login_ name")
    public String getLoginName() {
        return loginName;
    }
    public void setLoginName (String loginName) {
```

```
    this.loginName = loginName;
  }

  @Column (name = "id_card")
  public String getIdCard() {
    return idCard;
  }

  public void setIdCard (String idCard) {
    this.idCard = idCard;
  }

  @Override
  public boolean equals (Object obj) {
    if (this = = obj)
      return true;
    if (obj = = null)
      return false;
    if (getClass() != obj.getClass())
      return false;
    UserPk other = (UserPk) obj;
    if (idCard = = null) {
      if (other.idCard != null)
        return false;
    } else if (!idCard.equals (other.idCard))
      return false;
    if (loginName = = null) {
      if (other.loginName != null)
        return false;
    } else if (!loginName.equals (other.loginName))
      return false;
    return true;
  }

  @Override
  public int hashCode() {
    final int prime = 31;
    int result = 1;
    result = prime * result + ( (idCard = = null) ? 0 :idCard.hashCode());
    result = prime * result
        + ( (loginName = = null) ? 0 :loginName.hashCode());
    return result;
  }

  private static final long serialVersionUID = 1L;
}
```

上述的主键类 UserPk 中，首先标注了@Embeddable 注解，在其 loginName 和 idCard 属性上使用@Column 注解映射到了数据库的列上。

如果在实体中使用@AttributeOverrides 注解指定主键列属性与数据库的对应关系，则UserPk 中不再需要使用@Column 注解标注 loginName 和 idCard 属性，而是需要修改 User 实体，为 UserPk 类型的主键属性 pk 添加@AttributeOverrides 注解，修改后的 User 实体代码如下。

```
@Entity
@Table (name = "users")
public class User {
    int id;
    String name; // 姓名
    String password; // 密码

    // String loginName; // 登录名，不再需要
    // String idCard; // 身份证，不再需要
    UserPk pk; // 主键

    String tel; // 电话
    String email; // EMail
    String address; // 地址
    String description; // 说明
    String account; // 账户
    String storeName; // 店铺名称
    Date createdDate; // 创建日期
    int solds; // 累计销量
    int positiveRemarks; // 好评数量
    int state;

    @EmbeddedId
    @AttributeOverrides ( {
            @AttributeOverride (name = "loginName",
                                column = @Column (name = "login_name")),
            @AttributeOverride (name = "idCard",
                                column = @Column (name = "id_card"))
    })
    public UserPk getPk() {
        return pk;
    }

    public void setPk (UserPk pk) {
        this.pk = pk;
    }

    ...... 其他属性的 get、set 方法
}
```

上述的 User 实体中，在标注@EmbeddedId 注解的 getPk()方法上，使用@AttributeOverrides 注解指定了主键类 UserPk 中各个属性与数据库中列的对应关系。主键类的每个属性都需要使用@AttributeOverride 注解标识，其 name 参数为属性名称，column 参数为属性对应的列，列需要使用@Column 注解指定。注意此时的 UserPk 类中不再需要使用@Column 注解标注 loginName 和 idCard 属性。

注意 使用联合主键后，JPA 将无法自动生成主键，在持久化实体时必须手工确定主键值。

拓展练习

练习 3.E.1

修改图书销售网站中的图书实体，以书名和作者构成联合主键，使用@IdClass 定义此联合主键。

练习 3.E.2

以练习 2.E.1 为基础，仍然以书名和作者构成联合主键，但是使用@EmbeddedId 定义此联合主键，要求分别使用@Column 和@AttributeOverrides 注解两种方式定义主键属性与列的对应关系。

实践4　实体关系

实践指导

实践 4.G.1

修改图书实体，配置图书与用户实体的多对一关系以及与图书类型实体的多对多关系。

分析

1.一种图书只能有一个卖家，即每种图书对应于一个用户；用户可以卖多种图书，即每个用户可以对应于多个图书。因此，用户与图书是一对多的关系。

在执行购买图书、填写购买评价等操作时，需要获得图书的卖家，所以需要配置图书到卖家用户的多对一关系；在浏览卖家的店铺时，需要显示其销售的图书，通过配置卖家用户与图书的一对多关系可以得到卖家销售的所有图书。但是图书需要分页显示，一次性获得卖家的所有图书并没有太大作用，所以不需要配置用户到图书的一对多关系。因此，图书和用户之间需要配置单向的多对一关系。

2.一种图书类型下显然会存在多种图书；而一种图书可以同时属于多种图书类型。因此图书和图书类型是多对多的关系，关联关系表为 BOOK_TYPE。

添加图书时，需要指定其对应的多种图书类型，所以需要配置图书到图书类型的多对多关系；而网站中并没有根据图书类型获得属于此类型的所有图书的需求，所以不需要配置图书类型到图书的多对多关系。因此，图书和图书类型之间需要配置单向的多对多关系。

参考解决方案

在 ejb3practice.ph04.entity 包中新建 JPA 实体 Book，其代码如下所示。

```
@Entity
@Table (name = "book")
@SequenceGenerator (name = "book_seq", sequenceName = "book_seq")
public class Book {

    ...... // 其他属性

    User seller; // 卖家
    Set <BookType > types = new HashSet <BookType > (); // 书籍类型

    @ManyToMany
    @JoinTable (name = "book_type",
```

```
                joinColumns = @JoinColumn (name = "book_id"),
                inverseJoinColumns = @JoinColumn (name = "book_type_id"))
    public Set <BookType > getTypes () {
        return types;
    }

    public void setTypes (Set <BookType > types) {
        this.types = types;
    }

    @ManyToOne
    @JoinColumn (name = "seller_id")
    public User getSeller () {
        return seller;
    }

    public void setSeller (User seller) {
        this.seller = seller;
    }

    ...... // 其他属性的 get、set 方法
}
```

上述代码的 Book 实体中，seller 属性表示图书对应的卖家，其 get 方法上使用@ManyToOne 注解指定了与 User 实体的多对一关系，并使用@JoinColumn 注解指明关联关系通过 Book 实体对应表中的 seller_id 字段表示；Book 实体的 types 属性代表图书所书的多个类型，其 get 方法上使用@ManyToMany 注解指定了与 BookType 实体的多对多关系，并使用@JoinTable 注解指明了关联关系表为 book_type，Book 实体对应于关联关系表中的 book_id 字段，BookType 实体对应于关联关系表中的 book_type_id 字段。

实践 4.G.2

修改图书类型实体，配置图书类型与自身的多对一关系以及多对一关系。

分析

1.一种图书类型下会存在多种子类型，每种子类型都有一个父类型，因此图书类型与其自身之间存在一对多和多对一关系。

2.图书销售网站中需要按照大类列出所有的图书类型，所以需要配置图书类型（大类型）到自身（小类型）的一对多关系；网站中并没有根据小类型获得其父类型的需求，但是 JPA 不允许只配置单向的一对多关系，因此，图书类型与其自身之间需要配置双向的一对多（多对一）关系。

参考解决方案

在 ejb3practice.ph04.entity 包中新建 JPA 实体 BookType，其代码如下所示。

```
@Entity
@Table (name = "booktype")
@SequenceGenerator (name = "booktype_seq", sequenceName = "booktype_seq")
public class BookType {
    int id;
    String name; // 类型名称
    BookType parentType; // 父类型
    int state;

    Set <BookType > childTypes; // 子类型

    @ManyToOne
    @JoinColumn (name = "parent_type_id")
    public BookType getParentType () {
        return parentType;
    }

    public void setParentType  (BookType parentType) {
        this.parentType = parentType;
    }

    @OneToMany (mappedBy = "parentType", fetch = FetchType.EAGER)
    @OrderBy ("id")
    public Set <BookType > getChildTypes () {
        return childTypes;
    }

    public void setChildTypes  (Set <BookType > childTypes) {
        this.childTypes = childTypes;
    }

    ...... // 其他属性的 get、set 方法
}
```

上述代码的 BookType 实体中，parentType 属性表示图书类型的父类型，其 get 方法上使用@ManyToOne 注解指定了与 BookType 实体的多对一关系，并使用@JoinColumn 注解指明关联关系通过 BookType 实体对应表中的 parent_type_id 字段表示；BookType 实体的 childTypes 属性代表图书类型的多个子类型，其 get 方法上使用@OneToMany 注解指定了与 BookType 实体的一对多关系，其中 mappedBy 参数指定了一对多关系通过关系另一方的 parentType 属性（即 BookType 实体自身的 parentType 属性）维护，fetch 参数指定了子类型是立即加载的，还使用@OrderBy 注解指明了多个子类型按照 id 排序。

实践 4.G.3

修改订单实体，配置订单与买家用户的多对一关系。

分析

1.一个买家可以进行多次交易，因此用户（作为买家）与订单是一对多的关系。

2.在网站中查看图书的购买评价时需要显示买家的信息，所以需要配置订单到用户的多对一关系；用户需要能够查看其所有的历史购买记录，与用户和图书的一对多关系类似，历史购买记录需要分页显示，因此配置用户到订单的一对多关系是多余的，而应该在订单和用户之间配置单向的多对一关系。

参考解决方案

在 ejb3practice.ph04.entity 包中新建 JPA 实体 Order，其代码如下所示。

```
@Entity
@Table (name = "sell_order")
@SequenceGenerator (name = "s_order_seq", sequenceName = "s_order_seq")
public class Order {
    int id;
    String code; // 订单编号
    User buyer; // 买家
    Date buyTime; // 购买时间

    @ManyToOne
    @JoinColumn (name = "buyer_id")
    public User getBuyer () {
        return buyer;
    }

    public void setBuyer (User buyer) {
        this.buyer = buyer;
    }

    ......// 其他属性的 get、set 方法
}
```

上述代码的 Order 实体中，buyer 属性表示订单对应的买家用户，其 get 方法上使用@ManyToOne 注解指定了与 User 实体的多对一关系，并使用@JoinColumn 注解指明关联关系通过 Order 实体对应表中的 buyer_id 字段表示。

实践 4.G.4

修改订单明细实体，配置订单明细与订单和图书的多对一关系。

分析

1.一笔订单下有多笔订单明细，订单与订单明细是一对多关系。订单在系统中只是起到组织订单明细的作用，只需要配置订单明细到订单的多对一关系即可。

2.同一个图书可能发生多次交易，而一笔订单明细只能对应一本图书，所以图书与订单

明细之间是一对多的关系。网站中在查看历史交易记录时需要显示订单明细对应的图书，所以需要配置订单明细到图书的多对一关系；而根据图书查看购买记录（购买评价）时是需要分页显示的，所以无需配置图书到订单明细的一对多关系。因此，订单明细和图书之间需要配置单向的多对一关系。

参考解决方案

在 ejb3practice.ph04.entity 包中新建 JPA 实体 OrderDetail，其代码如下所示。

```
@Entity
@Table (name = "sell_order_detail")
@SequenceGenerator (name = "s_order_d_seq", sequenceName = "s_order_d_seq")
public class OrderDetail {
    int id;
    String code; // 订单明细编号
    Order order; // 订单
    Book book; // 书籍
    int quantity; // 购买数量
    double price; // 成交价格
    RemarkLevel remarkLevel; // 评价级别
    String remark; // 评语

    @ManyToOne
    @JoinColumn (name = "sell_order_id")
    public Order getOrder() {
        return order;
    }

    public void setOrder (Order order) {
        this.order = order;
    }

    @ManyToOne
    @JoinColumn (name = "book_id")
    public Book getBook() {
        return book;
    }

    public void setBook (Book book) {
        this.book = book;
    }

    ...... // 其他属性的 get、set 方法
}
```

上述代码的 OrderDetail 实体中，order 属性表示订单明细对应的订单，其 get 方法上使用@ManyToOne注解指定了与 Order 实体的多对一关系，并使用@JoinColumn 注解指明关联关系通过 OrderDetail 实体对应表中的 sell_order_id 字段表示；OrderDetail 实体的 book 属性表示订单明细对应的图书，其 get 方法上使用@ManyToOne 注解指定了与 Book 实体的多对一关系，

并使用@JoinColumn注解指明关联关系通过 OrderDetail 实体对应表中的 book_id 字段表示。

实践 4.G.5

编写名为 OrderBean 的无状态会话 Bean，实现 OrderService 业务接口，完成添加购买评价和提交订单的业务方法。

分析

1.添加购买评价时需要执行三个操作：

◇ 修改对应的订单明细

◇ 修改对应图书的好评数量

◇ 修改对应卖家用户的好评数量

其中修改对应图书和卖家用户的好评数量时，需要根据订单明细获取对应的图书和用户，由于订单明细中配置了与图书的多对一关系，而图书中配置了与用户的多对一关系，所以根据订单明细可以通过属性关联到对应的图书和卖家用户。

2.提交订单时需要执行四个操作：

◇ 添加订单记录

◇ 针对购买的每种图书添加订单明细记录

◇ 针对购买的每种图书修改其库存量和销量

◇ 针对购买的每种图书修改其对应卖家用户的累计销量

其中修改对应图书的库存量、销量和卖家用户的累计销量时，需要根据订单明细获取对应的图书和用户，由于订单明细中配置了与图书的多对一关系，而图书中配置了与用户的多对一关系，所以根据订单明细可以通过属性关联到对应的图书和卖家用户。

参考解决方案

在 ejb3practice.ph04.bean 包中新建名为 OrderBean 的无状态会话 Bean，其代码如下所示。

```
@Stateless
public class OrderBean implements OrderService {

    @PersistenceContext (unitName = "ejb3practice")
    EntityManager entityManager;

    @EJB
    UserService userService;

    @Override
    public void writeRemark (int orderDetailId, RemarkLevel remarkLevel,
            String remark) {
        OrderDetail orderDetail = entityManager.find (OrderDetail.class,
            orderDetailId);
        orderDetail.setRemarkLevel (remarkLevel);
        orderDetail.setRemark (remark);
```

```
        if (remarkLevel = = RemarkLevel.POSITIVE) {
            Book book = orderDetail.getBook();
            book.setPositiveRemarks (book.getPositiveRemarks()
                    + orderDetail.getQuantity());

            User user = book.getSeller();
            user.setPositiveRemarks (user.getPositiveRemarks()
                    + orderDetail.getQuantity());
        }
    }

    @Override
    public void addOrder (int userId, Collection<OrderDetail> orderDetails) {
        User buyer = userService.getUser (userId);
        Order order = new Order();
        order.setBuyer (buyer);
        Date d = new Date();
        order.setBuyTime (d);
        order.setCode (userId + "."
                + new SimpleDateFormat ("yyyy-MM-dd HH:mm:ss") .format (d));
        entityManager.persist (order);

        for (OrderDetail orderDetail :orderDetails) {
            orderDetail.setOrder (order);
            entityManager.persist (orderDetail);

            Book book = orderDetail.getBook();
            book.setInventory (book.getInventory()-orderDetail.getQuantity());
            book.setSolds (book.getSolds() + orderDetail.getQuantity());
            entityManager.merge (book);

            User user = book.getSeller();
            user.setSolds (user.getSolds() + orderDetail.getQuantity());
            entityManager.merge (user);
        }
    }

    ......// 其余方法
}
```

上述代码定义了 OrderBean 的 writeRemark( ) 和 addOrder( ) 方法：

◇ writeRemark( )方法中首先根据 ID 查找了订单明细的实例，修改了其评价级别和评语；判断如果是好评，则根据订单明细获取对应的图书并修改其好评数量，然后根据图书获取对应的卖家用户并修改了其好评数量；

◇ addOrder( )方法中首先根据 ID 查找了购物车对应的买家，然后新建订单并指定了买家用户；在循环每条购买记录时，指定订单明细的订单并持久化此订单明细；根据订单明细获取对应的图书，并修改了其库存量和销量；根据图书获取对应的卖家用户，修改了其累计销量。

注意 OrderService 接口中的其他业务方法将在实践篇第 5 章实现。

实践 4.G.6

运行 ph04 项目，完成购买图书的操作。

分析

1.购买图书操作涉及到购物车业务会话 Bean（BookCartBean）和订单业务会话 Bean（OrderBean）。第 2 章实践篇中已经完成 BookCartBean；本章实践 4.G.5 完成了 OrderBean 中的添加订单和购买评价的方法。

2.用户购买图书首先需要登录，登录成功后可以在三个页面购买其他卖家的图书：

◇　进入其他卖家的店铺，点击在售图书列表中每本图书下的购物车图标

◇　图书搜索页面，点击图书列表中每本图书下的购物车图标

◇　图书详细信息页面，点击图书封面下的购物车图标

从上述三个页面购买图书的流程是类似的，都将调用 BookCartService 的 buy( ) 方法将购买信息保存到有状态会话 Bean（BookCartBean）中，可以多次点击不同图书下的购物车图标，从而能够购买多种、多本图书。图书搜索功能将在第 5 章实践篇中完成。

3.点击网页最上方的购物车图标，将调用 BookCartService 的 getDetails( ) 方法获取用户本次所有的购买记录，然后转向购物车页面，显示用户本次购买情况。

4.在购物车页面，点击某个图书下方的“取消”链接，将调用 BookCartService 的 cancel ( ) 方法取消此图书的购买。

5.在购物车页面，点击“确认购买”按钮，将调用 BookCartService 的 commitOrder( ) 方法完成用户的本次购买。

6.在购物车页面，点击“历史购买记录”链接，将进入用户的历史购买记录页面，其中显示了用户的历史购买记录，用户还可以对没有添加购买评价的图书添加评价。历史购买记录页面需要调用 OrderService 的 getOrderDetailsOfUser( ) 方法获取用户的所有购买记录，此方法将在实践 5.G.2 中实现，因此添加购买评价的操作留待第 5 章演示。

参考解决方案

1.购买图书

运行 ph04 项目，用户登录成功后，通过查找店铺进入其他卖家的店铺，点击某本图书下的购物车图标，将使用 AJAX 方式把所购图书的 ID 提交到 OrderServlet 的 buy( ) 方法，进而调用 BookCartService 的 buy( ) 方法将购买信息保存到有状态会话 Bean（BookCartBean）中。可以点击多次，从而购买多本，如图 4.1 所示。

图 4.1　在其他卖家店铺的在售图书列表中购买图书（部分页面）

点击某本图书的封面，进入其详细信息页面，点击图书封面下方的购物车图标，也可以购买此图书，同样的，也可以点击多次购买多本，如图 4.2 所示。

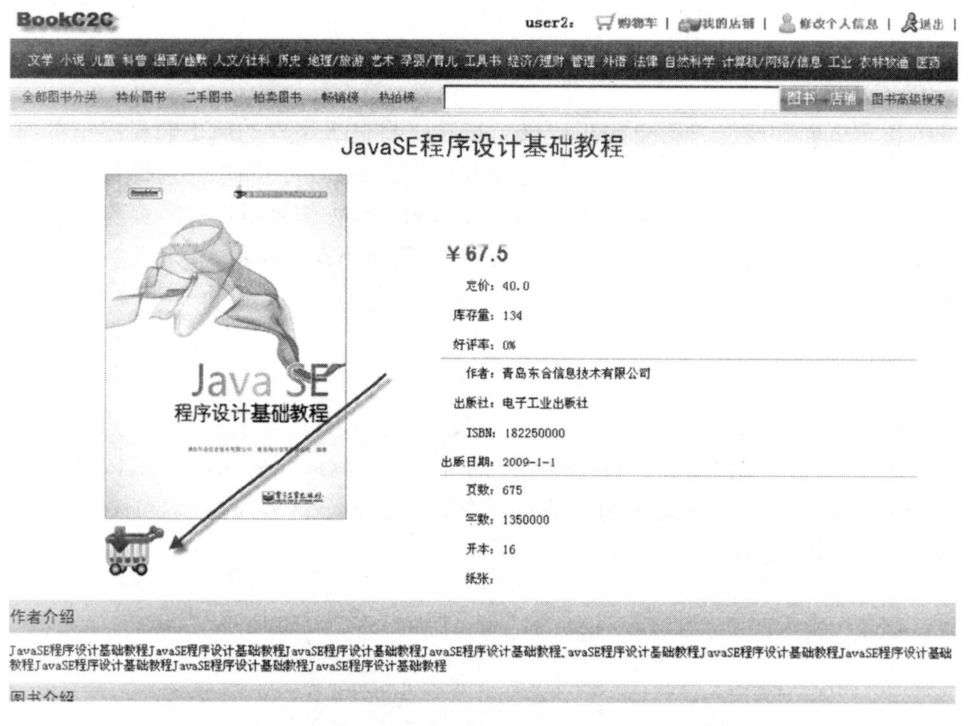

图 4.2　在图书详细信息页面购买图书（部分页面）

2. 取消和确定购买

购买完成后，点击页面最上方的购物车图标，将进入 OrderServlet 的 cart( ) 方法，进而调用 BookCartService 的 getDetails( ) 方法获取用户本次所有的购买记录，如图 4.3 所示。

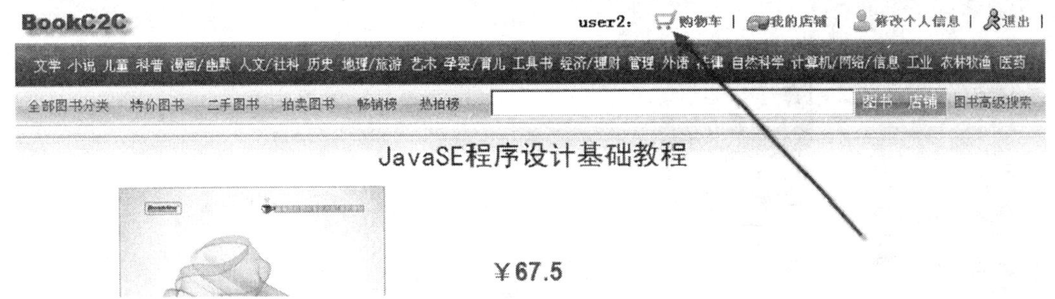

图 4.3　点击进入购物车页面

点击后，将进入购物车页面 cart.jsp，其中显示了用户的本次购买记录，包括购买的图书、本数、单价及总价，如图 4.4 所示。

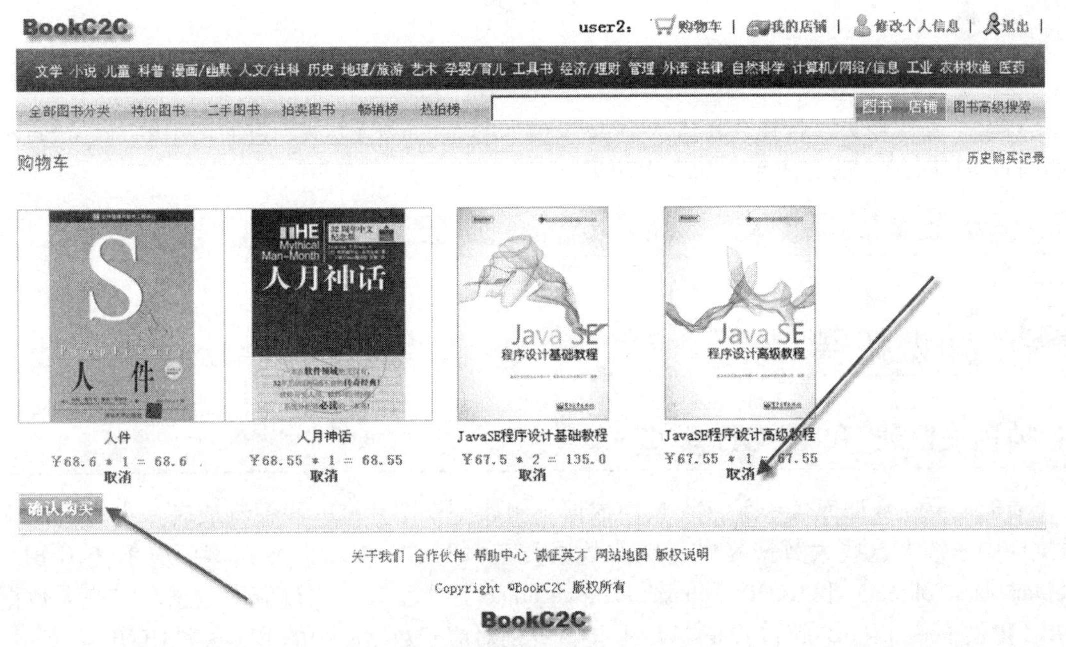

图 4.4　购物车页面 cart.jsp

点击某本图书下的“取消”链接，将进入 OrderServlet 的 cancel( ) 方法，进而调用 BookCartService 的 cancel( ) 方法取消此图书的购买。取消后会跳转回此页面，并不再显示取消购买的图书，如图 4.5 所示。

图 4.5

点击“确认购买”按钮，将进入 OrderServlet 的 commit( )方法，进而调用 BookCartService 的 commitOrder( )方法完成用户的本次购买。

注意 用户添加购买评价的操作可参见实践 5.G.4。

知识拓展

1.映射 BLOB 和 CLOB 类型

有时需要在数据库表中保存大量的数据，例如一个图片、一段视频或者是大段的文本，数据库中通常为这些大数据提供特殊的数据类型，例如在 Oracle 数据库中分别使用 BLOB (binary large object) 和 CLOB (character large object) 类型代表二进制大数据和字符大数据。JDBC 提供了 java.sql.Blob 和 java.sql.Clob 接口分别对应于数据库中的 BLOB 和 CLOB 类型。

JPA 规范中使用@javax.persistence.Lob 注解来映射 BLOB 和 CLOB 类型的数据，根据实体中标注@Lob 注解的属性的类型，JPA 可以将这个属性映射到数据库中的 BLOB 或 CLOB 类型的字段上：

- ◇ java.sql.Blob、byte[ ]、Byte[ ]、Serializable 类型的属性会被映射到数据库中的 BLOB 字段
- ◇ java.sql.Clob、char[ ]、Character[ ]、String 类型的属性会被映射到数据库中的 CLOB 字段

使用@Lob 注解映射大数据类型时，一般标注为延迟加载，因为从数据库中检索这些保存

大量数据的列需要耗费较长的时间，而通常并不需要在每次查询时都查看这些数据，使用@Basic注解可以指定属性为延迟加载。

例如，将图书销售网站数据库中的图书表中的封面字段修改为BLOB类型，并在图书实体中使用@Lob注解标注对应的cover属性。

首先将图书表中的cover字段改为BLOB类型，SQL如下：

```
alter table BOOK modify COVER blob;
```

修改图书实体Book，代码如下。

```
@Entity
@Table (name = "book")
@SequenceGenerator (name = "book_seq", sequenceName = "book_seq")
public class Book {

    public static final int MAX_TYPE_NUMBER = 5;

    int id;
    String title; // 书名
    String author; // 作者
    String publisher; // 出版社
    String isbn; // ISBN
    Date publishDate; // 出版日期
    int pages; // 页数
    int words; // 字数
    String format; // 开本
    String paper; // 纸张
    byte[] cover; // 封面
    String authorIntro; // 作者介绍
    String description; // 说明
    double stickerPrice; // 定价
    double price; // 售价
    boolean isSecondhand; // 是否是二手的
    Date startTime; // 开始销售时间
    int inventory; // 库存量
    int solds; // 累计销量
    int positiveRemarks; // 好评数量
    int state;

    User seller; // 卖家
    Set<BookType> types = new HashSet<BookType>(); // 书籍类型

    @Lob
    @Basic (fetch = FetchType.LAZY)
    public byte[] getCover() {
        return cover;
    }

    public void setCover (byte[] cover) {
```

```
        this.cover = cover;
    }

    ...... 其他属性的 get、set 方法
}
```

上述代码中，将 Book 实体的 cover 属性改为 byte[ ]类型，以保存数据库中 BLOB 类型字段的数据，在其 get 方法上使用@Lob 注解标注为 Lob 类型映射，并使用@Basic 注解及其 fetch 参数指定了使用延迟加载。

2.映射枚举类型

JDK 从 1.5 开始引入了枚举类型，增强了系统的类型安全性，JPA 提供了@javax.persistence.Enumerated 注解用于将 Java 枚举类型映射到数据库中，并使用枚举@javax.persistence.EnumType 定义了两种映射方式：

- ◇ EnumType.ORDINAL:将枚举类型映射为数字，即枚举值的数字编号；
- ◇ EnumType.STRING:将枚举类型映射为字符串，即枚举值的名称。

例如，图书销售网站中，买家用户可以对买到的图书进行评价，分为好、中、差三种评价级别，这非常适合使用枚举实现。编写评价级别枚举如下：

```
public enum RemarkLevel {

    POSITIVE ("好评"), MODERATE ("中评"), NEGATIVE ("差评");

    String name;

    RemarkLevel (String name) {
        this.name = name;
    }

    public String getName () {
        return name;
    }
}
```

上述代码中，评价级别枚举中定义了三个枚举值:POSITIVE、MODERATE、NEGATIVE，分别对应好、中、差评。修改订单明细实体 OrderDetail，将评价级别属性 remarkLevel 修改为 RemarkLevel 类型，并使用@Enumerated 注解标注：

```
@Entity
@Table (name = "sell_order_detail")
@SequenceGenerator (name = "s_order_d_seq", sequenceName = "s_order_d_seq")
public class OrderDetail {
    int id;
    String code; // 订单明细编号
    Order order; // 订单
    Book book; // 书籍
    int quantity; // 购买数量
```

```
    double price; // 成交价格
    RemarkLevel remarkLevel; // 评价级别
    String remark; // 评语

    @Column (name = "remark_level")
    @Enumerated (EnumType.STRING)
    public RemarkLevel getRemarkLevel () {
        return remarkLevel;
    }

    public void setRemarkLevel (RemarkLevel remarkLevel) {
        this.remarkLevel = remarkLevel;
    }

    ...... 其他属性的 get、set 方法
}
```

上述代码中，OrderDetail 实体的 remarkLevel 属性为 RemarkLevel 枚举类型，其 get 方法上使用@Enumerated 注解标注为枚举映射，并指定了映射方式为 STRING，即字符串类型，因此当对 OrderDetail 实体进行持久化时，remarkLevel 属性根据其值会在数据库中保存为“POSITIVE”、“MODERATE”、“NEGATIVE”之一。

如果指定映射方式为 EnumType.ORDINAL，则 remarkLevel 属性会在数据库中保存为数字 0、1、2，即枚举值的 ordinal ( ) 方法返回值，分别对应于 POSITIVE、MODERATE、NEGATIVE。

拓展练习

练习 4.E.1

将图书销售网站中图书实体的图书简介属性（description）及对应的数据库字段修改为 CLOB 类型，并配置映射关系。

练习 4.E.2

对用户的登录信息进行输入校验，其中，用户名至少 6 位，最多 20 位，并且仅为任意数字和字母的组合；密码至少 6 位，最多 15 位，可以为任何字符。

练习 4.E.3

图书销售网站的用户实体中有帐号属性，但是并没有说明具体的银行。编写银行枚举 Bank，列举出常见的银行，在用户实体中添加银行属性 bank，类型为 Bank，在图书表中添加 bank 字段，使用@Enumerated 注解映射 bank 属性和 bank 字段的对应关系。

实践5　实体查询

实践指导

实践 5.G.1

编写名为 UserBean 的无状态会话 Bean，实现 UserService 业务接口，使用 JPQL 查询完成用户登录、根据 ID 查询用户、根据店铺名称查询用户、查询是否有重名用户和查询用户的历史购买记录五个业务方法。

分析

1.用户登录需要判断登录名和密码是否匹配，可使用下列 JPQL 语句：

```
from User where loginName = ?1 and password = ?2 and state < > 0
```

2.根据 ID 查询用户可使用下列 JPQL 语句：

```
from User where id = ?1 and state < > 0
```

3.根据店铺名称查询用户需要根据店铺名称模糊匹配，可使用下列 JPQL 语句：

```
from User where storeName like ?1 and state < > 0
```

4.查找是否存在重名用户需要判断登录名是否匹配，根据匹配的记录条数确定是否存在重名用户，可使用下列 JPQL 语句：

```
select count (id) from User where loginName = ?1 and state < > 0
```

5.查询用户的历史购买记录需要根据用户 ID 查找对应的 OrderDetail 实体，可使用下列 JPQL 语句：

```
from OrderDetail where order.buyer.id = ?1
```

参考解决方案

在 ejb3practice.ph05.bean 包中新建名为 UserBean 的无状态会话 Bean，代码如下所示。

```
@SuppressWarnings ("unchecked")
@Stateless
public class UserBean implements UserService {

    @PersistenceContext (unitName = "ejb3practice")
    EntityManager entityManager;

    @Override
    public void registerUser (User user) {
```

```
        entityManager.persist (user);
    }

    @Override
    public void modifyUser (User user) {
        entityManager.merge (user);
    }

    @Override
        public User getUser (int userId) {
        String ql = "from User where id = ?1 and state < > 0";
        Query query = entityManager.createQuery (ql);
        query.setParameter (1, userId);
        return (User) query.getSingleResult ();
    }

    @Override
    public boolean existsUserWithSameName (String loginName) {
        String ql
            = "select count (id) from User where loginName = ?1 and state < > 0";
        Query query = entityManager.createQuery (ql);
        query.setParameter (1, loginName);
        long count =  (Long) query.getSingleResult ();
        return count != 0;
    }

    @Override
    public User login (String loginName, String password) {
        String ql
        = "from User where loginName = ?1 and password = ?2 and state < > 0";
        Query query = entityManager.createQuery (ql);
        query.setParameter (1, loginName);
        query.setParameter (2, password);
        List < User > list = query.getResultList ();
        if (list.size ()  = = 0)
            return null;
        return list.get (0);
    }

    @Override
    public List < User > getUsers (String storeName) {
        String ql = "from User where storeName like ?1 and state < > 0";
        Query query = entityManager.createQuery (ql);
        query.setParameter (1, "% " + storeName + "% ");
        return query.getResultList ();
    }

    @Override
    public List < OrderDetail > getOrderDetails (int buyerId) {
```

```
        String ql = "from OrderDetail where order.buyer.id = ?1";
        Query query = entityManager.createQuery (ql);
        query.setParameter (1, buyerId);
        return query.getResultList ();
    }
}
```

上述代码中，在各个业务方法中定义了各自的 JPQL 语句，使用 EntityManager 创建了 Query 实例，调用其 setParameter（）方法设置了参数，最后通过 Query 的 getSingleResult（）或 getResultList（）方法获得了数据。

实践 5.G.2

编写名为 OrderBean 的无状态会话 Bean，实现 OrderService 业务接口，使用 JPQL 完成添加订单、添加购买评价、查询图书的购买记录以及查询用户的购买记录的功能。

分析

1.添加订单

添加订单时需要执行四个操作：

◇ 添加订单记录

◇ 针对购买的每种图书添加订单明细记录

◇ 针对购买的每种图书修改其库存量和销量

◇ 针对购买的每种图书修改其对应卖家用户的累计销量

1）修改图书的库存量和销量可以使用下列 JPQL 语句：

```
update Book
  set inventory = inventory - ?1,
      solds = solds + ?2
  where id = ?3
    and state <> 0
```

2）修改图书对应卖家用户的累计销量可以使用下列 JPQL 语句：

```
update User set solds = solds + ?1 where id = ?2 and state <> 0
```

2.添加购买评价

添加购买评价时需要执行三个操作：

◇ 修改对应的订单明细

◇ 修改对应图书的好评数量

◇ 修改对应卖家用户的好评数量

1）修改图书的好评数量可以使用下列 JPQL 语句：

```
update Book
    set positiveRemarks = positiveRemarks + ?1
where id = ?2
    and state <> 0
```

2）修改卖家用户的好评数量可以使用下列 JPQL 语句：

```
update User
    set positiveRemarks = positiveRemarks + ?1
where id = ?2
    and state <> 0
```

3.查询图书的购买记录

查询图书的历史购买记录可以使用下列 JPQL 语句：

```
from OrderDetail where book.id = ?1 order by order.buyTime desc
```

图书的历史购买记录需要分页显示，因此需要查询总数量，可以使用下列 JPQL 语句：

```
select count (id) from OrderDetail where book.id = ?1
```

4.查询用户的购买记录

查询买家用户的历史购买记录可以使用下列 JPQL 语句：

```
from OrderDetail where order.buyer.id = ?1 order by order.buyTime desc
```

图书的历史购买记录需要分页显示，因此需要查询总数量，可以使用下列 JPQL 语句：

```
select count (id) from OrderDetail where order.buyer.id = ?1
```

参考解决方案

在 ejb3practice.ph05.bean 包中新建名为 OrderBean 的无状态会话 Bean，代码如下所示。

```
  @SuppressWarnings ("unchecked")
@Stateless
public class OrderBean implements OrderService {

    @PersistenceContext (unitName = "ejb3practice")
    EntityManager entityManager;

    @EJB
    UserService userService;

    @Override
    public void writeRemark (int orderDetailId, RemarkLevel remarkLevel,
          String remark) {
    OrderDetail orderDetail = entityManager.find (OrderDetail.class,
            orderDetailId);
    orderDetail.setRemarkLevel (remarkLevel);
    orderDetail.setRemark (remark);
    if (remarkLevel == RemarkLevel.POSITIVE) {
          String ql1 = "update Book set positiveRemarks = positiveRemarks + ?1 where
id = ?2 and state <> 0";
          Query query1 = entityManager.createQuery (ql1);
          query1.setParameter (1, orderDetail.getQuantity ());
          query1.setParameter (2, orderDetail.getBook () .getId ());
          query1.executeUpdate ();
```

```
    String ql2 ="update User set positiveRemarks =positiveRemarks +?1 where id =?2
and state <> 0";
        Query query2 =entityManager.createQuery (ql2);
        query2.setParameter (1, orderDetail.getQuantity ());
        query2.setParameter (2, orderDetail.getBook () .getSeller () .getId ());
        query2.executeUpdate ();
      }
    }

    @Override
    public List<OrderDetail> getOrderDetailsOfBook (int bookId, int pageNo,
        int pageSize) {
    String ql ="from OrderDetail where book.id =?1 order by order.buyTime desc";
        Query query =entityManager.createQuery (ql);
        query.setParameter (1, bookId);
        query.setFirstResult ( (pageNo-1) * pageSize);
        query.setMaxResults (pageSize);
        return query.getResultList ();
    }

    @Override
    public long getOrderDetailCountOfBook (int bookId) {
        String ql ="select count (id) from OrderDetail where book.id =?1";
        Query query =entityManager.createQuery (ql);
        query.setParameter (1, bookId);
        return (Long) query.getSingleResult ();
    }

    @Override
    public List<OrderDetail> getOrderDetailsOfUser (int buyerId, int pageNo,
          int pageSize) {
          String ql =" from OrderDetail where order.buyer.id =?1 order by
order.buyTime desc";
        Query query =entityManager.createQuery (ql);
        query.setParameter (1, buyerId);
        query.setFirstResult ( (pageNo-1) * pageSize);
        query.setMaxResults (pageSize);
        return query.getResultList ();
    }

    @Override
    public long getOrderDetailCountOfUser (int buyerId) {
        String ql ="select count (id) from OrderDetail where order.buyer.id =?1";
        Query query =entityManager.createQuery (ql);
        query.setParameter (1, buyerId);
        return (Long) query.getSingleResult ();
    }

    @Override
```

```
    public void addOrder (int userId, Collection <OrderDetail > orderDetails) {
        String ql1 = "update Book set inventory = inventory-?1, solds = solds + ?2
where id = ?3 and state < > 0";
        Query query1 = entityManager.createQuery (ql1);
        String ql2 = "update User set solds = solds + ?1 where id = ?2 and state < >
0";
        Query query2 = entityManager.createQuery (ql2);

        User buyer = userService.getUser (userId);
        Order order = new Order ();
        order.setBuyer (buyer);
        Date d = new Date ();
        order.setBuyTime (d);
        order.setCode (userId + "."
            + new SimpleDateFormat ("yyyy-MM-dd HH:mm:ss") .format (d));
        entityManager.persist (order);

        for (OrderDetail orderDetail :orderDetails) {
            orderDetail.setOrder (order);
            entityManager.persist (orderDetail);

            query1.setParameter (1, orderDetail.getQuantity ());
            query1.setParameter (2, orderDetail.getQuantity ());
            query1.setParameter (3, orderDetail.getBook () .getId ());
            query1.executeUpdate ();

            query2.setParameter (1, orderDetail.getQuantity ());
            query2.setParameter (2, orderDetail.getBook().getSeller() .getId());
            query2.executeUpdate ();
    }
    }

    }
```

上述代码中，在各个业务方法中定义了各自的 JPQL 语句，使用 EntityManager 创建了 Query 实例，调用其 setParameter（）方法设置了参数，最后通过 Query 的 getSingleResult（）或 getResultList（）方法查询了数据，或者通过 Query 的 executeUpdate（）方法更新了数据。

实践 5.G.3

编写名为 BookBean 无状态会话 Bean，实现 BookService 业务接口，使用 JPQL 完成图书的删除、根据 ID 获取图书、图书高级搜索和查询所有图书类型的功能。

分析

1.删除图书可以使用下列 JPQL 语句：

```
update Book set state = 0 where id = ?1
```

2.根据 ID 获取图书可以使用下列 JPQL 语句：

```
from Book where id = ?1 and state < > 0
```

3.获取所有图书类型可以使用下列 JPQL 语句：

```
from BookType where state < > 0 order by id
```

4.图书高级搜索时，需要根据用户输入的条件动态拼接 JPQL 语句，当用户输入全部搜索条件时，JPQL 语句如下：

```
from Book b
where b.state < > 0
    and b.inventory > 0
    and b.seller.id = 卖家 ID
    and (b.title like '% 查询关键字% '
        or b.author like '% 查询关键字% '
        or b.publisher like '% 查询关键字% '
        or b.isbn like '% 查询关键字% ')
    and b.price > = 开始价格
    and b.price < = 截止价格
    and b.isSecondhand = 是否二手
    and exists (select t from b.types t where t.id in (用户选择的类型 ID, 逗号分隔))
order by 用户选择的排序方式
```

上述 JPQL 语句中使用粗体表示需要拼接的部分。

图书搜索结果需要分页显示，因此需要查询总数量，可以使用下列 JPQL 语句：

```
select count (b.id)
from Book b
where b.state < > 0
    and b.inventory > 0
    and b.seller.id = 卖家 ID
    and (b.title like '% 查询关键字% '
        or b.author like '% 查询关键字% '
        or b.publisher like '% 查询关键字% '
        or b.isbn like '% 查询关键字% ')
    and b.price > = 开始价格
    and b.price < = 截止价格
    and b.isSecondhand = 是否二手
    and exists (select t from b.types t where t.id in (用户选择的类型 ID, 逗号分隔))
```

参考解决方案

在 ejb3practice.ph05.bean 包中新建名为 BookBean 的无状态会话 Bean，代码如下所示。

```
@SuppressWarnings ("unchecked")
@Stateless
public class BookBean implements BookService {

    @PersistenceContext (unitName = "ejb3practice")
    EntityManager entityManager;

    @Override
    public void addBook (Book book) {
```

```
    entityManager.persist (book);
}

@Override
public void modifyBook (Book book) {
    entityManager.merge (book);
}

@Override
public void removeBook (int bookId) {
    String ql ="update Book set state=0 where id=?1";
    Query query=entityManager.createQuery (ql);
    query.setParameter (1, bookId);
    query.executeUpdate ();
}

@Override
public Book getBook (int bookId) {
    String ql ="from Book where id=?1 and state <> 0";
    Query query=entityManager.createQuery (ql);
    query.setParameter (1, bookId);
    return (Book) query.getSingleResult ();
}

@Override
public List<Book> getBooks (Integer sellerId, String key, Double priceFrom,
        Double priceTo, Boolean isSecondhand, int [] bookTypeIds,
        String orderBy, int pageNo, int pageSize) {
    StringBuilder ql =new StringBuilder (
            "from Book b where b.state <> 0 and b.inventory > 0");
    if (sellerId !=null)
        ql.append (" and b.seller.id =" +sellerId);
    if (key !=null&&key.trim () .length () !=0)
      ql.append (" and (b.title like '% ") .append (key)
             .append ("% ' or b.author like '% ") .append (key)
             .append ("% ' or b.publisher like '% ") .append (key)
             .append ("% ' or b.isbn like '% ") .append (key) .append ("% ')");
    if (priceFrom !=null)
      ql.append (" and b.price >=" +priceFrom);
    if (priceTo !=null)
      ql.append (" and b.price <=" +priceTo);
    if (isSecondhand !=null)
      ql.append (" and b.isSecondhand =" +isSecondhand);
    if (bookTypeIds !=null&&bookTypeIds.length !=0) {
      String typeIds ="";
      for (int typeId :bookTypeIds)
          typeIds +="," +typeId;
      typeIds =" and exists (select t from b.types t where t.id in ("
            +typeIds.substring (1) +"))";
```

```
        ql.append (typeIds);
      }
      if (orderBy==null || orderBy.length () ==0)
        orderBy="b.startTime desc";
      ql.append (" order by "+orderBy);
      Query query=entityManager.createQuery (ql.toString ());
      query.setFirstResult ( (pageNo-1) * pageSize);
      query.setMaxResults (pageSize);
      return query.getResultList ();
    }

    @Override
    public long getBookCount (Integer sellerId, String key, Double priceFrom,
        Double priceTo, Boolean isSecondhand, int [] bookTypeIds) {
      StringBuilder ql=new StringBuilder (
            "select count (b.id) from Book b where b.state <> 0 and b.inventory >
0");
      if (sellerId !=null)
        ql.append (" and b.seller.id="+sellerId);
      if (key !=null&&key.trim () .length () !=0)
        ql.append (" and (b.title like '% ") .append (key)
              .append ("% ' or b.author like '% ") .append (key)
              .append ("% ' or b.publisher like '% ") .append (key)
              .append ("% ' or b.isbn like '% ") .append (key) .append ("% ')");
      if (priceFrom !=null)
        ql.append (" and b.price >="+priceFrom);
      if (priceTo !=null)
        ql.append (" and b.price <="+priceTo);
      if (isSecondhand !=null)
        ql.append (" and b.isSecondhand="+isSecondhand);
      if (bookTypeIds !=null&&bookTypeIds.length !=0) {
        String typeIds="";
        for (int typeId :bookTypeIds)
            typeIds+=","+typeId;
        typeIds=" and exists (select t from b.types t where t.id in ("
              +typeIds.substring (1) +"))";
    }
      Query query=entityManager.createQuery (ql.toString ());
      return (Long) query.getSingleResult ();
    }

    @Override
    public List<BookType> getBookTypes () {
      String ql="from BookType where state <> 0 order by id";
      Query query=entityManager.createQuery (ql);
      return query.getResultList ();
    }
}
```

上述代码中，在各个业务方法中定义了各自的 JPQL 语句，使用 EntityManager 创建了 Query 实例，调用其 setParameter（）方法设置了参数，最后通过 Query 的 getSingleResult（）或 getResultList（）方法查询了数据，或者通过 Query 的 executeUpdate（）方法更新了数据。

实践 5.G.4

运行 ph05 项目，完成下列操作：

◇ 首页、图书高级搜索页面、添加图书页面显示图书类型
◇ 在图书高级搜索页面使用各种条件查询图书
◇ 登录用户查看其历史购买记录
◇ 登录用户对购买的图书进行评价
◇ 在图书详细信息页面显示此图书的历史评价

分析

1.本章 5.G.1、5.G.2、5.G.3 实践中使用实体查询实现了 UserBean、BookBean、OrderBean 中的若干方法，至此，图书在线销售网站中页面操作需要的所有功能都已实现。

2.BookBean 的 getBookTypes（）方法用于返回所有的图书类型，Servlet 上下文监听器 InitListener 中，调用此方法获取了所有的图书类型并保存在 Servlet 上下文中。网站首页、图书高级搜索页面以及添加图书页面都可以从 Servlet 上下文中获取图书类型并显示。

3.在图书高级搜索页面，可以录入图书类型、查询关键字、价格范围、是否二手书等查询条件，并可以选择按照时间、销量、价格对查询结果正序或倒序排列。BookBean 的 getBooks（）和 getBookCount（）方法可以接收查询条件和排序方式，并分页返回符合条件的图书。

4.用户登录后，在其购物车页面可以跳转到历史购买记录页面，其中分页显示了此用户的所有历史购买记录，并在每本图书下显示了此用户的评价，如果尚未作出评价，则可以跳转到评价页面并进行相应的评价。OrderBean 的 getOrderDetailsOfUser（）和 getOrderDetailCountOfUser（）方法用于分页返回用户的历史购买记录，writeRemark（）方法用于对购买进行评价。

5.图书详细信息页面显示了此图书的所有历史评价，OrderBean 的 getOrderDetailsOfBook（）和 getOrderDetailCountOfBook（）方法用于分页返回图书的历史评价记录。

参考解决方案

1.首页

运行 ph05 项目，访问网站首页，首页中会遍历 ServletContext 中预先查询出的图书类型，并在左侧显示出所有的图书大类及每个大类下的前三个小类，如图 5.1 所示。

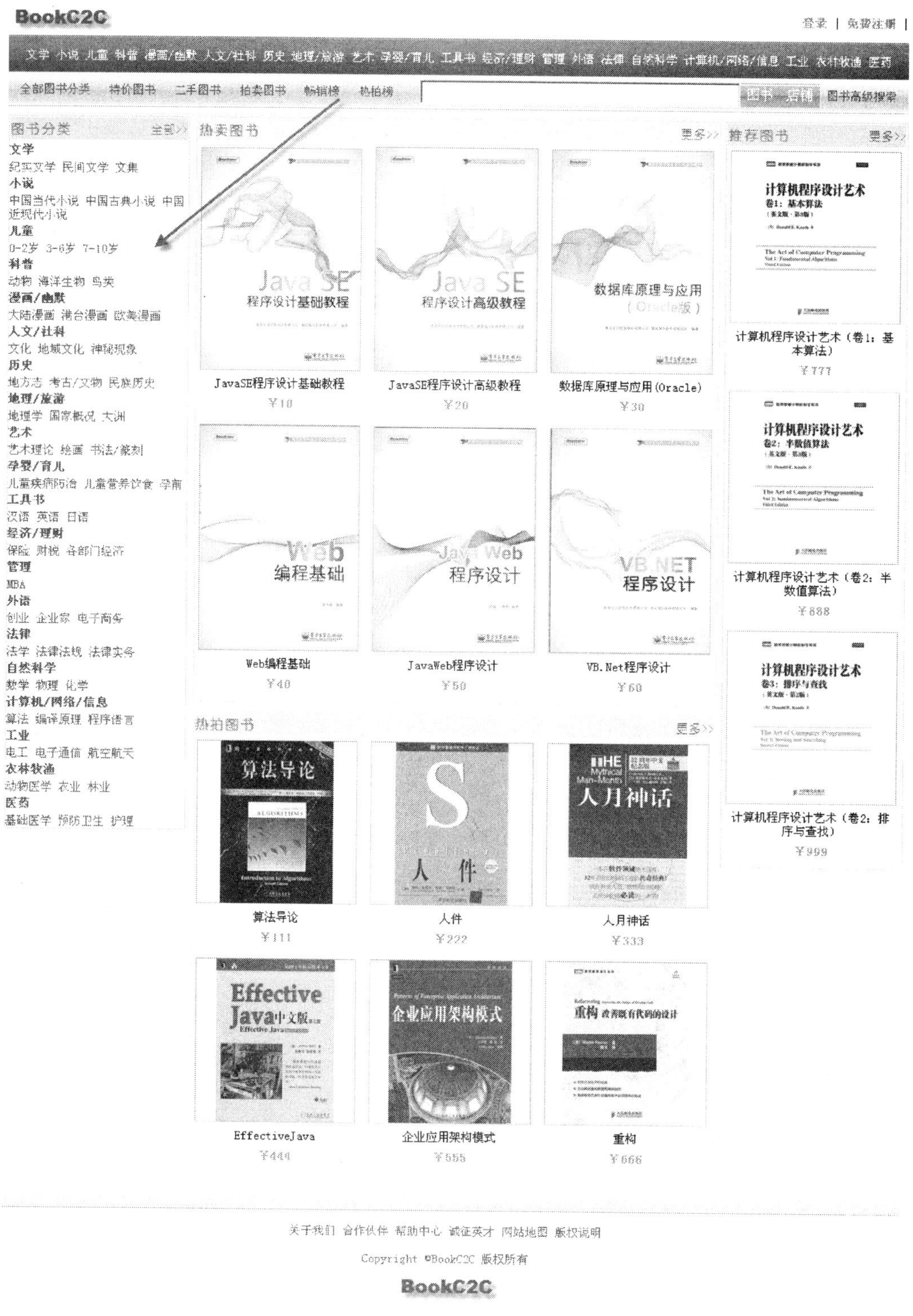

图 5.1 首页 index.jsp

2.添加图书页面

登录后，进入“我的店铺”，点击“发布新书”链接进入新书发布页面 addBook.jsp，其中会遍历 ServletContext 中预先查询出的图书类型，图书类型比较多，默认是隐藏的，如图 5.2 所示。

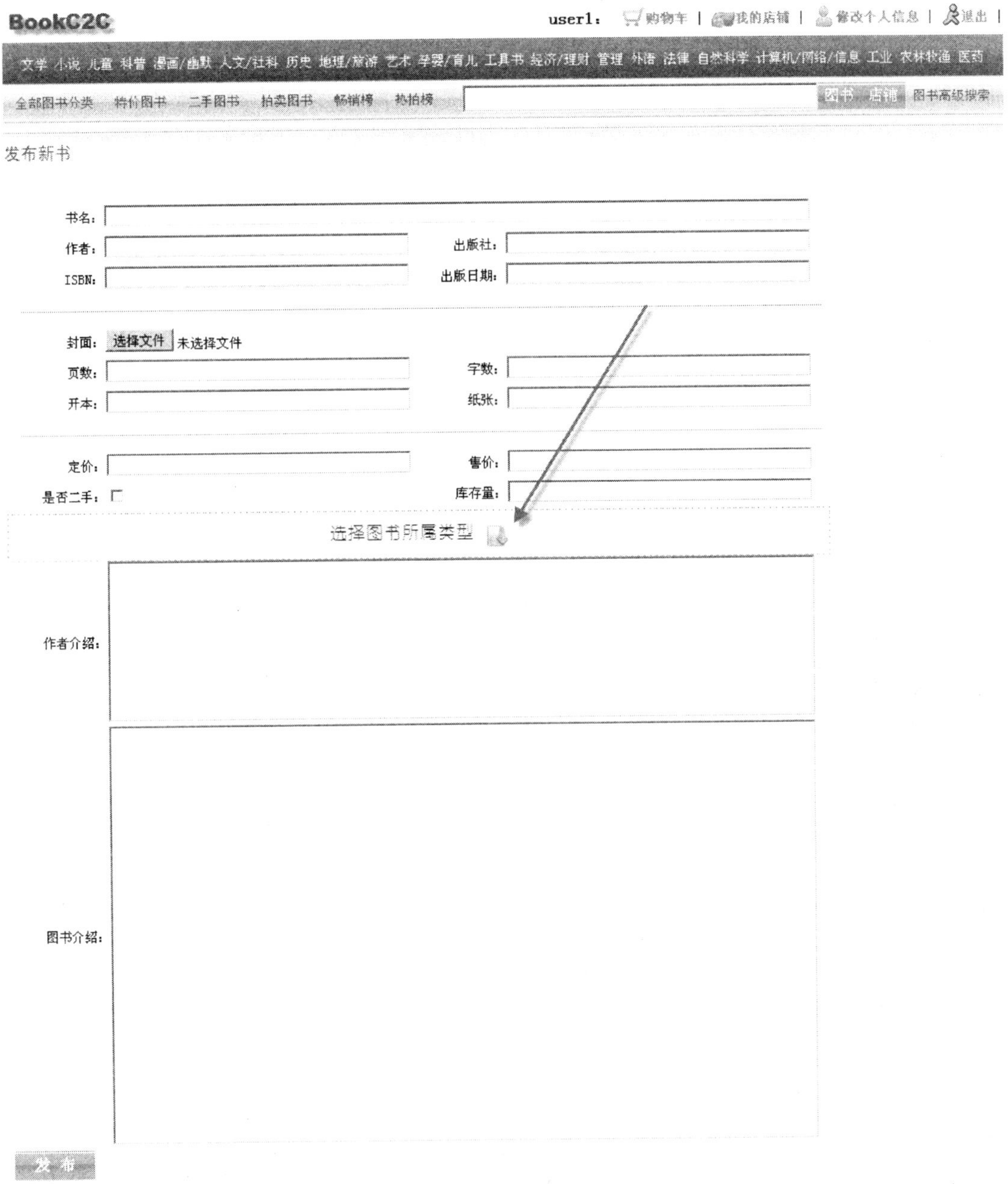

图 5.2　新书发布页面 addBook.jsp

点击页面中部的“选择图书所属类型”图标后会展开所有的图书类型，用户可以点击多个不同的图书类型为新书指定所属类型（再次点击后可取消），如图 5.3 所示。

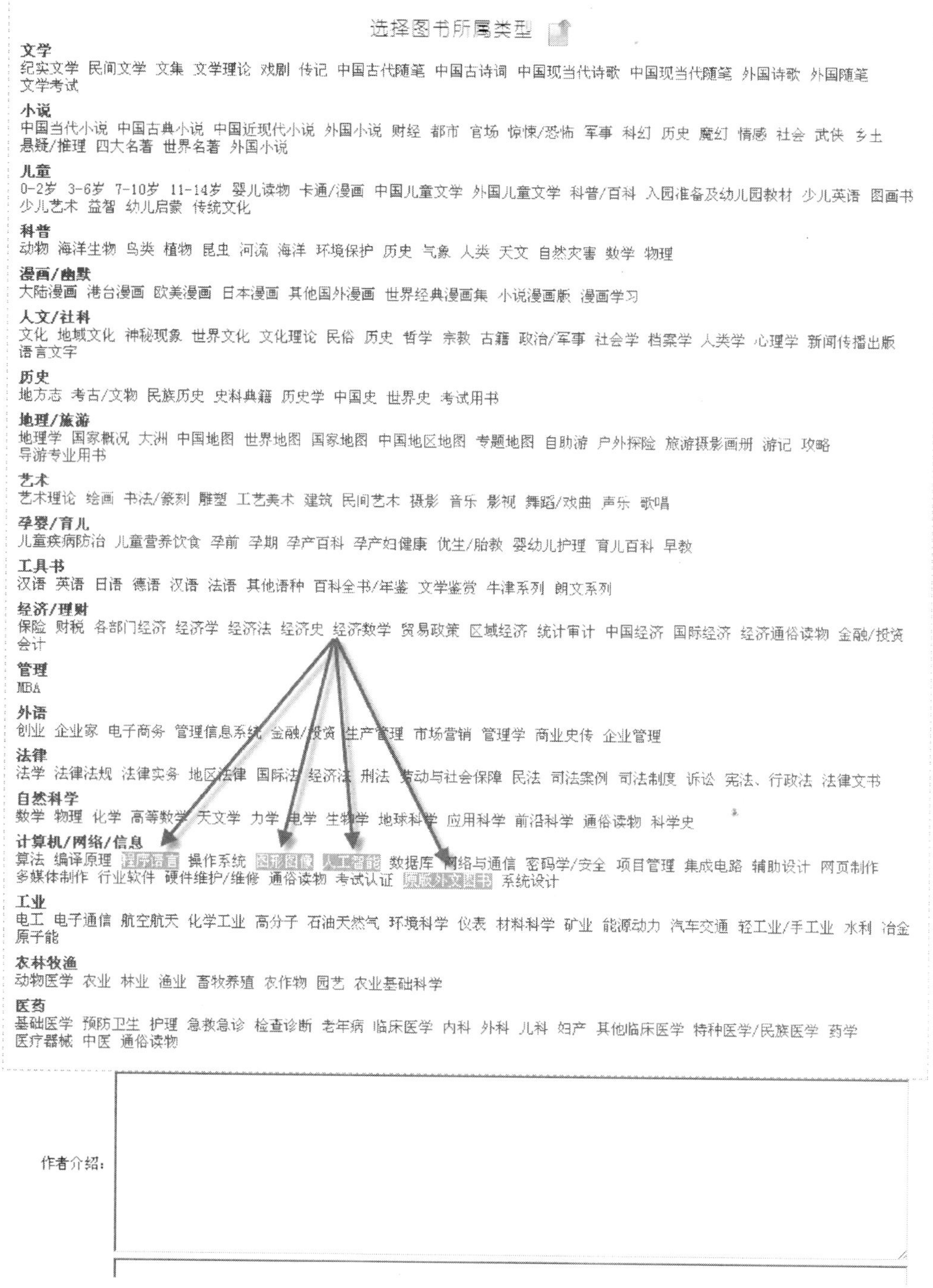

选择图书所属类型

文学
纪实文学 民间文学 文集 文学理论 戏剧 传记 中国古代随笔 中国古诗词 中国现当代诗歌 中国现当代随笔 外国诗歌 外国随笔 文学考试

小说
中国当代小说 中国古典小说 中国近现代小说 外国小说 财经 都市 官场 惊悚/恐怖 军事 科幻 历史 魔幻 情感 社会 武侠 乡土 悬疑/推理 四大名著 世界名著 外国小说

儿童
0-2岁 3-6岁 7-10岁 11-14岁 婴儿读物 卡通/漫画 中国儿童文学 外国儿童文学 科普/百科 入园准备及幼儿园教材 少儿英语 图画书 少儿艺术 益智 幼儿启蒙 传统文化

科普
动物 海洋生物 鸟类 植物 昆虫 河流 海洋 环境保护 历史 气象 人类 天文 自然灾害 数学 物理

漫画/幽默
大陆漫画 港台漫画 欧美漫画 日本漫画 其他国外漫画 世界经典漫画集 小说漫画版 漫画学习

人文/社科
文化 地域文化 神秘现象 世界文化 文化理论 民俗 历史 哲学 宗教 古籍 政治/军事 社会学 档案学 人类学 心理学 新闻传播出版 语言文字

历史
地方志 考古/文物 民族历史 史料典籍 历史学 中国史 世界史 考试用书

地理/旅游
地理学 国家概况 大洲 中国地图 世界地图 国家地图 中国地区地图 专题地图 自助游 户外探险 旅游摄影画册 游记 攻略 导游专业用书

艺术
艺术理论 绘画 书法/篆刻 雕塑 工艺美术 建筑 民间艺术 摄影 音乐 影视 舞蹈/戏曲 声乐 歌唱

孕婴/育儿
儿童疾病防治 儿童营养饮食 孕前 孕期 孕产百科 孕产妇健康 优生/胎教 婴幼儿护理 育儿百科 早教

工具书
汉语 英语 日语 德语 汉语 法语 其他语种 百科全书/年鉴 文学鉴赏 牛津系列 朗文系列

经济/理财
保险 财税 各部门经济 经济学 经济法 经济史 经济数学 贸易政策 区域经济 统计审计 中国经济 国际经济 经济通俗读物 金融/投资 会计

管理
MBA

外语
创业 企业家 电子商务 管理信息系统 金融/投资 生产管理 市场营销 管理学 商业史传 企业管理

法律
法学 法律法规 法律实务 地区法律 国际法 经济法 刑法 劳动与社会保障 民法 司法案例 司法制度 诉讼 宪法、行政法 法律文书

自然科学
数学 物理 化学 高等数学 天文学 力学 电学 生物学 地球科学 应用科学 前沿科学 通俗读物 科学史

计算机/网络/信息
算法 编译原理 程序语言 操作系统 图形图像 人工智能 数据库 网络与通信 密码学/安全 项目管理 集成电路 辅助设计 网页制作 多媒体制作 行业软件 硬件维护/维修 通俗读物 考试认证 原版外文图书 系统设计

工业
电工 电子通信 航空航天 化学工业 高分子 石油天然气 环境科学 仪表 材料科学 矿业 能源动力 汽车交通 轻工业/手工业 水利 冶金 原子能

农林牧渔
动物医学 农业 林业 渔业 畜牧养殖 农作物 园艺 农业基础科学

医药
基础医学 预防卫生 护理 急救急诊 检查诊断 老年病 临床医学 内科 外科 儿科 妇产 其他临床医学 特种医学/民族医学 药学 医疗器械 中医 通俗读物

作者介绍：

图 5.3　新书发布页面选择图书类型（部分）

3.图书高级搜索

所有页面上方都显示了图书和店铺的搜索输入框，录入搜索关键字，并点击右侧的“图书”链接，将进入图书高级搜索页面 books.jsp；直接点击页面上方的“图书高级搜索”链接也可进入高级搜索页面。如图 5.4 所示。

图 5.4　点击进入图书高级搜索页面

进入图书高级搜索页面后，默认会分页显示所有的图书。用户可以录入图书类型、查询关键字、价格范围、是否二手书等查询条件，并可以选择按照时间、销量、价格对查询结果正序或倒序排列；页面中会遍历 ServletContext 中预先查询出的图书类型以供用户选择，图书类型比较多，默认是隐藏的。图书高级搜索页面如图 5.5 所示。

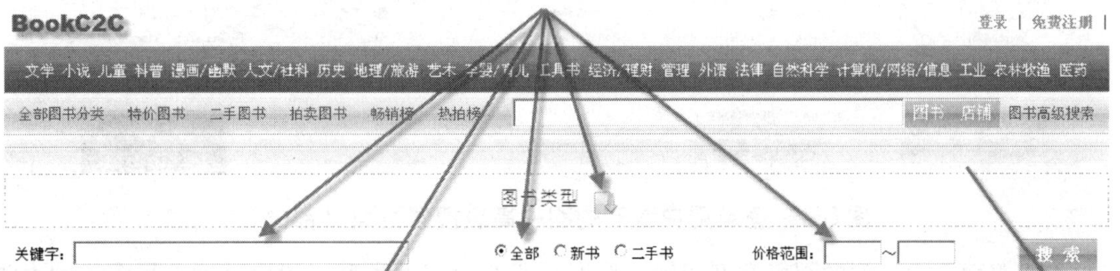

图 5.5　图书高级搜索页面 books.jsp（部分）

如果用户已登录过，则搜索结果中不属于当前登录用户店铺的图书下方会显示购物车图标，用户点击可以购买此图书，如图 5.6 所示。

图 5.6　登录用户看到的图书高级搜索页面（部分）

点击页面上方中间的图书类型图标，将展开所有的图书类型，用户可以选择多个图书类型作为查询条件（再次点击可取消），如图 5.7 所示。

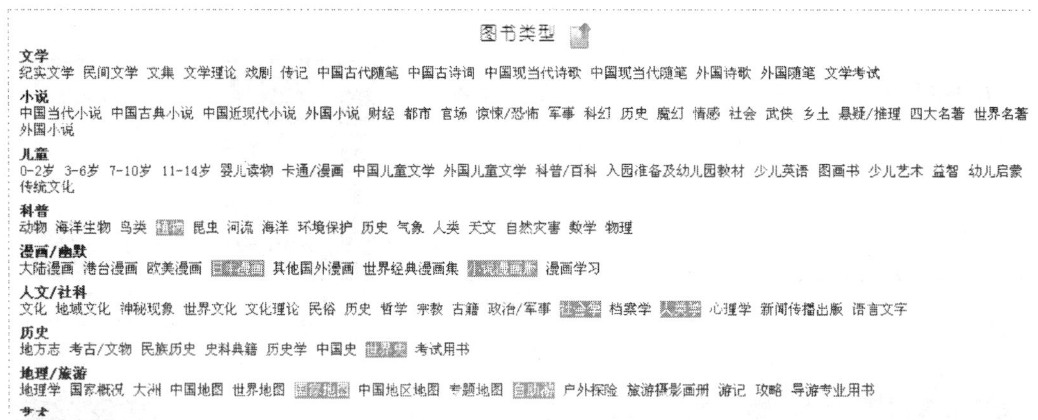

图 5.7　图书高级搜索页面选择图书类型（部分）

录入各种查询条件，点击右侧的“搜索”按钮，将提交到 BookServlet 的 find（）方法，进而调用 BookService 的 getBooks（）和 getBookCount（）方法分页查询符合条件的图书。查询后仍会返回此页面，页面中将分页显示查询到的图书，并显示刚才录入的查询条件，如图 5.8 所示。

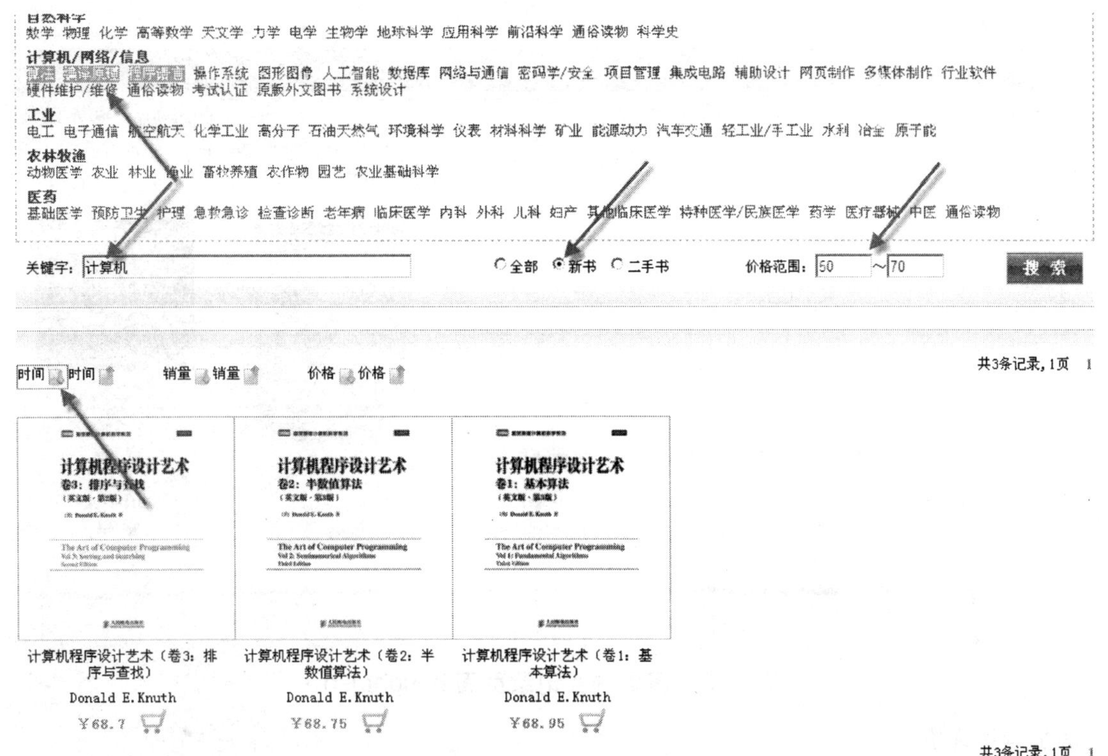

图 5.8 搜索结果（部分页面）

4.查看历史购买记录

用户登录后，点击页面上方的购物车图标，将进入其购物车页面 cart.jsp，如图 5.9 所示。

图 5.9 购物车页面 cart.jsp

点击“历史购买记录”链接，将调用 OrderServlet 的 bought（）方法，进而调用 OrderService 的 getOrderDetailsOfUser（）和 getOrderDetailCountOfUser（）方法分页查询出当前登录用户的历史购买记录，然后跳转到历史购买记录页面 bought.jsp，并分页显示这些记录。如果某次购买的某本图书已经作出过评价，则封面下方会显示评价级别，否则将显示“评价”链接。历史购买记录页面如图 5.10 所示。

图 5.10　历史购买记录页面 bought.jsp

5. 添加购买评价

用户登录后，进入历史购买记录页面（图 5.10），点击未作评价的图书下方的“评价”链接，将进入购买评价页面 remark.jsp，如图 5.11 所示。

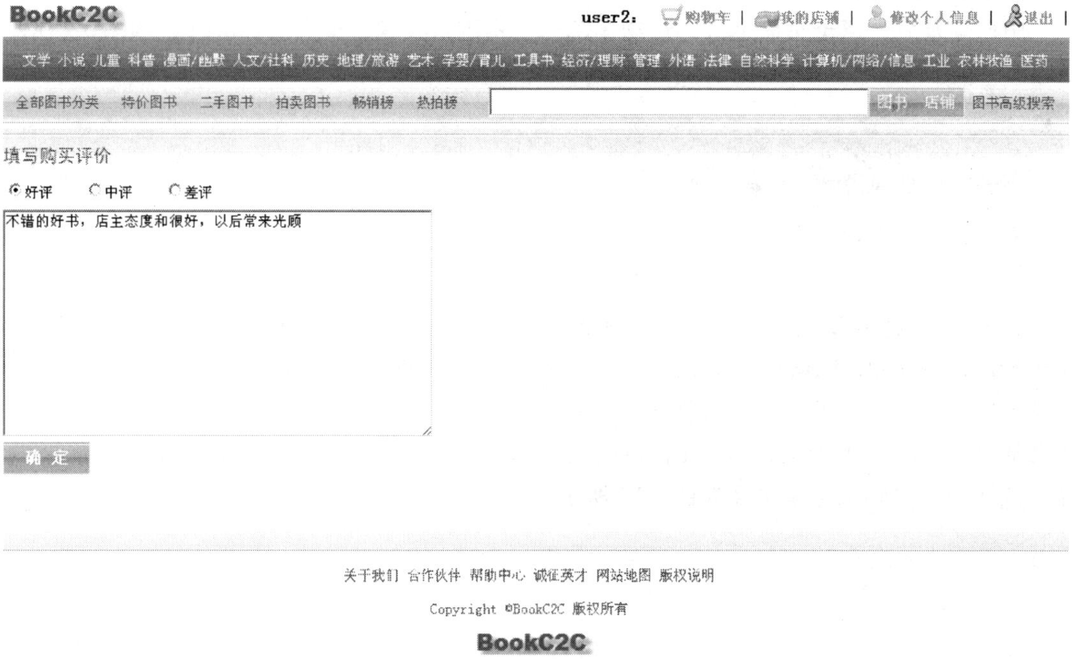

BookC2C
user2: 购物车 | 我的店铺 | 修改个人信息 | 退出 |
文学 小说 儿童 科普 漫画/幽默 人文/社科 历史 地理/旅游 艺术 孕婴/育儿 工具书 经济/理财 管理 外语 法律 自然科学 计算机/网络/信息 工业 农林牧渔 医药
全部图书分类 特价图书 二手图书 拍卖图书 畅销榜 热拍榜
图书 店铺 图书高级搜索
填写购买评价
好评 中评 差评
不错的好书，店主态度和很好，以后常来光顾
确 定
关于我们 合作伙伴 帮助中心 诚征英才 网站地图 版权说明
Copyright ©BookC2C 版权所有
BookC2C

图 5.11　购买评价页面 remark.jsp

用户可以选择评价级别，录入评语。点击“确定”按钮后，将提交到 OrderServlet 的 remark（）方法，进而调用 OrderService 的 writeRemark（）方法完成评价操作。评价完成后，将跳转回历史购买记录页面，并显示已作出的评价，如图 5.12 所示。

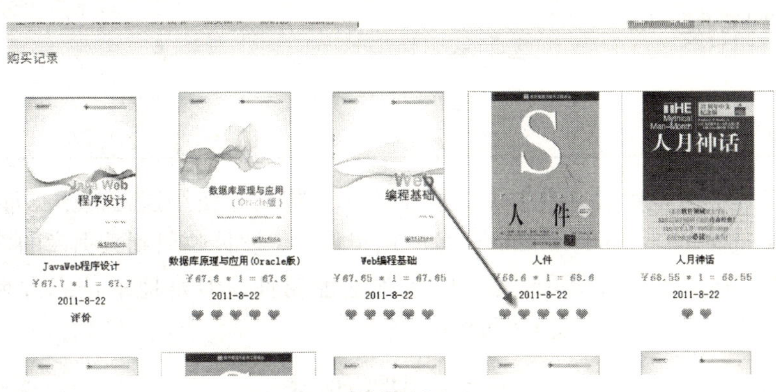

图 5.12

6. 查看图书的历史评价

BookServlet 的 detail（）方法会转向图书详细信息页面 book.jsp，其中调用 OrderService 的 getOrderDetailsOfBook（）和 getOrderDetailCountOfBook（）方法获取了图书的历史购买记录，转向图书详细信息页面后，下方会分页显示此图书的所有历史评价信息，包括评价级别和具体的评语，如图 5.13 所示。

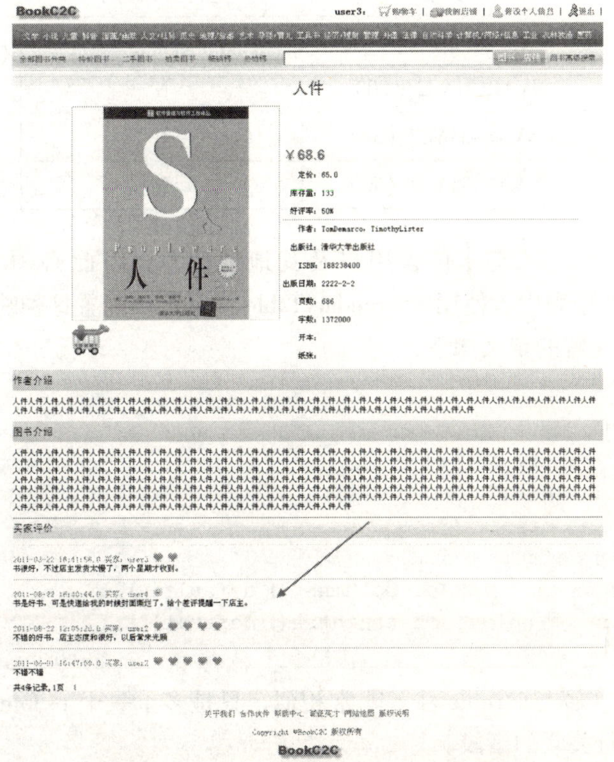

图 5.13　图书详细信息页面 book.jsp

知识拓展

1. 多表映射

有时需要将一个实体映射到数据库的两个表中，特别是使用遗留的数据库模型时。JPA提供了@javax.persistence.SecondaryTable 注解，用于将一个实体映射到数据库的多个表中。

例如，用户实体（对应 USERS 表）中包含地址属性，但是地址信息存储在单独的表（ADDRESS 表）中，如表 5.1、表 5.2 所示。

表 5.1　USERS 表

列	类型	是否可以为空	说明
ID	NUMBER	N	
NAME	NVARCHAR2（50）	N	用户名称

表 5.2　ADDRESS 表

列	类型	是否可以为空	说明
ID	NUMBER	N	
STREET	NVARCHAR2（200）	N	街道及门牌号
CITY	NVARCHAR2（50）	N	城市
PROVINCE	NVARCHAR2（50）	N	省

现在需要使用一个 User 实体包含用户及其地址信息，因此必须将 User 实体对应到 USERS 和 ADDRESS 两个表中，使用@SecondaryTable 注解可以配置这种映射关系。

@SecondaryTable 注解的定义如下：

```
@Target (TYPE)
@Retention (RUNTIME)
public @interface SecondaryTable {
    String name () default "";
    String catalog () default "";
    String schema () default "";
    PrimaryKeyJoinColumn [] pkJoinColumns () default {};
    UniqueConstraint [] uniqueConstraints () default {};
}
```

@SecondaryTable 注解与@Table 注解非常相似，只是多了一个 pkJoinColumns 参数，用于指明从表中与主表进行关联的字段。

针对上述的 USERS 和 ADDRESS 表，可以建立实体 User 如下：

```
@Entity
@Table (name = "users")
@SecondaryTable (name = "address",
                pkJoinColumns = { @PrimaryKeyJoinColumn (name = "id") })
public class User {
    int id;
    String name;

    // 来自第二个表的属性
    String street;
    String city;
    String province;

    @Id
    public int getId () {
        return id;
    }

    public void setId (int id) {
        this.id = id;
    }

    public String getName () {
        return name;
    }

    public void setName (String name) {
        this.name = name;
    }

    @Column (name = "street", table = "address")
        public String getStreet () {
        return street;
    }

    public void setStreet (String street) {
        this.street = street;
    }

    @Column (name = "city", table = "address")
    public String getCity () {
        return city;
    }

    public void setCity (String city) {
        this.city = city;
    }

    @Column (name = "province", table = "address")
```

```
    public String getProvince () {
        return province;
    }

    public void setProvince (String province) {
        this.province = province;
    }

}
```

上述 User 实体中，首先使用@SecondaryTable 注解声明了第二个表为 address，并且指明 address 表中的 id 字段与 User 实体的主键关联；User 实体的 street、city、province 属性来自 address 表，在他们的 get 方法上使用@Column 注解定义了与字段的对应关系，注意其中必须指明 table 参数值为第二个表的名称，即 address。

如果需要将多于两个的表映射到同一个实体，则需要使用@SecondaryTables 注解。@SecondaryTables 注解中可以包含多个@SecondaryTable 注解，从而允许指定多个表，例如：

```
@Entity
@Table (name = "users")
@SecondaryTables ( {
    @SecondaryTable (name = "address",
                    pkJoinColumns = { @PrimaryKeyJoinColumn (name = "id") }),
    @SecondaryTable (name = "company",
                    pkJoinColumns = { @PrimaryKeyJoinColumn (name = "id") })
})
public class User {
    ......
}
```

上述代码中，使用@SecondaryTables 注解标注了 User 实体，其中包括两个@SecondaryTable 注解，分别对应于 address 表和 company 表，即 User 实体的属性来自于 users、address 和 company 三个表，因此，User 实体中来自于 address 表和 company 表的属性需要在@Column 注解中指定 table 参数值分别为 address 和 company。

拓展练习

练习 5.E.1

修改图书销售网站中的用户实体，将店铺名称 storeName、创建日期 createdDate、累计销量 solds 和好评数量 positiveRemarks 四个与店铺相关的属性存放于 STORE 表中。使用@SecondaryTable 注解配置 User 实体与 USERS 表和 STORE 表的映射关系。

实践6　消息驱动Bean

实践指导

实践 6.G.1

为 JBoss 配置 JMS 消息目的地。

分析

使用 JBoss 发送和接收 JMS 消息时需要配置 JMS 消息的目的地（主题或队列），在 JBoss 部署目录/messaging 目录下的 destinations-service.xml 文件中可以配置。

参考解决方案

JBoss 的消息目的地配置文件 destinations-service.xml 路径如示。

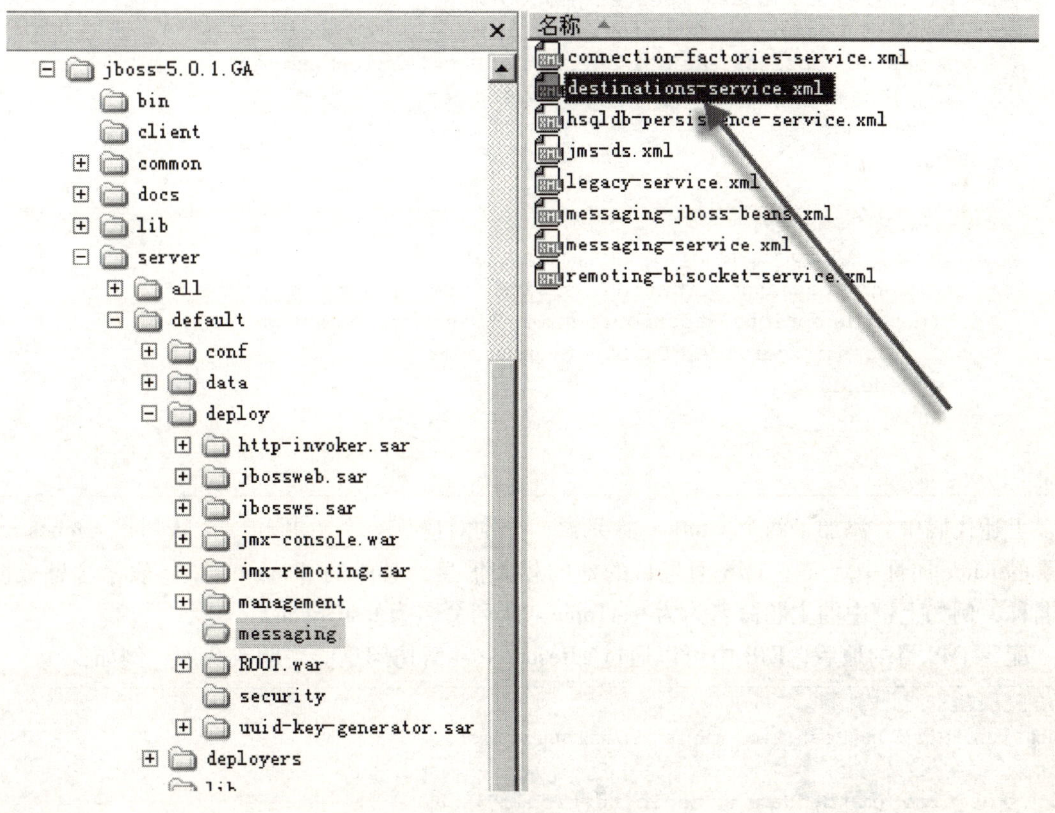

图 6.1

修改 destinations-service.xml 文件内容如下：

```
<?xml version="1.0" encoding="UTF-8"? >
<server>

   <mbean code="org.jboss.jms.server.destination.QueueService"
        name="jboss.messaging.destination:service=Queue, name=DLQ"
        xmbean-dd="xmdesc/Queue-xmbean.xml">
         <depends optional-attribute-name="ServerPeer">
            jboss.messaging:service=ServerPeer
         </depends>
         <depends>jboss.messaging:service=PostOffice</depends>
   </mbean>
   <mbean code="org.jboss.jms.server.destination.QueueService"
        name="jboss.messaging.destination:service=Queue, name=ExpiryQueue"
        xmbean-dd="xmdesc/Queue-xmbean.xml">
         <depends optional-attribute-name="ServerPeer">
            jboss.messaging:service=ServerPeer
         </depends>
         <depends>jboss.messaging:service=PostOffice</depends>
   </mbean>

   <!--自定义的 JMS 主题-->
   <mbean code="org.jboss.mq.server.jmx.Topic"
        name="jboss.mq.destination:service=Topic, name=testTopic">
         <depends optional-attribute-name="DestinationManager">
            jboss.mq:service=DestinationManager
         </depends>
   </mbean>

   <!--自定义的 JMS 队列-->
   <mbean code="org.jboss.mq.server.jmx.Queue"
        name="jboss.mq.destination:service=Queue, name=testQueue">
         <depends optional-attribute-name="DestinationManager">
            jboss.mq:service=DestinationManager
         </depends>
   </mbean>

   </server>
```

上述代码中，添加了两个<mbean>元素，分别对应于一个主题和一个队列，<mbean>元素的 name 属性中定义了 JMS 消息目的地的相关信息，其中的“name=...”表示主题或队列名称，例如上例中的主题命名为为 testTopic，队列命名为 testQueue。

配置 JMS 目的地后，EJB 中可以通过@Resource 注解访问这些主题或队列，例如：

```
@Stateless
public class SomeBean implements SomeInterface {

   @Resource (mappedName="topic/testTopic")
   Destination destination1;
```

```
@Resource (mappedName = "queue/testQueue")
    Destination destination2;

    ......
}
```

上述代码中，使用@Resource 注解注入了两个 JMS 消息目的地，其 mappedName 参数指定目的地的类型和名称，采用“目的地类型/目的地名称”的方式表示。即上述代码中的 destination1 目的地代表一个 JMS 主题，名称为 testTopic；destination2 目的地代表一个 JMS 队列，名称为 testQueue。EJB 中注入 JMS 目的地后，就可以发送 JMS 消息了。

如果需要在消息驱动 Bean 中消费来自某个目的地的 JMS 消息，则需要在@MessageDriven 注解中指定消息目的地，例如：

```
@MessageDriven (activationConfig = {
            @ActivationConfigProperty (propertyName = "destinationType",
                                        propertyValue = "javax.jms.Topic"),
            @ActivationConfigProperty (propertyName = "destination",
                                        propertyValue = "topic/testTopic") }
)
public class SomeMessageDrivenBean1 implements MessageListener {
    ......
}
```

或者

```
@MessageDriven (activationConfig = {
            @ActivationConfigProperty (propertyName = "destinationType",
                                        propertyValue = "javax.jms.Queue"),
            @ActivationConfigProperty (propertyName = "destination",
                                        propertyValue = "queue/testQueue") }
)
public class SomeMessageDrivenBean2 implements MessageListener {
    ......
}
```

上述两个消息驱动 Bean 中，分别引用了名称为 testTopic 的主题和名称为 testQueue 的队列作为 JMS 消息目的地。

实践 6.G.2

买家购买图书并确认订单后，在线图书销售系统需要通知物流系统发货。假设存在某个物流系统，修改已有代码，实现向此物流系统发送通知的功能。

分析

1.通知物流系统可以使用 JMS 异步消息实现，修改订单业务会话 Bean（OrderBean），当确认订单后，使用 JMS 向物流系统发送消息。

2.在 OrderBean 中，需要使用@Resource 注解注入容器提供的 JMS 连接工厂和目的地。

3.在 OrderBean 的 addOrder（）方法中，使用 JMS 发送消息。

参考解决方案

在 ejb3practice.ph06.bean 包中新建名为 OrderBean 的无状态会话 Bean，其代码如下所示。

```
@SuppressWarnings ("unchecked")
@Stateless
public class OrderBean implements OrderService {

    @Resource (mappedName = "ConnectionFactory")
    ConnectionFactory connectionFactory;

    @Resource (mappedName = "topic/testTopic")
    Destination destination;

    @PersistenceContext (unitName = "ejb3practice")
    EntityManager entityManager;

    @EJB
    UserService userService;

    @Override
    public void addOrder (int userId, Collection < OrderDetail > orderDetails) {
        StringBuilder msg = new StringBuilder ();
        String ql1 = "update Book set inventory = inventory - ?1, solds = solds + ?2
where id = ?3 and state < > 0";
        Query query1 = entityManager.createQuery (ql1);
        String ql2 = "update User set solds = solds + ?1 where id = ?2 and state < > 0";
        Query query2 = entityManager.createQuery (ql2);

        User buyer = userService.getUser (userId);
        Order order = new Order ();
        order.setBuyer (buyer);
        Date d = new Date ();
        order.setBuyTime (d);
        order.setCode (userId + "."
                + new SimpleDateFormat ("yyyy-MM-dd HH:mm:ss") .format (d));
        entityManager.persist (order);

        for (OrderDetail orderDetail :orderDetails) {
            orderDetail.setOrder (order);
            entityManager.persist (orderDetail);
            Book book = orderDetail.getBook ();
            query1.setParameter (1, orderDetail.getQuantity ());
            query1.setParameter (2, orderDetail.getQuantity ());
            query1.setParameter (3, book.getId ());
            query1.executeUpdate ();

            query2.setParameter (1, orderDetail.getQuantity ());
```

```
    query2.setParameter (2, book.getSeller () .getId ());
        query2.executeUpdate ();

        msg.append ("###CODE:") .append (orderDetail.getCode ())
                    .append (", ID:") .append (book.getId ())
                    .append (", TITLE:") .append (book.getTitle ())
                    .append (", ISBN:") .append (book.getIsbn ())
                    .append (", QUANTITY:") .append (orderDetail.getQuantity
                     ())
                    .append (", ADDRESS:")
                    .append (orderDetail.getOrder () .getBuyer () .getAddress
                     ());
    }

    try {
        Connection connection = connectionFactory.createConnection ();
        Session session = connection.createSession (false,
                    Session.AUTO_ACKNOWLEDGE);
        MessageProducer messageProducer = session
                    .createProducer (destination);
        Message message = session.createTextMessage (msg.toString ());
        messageProducer.send (message);
        messageProducer.close ();
        session.close ();
        connection.close ();
    } catch (JMSException e) {
        e.printStackTrace ();
    }
  }

  ...... // 其他业务方法
}
```

上述代码的 OrderBean 中，首先使用@Resource 注解注入容器提供的 JMS 连接工厂 ConnectionFactory 和 JMS 目的地 topic/testTopic；在 addOrder（）方法中，遍历每条购买记录，最终形成一个字符串，其中包含订单明细的编号、待发送图书的 ID、书名、ISBN、发送数量以及买家的收货地址；最后，创建 JMS 的连接、会话、消息生产者和消息，使用消息生产者发送消息。消息发送后，物流系统就可以连接这个 Java EE 容器来获取此消息。

实践 6.G.3

当图书送达到买家手中后，物流系统会发送 JMS 消息以通知图书销售网站。实现接受物流系统发送消息的功能。

分析

可以编写消息驱动 Bean 消费物流系统发送的消息。假设物流系统发送的 JMS 消息中包含已发送的图书对应的订单明细的编号，在消息驱动 Bean 中解析消息中的编号，即可定位具体的订单明细记录。

参考解决方案

在 ejb3practice.ph06.bean 包中新建名为 OrderMdb 的消息驱动 Bean，其代码如下所示。

```
@MessageDriven (activationConfig = {
                        @ActivationConfigProperty (propertyName = "destinationType",
                                                                  propertyValue = "
javax.jms.Topic"),
                        @ActivationConfigProperty (propertyName = "destination",
                                                          propertyValue = "topic/
testTopic")
                        }
)
public class OrderMdb implements MessageListener {
    @Override
    public void onMessage (Message message) {
        TextMessage textMessage = (TextMessage) message;
        try {
            String orderDetailCode = textMessage.getText ();
            System.out.println ("货物已发送，订单明细编号:" + orderDetailCode);
        } catch (JMSException e) {
            e.printStackTrace ();
        }
    }
}
```

上述代码中，首先使用@MessageDriven 注解将 OrderMdb 声明为消息驱动 Bean，并指定其消息类型为 javax.jms.Topic，即主题消息，还指定消息目的地为 topic/testTopic；使 OrderMdb 实现了 MessageListener 接口，并覆盖 onMessage（）方法；在 onMessage（）方法中获取消息并在控制台输出了订单明细的编号。

实践 6.G.4

编写代码模拟物流系统，完成下列功能：

* 使用 JMS 接收在线图书销售网站发送的消息
* 使用 JMS 向在线图书销售网站发送消息

分析

1.编写 JMS 消息的消费者，可实现接收在线图书销售网站发送消息的功能。

2.编写 JMS 消息的生产者，可实现向在线图书销售网站发送消息的功能。

3.接收和发送消息都需要使用 Java EE 容器提供的消息目的地。

参考解决方案

新建 LogisticsSystem 类代表物流系统，代码如下所示。

```
// 假设的物流系统
public class LogisticsSystem {

    public static void main (String [] args) throws Exception {
        LogisticsSystem ls = new LogisticsSystem ();
        ls.acceptMessage ();
//        // ls.sendMessage ();
    }

    // 接收消息
    public void acceptMessage () throws Exception {
        Properties props = new Properties ();
        props.setProperty (Context.INITIAL_CONTEXT_FACTORY,
                "org.jnp.interfaces.NamingContextFactory");
        props.setProperty (Context.PROVIDER_URL,"localhost:1099");

        Context ctx = new InitialContext (props);

        // 1) 获得 JMS 连接工厂
        ConnectionFactory connectionFactory = (ConnectionFactory) ctx
                .lookup ("ConnectionFactory");

        // 2) 获得消息目的地
        Destination destination = (Destination) ctx.lookup ("topic/testTopic");

        // 3) 创建连接
        Connection connection = connectionFactory.createConnection ();

        // 4) 创建会话
        Session session = connection.createSession (false,
                Session.AUTO_ACKNOWLEDGE);

        // 5) 创建消息消费者
        MessageConsumer messageConsumer = session.createConsumer (destination);

        // 6) 获取并使用消息
        // 首先为消息消费者设置消息监听器
        messageConsumer.setMessageListener (new MessageListener () {
            @Override
            public void onMessage (Message message) {
                    TextMessage textMessage = (TextMessage) message;
                    try {
                        // 控制台输出消息
                        System.out.println (textMessage.getText ());
                    } catch (JMSException e) {
                        e.printStackTrace ();
                    }
            }
        });
```

```
    // 然后开始监听消息
        connection.start ();
        Thread.sleep (100000); // 用于接收消息的时间间隔

        // 7) 释放资源
        messageConsumer.close ();
        session.close ();
        connection.close ();
    }

    // 发送消息
    public void sendMessage () throws Exception {
        Properties props = new Properties ();
        props.setProperty (Context.INITIAL_CONTEXT_FACTORY,
                "org.jnp.interfaces.NamingContextFactory");
        props.setProperty (Context.PROVIDER_URL,"localhost:1099");
        Context ctx = new InitialContext (props);

        // 1) 获得 JMS 连接工厂
        ConnectionFactory connectionFactory = (ConnectionFactory) ctx
                .lookup ("ConnectionFactory");

        // 2) 获得消息目的地
        Destination destination = (Destination) ctx.lookup ("topic/testTopic");

        // 3) 创建连接
        Connection connection = connectionFactory.createConnection ();

        // 4) 创建会话
        Session session = connection.createSession (false,
                Session.AUTO_ACKNOWLEDGE);

        // 5) 创建消息生产者
        MessageProducer messageProducer = session.createProducer (destination);

        // 6) 创建消息
        Message message = session.createTextMessage ("123456"); // 订单明细编号
        message.setStringProperty ("process","UpdateProductMinStock");

        // 7) 使用消息生产者发送消息
        messageProducer.send (message);

        // 8) 释放资源
        messageProducer.close ();
        session.close ();
        connection.close ();
    }
}
```

上述代码中，acceptMessage（）方法用于接收 JMS 消息并输出在控制台上；sendMessage（）方法用于发送 JMS 消息，内容为假设的订单明细编号 123456。两个方法中都使用 Java EE 容器提供的消息目的地 topic/testTopic。

运行 ph06 项目，然后运行 LogisticsSystem 的 acceptMessage（）方法，登录在线图书销售网站并购买某本图书，则 LogisticsSystem 的控制台将输出下列内容：

```
###CODE:2.1360, ID:1360, TITLE:EJB3.0 程序设计, ISBN:184960000, QUANTITY:1,
ADDRESS:地址 2
```

说明 OrderBean 的 addOrder（）方法成功发送了消息，并且 LogisticsSystem 也收到了消息。

运行 LogisticsSystem 的 sendMessage（）方法，则 ph06 项目控制台将输出下列内容：

```
18:29:39, 343 INFO [STDOUT] 货物已发送，订单明细编号:123456
```

说明 LogisticsSystem 的 sendMessage（）方法成功发送了消息，并且消息驱动 Bean OrderMdb 也收到了消息。

知识拓展

1.使用 JBoss 发送邮件

单纯使用 JavaMail 库可以收发电子邮件，JBoss 也为 JavaMail 提供了支持，只需要进行简单的配置，就可以在会话 bean 中发送电子邮件。JBoss 部署目录下的 mail-service.xml 文件用于配置邮件服务，修改其内容如下：

```
<?xml version="1.0" encoding="UTF-8"? >
<server>
   <mbean code="org.jboss.mail.MailService" name="jboss:service=Mail">
         <!--JNDI 名称-->
         <attribute name="JNDIName">bookC2CMail </attribute>
         <!--邮箱用户名-->
         <attribute name="User">abcdefg</attribute>
         <!--邮箱密码-->
         <attribute name="Password">hijklmn</attribute>
         <attribute name="Configuration">
            <configuration>
                  <!--是否需要 SMTP 身份验证-->
                  <property name="mail.smtp.auth" value="true" />
                  <!--接受协议，默认 pop3-->
                  <property name="mail.store.protocol" value="pop3" />
                  <!--传输协议，默认 smtp-->
                  <property name="mail.transport.protocol" value="smtp" />
                  <!--pop3 服务器-->
                  <property name="mail.pop3.host" value="pop3.126.com" />
                  <!--smtp 服务器-->
                  <property name="mail.smtp.host" value="smtp.126.com" />
```

```
            <!--邮件发送地址-->
                <property name="mail.from" value="abcdefg@126.com" />
          </configuration>
       </attribute>
   </mbean>
</server>
```

上述代码中配置了一个邮件服务，并指定了服务的 JNDI 名称为 bookC2CMail；其他信息主要是关于邮件服务器的相关配置，比如协议类型和服务器地址等，还包括发送邮件的邮箱用户名及密码。

mail-service.xml 文件配置完成后，在会话 bean 中可以使用@Resource 注解注入 JavaMail 中的 javax.mail.Session 对象，有了 Session 对象，就可以使用 JavaMail 中的 API 发送邮件了。例如：

```
@Stateless
public class SomeBean implements SomeBusinessInterface {

    @Resource (mappedName="bookC2CMail")
    javax.mail.Session session;

    public void someMethod () throws MessagingException {
        MimeMessage msg=new MimeMessage (session);
        msg.setRecipients (javax.mail.Message.RecipientType.TO,
                "some@163.com");
        msg.setSubject ("邮件标题");
        msg.setSentDate (new java.util.Date ());
        Multipart multipt=new MimeMultipart ();
        MimeBodyPart msgbody=new MimeBodyPart ();
        msgbody.setContent ("邮件内容","text/plain; charset=UTF-8");
        multipt.addBodyPart (msgbody);
        msg.setContent (multipt);
        Transport.send (msg);
    }
}
```

上述代码的会话 bean 中，首先使用@Resource 注解注入了 javax.mail.Session 对象，注入时通过 mappedName 参数指定了 mail-service.xml 文件中配置的邮件服务的 JNDI 名称；在业务方法中，通过 Session 对象完成了邮件发送。

 **注意** 关于 JavaMail API 的详细介绍超出了本书的主题，读者可以参阅相关资料。

拓展练习

练习 6.E.1

修改实践 6.G.3 中的消息驱动 bean，当收到物流系统发送的消息后，向图书的卖家发送邮件进行通知（卖家的邮箱已注册在用户信息中）。

实践7　定时服务、拦截器和WebService

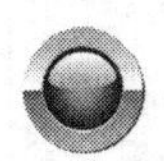

实践指导

实践 7.G.1

图书销售网站中，当买家购买图书后可以评价购得的图书及卖家。但有的买家不会进行评价，当买家购买图书超过一个星期后，如果未作评价则由系统自动添加好评，实现上述功能。

分析

1.买家购买图书一星期后由系统自动添加好评，这是一种定时操作，可以使用 EJB 定时服务完成。

2.在订单业务会话 Bean（OrderBean）中，需要使用@Resource 注解注入容器提供的定时器。

3.OrderBean 中还需要声明一个@Timeout 超时方法，用于执行自动添加好评的操作。

4.在添加订单时启动定时器，设置为一星期后执行的一次性定时器。

5.创建定时器时需要在定时器中保存本次购买所形成的所有订单明细的 ID，以备自动添加好评时能够找到这些订单明细记录。

参考解决方案

1.编写定时服务代码

在 ejb3practice.ph07.bean 包中新建名为 OrderBean 的无状态会话 Bean，其代码如下所示。

```
@SuppressWarnings ("unchecked")
@Stateless
public class OrderBean implements OrderService {

    @Resource
    TimerService timerService;

    @Resource (mappedName = "ConnectionFactory")
    ConnectionFactory connectionFactory;

    @Resource (mappedName = "topic/testTopic")
    Destination destination;
    @PersistenceContext (unitName = "ejb3practice")
    EntityManager entityManager;

    @EJB
    UserService userService;

    @Override
    public void addOrder (int userId, Collection < OrderDetail > orderDetails) {

        StringBuilder msg = new StringBuilder ();
        String ql1 = "update Book set inventory = inventory - ?1, solds = solds + ?2
where id = ?3 and state < > 0";
        Query query1 = entityManager.createQuery (ql1);
        String ql2 = "update User set solds = solds + ?1 where id = ?2 and state < > 0";
        Query query2 = entityManager.createQuery (ql2);

        User buyer = userService.getUser (userId);
        Order order = new Order ();
        order.setBuyer (buyer);
        Date d = new Date ();
        order.setBuyTime (d);
        order.setCode (userId + "."
                + new SimpleDateFormat ("yyyy-MM-dd HH:mm:ss") .format (d));
        entityManager.persist (order);

        // 记录本次添加的订单明细的 ID
        int [] detailIds = new int [orderDetails.size ()];
        int i = 0;
        for (OrderDetail orderDetail :orderDetails) {
            orderDetail.setOrder (order);
            entityManager.persist (orderDetail);
            detailIds [i + +] = orderDetail.getId ();

            Book book = orderDetail.getBook ();
            query1.setParameter (1, orderDetail.getQuantity ());
            query1.setParameter (2, orderDetail.getQuantity ());
```

```
    query1.setParameter (3, book.getId ());
        query1.executeUpdate ();

        query2.setParameter (1, orderDetail.getQuantity ());
        query2.setParameter (2, book.getSeller () .getId ());
        query2.executeUpdate ();

msg.append ("###CODE:") .append (orderDetail.getCode ()) .append (", ID:")
                    .append (book.getId ()) .append (", TITLE:")
                    .append (book.getTitle ()) .append (", ISBN:")
                    .append (book.getIsbn ()) .append (", QUANTITY:")
                    .append (orderDetail.getQuantity ()) .append (", ADDRESS:")
                    .append (orderDetail.getOrder() .getBuyer() .getAddress());
}

    long aWeek = 7 * 24 * 60 * 60 * 1000; // 一星期
    // 创建定时器，一星期后触发
    timerService.createTimer (aWeek, detailIds);

    try {
        Connection connection = connectionFactory.createConnection ();
        Session session = connection.createSession (false,
                Session.AUTO_ACKNOWLEDGE);
        MessageProducer messageProducer = session
                .createProducer (destination);
        Message message = session.createTextMessage (msg.toString ());
        messageProducer.send (message);
        messageProducer.close ();
        session.close ();
        connection.close ();
    } catch (JMSException e) {
        e.printStackTrace ();
    }
}

// 超时方法
@Timeout
public void onTimeout (Timer timer) {
    int [] detailIds = (int []) timer.getInfo ();
    if (detailIds = = null | | detailIds.length = = 0)
        return;
    String ids = "";
    for (int id :detailIds)
        ids + = "," + id;
```

```
    ids=ids.substring (1);
        String ql="update OrderDetail set remarkLevel='POSITIVE', remark='买家一星期未作评价，系统自动添加好评' where id in ("+ids+") and remarkLevel is null";
        entityManager.createQuery (ql) .executeUpdate ();
    }

    ...... // 其他业务方法
}
```

上述代码的 OrderBean 中，首先使用@Resource 注解注入容器提供的定时器；在添加订单的 addOrder（）方法中，使用 int [ ] 记录本次添加的所有订单明细 ID，并创建了一星期后执行的一次性定时器，创建定时器时将保存订单明细 ID 的数组存入定时器的 info 属性；使用@Timeout 注解将 onTimeout（）方法标记为了超时方法；onTimeout（）方法中获取添加订单式生成的订单明细 ID，并通过 JPQL 语句更新了其中买家未作评价的订单明细。

2.修改 JBoss 配置

需要注意，EJB 容器会将定时器存储在某种持久化介质上，例如 JBoss 默认将定时器存储在一个内置的小型数据库 Hypersonic 中，因此，上述 OrderBean 的 addOrder（）方法实际上在一个事务中操作了两个数据源（项目本身的业务数据库和定时器使用的数据库），属于全局事务，而 JBoss 使用的 Hypersonic 数据源不支持全局事务，因此需要进行相关配置。如图 7.1 所示，在 JBoss 的安装目下的“server/default/conf”目录中，找到 jbossjta-properties.xml 配置文件。

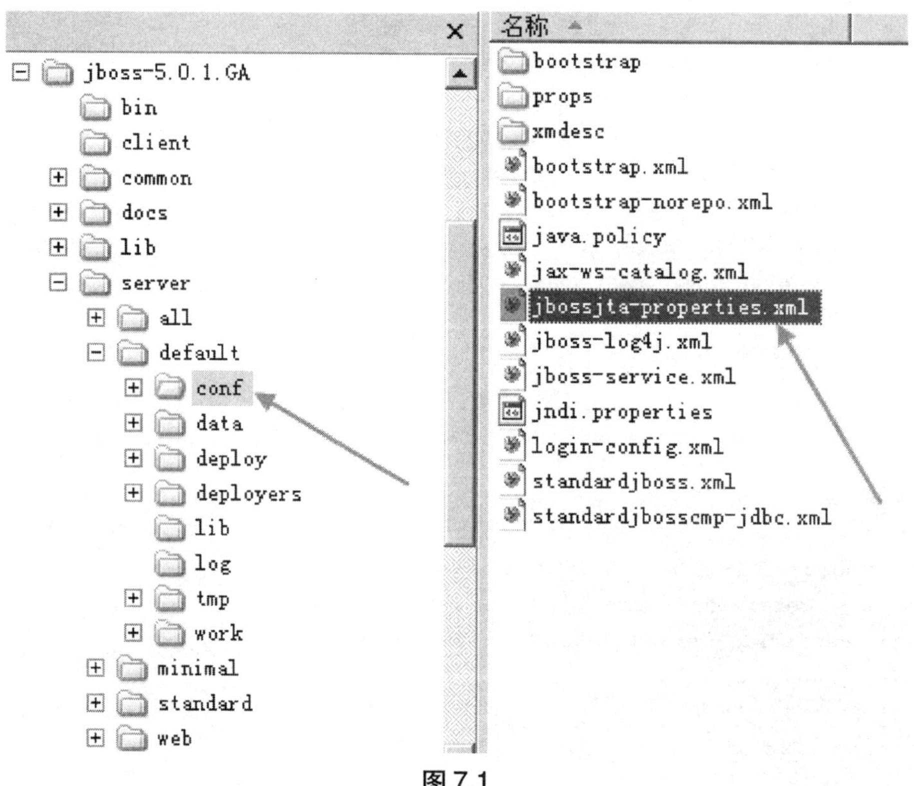

图 7.1

在 jbossjta-properties.xml 文件中，找到 <properties depends = "arjuna" name = "jta" >元素，为其增加子元素 <property name = "com.arjuna.ats.jta.allowMultipleLastResources" value = "true"/ >，代码如下所示：

```
......
<properties depends = "arjuna" name = "jta" >
    <property name = "com.arjuna.ats.jta.supportSubtransactions" value = "NO" />
    <property name = "com.arjuna.ats.jta.jtaTMImplementation"
   value  = "com.arjuna.ats.internal.jta.transaction.arjunacore.TransactionManager-
Imple" />
    <property name = "com.arjuna.ats.jta.jtaUTImplementation"
   value                                                           =              "
com.arjuna.ats.internal.jta.transaction.arjunacore.UserTransactionImple" />
    <property name = "com.arjuna.ats.jta.allowMultipleLastResources"
        value = "true" />
</properties>
......
```

实践 7.G.2

统计会话 Bean 中每个业务方法的执行时间，并输出到控制台。

分析

通过在方法执行前后分别调用 System.nanoTime（）方法可以获得方法的执行时间（以纳秒为单位），因为针对每个业务方法都需要统计执行时间，所以使用 EJB 拦截器是合适的解决方案。

参考解决方案

1.编写拦截器

在 ejb3practice.ph07.sys 包中新建 EJB 拦截器 SpentTimeInterceptor，其代码如下所示。

```
public class SpentTimeInterceptor {

    @AroundInvoke
    public Object outputSpentTime (InvocationContext context) throws Exception {
        long start = System.nanoTime ();
        Object result = context.proceed ();
        long end = System.nanoTime ();
        System.out.println (context.getMethod () + " 执行使用了 " + (end-start)
                + " 纳秒");
        return result;
    }
}
```

上述代码中，首先在 SpentTimeInterceptor 的 outputSpentTime（）方法上标注 @AroundInvoke 注解，表明 SpentTimeInterceptor 为 EJB 拦截器，outputSpentTime（）方法为拦截

方法；outputSpentTime（）方法中，通过调用 InvocationContext 接口的 proceed（）方法调用被拦截的 EJB 方法，proceed（）方法调用前后使用 System.nanoTime（）方法统计执行时间，最后输出方法名称和执行时间。

2.关联拦截器

在每个业务会话 Bean 上都需要使用@Interceptors 注解关联 SpentTimeInterceptor 拦截器，修改各个会话 Bean，代码如下。

```
@Stateless
@Interceptors (SpentTimeInterceptor.class)
public class BookBean implements BookService {
   ......
}

@Stateful
@Interceptors (SpentTimeInterceptor.class)
public class BookCartBean implements BookCartService {
   ......
}

@Stateless
@Interceptors (SpentTimeInterceptor.class)
public class OrderBean implements OrderService {
   ......
}

@Stateless
@Interceptors (SpentTimeInterceptor.class)
public class UserBean implements UserService {
   ......
}
```

上述代码中，在 BookBean、BookCartBean、OrderBean 和 UserBean 上都使用@Interceptors 注解关联了 SpentTimeInterceptor 拦截器，当这些会话 Bean 的业务方法被调用时，会自动执行 SpentTimeInterceptor 的 outputSpentTime（）方法，从而在控制台输出业务方法的执行时间。例如，在页面使用图书高级搜索功能时，控制台的输出如下：

```
public java.util.List ejb3practice.ph07.bean.BookBean.getBooks (java.lang.Integ
er, java.lang.String, java.lang.Double, java.lang.Double, java.lang.Boolean, int
[], java.lang.String, int, int) 执行使用了 19739620 纳秒
public long ejb3practice.ph07.bean.BookBean.getBookCount (java.lang.Integer,
java.lang.String, java.lang.Double, java.lang.Double, java.lang.Boolean, int []) 执
行使用了 1094057 纳秒
```

实践 7.G.3

在图书销售网站中向外发布 WebService，提供根据图书 ISBN 查询最低售价的功能。

分析

1.使用@WebService 注解可以将会话 Bean 中的业务方法发布为 WebService。只需要提供查询最低售价的 WebService，因此可以新建一个业务接口，其中包含根据 ISBN 查询最低售价的方法。

2.编写实现此接口的会话 Bean，并使用@WebService 注解标注此会话 Bean。

参考解决方案

1.编写 WebService 业务接口

在 ejb3practice.ph07.service 包中新建 WebService 业务接口 BookServiceWs，其代码如下所示。

```
@WebService
public interface BookServiceWs {
    double getMinPrice (String isbn);
}
```

上述代码中，使用@WebService 注解标注 BookServiceWs 接口为 WebService 接口。

2.实现 WebService 业务接口

修改图书业务会话 Bean BookBean，实现 BookServiceWs 接口，代码如下。

```
@Stateless
@Interceptors (SpentTimeInterceptor.class)
@WebService (endpointInterface = "ejb3practice.ph07.service.BookServiceWs")
public class BookBean implements BookService, BookServiceWs {

    @PersistenceContext (unitName = "ejb3practice")
    EntityManager entityManager;

    @Override
    public double getMinPrice (String isbn) {
        String ql = "select min (price) from Book where state < > 0 and isbn = ?1";
        Query query = entityManager.createQuery (ql);
        query.setParameter (1, isbn);
        Double minPrice = (Double) query.getSingleResult ();
        if (minPrice = = null)
            return 0;
        return minPrice;
    }

    ...... // 其他业务方法
}
```

上述代码中，BookBean 实现了名为 BookServiceWs 的 WebService 接口，并使用@WebService 注解标注 BookBean，指定端点接口为 BookServiceWs；在 getMinPrice（）方法中，使用 JPQL 语句查询了与指定 ISBN 匹配的图书的最低价格。

项目启动后，容器将会把 BookBean 的 getMinPrice（）方法发布为 WebService，各种支持

WebService 的客户端程序可以访问此 WebService。

实践 7.G.4

编写会话 Bean 访问实践 7.G.3 中发布的查询图书最低价格的 WebService。

分析

1.会话 Bean 可以作为 WebService 的客户端访问 WebService，其中需要使用@WebServiceRef 注解引用 WebService。

2.@WebServiceRef 注解需要指定 WebService 的 WSDL 文件路径，作为 WebService 客户端的会话 Bean 还需要能够直接访问 WebService 的端点接口。

3.访问 WebService 的会话 Bean 可以运行于任何本地或远程的 Java EE 容器中，本实践为简单起见，将直接在图书在线销售网站项目中编写此会话 Bean，因此与 WebService 的服务器端运行于同一个 Java EE 容器中。

参考解决方案

1.编写 WebService 客户端的业务接口

在 ejb3practice.ph07.service 包中新建远程业务接口 WebServiceClient，其代码如下所示。

```
@Remote
public interface WebServiceClient {
    double getBookMinPrice (String isbn);
}
```

上述代码中，使用@Remote 注解将 WebServiceClient 接口标注为 EJB 远程业务接口，并定义了根据图书 ISBN 获取最低价格的 getBookMinPrice（）方法。

2.编写 WebService 客户端的会话 Bean

在 ejb3practice.ph07.bean 包中新建名为 WebServiceClientBean 的会话 Bean，实现 WebServiceClient 接口，其代码如下所示。

```
@Stateless
public class WebServiceClientBean implements WebServiceClient {

    @WebServiceRef (wsdlLocation =
    "http://127.0.0.1:8080/ph07-ph07EJB/BookBean? wsdl")
    BookServiceWs bookService;

    @Override
    public double getBookMinPrice (String isbn) {
        return bookService.getMinPrice (isbn);
    }
}
```

上述代码中，使用@Stateless 注解标注 WebServiceClientBean 为无状态会话 Bean，并实现了 WebServiceClient 接口。WebServiceClientBean 中，在 BookServiceWs 类型的 bookService 属性

上使用@WebServiceRef 注解引入 WebService，并指定 WebService 的 WSDL 文件路径为 "http://127.0.0.1:8080/ph07-ph07EJB/BookBean? wsdl"。在 getBookMinPrice（）方法中，调用 bookService 的 getMinPrice（）方法根据图书 ISBN 获取了最低价格。

需要注意：

◇ EJB 发布的 WebService 的 WSDL 文件路径与 EJB 容器有关，WebServiceClientBean 中使用的路径是特定于 JBoss 的；

◇ 使用@WebServiceRef 注解访问 WebService 需要能够直接使用 WebService 的端点接口，由于与 WebService 服务器端位于同一个项目中，因此 WebServiceClientBean 可以使用 WebServiceClient 接口，如果位于不同的项目中，需要生成此接口。

3.测试

编写代码访问 WebServiceClientBean，调用其 getBookMinPrice（）方法即可调用 WebService，测试代码如下：

```
public class TestWebService {
    public static void main (String [] args) throws Exception {
        Properties props = new Properties ();
        props.setProperty (Context.INITIAL_CONTEXT_FACTORY,
              "org.jnp.interfaces.NamingContextFactory");
        props.setProperty (Context.PROVIDER_URL,"localhost:1099");
        Context ctx = new InitialContext (props);
        WebServiceClient webServiceClient = (WebServiceClient) ctx
              .lookup ("ph07/WebServiceClientBean/remote");
        String isbn = "186595600";
        double minPrice = webServiceClient.getBookMinPrice (isbn);
        System.out.println ("ISBN 为 <" + isbn + " >的图书最低价格为:" + minPrice);
    }
}
```

上述代码中，使用 JNDI 查找 WebServiceClient 类型的远程会话 Bean，并调用其 getBookMinPrice（）方法获取了指定 ISBN 的图书的最低价格，运行结果如下：

```
ISBN 为 <186595600 >的图书最低价格为:68.3
```

实践 7.G.5

编写简单客户端访问实践 7.G.3 中发布的查询图书最低价格的 WebService。

分析

1.可以使用各种工具编写 WebService 客户端，本实践使用 Apache 的 CXF 框架。CXF 框架是目前比较流行的开源 WebService 框架。

2.在 Eclipse 中配置 CXF 框架的运行环境后，可以直接生成 WebService，也可以根据 WSDL 生成 WebService 的客户端。实践 7.G.3 已发布查询图书最低价格的 WebService，因此，客户端代码可以由 Eclipse 生成，无需手工编写。

参考解决方案

1. 下载 CXF 框架

CXF 框架可以从其网站 cxf.apache.org 中下载，本实践使用其 2.4.2 版本，下载 apache-cxf-2.4.2.zip 后解压即可使用。

2. 在 Eclipse 中配置 CXF

需要在 Eclipse 中配置 CXF 框架的运行环境，点击"window→preferences"菜单，画面如图 7.2 所示。

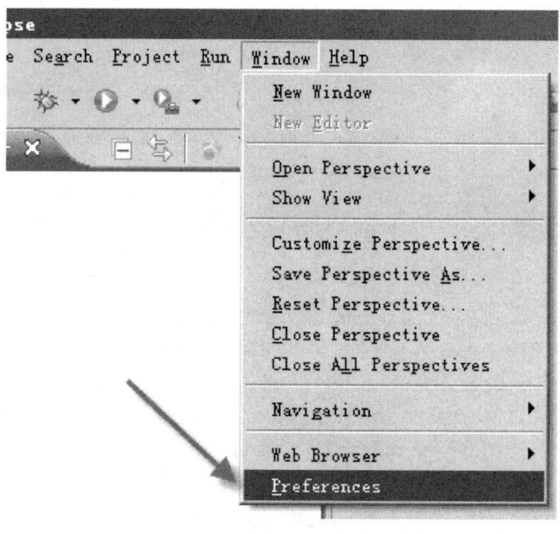

图 7.2

在弹出的窗口中点击左侧菜单中的"Web Services→CXF 2.x Preferences"，然后点击右侧的"Add"按钮，画面如图 7.3 所示。

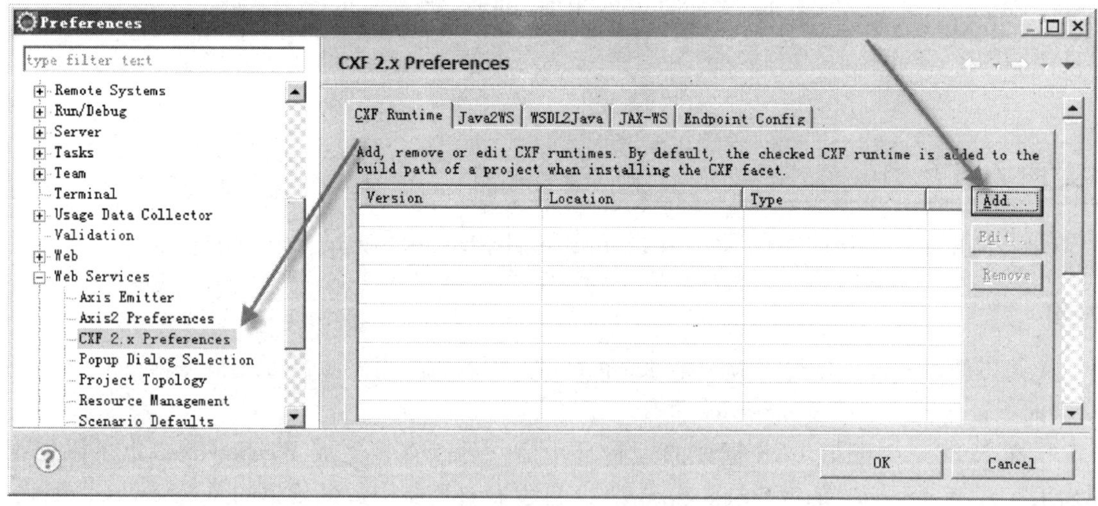

图 7.3

在弹出的窗口中点击“Browse...”按钮选择 CXF 框架的目录，如图 7.4 所示。

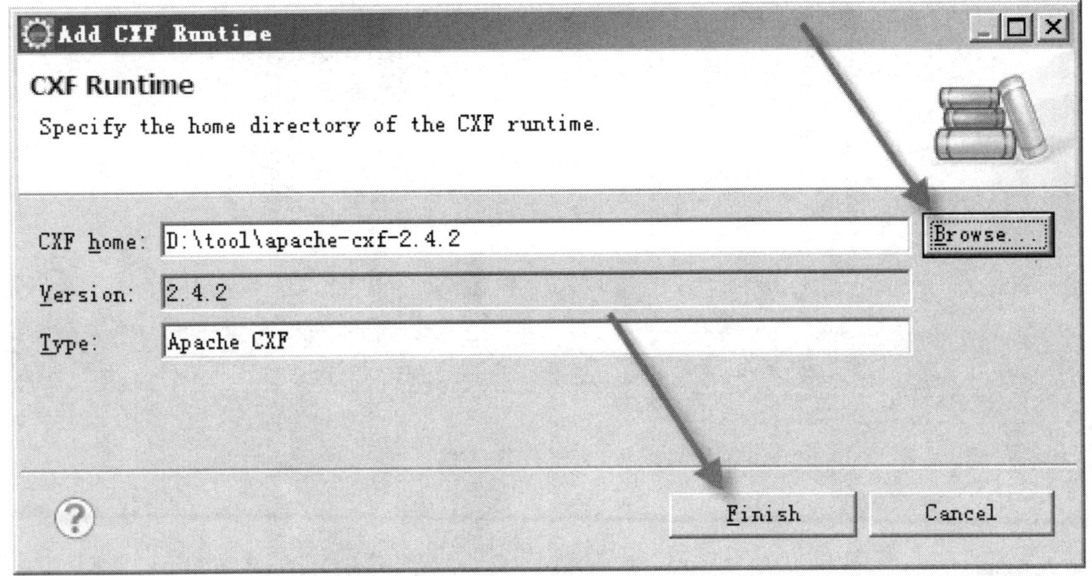

图 7.4

点击“Finish”按钮后，窗口如图 7.5 所示。

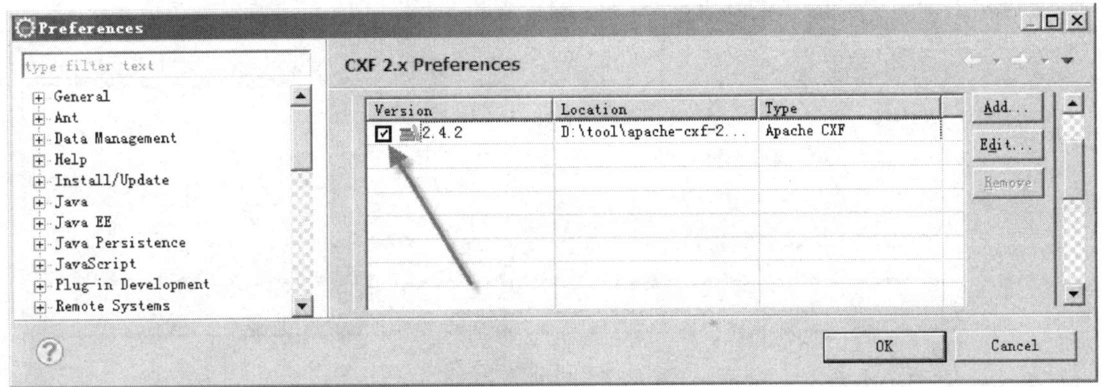

图 7.5

勾选刚添加的 CXF 2.4.2 框架，点击“OK”按钮，CXF 框架即配置完成。

3. 生成 WebService 客户端

生成客户端时需要访问 WebService 的 WSDL 文件，所以首先需要运行 ph07 项目，从而启动 WebService。项目启动后，点击 Eclipse 中的“File→New→Other...”菜单，如图 7.6 所示。

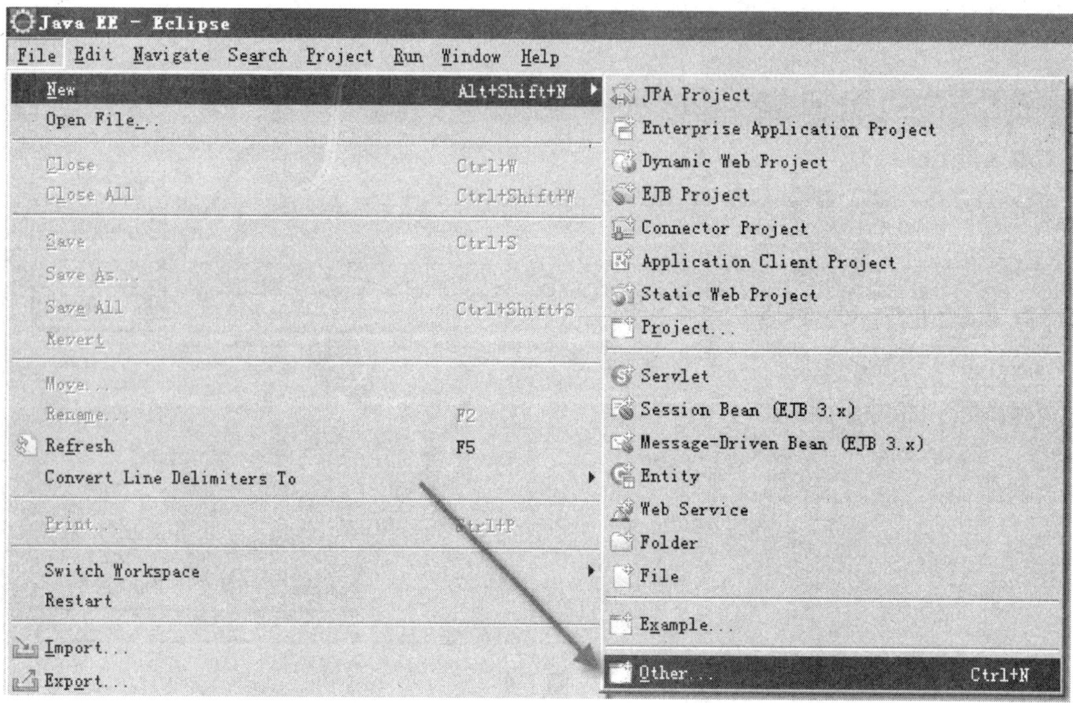

图 7.6

在弹出的窗口中选择“Web Services”下的“Web Service Client”，如图 7.7 所示。

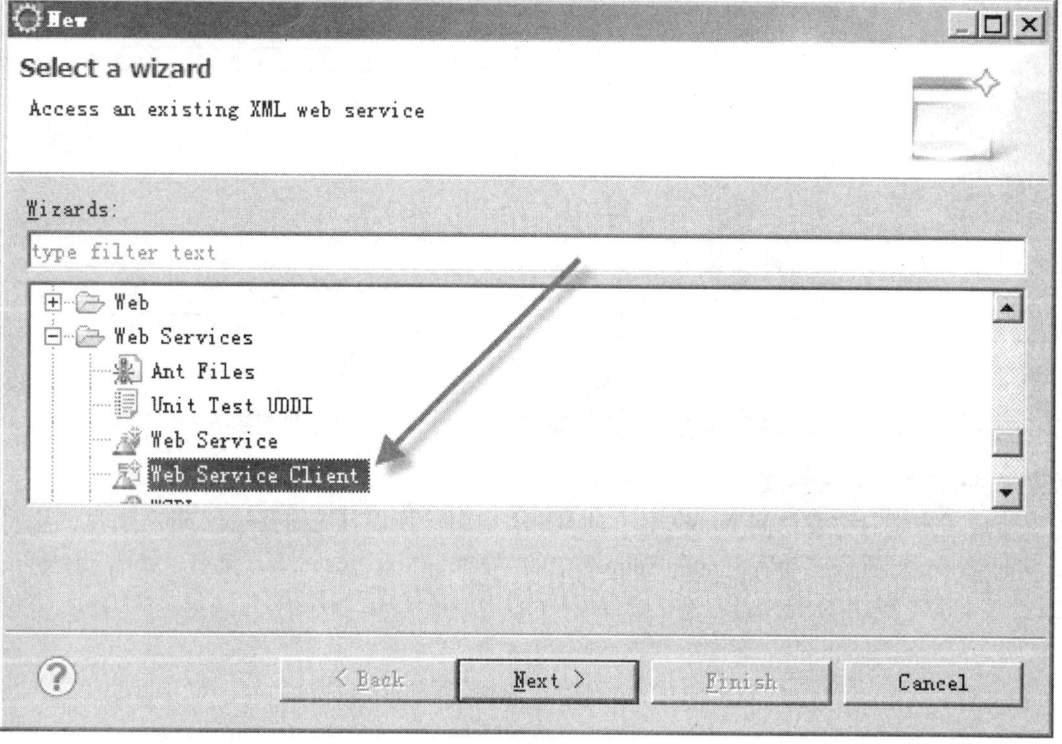

图 7.7

点击“Next >”，在弹出窗口中输入查询图书最低价格的 WebService 的 WSDL 文件路径 http://127.0.0.1:8080/ph07-ph07EJB/BookBean? wsdl，并点击 Server runtime、Web service runtime、Client project 三项链接，指定其值为 JBoss v5.0、Apache CXF 2.x、ph07Web，如图7.8 所示。

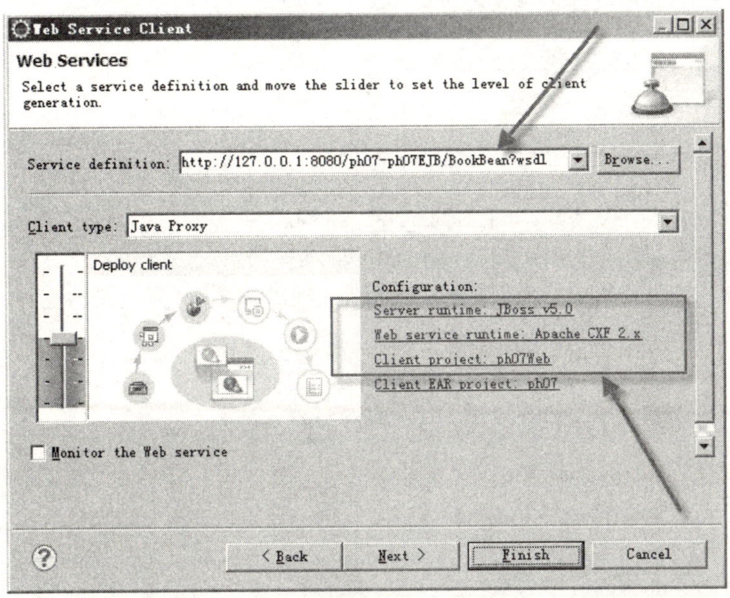

图 7.8

点击“Finish”按钮，Eclipse 会在 ph07Web 项目下生成 WebService 客户端的代码，如图 7.9 所示。

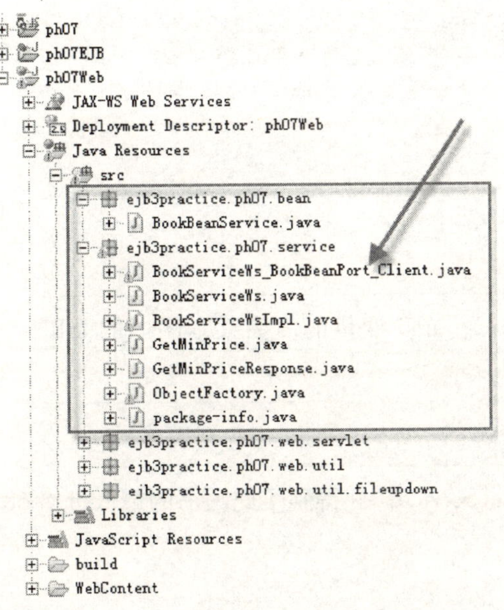

图 7.9

生成的 BookServiceWs_ BookBeanPort_ Client.java 中有 main 方法，是 WebService 客户端的入口，其代码如下：

```
public final class BookServiceWs_BookBeanPort_Client {
    private static final QName SERVICE_NAME = new QName (
            "http://bean.ph07.ejb3practice/", "BookBeanService");

    private BookServiceWs_BookBeanPort_Client () {
    }

    public static void main (String args []) throws java.lang.Exception {
        URL wsdlURL = BookBeanService.WSDL_LOCATION;
    if (args.length > 0&&args [0] ! =null&&!"".equals (args [0])) {
            File wsdlFile = new File (args [0]);
            try {
                if (wsdlFile.exists ()) {
                    wsdlURL = wsdlFile.toURI () .toURL ();
                } else {
                    wsdlURL = new URL (args [0]);
                }
            } catch (MalformedURLException e) {
                e.printStackTrace ();
            }
        }
        BookBeanService ss = new BookBeanService (wsdlURL, SERVICE_NAME);
        BookServiceWs port = ss.getBookBeanPort ();
        {
            System.out.println ("Invoking getMinPrice...");
            // 调用 WebService 的参数
            java.lang.String _getMinPrice_arg0 = "186595600";
            double _getMinPrice_ _return = port.getMinPrice (_getMinPrice_arg0);
            System.out.println ("getMinPrice.result = " + _getMinPrice_ _return);

        }

        System.exit (0);
    }
}
```

修改其中的_ getMinPrice_ arg0 变量的值为某本图书的 ISBN，然后运行，控制台输出如下：

```
Invoking getMinPrice...
getMinPrice.result = 68.3
```

说明已经成功调用 WebService，并得到了此图书的最低价格 68.3。

知识拓展

1.EJB 安全

保证企业数据的安全是 Java EE 应用程序必须满足的要求。大多数的 Java EE 应用程序都需要为访问者提供某种身份标识，以确保用户访问的安全性。应用系统可能需要防止恶意访问者的登录，也可能需要对合法用户的操作进行区分和限制。Java EE 规范提供了一组核心的安全服务，开发者可以通过声明或编程的方式将其整合到应用系统中。保证系统的安全性主要包括下列几个功能：

◇ 验证

验证是指对用户身份的检验，及检查用户是否是其声称的那个人。现实世界中，身份验证可以通过简单的视觉检查、笔迹、指纹等多种方式进行，而在软件系统中，通常是依靠对用户名和密码的检查实现的。

◇ 授权

授权是指确定验证成功的用户是否有权进行某项操作的过程。在大部分企业系统中，用户身份验证成功后，并不是可以进行任意的操作，例如有些用户可以修改数据，而另一些用户只能查看数据，通过对用户进行授权，可以限制其能够进行的操作。

◇ 数据加密

用户通过网络与系统进行数据交互，如果不对传递的数据加以保护，则黑客可以拦截网络数据包并解析出其中的数据。可以通过类似 SSL（Secure Sockets Layer，安全套接字层）这样的加密协议对数据传输进行保护。

EJB 规范对验证过程没有做出任何规定，比如 EJB 客户端如何获得用户的身份标识、如何将标识与 EJB 调用进行关联以及如何存储验证信息等，这些功能的实现方式都取决于具体的容器，而数据加密涉及到一个远超本书范围的复杂领域，因此本书只介绍如何对 EJB 中的方法进行授权。

当用户通过容器提供的某种机制完成验证以后，系统需要对其进行授权，即确定其是否有权调用特定的会话 Bean 方法（EJB 中，只能对会话 Bean 的方法进行授权，消息驱动 Bean 和实体的方法不能授权）。EJB 的授权机制采用了基于角色的方式，角色是权限的抽象集合，用户可以按照角色进行分组，具有某个角色的所有用户都有权调用允许此角色调用的方法。角色通常是类似买家、卖家、销售员、客户经理、系统管理员这样的分类，通过 EJB 规范提供的注解可以规定每个方法允许哪些角色调用。所以，在验证过程中，需要通过某种方式确定用户具有的角色（例如读取保存在文件或者数据库中的用户、角色对应关系，具体方式取决于容器），验证成功后，当用户调用某个方法时，根据此方法上标注的允许角色列表与用户具有的角色进行比对，容器就可以决定是否允许此用户执行方法了。

1.声明式安全控制

对会话 Bean 的方法进行授权主要涉及到 javax.annotation.security 包下的五个注解：

◇ @DeclareRoles

◇ @RolesAllowed

◇ @PermitAll

◇ @DenyAll

◇ @RunAs

@DeclareRoles 注解用于声明角色，只能标注于类上，例如：

```
@Stateless
@DeclareRoles ( { "BUYER","SELLER","ADMIN" })
public class SomeBean implements SomeBusinessInterface {
......
}
```

上述的无状态会话 Bean 中，使用@DeclareRoles 注解声明了 BUYER、SELLER、ADMIN 三个角色。在 SomeBean 的每个业务方法上，可以指定允许这三个角色中的哪些角色调用这个方法。

@RolesAllowed 注解用于为会话 Bean 的方法指定允许调用此方法的角色，可标注于类或者方法上，例如：

```
@Stateless
@DeclareRoles ( { "BUYER","SELLER","ADMIN" })
@RolesAllowed ("ADMIN")
public class SomeBean implements SomeBusinessInterface {

    public void method1 () {
    ......
    }

    @RolesAllowed ("SELLER")
    public void method2 () {
    ......
    }

    @RolesAllowed ( { "SELLER","BUYER" })
    public void method3 () {
    ......
    }

    @RolesAllowed ( { "SELLER","BUYER","ADMIN" })
    public void method4 () {
    ......
    }
}
```

上述代码中，在 SomeBean 及其三个业务方法上都标注了@RolesAllowed 注解。SomeBean 上声明的@RolesAllowed 注解用于对 SomeBean 中的所有业务方法进行限制，如果未做特殊配置，则只允许具有 ADMIN 角色的用户访问，例如 method1（）方法。在 method2（）、method3（）和 method4（）方法上都标注了@RolesAllowed 注解，这将覆盖 SomeBean 上的配置，即 method2（）方法只允许具有 SELLER 角色的用户访问，method3（）方法只允许具有 SELLER 或者 BUYER 角色的用户访问，method4（）方法允许具有 SELLER、BUYER 或 ADMIN 角色的用户访问。

@PermitAll 注解用于将会话 Bean 的方法指定为允许所有的用户访问，例如上例中的 method4（）方法，其允许具有 SELLER、BUYER 或 ADMIN 角色的用户访问，如果整个 EJB 模块只有这三个角色，则可以使用@PermitAll 注解标注 method4（）方法：

```
@Stateless
@DeclareRoles ( { "BUYER","SELLER","ADMIN" })
@RolesAllowed ("ADMIN")
public class SomeBean implements SomeBusinessInterface {

    @PermitAll
    public void method4 () {
        ......
    }

    ......
}
```

@DenyAll 注解与@PermitAll 注解的作用相反，用于将会话 Bean 的方法指定为不允许任何用户访问。EJB 应用可能被部署于某个特殊的环境下，而在此环境下某些方法是不适合使用的，此时可以使用@DenyAll 注解标注这些方法，从而使这些方法失效，例如：

```
@Stateless
@DeclareRoles ( { "BUYER","SELLER","ADMIN" })
@RolesAllowed ("ADMIN")
public class SomeBean implements SomeBusinessInterface {

    @DenyAll
    public void method5 () {
        ......
    }

    ......
}
```

上述代码中的 method5（）方法标注了@DenyAll 注解，因此将不能被任何客户端调用。

与@RolesAllowed 注解类似，@PermitAll 与@DenyAll 注解都可标注于类或者方法上，如果标注于方法上，将覆盖类上的配置。

@RunAs 注解用于指定调用其它 Bean 的方法时的“临时”角色，例如，一个会话 Bean 的 A 方法中需要调用另一个会话 Bean 的 B 方法，而 B 方法需要的角色不在 A 方法的角色之内，此时可以在 A 方法上标注@RunAs 注解，使 A 方法以 B 方法需要的角色来调用 B 方法，示例代码如下：

```
@Stateless
@RunAs ("SELLER")
public class Bean1 implements BusinessInterface1 {
```

```
@EJB
   BusinessInterface2 bean2;

   @RolesAllowed ("BUYER")
   public void method1 () {
      bean2.method2 ();
   }
}

@Stateless
public class Bean2 implements BusinessInterface2 {

   @RolesAllowed ("SELLER")
   public void method2 () {
      ......
   }
}
```

上述代码中，Bean1 的 method1（）方法中需要调用 Bean2 的 method2（）方法，method1（）方法允许具有 BUYER 角色的用户调用，而 method2（）方法允许具有 SELLER 角色的用户调用，因此 method1（）方法的调用者很可能不具有 SELLER 角色，当执行 bean2.method2（）语句时就会发生异常。所以，上述代码中，在 Bean1 上标注了@RunAs 注解，并声明为 SELLER 角色，此时再调用 Bean2 的 method2（）方法就不会出现异常了。

2. 编程式安全控制

声明式的授权机制使用方便，但是其灵活性有限。如果需要更灵活的安全控制，需要以编程方式获得安全主体的具体信息。EJBContext 接口为编程式的安全控制提供了两个方法：

```
java.security.Principal getCallerPrincipal ()
boolean isCallerInRole (String roleName)
```

getCallerPrincipal（）方法用于返回当前的安全主体，调用 Principal 接口中的 getName（）方法可以获得主体的名称，通常就是验证通过的用户的登录名。因此，可以通过调用 getCallerPrincipal（）方法对用户进行详细的控制，只允许具有某个名称的用户执行一些操作，例如：

```
@Stateless
@DeclareRoles ("SELLER")
public class SomeBean implements SomeBusinessInterface {

   @Resource
   EJBContext ejbContext;

   public void deleteBook (Book book) {
      Principal principal =ejbContext.getCallerPrincipal ();
      if (!principal.getName () .equals (book.getSeller () .getLoginName ()))
         throw new BookC2CException ("您不能删除其他用户的图书");
      ......
```

```
    }
}
```

上述代码中，使用@Resource 注解注入 EJBContext 对象，在 deleteBook（）方法中，调用 EJBContext 接口的 getCallerPrincipal（）方法获得了当前线程的安全主体，并判断其名称是否与图书卖家的登录名一致，如果不一致则抛出异常。

isCallerInRole（）方法用于判断当前主体是否具有某个角色，例如：

```
@Stateless
@DeclareRoles ("SELLER")
public class SomeBean implements SomeBusinessInterface {

    @Resource
    EJBContext ejbContext;

    public void deleteBook (Book book) {
        Principal principal = ejbContext.getCallerPrincipal ();
        if (!principal.getName () .equals (book.getSeller () .getLoginName ()))
            throw new BookC2CException ("您不能删除其他用户的图书");
        if (!ejbContext.isCallerInRole ("SELLER"))
            throw new BookC2CException ("只有卖家能够删除图书");
        ......
    }
}
```

上述代码中，通过调用 EJBContext 接口的 isCallerInRole（）方法判断当前用户是否具有 SELLER 角色，如果没有则会抛出异常。

拓展练习

练习 7.E.1

为图书销售网站的 EJB 模块声明 USER 角色，并在各个会话 bean 中需要修改数据的方法上都进行安全配置，只允许具有 USER 角色的用户访问。

练习 7.E.2

在练习 7.E.1 基础上，将声明式的安全控制改为编程式的安全控制。并在添加、修改、删除图书时判断当前用户是否是图书的卖家，如果不是则抛出异常。

附录 A　EJB 3.0 注解

本附录中列出了本书涉及到的所有 EJB 3.0 注解。另外有一些注解是以兼容 EJB 早期版本为目的的，本附录将不列出。

1. 会话 Bean

@javax.ejb.Local 注解用于声明本地业务接口

```
@Target (TYPE)
@Retention (RUNTIME)
public @interface Local {
    Class [] value () default {};
}
```

@javax.ejb.Remote 注解用于声明远程业务接口

```
@Target (TYPE)
@Retention (RUNTIME)
public @interface Remote {
    Class [] value () default {};
}
```

@javax.ejb.Stateless 注解用于声明无状态会话 Bean

```
@Target (TYPE)
@Retention (RUNTIME)
public @interface Stateless {
    String name () default"";
    String mappedName () default"";
    String description () default"";
}
```

@javax.ejb.Stateful 注解用于声明有状态会话 Bean

```
@Target (TYPE)
@Retention (RUNTIME)
public @interface Stateful {
    String name () default"";
    String mappedName () default"";
    String description () default"";
}
```

@javax.ejb.Remove 注解用于声明有状态会话 Bean 的删除方法

```
@Target (METHOD)
@Retention (RUNTIME)
public @interface Remove {
    boolean retainIfException () default false;
}
```

2. 消息驱动 Bean

@javax.ejb.MessageDriven 注解用于声明消息驱动 Bean

```
@Target (TYPE)
@Retention (RUNTIME)
public @interface MessageDriven {
    String name () default"";
    Class messageListenerInterface () default Object.class;
    ActivationConfigProperty [] activationConfig () default {};
    String mappedName () default"";
    String description () default"";
}
```

@javax.ejb.ActivationConfigProperty 注解用于声明消息系统的属性

```
@Target (TYPE)
@Retention (RUNTIME)
public @interface ActivationConfigProperty {
    String propertyName ();
    String propertyValue ();
}
```

3. 依赖注入

@javax.ejb.EJB 注解用于注入会话 Bean

```
@Target (TYPE)
@Retention (RUNTIME)
public @interface EJB {
    String name () default"";
    Class beanInterface () default Object.class;
    String beanName () default"";
    String mappedName () default"";
    String description () default"";
}
```

@javax.ejb.EJBs 注解用于注入多个会话 Bean

```
@Target (TYPE)
@Retention (RUNTIME)
public @interface EJBs {
    EJB [] value ();
}
```

@javax.annotation.Resource 注解用于注入资源

```
@Target ( {TYPE, FIELD, METHOD})
@Retention (RUNTIME)
public @interface Resource {
    String name () default"";
    Class type () default Object.class;
    enum AuthenticationType {
        CONTAINER,
```

```
        APPLICATION
    }
    AuthenticationType authenticationType ()
            default AuthenticationType.CONTAINER;
    boolean shareable () default true;
    String mappedName () default"";
    String description () default"";
}
```

@javax.annotation.Resources 注解用于注入多个资源

```
@Target (TYPE)
@Retention (RUNTIME)
public @interface Resources {
    Resource [] value ();
}
```

4.EJB 的生命周期

@javax.annotation.PostConstruct 注解用于将 EJB 或拦截器的方法声明为构造后回调方法

```
@Target (METHOD)
@Retention (RUNTIME)
public @interface PostConstruct {
}
```

@javax.annotation.PreDestroy 注解用于将 EJB 或拦截器的方法声明为销毁前回调方法

```
@Target (METHOD)
@Retention (RUNTIME)
public @interface PreDestroy {
}
```

@javax.annotation.PrePassivate 注解用于将有状态会话 Bean 的方法声明为钝化前回调方法

```
@Target (METHOD)
@Retention (RUNTIME)
public @interface PrePassivate {
}
```

@javax.annotation.PostActivate 注解用于将有状态会话 Bean 的方法声明为激活后回调方法

```
@Target (METHOD)
@Retention (RUNTIME)
public @interface PostActivate {
}
```

5.事务管理

@javax.ejb.TransactionManagement 注解用于声明 EJB 的事务类型

```
@Target (TYPE)
@Retention (RUNTIME)
public @interface TransactionManagement {
    TransactionManagementType value ()
```

```
        default TransactionManagementType.CONTAINER;
}

public enum TransactionManagementType {
    CONTAINER,
    BEAN
}
```

@javax.ejb.TransactionAttribute 注解用于声明 EJB 方法的事务属性

```
@Target ( {METHOD, TYPE})
@Retention (RUNTIME)
public @interface TransactionAttribute {
    TransactionAttributeType value ()
        default TransactionAttributeType.REQUIRED;
}

public enum TransactionAttributeType {
    MANDATORY,
    NEVER,
    NOT_SUPPORTED,
    REQUIRED,
    REQUIRES_NEW,
    SUPPORTS
}
```

@javax.ejb.ApplicationException 注解用于将异常声明为 EJB 应用异常

```
@Target (TYPE)
@Retention (RUNTIME)
public @interface ApplicationException {
    boolean rollback () default false;
}
```

6.安全管理

@javax.annotation.security.DeclareRoles 注解用于声明角色

```
@Target (TYPE)
@Retention (RUNTIME)
public @interface DeclareRoles {
    String [] value ();
}
```

@javax.annotation.security.RolesAllowed 注解用于声明允许调用会话 Bean 方法的角色

```
@Target ( {METHOD, TYPE})
@Retention (RUNTIME)
public @interface RolesAllowed {
    String [] value ();
}
```

@javax.annotation.security.PermitAll 注解用于声明允许任何角色调用的会话 Bean 方法

```
@Target ( {METHOD, TYPE})
@Retention (RUNTIME)
public @interface PermitAll {
}
```

@javax.annotation.security.DenyAll 注解用于声明不允许任何角色调用的会话 Bean 方法

```
@Target (METHOD)
@Retention (RUNTIME)
public @interface DenyAll {
}
```

@javax.annotation.security.RunAs 注解用于声明会话 Bean 方法将以某个角色执行

```
@Target (TYPE)
@Retention (RUNTIME)
public @interface RunAs {
    String value ();
}
```

7.拦截器

@javax.interceptor.AroundInvoke 注解用于声明拦截器方法

```
@Target (METHOD)
@Retention (RUNTIME)
public @interface AroundInvoke {
}
```

@javax.interceptor.Interceptors 注解用于声明 EJB 使用的拦截器

```
@Target ( {METHOD, TYPE})
@Retention (RUNTIME)
public @interface Interceptors {
    Class [] value ();
}
```

@javax.interceptor.ExcluedClassInterceptors 注解用于排除类上声明的拦截器

```
@Target (METHOD)
@Retention (RUNTIME)
public @interface ExcluedClassInterceptors {
}
```

@javax.interceptor.ExcluedDefaultInterceptors 注解用于排除默认拦截器

```
@Target ( {METHOD, TYPE})
@Retention (RUNTIME)
public @interface ExcluedDefaultInterceptors {
}
```

8.定时服务

@javax.ejb.Timeout 注解用于声明超时方法

```
@Target (METHOD)
@Retention (RUNTIME)
public @interface Timeout {
}
```

9. 实体定义

@javax.persistence.Entity 注解用于声明 JPA 实体

```
@Target (TYPE)
@Retention (RUNTIME)
public @interface Entity {
    String name () default"";
}
```

@javax.persistence.Embeddable 注解用于声明可嵌入实体的类型

```
@Target (TYPE)
@Retention (RUNTIME)
public @interface Embeddable {
}
```

@javax.persistence.Embedded 注解用于声明实体属性为可嵌入类型

```
@Target ( {METHOD, FIELD})
@Retention (RUNTIME)
public @interface Embedded {
}
```

@javax.persistence.Id 注解用于声明实体属性为主键

```
@Target ( {METHOD, FIELD})
@Retention (RUNTIME)
public @interface Id {
}
```

@javax.persistence.IdClass 注解用于声明联合主键

```
@Target (TYPE)
@Retention (RUNTIME)
public @interface IdClass {
    Class value ();
}
```

@javax.persistence.EmbeddedId 注解用于声明可嵌入的联合主键

```
@Target (TYPE)
@Retention (RUNTIME)
public @interface EmbeddedId {
}
```

10. 实体属性定义

@javax.persistence.Transient 注解用于声明实体属性不参与持久化

```
@Target ( {METHOD, FIELD})
@Retention (RUNTIME)
public @interface Transient {
}
```

@javax.persistence.Lob 注解用于声明实体属性映射到表中的 LOB 类型字段

```
@Target ( {METHOD, FIELD})
@Retention (RUNTIME)
public @interface Lob {
}
```

@javax.persistence.Temporal 注解用于声明 java.util.Date 或 java.util.Calendar 类型的实体属性

```
@Target ( {METHOD, FIELD})
@Retention (RUNTIME)
public @interface Temporal {
    TemporalType value ();
}

public enum TemporalType {
    Date, // java.sql.Date
    TIME, // java.sql.Time
    TIMESTAMP // java.sql.Timestamp
}
```

@javax.persistence.Enumerated 注解用于声明枚举类型的实体属性

```
@Target ( {METHOD, FIELD})
@Retention (RUNTIME)
public @interface Enumerated {
    EnumType value () default EnumType.ORDINAL;
}

public enum EnumType {
    ORDINAL,
    STRING
}
```

11. 实体映射

@javax.persistence.Table 注解用于声明实体映射到的表

```
@Target (TYPE)
@Retention (RUNTIME)
public @interface Table {
    String name () default"";
    String catalog () default"";
    String schema () default"";
    UniqueConstraint [] uniqueConstraints () default {};
}
```

@javax.persistence.SecondaryTable 注解用于在实体需要映射到多个表时声明映射到的其他表

```
@Target (TYPE)
@Retention (RUNTIME)
public @interface SecondaryTable {
    String name () default"";
    String catalog () default"";
    String schema () default"";
    PrimaryKeyJoinColumn [] pkJoinColumns () default {};
    UniqueConstraint [] uniqueConstraints () default {};
}
```

@javax.persistence.SecondaryTables 注解用于在实体需要映射到多个表时声明映射到的多个其他表

```
@Target (TYPE)
@Retention (RUNTIME)
public @interface SecondaryTables {
    SecondaryTable [] value ();
}
```

@javax.persistence.UniqueConstraint 注解用于声明实体的唯一约束

```
@Target ( {})
@Retention (RUNTIME)
public @interface UniqueConstraint {
    String [] columnNames ();
}
```

@javax.persistence.Column 注解用于声明实体属性映射到的列

```
@Target (METHOD, FIELD)
@Retention (RUNTIME)
public @interface Column {
    String name () default"";
    boolean unique () default false;
    boolean nullable () default true;
    boolean insertable () default true;
    boolean updatable () default true;
    String columnDefinition () default"";
    String table () default"";
    int length () default 255;
    int precision () default 0;
    int scale () default 0;
}
```

@javax.persistence.Basic 注解用于声明实体属性的基本映射行为

```
@Target (METHOD, FIELD)
@Retention (RUNTIME)
public @interface Basic {
    FetchType fetch () default FetchType.EAGER;
    boolean optional () default true;
}
```

```
public enum FetchType {
    EAGER,
    LAZY
}
```

@javax.persistence.AttributeOverride 注解用于声明覆盖实体属性的映射

```
@Target ( {TYPE, METHOD, FIELD})
@Retention (RUNTIME)
public @interface AttributeOverride {
    String name ();
    Column column ();
}
```

@javax.persistence.AttributeOverrides 注解用于声明多个覆盖实体属性的映射

```
@Target ( {TYPE, METHOD, FIELD})
@Retention (RUNTIME)
public @interface AttributeOverrides {
    AttributeOverride [] value ();
}
```

@javax.persistence.GenerateValue 注解用于自动生成属性值（常用于生成主键）

```
@Target ( {METHOD, FIELD})
@Retention (RUNTIME)
public @interface GenerateValue {
    GenerationType strategy () default GenerationType.AUTO;
    String generator () default"";
}

public enum GenerationType {
    AUTO,
    IDENTITY,
    SEQUENCE,
    TABLE
}
```

@javax.persistence.TableGenerator 注解用于声明用来自动生成属性值的表生成器

```
@Target ( {TYPE, METHOD, FIELD})
@Retention (RUNTIME)
public @interface TableGenerator {
    String name ();
    String table () default"";
    String catalog () default"";
    String schema () default"";
    String pkColumnName () default"";
    String valueColumnName () default"";
    String pkColumnValue () default"";
    int initialValue () default (int) 0;
    int allocationSize () default (int) 50;
    UniqueConstraint [] uniqueConstraints () default {};
}
```

@javax.persistence.SequenceGenerator 注解用于声明用来自动生成属性值的序列生成器

```
@Target ( {TYPE, METHOD, FIELD})
@Retention (RUNTIME)
public @interface SequenceGenerator {
    String name ();
    String sequenceName () default"";
    int initialValue () default (int) 1;
    int allocationSize () default (int) 50;
}
```

12. 实体关联关系定义

@javax.persistence.OneToOne 注解用于声明实体之间的一对一关联关系

```
@Target ( {MEHTOD, FIELD})
@Retention (RUNTIME)
public @interface OneToOne {
    Class targetEntity () default void.class;
    CascadeType [] cascade () default {};
    FetchType fetch () default FetchType.EAGER;
    boolean optional () default true;
    String mappedBy () default"";
}

public enum CascadeType {
    ALL,
    MERGE,
    PERSIST,
    REFRESH,
    REMOVE
}
```

@javax.persistence.OneToMany 注解用于声明实体之间的一对多关联关系

```
@Target ( {MEHTOD, FIELD})
@Retention (RUNTIME)
public @interface OneToMany {
    Class targetEntity () default void.class;
    CascadeType [] cascade () default {};
    FetchType fetch () default FetchType.LAZY;
    String mappedBy () default"";
}
```

@javax.persistence.ManyToOne 注解用于声明实体之间的多对一关联关系

```
@Target ( {MEHTOD, FIELD})
@Retention (RUNTIME)
public @interface ManyToOne {
    Class targetEntity () default void.class;
    CascadeType [] cascade () default {};
    FetchType fetch () default FetchType.EAGER;
    boolean optional () default true;
}
```

@javax.persistence.ManyToMany 注解用于声明实体之间的多对多关联关系

```
@Target ( {MEHTOD, FIELD})
@Retention (RUNTIME)
public @interface ManyToMany {
    Class targetEntity () default void.class;
    CascadeType [] cascade () default {};
    FetchType fetch () default FetchType.LAZY;
    String mappedBy () default"";
}
```

13.实体关联关系映射

@javax.persistence.JoinColumn 注解用于声明实体之间关联关系的映射列

```
@Target ( {MEHTOD, FIELD})
@Retention (RUNTIME)
public @interface JoinColumn {
    String name () default"";
    String referencedColumnName () default"";
    boolean unique () default false;
    boolean nullable () default true;
    boolean insertable () default true;
    boolean updatable () default true;
    String columnDefinition () default"";
    String table () default"";
}
```

@javax.persistence.JoinColumns 注解用于声明实体之间关联关系的多个映射列

```
@Target ( {MEHTOD, FIELD})
@Retention (RUNTIME)
public @interface JoinColumns {
    JoinColumn [] value ();
}
```

@javax.persistence.PrimaryKeyJoinColumn 注解用于声明实体之间关联关系的主键映射列

```
@Target ( {TYPE, METHOD, FIELD})
@Retention (RUNTIME)
public @interface PrimaryKeyJoinColumn {
    String name () default"";
    String referencedColumnName () default"";
    String columnDefinition () default"";
}
```

@javax.persistence.PrimaryKeyJoinColumns 注解用于声明实体之间关联关系的多个主键映射列

```
@Target ( {TYPE, METHOD, FIELD})
@Retention (RUNTIME)
public @interface PrimaryKeyJoinColumns {
    PrimaryKeyJoinColumn [] value ();
}
```

@javax.persistence.JoinTable 注解用于声明实体之间关联关系的连接表

```
@Target ( {MEHTOD, FIELD})
@Retention (RUNTIME)
public @interface JoinTable {
    String name () default"";
    String catalog () default"";
    String schema () default"";
    JoinColumn [] joinColumns () default {};
    JoinColumn [] inverseJoinColumns () default {};
    UniqueConstraint [] uniqueConstraints () default {};
}
```

@javax.persistence.AssociationOverride 注解用于覆盖实体之间的关联关系

```
@Target ( {TYPE, MEHTOD, FIELD})
@Retention (RUNTIME)
public @interface AssociationOverride {
    String name ();
    JoinColumn [] joinColumns ();
}
```

@javax.persistence.AssociationOverrides 注解用于覆盖实体之间的多个属性上的关联关系

```
@Target ( {TYPE, MEHTOD, FIELD})
@Retention (RUNTIME)
public @interface AssociationOverrides {
    AssociationOverride [] value ();
}
```

@javax.persistence.OrderBy 注解用于声明实体的集合属性的排序规则

```
@Target ( {MEHTOD, FIELD})
@Retention (RUNTIME)
public @interface OrderBy {
    String value () default"";
}
```

@javax.persistence.MapKey 注解用于声明实体中 java.util.Map 类型属性的键的映射

```
@Target ( {MEHTOD, FIELD})
@Retention (RUNTIME)
public @interface MapKey {
    String name () default"";
}
```

14. 实体继承关系

@javax.persistence.Inheritance 注解用于声明实体继承关系的映射策略

```
@Target (TYPE)
@Retention (RUNTIME)
public @interface Inheritance {
    InheritanceType stategy ()
            default InheritanceType.SINGLE_TABLE;
```

```
}

public enum InheritanceType {
    JOINED,
    SINGLE_TABLE,
    TABLE_PER_CLASS
}
```

@javax.persistence.DiscriminatorColumn 注解用于声明使用 SINGLE_ TABLE 或 JOINED 策略的实体继承关系的鉴别器列

```
@Target (TYPE)
@Retention (RUNTIME)
public @interface DiscriminatorColumn {
    String name () default"DTYPE";
    DiscriminatorType discriminatorType ()
            default DiscriminatorType.STRING;
    String columnDefinition () default"";
    int length () default 10;
}

public enum DiscriminatorType {
    CHAR,
    INTEGER,
    STRING
}
```

@javax.persistence.DiscriminatorValue 注解用于声明实体继承关系中实体对应的鉴别字段值

```
@Target (TYPE)
@Retention (RUNTIME)
public @interface DiscriminatorValue {
    String value ();
}
```

15.JPQL 查询

@javax.persistence.NamedQuery 注解用于声明命名查询

```
@Target (TYPE)
@Retention (RUNTIME)
public @interface NamedQuery {
    String name ();
    String query ();
    QueryHint [] hints () default {};
    }
```

@javax.persistence.QueryHint 注解用于声明查询提示

```
@Target ( {})
@Retention (RUNTIME)
public @interface QueryHint {
    String name ();
```

```
String value ();
}
```

@javax.persistence.NamedQueries 注解用于声明多个命名查询

```
@Target (TYPE)
@Retention (RUNTIME)
public @interface NameQueries {
    NamedQuery [] value ();
}
```

@javax.persistence.NamedNativeQuery 注解用于声明命名的原生查询

```
@Target (TYPE)
@Retention (RUNTIME)
public @interface NamedNativeQuery {
    String name ();
    String query ();
    QueryHint [] hints () default {};
    Class resultClass () default void.class;
    String resultSetMapping () default"";
}
```

@javax.persistence.NamedNativeQueries 注解用于声明多个命名的原生查询

```
@Target (TYPE)
@Retention (RUNTIME)
public @interface NameNativeQueries {
    NamedNativeQuery [] value ();
}
```

@javax.persistence.SqlResultSetMapping 注解用于声明原生查询结果的映射

```
@Target (TYPE)
@Retention (RUNTIME)
public @interface SqlResultSetMapping {
    String name ();
    EntityResult [] entities () default {};
    ColumnResult [] columns () default {};
}
```

@javax.persistence.EntityResult 注解用于在原生查询中引用实体

```
@Target ( {})
@Retention (RUNTIME)
public @interface EntityResult {
    Class entityClass ();
    String discriminatorColumn () default"";
    FieldResult [] fields () default {};
}
```

@javax.persistence.FieldResult 注解用于在原生查询中将列与实体属性进行映射

```
@Target ( {})
@Retention (RUNTIME)
public @interface FieldResult {
```

```
String column ();
    String name ();
}
```

@javax.persistence.ColumnResult 注解用于在原生查询中引用列

```
@Target ( {})
@Retention (RUNTIME)
public @interface ColumnResult {
    String name ();
}
```

@javax.persistence.SqlResultSetMappings 注解用于声明多个原生查询结果的映射

```
@Target (TYPE)
@Retention (RUNTIME)
public @interface SqlResultSetMappings {
    SqlResultSetMapping [] value ();
}
```

@javax.persistence.Version 注解用于声明使用乐观锁时的版本列

```
@Target ( {MEHTOD, FIELD})
@Retention (RUNTIME)
public @interface Version {
}
```

16. 实体生命周期

@javax.persistence.EntityListeners 注解用于声明实体的生命周期监听器

```
@Target (TYPE)
@Retention (RUNTIME)
public @interface EntityListeners {
    Class [] value ();
}
```

@javax.persistence.ExcludeSuperClassListeners 注解用于禁用实体父类中定义的所有生命周期监听器

```
@Target (TYPE)
@Retention (RUNTIME)
public @interface ExcludeSuperClassListeners {
}
```

@javax.persistence.ExcludeDefaultListeners 注解用于禁用默认的实体生命周期监听器

```
@Target (TYPE)
@Retention (RUNTIME)
public @interface ExcludeDefaultListeners {
}
```

@javax.persistence.PrePersist 注解用于将实体或生命周期监听器的方法声明为持久化前回调方法

```
@Target (METHOD)
@Retention (RUNTIME)
public @interface PrePersist {
}
```

@javax.persistence.PostPersist 注解用于将实体或生命周期监听器的方法声明为持久化后回调方法

```
@Target (METHOD)
@Retention (RUNTIME)
public @interface PostPersist {
}
```

@javax.persistence.PreUpdate 注解用于将实体或生命周期监听器的方法声明为更新前回调方法

```
@Target (METHOD)
@Retention (RUNTIME)
public @interface PreUpdate {
}
```

@javax.persistence.PostUpdate 注解用于将实体或生命周期监听器的方法声明为更新后回调方法

```
@Target (METHOD)
@Retention (RUNTIME)
public @interface PostUpdate {
}
```

@javax.persistence.PreRemove 注解用于将实体或生命周期监听器的方法声明为删除前回调方法

```
@Target (METHOD)
@Retention (RUNTIME)
public @interface PreRemove {
}
```

@javax.persistence.PostRemove 注解用于将实体或生命周期监听器的方法声明为删除后回调方法

```
@Target (METHOD)
@Retention (RUNTIME)
public @interface PostRemove {
}
```

@javax.persistence.PostLoad 注解用于将实体或生命周期监听器的方法声明为加载后回调方法

```
@Target (METHOD)
@Retention (RUNTIME)
public @interface PostLoad {
}
```

17.JPA 涉及的依赖注入

@javax.persistence.PersistenceContext 注解用于注入容器提供的持久化上下文，即实体管理器 EntityManager

```
@Target ( {TYPE, METHOD, FIELD})
@Retention (RUNTIME)
public @interface PersistenceContext {
    String name () default"";
    String unitName () default"";
    PersistenceContextType type ()
            default PersistenceContextType.TRANSACTION;
    PersistenceProperty [] properties () default {};
}

public enum PersistenceContextType {
    EXTENDED,
    TRANSACTION
}
```

@javax.persistence.PersistenceContexts 注解用于注入容器提供的多个持久化上下文

```
@Target (TYPE)
@Retention (RUNTIME)
public @interface PersistenceContexts {
    PersistenceContext [] value ();
}
```

@javax.persistence.PersistenceProperty 注解用于声明持久化提供器需要的属性

```
@Target ( {})
@Retention (RUNTIME)
public @interface PersistenceContexts {
    String name ();
    String value ();
}
```

@javax.persistence.PersistenceUnit 注解用于注入持久化单元，即实体管理器工厂 EntityManagerFactory

```
@Target ( {TYPE, METHOD, FIELD})
@Retention (RUNTIME)
public @interface PersistenceUnit {
    String name () default"";
    String unitName () default"";
}
```

@javax.persistence.PersistenceUnits 注解用于注入多个持久化单元

```
@Target ( {TYPE, METHOD, FIELD})
@Retention (RUNTIME)
public @interface PersistenceUnits {
    PersistenceUnit [] value ();
}
```

附录 B　EJB 3.1（及 JPA 2.0）新特性

2009 年 12 月 10 日，Java EE 6 发布，其中包括 EJB 3.1 和 JPA 2.0。本附录列出了 EJB 3.1 和 JPA 2.0 的主要新特性。

1. EJB 3.1

相对于 EJB 3.0，EJB 3.1 在整体架构上并没有太大的变化，但是添加了许多以提供方便性、灵活性为目的的新特性，在尽量简化编程模型的基础上引入了一些新功能。EJB 3.1 的主要新特性包括：

1）本地无接口视图

无接口视图（No-Interface View）是指将一个会话 Bean 的所有 public 方法自动暴露为本地视图，而会话 Bean 无需实现任何业务接口。EJB 3.1 之前，会话 Bean 必须实现业务接口，虽然这符合面向接口编程的最佳实践，但是很多时候业务接口只有一个实现类，强加一个接口反而使代码变得繁琐。新的无接口视图允许本地会话 Bean 不实现任何接口，在客户端可以直接引用会话 Bean，例如：

```
@Stateless
public SomeEjb {
    public void method () {
        ......
    }
}

public SomeEjbClient {
    @EJB
    SomeEjb someEjb;

    public void someMethod () {
        someEjb.method ();
    }
}
```

上述代码中的 SomeEjb 是会话 Bean，没有实现任何业务接口，容器会自动将其所有的 public 方法暴露为本地视图，因此，在 EJB 客户端 SomeEjbClient 中可以使用@EJB 注解直接注入 SomeEjb。

2）单例会话 Bean

EJB 3.1 提供了@Singleton 注解用于声明单例的会话 Bean，容器负责保证单例会话 Bean 实例的唯一性。例如：

```
@Singleton
public SomeBean {
    public void someMethod () {
        ......
    }
}
```

上述代码中，使用@Singleton 注解将 SomeBean 声明为了单例会话 Bean，在整个 EJB 容器中将只会存在 SomeBean 的一个实例，因此多个客户端在多次对 SomeBean 的调用中使用的将是同一个实例。

由于单例会话 Bean 只有一个实例，因此必然存在对业务方法的并发访问，EJB 3.1 也提供了一些关于并发控制的功能，在此不再介绍，读者可以查看相关资料。

3）异步的会话 Bean 调用

EJB 3.1 中允许将会话 Bean 的业务方法声明为支持异步调用。声明为异步调用的业务方法在被客户端调用时，客户端可以同时进行其他的操作。使用@Asynchronous 注解可以将业务接口、会话 Bean 中的所有或者具体某个业务方法声明为异步调用方式，例如：

```
@Stateless
public SomeEjb {
    @Asynchronous
    public Future<SomeType>method () {
    ......
    }
}
```

上述代码中，使用@Asynchronous 注解将 SomeEjb 的 method（）方法声明为了异步调用方式，当客户端调用 method（）方法时，调用将立即返回，而 method（）方法会在新线程中运行，根据 method（）方法返回值的不同，客户端可以判断 method（）方法是否已经执行完毕。

异步调用的方法只能返回 void 或者 java.util.concurrent.Future < V >，通过返回 Future 对象，客户端可以得到异步方法的处理结果。

4）EJB Lite

完整的 EJB 规范非常庞大，而 EJB Lite 是 EJB 规范的一个子集，其中只要求实现最基础的一些功能，主要包括：

◇ 无状态、有状态、单例的会话 bean

◇ 本地业务接口和无接口

◇ 拦截器

◇ 容器管理的和 Bean 管理的事务

◇ 声明式的和编程式的安全服务

EJB Lite 是轻量级的 EJB，其降低了开发人员的学习难度，也降低了开发 EJB 容器的成本，同时，由于不必实现全部的 API，也提高了容器的性能。

5）增强了定时服务

EJB 3.0 的定时服务功能很有限，并且必须编程创建，使用不方便。EJB 3.1 引入了声明式的定时服务，并且采用类似 UNIX cron 的表达方式增强了定时器的时间表示方式，例如：

```
@Stateless
public class TimerEJB {
    @Schedule (hour ="7, 15, 20", dayOfWeek ="Mon-Fri")
    public void timeoutMethod (Timer timer) {
    ......
    }
}
```

上述代码的无状态会话 Bean 中，使用@Schedule 注解标注了 timeoutMethod（）方法，因此 timeoutMethod（）方法会在@Schedule 注解中指定的时刻自动执行；@Schedule 注解中的参数指定了运行时刻为星期一到星期五每天的 7 点、15 点和 20 点。

编程创建定时器时，TimerService 接口也做了改进，允许采用与声明式定时服务类似的调度时间表示方式。

6）嵌入式的 EJB 容器

EJB 3.1 增加了对嵌入式容器的支持，允许在 Java SE 环境下运行 EJB 应用。之前的 EJB 应用程序必须发布于 EJB 容器中才能被访问，而在容器中部署整个 EJB 应用程序非常耗费时间，这极大影响了对 EJB 应用程序的单元测试。新的嵌入式容器提供了基本的 EJB 服务，为 EJB 单元测试带来了方便。

嵌入式容器主要通过 javax.ejb.embeddable.EJBContainer 抽象类实现，其 createEJBContainer（）静态方法用于创建 EJB 容器，例如：

```
public static void main (String args []) {
    EJBContainer ec = EJBContainer.createEJBContainer ();
    Context ctx = ec.getContext ();
    SomeBean bean = ctx.lookup ("java:global/yourapp/yourmodule/SomeBean");
    bean.doSomeMethod ();
    ec.close ();
}
```

上述代码中，在简单的 main（）方法中，通过使用嵌入式容器 EJBContainer 测试了会话 Bean SomeBean。

2. JPA 2.0

与流行的 ORM 框架产品（如 Hibernate）相比，JPA 1.0 的功能偏弱，许多被广泛使用的功能在 JPA 1.0 中并未实现。JPA 2.0 对 1.0 版本作出了重大改进，包括许多新特性和对原有功能的增强，主要有下列几项：

1）增加了对基本数据类型（如 String、Integer 等）集合的映射支持；

2）增强了 Map 类型的映射，其 key 和 value 可以是基本类型、实体、嵌入对象；

3）加入@OrderColumn 注解维护持久化排序；

4）允许关系映射中父对象被移除后子对象自动被移除（Orphan Remove）；

5）增加了对悲观锁的支持；

6）引进了 Criteria API，从而支持基于面向对象方式的查询；

7）JPQL 中增加了对 case expressions 等语法的支持；

8）嵌入对象可以嵌入其他嵌入对象，并与之进行关系映射；

9）增强了 JPQL 中的 .操作符，允许处理关系映射中的嵌入对象，嵌入对象的嵌入对象；

10）增加了新的缓存 API；

11）标准化了 persistence.xml 文件的一些属性，增强了应用程序的可移植性。